Collana di Fisica e Astronomia

A cura di:

Michele Cini
Stefano Forte
Massimo Inguscio
Guido Montagna
Oreste Nicrosini
Franco Pacini
Luca Peliti
Alberto Rotondi

Introduzione alla Teoria della elasticità

Meccanica dei solidi continui in regime lineare elastico

Luciano Colombo
Stefano Giordano

Dipartimento di Fisica
Università degli Studi di Cagliari

Springer-Verlag fa parte di Springer Science+Business Media

springer.com

ISBN 978-88-470-0697-3

Riprodotto da copia camera-ready fornita dall'Autore
Progetto grafico della copertina: Simona Colombo, Milano
Stampa: Grafiche Porpora, Segrate, Milano

Springer-Verlag Italia s.r.l., Via Decembrio, 28 - 20137 Milano

Prefazione

Questo testo è stato sviluppato a partire da una dispensa informale scritta per gli Studenti del corso di "Fisica dei Materiali" (Laurea Specialistica in Fisica, Università di Cagliari) tenuto da uno degli Autori negli a.a. '05/'06 e '06/'07. Nella sua forma attuale esso rappresenta uno sforzo di riassunto auto-contenuto dei concetti di base del continuo elastico e del relativo formalismo matematico.

I fisici, purtroppo, hanno smesso da decenni di studiare la meccanica dei solidi tramite l'uso di teorie di continuo; conseguentemente, questa disciplina è praticamente scomparsa dai *curricula* degli attuali corsi di studio. È opinione degli Autori che ciò rappresenti una grave perdita culturale. Due sono i motivi alla base di questa convinzione:

- La meccanica dei solidi rappresenta un *corpus* di conoscenze di formidabile robustezza concettuale, di raffinata eleganza matematico-formale e di grandissima utilità applicativa (si pensi a tutta l'ingegneria strutturale). Come tale ha una valenza formativa in fisica della materia (e, anche, in fisica-matematica) molto forte.

- Essa, poi, costituisce uno dei punti-cardine su cui si articola il moderno paradigma della simulazione multi-scala dei materiali. La comprensione delle proprietà e del comportamento di un materiale reale può, infatti, avvenire unicamente tramite la concorrenza di metodi affatto diversi, capaci di far filtrare l'informazione fisica attraverso diverse scale spaziali. Mentre alla nanoscala opera la meccanica quantistica, alla micro- e meso-scala opera il continuo. La conoscenza del continuo elastico, dunque, abilita lo Studente ed il Ricercatore a confrontarsi con una delle più attuali ed affascinanti sfide della ricerca in questo campo.

In aggiunta, la teoria dell'elasticità e le sue applicazioni restano un fondamento per varie discipline, quali l'ingegneria meccanica, la scienza delle costruzioni, parte dell'ingegneria biomedica e parte della matematica applicata. A tal proposito si ricordi che le teorie dei mezzi continui deformabili hanno dato nel XIX secolo un impulso straordinario allo sviluppo della fisica matematica per quanto riguarda le equazioni alle derivate parziali e i loro metodi di soluzione.

Queste note – pur non avendo la pretesa di sostituire alcun testo classico di meccanica del continuo – hanno tuttavia l'ambizione di introdurre lo Studente alla teoria della elasticità, attraverso la scelta di un numero ristretto di problemi di paradigmatica importanza concettuale. Il testo è strutturato su tre diversi moduli didattici, completati da Appendici e da un'ampia Bibliografia. La struttura a moduli è concepita come ausilio per il Docente che voglia adottare questo testo come riferimento per il proprio corso. Il primo modulo, che contiene l'introduzione al continuo elastico, ben si presta ad un corso di base (Laurea Triennale) di respiro tri- o quadri-mestrale. Il secondo modulo sviluppa due applicazioni di paradigmatica importanza e, insieme al primo, costituisce materiale sufficiente per un corso semestrale. Infine, il terzo modulo tratta la meccanica dei solidi in regime lineare elastico nell'ambito della sofisticata teoria di Eshelby. La complessità dello strumento matematico e la generalità degli argomenti presentati rendono questo modulo adatto ad un corso avanzato (Laurea Specialistica). In dettaglio:

> Primo modulo: La teoria di base

- Il primo Capitolo presenta le definizioni fondamentali di tensore delle deformazioni e di tensore degli sforzi, e fornisce informazioni sulla struttura formale della meccanica dei solidi.
- Il secondo Capitolo descrive in dettaglio la meccanica del mezzo omogeneo e isotropo in regime lineare elastico. Qui vengono ricavati e discussi alcuni dei più importanti risultati della teoria dell'elasticità.
- Il terzo Capitolo sviluppa i concetti di lavoro di una deformazione e della relativa termodinamica. Qui si trovano argomentazioni di tipo energetico.

> Secondo modulo: Le applicazioni

- Il quarto Capitolo tratta il problema delle onde elastiche, nel caso di mezzo omogeneo ed isotropo. Si introducono le onde piane trasversali e longitudinali, i problemi all'interfaccia tra due mezzi diversi ed alcuni cenni sulle onde superficiali.
- Il quinto Capitolo presenta la teoria lineare elastica della frattura. Questo argomento è di formidabile importanza applicativa e anche di grandissima attualità per applicazioni in nano-scienza e nano-tecnologia.

> Terzo modulo: La teoria avanzata

- Il sesto Capitolo affronta sistematicamente il raffinato metodo formale dovuto a Eshelby, fondamentale per lo studio di inclusioni e disomogeneità elastiche. Questa teoria rappresenta il nucleo fondante della moderna micro- e nano-meccanica.
- Il settimo Capitolo, infine, rappresenta una risistemazione formale di alcuni importanti risultati precedentemente discussi, in particolare riguardanti la

meccanica della frattura. Si introduce inoltre il concetto di densità degli stati, con applicazioni al tensore degli sforzi.

Nelle Appendici, aggiunte per completezza, vengono dettagliatamente dimostrati alcuni risultati importanti citati (o usati) nel testo principale.

Infine, una ricca selezione di esercizi ed esempi svolti è distribuita su tutti i capitoli del testo. Essi mostrano le potenzialità applicative della teoria dell'elasticità, ma spesso rappresentano anche un approfondimento rispetto al materiale trattato nella parte istituzionale.

Ogni opera scritta contiene errori, nonostante l'attenzione e la cura prestata dagli Autori. Non crediamo che questo testo possa fare eccezione. Invitiamo, dunque, il Lettore a segnalare agli Autori eventuali imprecisioni od errori formali.

Desideriamo ringraziare tutti i membri del gruppo "I Meccanici": questo testo rappresenta, sotto molti aspetti, un risultato collettivo sia in termini di conoscenze acquisite o di risultati sviluppati originalmente, sia in termini di "visione" generale. Il gruppo di lavoro "I Meccanici" è nato il 22 ottobre 2004 e rappresenta una informale aggregazione di fisici computazionali della materia, che hanno deciso di applicare i metodi ed i risultati della simulazione atomistica allo studio del comportamento meccanico di materiali complessi. Alla data attuale, il gruppo è formato da (ordine alfabetico): Luciano Colombo, Giorgia Fugallo, Stefano Giordano, Mariella Ippolito, Alessandro Mattoni e Pierluca Palla.

Uno degli Autori (L.C.) desidera, ringraziare in modo particolarmente caloroso il Prof. Fabrizio Cleri (Université de Lille), ricordando le tante stimolanti discussioni sulla meccanica dei materiali complessi e riconoscendo a lui il merito di aver insistito perché, agli inizi degli anni 2000, si iniziasse un'attività di ricerca comune in questo settore.

Infine, uno degli Autori (S.G.) desidera ringraziare Alessandra Pesce per l'aiuto apportato nella rilettura del testo.

Cagliari,   *Luciano Colombo*
Maggio 2007   *Stefano Giordano*

Indice

1

Meccanica del continuo: generalità

La meccanica dei mezzi continui, ed in particolare la teoria dell'elasticità, si occupa dello studio di un mezzo fisico che può cambiare la propria forma ed essere quindi deformato. In genere, si distingue tra la configurazione di riferimento (detta anche non deformata) e la configurazione in cui il corpo è deformato. Al fine di quantificare l'entità della deformazione si definiscono vari oggetti matematici che consentono di identificare con precisione i diversi aspetti della deformazione stessa: a seguito di una data deformazione, si avranno infatti corrispondenti variazioni della distanza tra punti, degli angoli tra direzioni date, dell'area o del volume di regioni definite.

Lo strumento fondamentale per lo studio delle deformazioni è il *tensore delle deformazioni*, qui introdotto formalmente e descritto in casi realistici. In seguito, ampio spazio è destinato allo studio degli sforzi che generano le deformazioni. In questo caso lo strumento principale sarà il cosiddetto *tensore degli sforzi*. Le equazioni fondamentali del moto di un mezzo elastico saranno, infine, ottenute come applicazione delle equazioni cardinali della meccanica di un sistema di punti materiali, note dalla fisica elementare e dalla meccanica razionale.

1.1 Generalità sulle deformazioni

Data una regione di un materiale in condizione non deformata, la cosiddetta regione di riferimento, si può definire una deformazione mediante una applicazione biunivoca tra i punti di tale regione ed i punti della regione deformata. Indichiamo con $\mathbf{x}$ i punti della configurazione di riferimento e con $\mathbf{X}$ quelli della regione deformata (si veda Fig. 1.1). Lo studio delle deformazioni è dunque basato sulla funzione

$$\mathbf{X} = \mathbf{f}\left(\mathbf{x}\right) = \left(f_1\left(\mathbf{x}\right), f_2\left(\mathbf{x}\right), f_3\left(\mathbf{x}\right)\right) \tag{1.1}$$

dove le tre direzioni cartesiane sono individuate dai pedici $(1, 2, 3)$. Si osservi che la funzione $\mathbf{f}$ deve necessariamente associare un dato vettore $\mathbf{X}$ ad un assegnato vettore $\mathbf{x}$ e, quindi, è descritta da un'applicazione vettoriale tra le configurazioni di riferimento e deformata. Per l'impenetrabilità della materia deve necessariamente essere $\mathbf{f}(\mathbf{x}) \neq \mathbf{f}(\mathbf{y})$ per ogni coppia di punti materiali $\mathbf{x} \neq \mathbf{y}$ della regione di riferimento. Questo significa che la funzione $\mathbf{f}$ è biunivoca e, quindi, esiste sempre la funzione inversa $\mathbf{f}^{-1}$. Per comodità assumiamo anche che $\mathbf{f}$ ed $\mathbf{f}^{-1}$ siano entrambe applicazioni differenziabili. La struttura fisica del mezzo continuo consente di affermare che tale condizione sarà sempre verificata per ogni deformazione sufficientemente regolare. Queste condizioni congiunte (biunivocità e differenziabilità) si esprimono dicendo che la funzione $\mathbf{f}$ è un diffeomorfismo [31]. La matrice jacobiana $\hat{F} = \{F_{ij}, \ i,j = 1,2,3\}$ della deformazione è definita da

$$F_{ij} = \frac{\partial f_i}{\partial x_j} \tag{1.2}$$

Tale matrice ha due proprietà importanti: (i) è sicuramente invertibile (cioè non singolare) perché $\mathbf{f}$ è un diffeomorfismo; (ii) il suo determinante è sempre strettamente positivo[1]. Le due proprietà citate si riassumono come segue

$$\forall \hat{F} \ \exists \ \hat{F}^{-1} \text{ tale che } \hat{F}\hat{F}^{-1} = \hat{F}^{-1}\hat{F} = \hat{I} \tag{1.3}$$

$$\det F > 0 \tag{1.4}$$

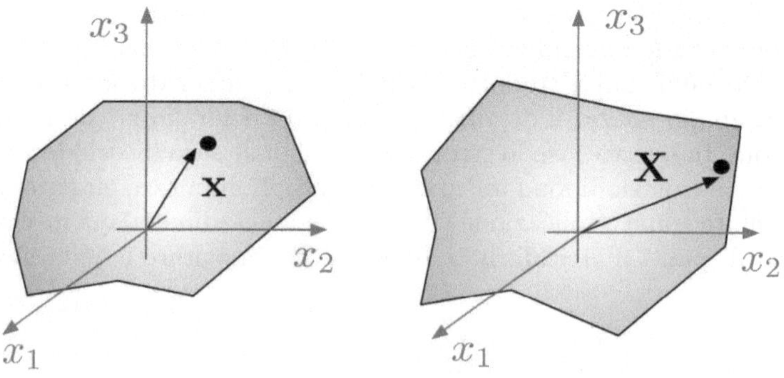

Fig. 1.1. Definizione dei vettori posizione per i punti materiali di un mezzo continuo prima (sinistra) e dopo (destra) l'applicazione di una deformazione arbitraria.

Una importante interpretazione della matrice $\hat{F}$ viene introdotta mediante la decomposizione polare di Cauchy, la cui dimostrazione è riportata in

---

[1] Il determinante non può essere nullo perché ciò andrebbe in contraddizione con l'invertibilità appena citata; di conseguenza, per continuità, il determinante sarà o sempre positivo o sempre negativo. Tuttavia, considerato che la trasformazione identica (assenza di deformazione) è sicuramente contemplata come caso particolare, si ha necessariamente che il determinate di $\hat{F}$ è sempre positivo.

Appendice A^2. Ogni tensore invertibile (descrivente una deformazione) è decomponibile nei seguenti prodotti di tensori

$$\hat{F} = \hat{R}\,\hat{U} = \hat{V}\hat{R} \tag{1.5}$$

dove $\hat{R}$ è un tensore di rotazione per cui $\hat{R}\hat{R}^T = \hat{R}^T\hat{R} = \hat{I}$ (cioè la matrice inversa di una matrice di rotazione è pari alla sua trasposta) ed $\hat{U}$ e $\hat{V}$ sono tensori simmetrici definiti positivi. Consideriamo un piccolo volume intorno al punto arbitrario $\mathbf{x}_0$ ed eseguiamo il seguente sviluppo al primo ordine

$$\begin{aligned} \mathbf{f}(\mathbf{x}) &= \mathbf{f}(\mathbf{x}_0) + \hat{F}(\mathbf{x} - \mathbf{x}_0) \\ &= \mathbf{f}(\mathbf{x}_0) + \hat{R}\,\hat{U}(\mathbf{x} - \mathbf{x}_0) \\ &= \mathbf{f}(\mathbf{x}_0) + \hat{V}\hat{R}(\mathbf{x} - \mathbf{x}_0) \end{aligned} \tag{1.6}$$

La prima decomposizione $\hat{F} = \hat{R}\,\hat{U}$ ci dice che una generica deformazione può essere vista localmente come una dilatazione/contrazione descritta da $\hat{U}$ ed una successiva rotazione descritta da $\hat{R}$. Analogamente, la decomposizione $\hat{F} = \hat{V}\,\hat{R}$ ci dice che una deformazione può essere vista localmente come una rotazione $\hat{R}$ seguita da una dilatazione/contrazione $\hat{V}$. Si noti che le matrici di dilatazione/contrazione $\hat{U}$ e $\hat{V}$ sono differenti tra loro perché eseguite prima o dopo la rotazione $\hat{R}$ che, invece, risulta essere unica come dimostrato dal teorema di decomposizione polare di Cauchy. Detto in altri termini, tutto ciò significa che, preso un piccolo volume arbitrario nella regione di riferimento, esso si deforma per arrivare alla configurazione finale mediante due passi elementari (con l'ordine che ha la sua importanza, secondo quanto detto in precedenza):

- una rotazione pura locale $\hat{R}$ (che lo ruota, ma non lo dilata o contrae in nessuna direzione spaziale);
- una dilatazione (o contrazione) $\hat{U}$ o $\hat{V}$ (a seconda dell'ordine). Il tensore di dilatazione (o contrazione), essendo simmetrico, ha tre direzioni principali e tre autovalori. Dunque, il volume elementare centrato su $\mathbf{x}_0$ in ciascuna delle tre direzioni viene dilatato o contratto (si pensi ad una sferetta che si trasforma in un ellissoide con tre differenti semiassi), a seconda che il corrispondente autovalore sia maggiore o minore di uno (tutti gli autovalori sono sempre strettamente positivi).

Questo discorso definisce completamente il significato di deformazione e la sua interpretazione locale come rotazione accompagnata da dilatazione/contrazione [31].

 In questa Sezione ci riferiamo ad un oggetto dipendente da due indici cartesiani indifferentemente come matrice o tensore (tenendo conto del fatto che in una data base prescelta ciascun tensore è rappresentato da una matrice).

1.2 Tensore delle deformazioni

Si consideri un mezzo continuo, la posizione dei cui punti materiali è riferita, come indicato in Fig. 1.1 (sinistra), ad una terna cartesiana e definita dai vettori posizione $\mathbf{x}$. Le considerazioni che seguono sono di validità assolutamente generale e, quindi, possono essere applicate indifferentemente ad un solido, ad un liquido o anche ad un gas. Quando il mezzo è sottoposto ad una deformazione arbitraria, tutti i suoi punti materiali subiranno uno spostamento nello spazio e le loro posizioni deformate saranno indicate dai vettori $\mathbf{X}$, come illustrato in Fig. 1.1 (destra) e descritto formalmente nella Sezione precedente. L'unica ipotesi restrittiva che imponiamo adesso è che si operi in regime di *piccole deformazioni*. La quantificazione di tale concetto sarà data tra poco.

La relazione generale data in Eq. (1.1) esistente tra i vettori $\mathbf{x}$ e $\mathbf{X}$ può essere esplicitata come

$$\mathbf{X} = \mathbf{f}(\mathbf{x}) = \mathbf{x} + \mathbf{u}(\mathbf{x}) \tag{1.7}$$

dove i vettori $\mathbf{u}(\mathbf{x})$ rappresentano gli *spostamenti* (in inglese `displacement`) e, nel caso generale di un corpo di forma abitraria sottoposto ad una generica deformazione, risultano diversi per ciascun punto materiale. In generale, avremo quindi

$$\mathbf{u}(\mathbf{x}) = \begin{cases} u_1(x_1, x_2, x_3) \\ u_2(x_1, x_2, x_3) \\ u_3(x_1, x_2, x_3) \end{cases} \tag{1.8}$$

La matrice jacobiana $\hat{J} = \{J_{ij}, \ i, j = 1, 2, 3\}$ dello spostamento dal sistema dei vettori $\mathbf{x}$ a quello degli $\mathbf{X}$ è definita da

$$J_{ij} = \frac{\partial u_i}{\partial x_j} \tag{1.9}$$

Per quanto visto in precedenza e per la definizione di spostamento, si ha che $\hat{F} = \hat{I} + \hat{J}$ o, equivalentemente, $\hat{J} = \hat{F} - \hat{I}$. La definizione di piccole deformazioni richiede che $\hat{F}$ sia molto vicino ad $\hat{I}$ e cioè che $\hat{J}$ sia molto vicino a zero. Si pone quindi come *definizione di piccole (o infinitesime) deformazioni la condizione*:

$$\mathrm{Tr}(\hat{J}\hat{J}^T) \ll 1 \tag{1.10}$$

cioè il prodotto $\hat{J}\hat{J}^T$ sia trascurabilmente piccolo. L'ipotesi di piccole deformazioni consente di approfondire ulteriormente il discorso legato alla rotazione locale ed alle dilatazioni/contrazioni svolto nella Sezione precedente. Ricordiamo che la deformazione di un singolo elemento di volume si può vedere come la sequenza di una rotazione locale e di dilatazioni/contrazioni lungo tre direzioni ortogonali. È necessario distinguere con rigore tra le due operazioni perché la rotazione locale non è una deformazione meccanica (non è legata cioè alla trasmissione di sforzi all'interno del materiale), mentre le dilatazioni/contrazioni lo sono.

La matrice jacobiana $\hat{J}$ può essere scritta come somma di una *parte simmetrica* ed una *parte antisimmetrica* come segue

$$J_{ij} = \underbrace{\frac{1}{2}\left(\frac{\partial u_i}{\partial x_j} + \frac{\partial u_j}{\partial x_i}\right)}_{parte\ simmetrica} + \underbrace{\frac{1}{2}\left(\frac{\partial u_i}{\partial x_j} - \frac{\partial u_j}{\partial x_i}\right)}_{parte\ antisimmetrica}$$

$$= \epsilon_{ij} + \Omega_{ij} \tag{1.11}$$

con le condizioni evidenti

$$\begin{cases} \epsilon_{ij} = \epsilon_{ji} \\ \Omega_{ij} = -\Omega_{ji} \end{cases} \tag{1.12}$$

La quantità $\hat{\epsilon} = \{\epsilon_{ij}\}$ si chiama *tensore delle (piccole) deformazioni*, mentre la quantità $\hat{\Omega} = \{\Omega_{ij}\}$ rappresenta il *tensore delle rotazioni locali*.

Verifichiamo che, per una piccola rotazione locale, si ha $\hat{J} = \hat{\Omega}$ e quindi $\hat{\epsilon} = 0$. Consideriamo un punto $\mathbf{x}$ che si trasforma in $\mathbf{x} + \mathbf{u}(\mathbf{x})$. Visto che la trasformazione è localmente una rotazione (che assumeremo descritta dalla matrice $\hat{R}$) si avrà $\mathbf{x} + \mathbf{u}(\mathbf{x}) = \hat{R}\mathbf{x}$ per tutti i punti di un intorno di $\mathbf{x}$. Poiché la matrice di rotazione arbitraria è ortogonale si ha naturalmente che $\hat{R}\hat{R}^T = \hat{I}$. Inoltre si ottiene subito che $\mathbf{u}(\mathbf{x}) = \left(\hat{R} - \hat{I}\right)\mathbf{x}$, ovvero: $\hat{J} = \hat{R} - \hat{I}$. Considerato che la rotazione è infinitesima, possiamo affermare che la matrice $\hat{R}$ si discosta poco dalla matrice unità o, equivalentemente, che la differenza $\hat{R} - \hat{I}$ è piccola. Conseguentemente il prodotto $\hat{J}\hat{J}^T$ sarà (al primo ordine) trascurabile:

$$\begin{aligned} 0 \cong \hat{J}\hat{J}^T &= \left(\hat{R} - \hat{I}\right)\left(\hat{R}^T - \hat{I}\right) \\ &= \hat{R}\hat{R}^T - \hat{R} - \hat{R}^T + \hat{I} \\ &= \hat{I} - \hat{R} - \hat{R}^T + \hat{I} \\ &= -\hat{J} - \hat{J}^T \end{aligned} \tag{1.13}$$

Allora $\hat{J} = -\hat{J}^T$ cioè $\hat{J}$ è antisimmetrico, ovvero necessariamente $\hat{J} = \hat{\Omega}$ da cui $\hat{\epsilon} = 0$. Quindi la simmetrizzazione del gradiente dello spostamento è un oggetto che non tiene in considerazione le rotazioni locali. Per ulteriori considerazioni basate sul teorema di decomposizione polare di Cauchy si veda l'Appendice A.

Localmente *una rotazione non può produrre deformazioni legate all'azione di forze che si trasmettono* in quell'intorno del mezzo materiale: la teoria della elasticità è perciò basata sul tensore delle deformazioni infinitesime in forma simmetrizzata (in inglese **symmetric strain tensor**)

$$\boxed{\epsilon_{ij} = \tfrac{1}{2}\left(\frac{\partial u_i}{\partial x_j} + \frac{\partial u_j}{\partial x_i}\right)} \tag{1.14}$$

Questa definizione è anche nota come *condizione di congruenza*. Il termine congruenza appare in letteratura con due diverse accezioni e, quindi, è necessario porre una certa attenzione:

- un vettore spostamento $\mathbf{u}(\mathbf{x})$ ed un tensore di deformazione $\hat{\epsilon}$ si dicono reciprocamente congruenti quando è verificata l'Eq. (1.14). Quando tale equazione è usata come definizione del tensore di deformazione a partire dagli spostamenti, la congruenza è ovvia.

- in alcuni contesti ci si chiede se, assegnate comunque ad arbitrio le sei funzioni $\epsilon_{ij}(\mathbf{x})$ pensate come le componenti di una deformazione, sia possibile far loro corrispondere un campo di spostamento $\mathbf{u}(\mathbf{x})$. In altre parole la domanda è: fissato $\hat{\epsilon}$ è sempre possibile risolvere l'Eq. (1.14) rispetto ad uno spostamento $\mathbf{u}(\mathbf{x})$? Si tratta, in pratica, di studiare l'esistenza di soluzioni per un sistema di equazioni differenziali molto studiato tra i fisico-matematici italiani di fine secolo XIX. La risposta è negativa. È possibile risalire alle $u_j(\mathbf{x})$ soltanto se sono verificate le condizioni $\frac{\partial^2 \epsilon_{ij}}{\partial x_h \partial x_k} + \frac{\partial^2 \epsilon_{hk}}{\partial x_i \partial x_j} - \frac{\partial^2 \epsilon_{ik}}{\partial x_j \partial x_h} - \frac{\partial^2 \epsilon_{jh}}{\partial x_i \partial x_k} = 0$, dette appunto condizioni di congruenza o compatibilità. Tra tutte queste equazioni, solo sei sono tra loro distinte: esse sono state trovate da De-Saint-Venant (1864), Beltrami (1889) e Cesaro (1906) [10, 11, 12]. La dimostrazione è riportata in Appendice B.

1.3 Esempi di calcolo delle deformazioni

Presentiamo brevemente, a titolo esemplificativo, il calcolo esplicito del tensore delle piccole deformazioni in alcuni casi particolarmente semplici, ma importanti nelle applicazioni.

1.3.1 Trazione (o compressione) semplice

Si consideri un solido di forma, dimensioni ed orientamento indicati in Fig. 1.2. Supponiamo che esso sia soggetto ad una trazione lungo x_1. Trascureremo, per semplicità, tutte le deformazioni nelle direzioni x_2 e x_3 (questo è il motivo per cui questo esempio paradigmatico si chiama di trazione *semplice*).

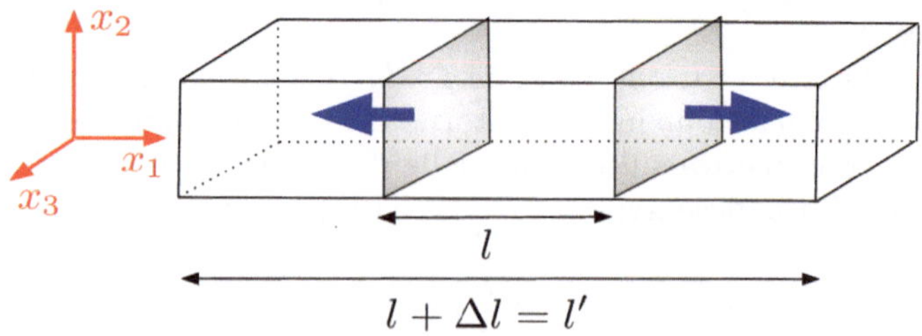

Fig. 1.2. Esempio di trazione semplice.

Possiamo calcolare la *variazione frazionaria di lunghezza s* del solido come

$$s = \frac{l' - l}{l} = \frac{\Delta l}{l} \tag{1.15}$$

in modo tale che la lunghezza totale dopo l'applicazione della trazione sia $l' = (1 + s)l$. Questo ragionamento è ovviamente valido per un qualunque strato interno al solido, anche se di spessore infinitesimo: lo spessore iniziale $\mathrm{d}x_1$ diventerà $\mathrm{d}x_1' = (1 + s)\mathrm{d}x_1$ per effetto della trazione. Dunque, possiamo scrivere

$$\int_0^{x_1} \mathrm{d}x_1' = \int_0^{x_1} (1 + s)\mathrm{d}x_1 = (1 + s)x_1 \tag{1.16}$$

da cui è possibile calcolare lo *spostamento $u_1(x_1)$* di uno strato infinitesimo in origine sistemato nel punto x_1

$$u_1(x_1) = (1 + s)x_1 - x_1 = sx_1 \tag{1.17}$$

Per applicazione diretta della definizione data in Eq. (1.14) otteniamo

$$\frac{\mathrm{d}u_1(x_1)}{\mathrm{d}x_1} = s = \epsilon_{11} \tag{1.18}$$

tutti gli altri elementi del tensore $\hat{\epsilon}$ essendo nulli per le ipotesi scelte. In conclusione, otteniamo il tensore delle deformazioni per una trazione (o compressione) semplice nella forma

$$\hat{\epsilon} = \begin{bmatrix} \frac{\Delta l}{l} & 0 & 0 \\ 0 & 0 & 0 \\ 0 & 0 & 0 \end{bmatrix} \tag{1.19}$$

1.3.2 Deformazione di taglio puro

Con riferimento alla Fig. 1.3 si consideri il caso di un solido, due facce opposte del quale sono spostate di un tratto Δl in direzioni antiparallele. Durante questo duplice spostamento si supponga di mantenere la distanza l tra le due facce inalterata.

In questo caso la *variazione frazionaria di lunghezza s* lungo la direzione dello sforzo di taglio è

$$s = \frac{\Delta l}{l} \tag{1.20}$$

cui corrisponde un *vettore spostamento* $\mathbf{u} = (0, sx_1, 0)$. Per applicazione diretta della Eq. (1.14) otteniamo il tensore delle deformazioni per un puro taglio nella forma

$$\hat{\epsilon} = \begin{bmatrix} 0 & \frac{s}{2} & 0 \\ \frac{s}{2} & 0 & 0 \\ 0 & 0 & 0 \end{bmatrix} \tag{1.21}$$

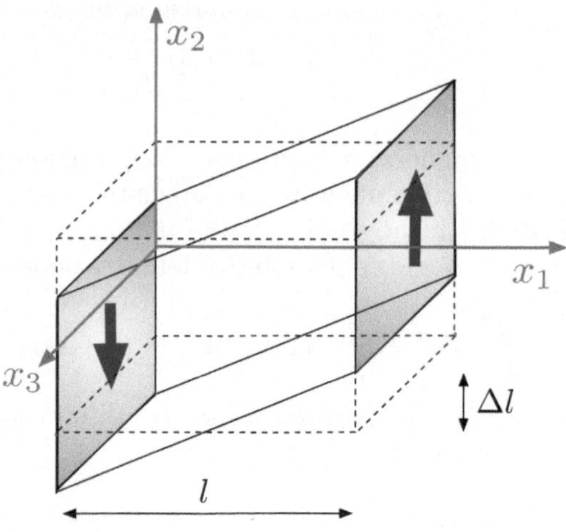

Fig. 1.3. Esempio di sforzo di taglio puro.

1.3.3 Deformazione di puro piegamento

Con riferimento alla Fig. 1.4 si consideri di flettere un corpo solido lungo la direzione x_2 (mediante un momento flettente), in modo tale che lo spostamento verticale (i.e. lungo la direzione di flessione) Δx_2 sia piccolo rispetto alla lunghezza trasversale $2L$ del corpo stesso.

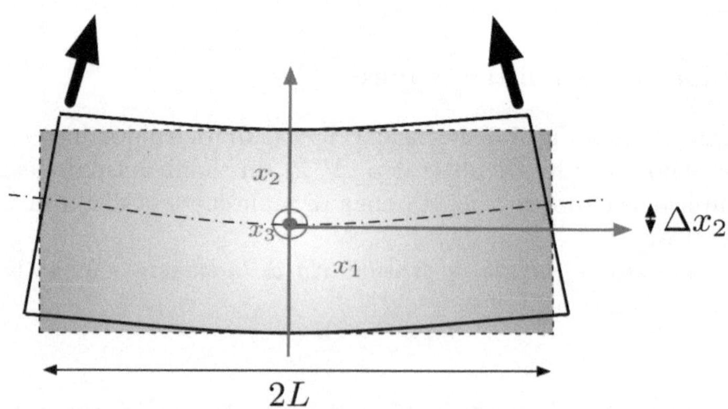

Fig. 1.4. Esempio di sforzo di puro piegamento.

Si dimostra che il vettore spostamento è dato in questo caso da $\mathbf{u} = (-\frac{2x_1 x_2}{L^2}\Delta x_2, \frac{x_1^2}{L^2}\Delta x_2, 0)$. Questo è un risultato non banale che si ottiene applicando le equazioni della teoria dell'elasticità lineare (si veda l'esercizio 2.9); esso fa parte del famoso problema di Saint-Venant [6, 15]. È tuttavia possibile fornire almeno un argomento di plausibilità per la componente $u_2 = \frac{x_1^2}{L^2}\Delta x_2$ basato unicamente su considerazioni puramente geometriche. Con riferimento Fig. 1.5 è facile rendersi conto che, un punto qualunque di ascissa x_1 giacente sulla linea di mezzeria orizzontale del corpo, viene spostato verticalmente per effetto della deformazione di una quantità δx_2. Questo spostamento deve, ovviamente, variare con continuità tra il valore minimo $\delta x_2 = 0$ per il punto $x_1 = 0$ ed il valore massimo $\delta x_2 = \Delta x_2$ per il punto $x_1 = L$. Inoltre lo spostamento è identico (per ovvie ragioni di simmetria) per ogni coppia di punti x_1 e $-x_1$: dovrà, quindi, dipendere quadraticamente dalla coordinata x_1. Il risultato $u_2 = \frac{x_1^2}{L^2}\Delta x_2$ è proprio quello che riassume in forma completa tutte queste argomentazioni.

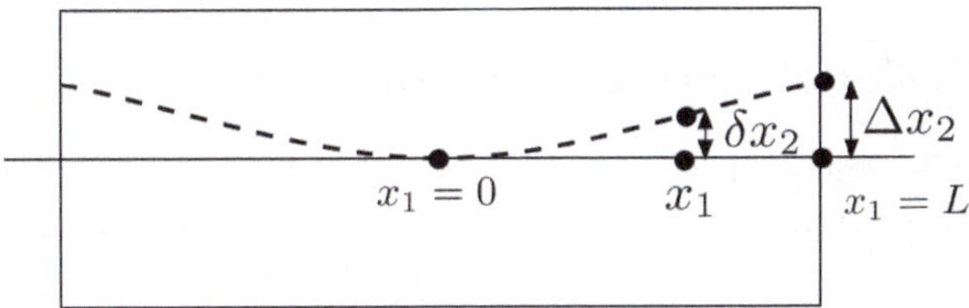

Fig. 1.5. Spiegazione grafica del problema della flessione.

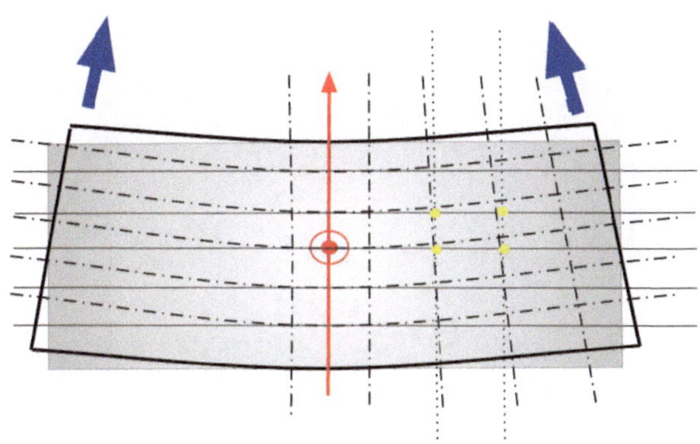

Fig. 1.6. Spiegazione grafica dell'effetto di piegamento.

In conclusione, quindi, scriviamo il tensore degli spostamenti nella forma seguente

$$\hat{\epsilon} = \begin{bmatrix} -2\frac{x_2}{L^2}\Delta x_2 & 0 & 0 \\ 0 & 0 & 0 \\ 0 & 0 & 0 \end{bmatrix} \tag{1.22}$$

Questo risultato potrebbe a prima vista apparire strano: la forma del tensore è la stessa di quella ottenuta nel caso di trazione semplice. In realtà questa apparente similitudine non sussiste, ove si consideri che lo spostamento effettivo dipende dal punto considerato (cioè dalla sua coordinata x_2). È proprio questa dipendenza che genera il piegamento, considerato infatti che: una linea $x_2 = a > 0$ è compressa, mentre una linea $x_2 = b < 0$ è allungata. Questa constatazione è riassunta in Fig. 1.6.

1.4 Proprietà del tensore delle deformazioni

Un tensore delle (piccole) deformazioni contiene tutte le informazioni che riguardano la trasformazione geometrica di un corpo e, quindi, deve poter prevedere come variano le lunghezze e gli angoli in ciascuna regione dello stesso. Consideriamo due punti del corpo infinitesimamente distanti ed individuati dai vettori posizione $\mathbf{A}$ e $\mathbf{B}$. Essi si trasformano in $\mathbf{A}'$ e $\mathbf{B}'$ a seguito di una certa deformazione; sia inoltre $\mathbf{dr} = \mathbf{B} - \mathbf{A}$ e $\mathbf{dr}' = \mathbf{B}' - \mathbf{A}'$ come illustrato in Fig. 1.7

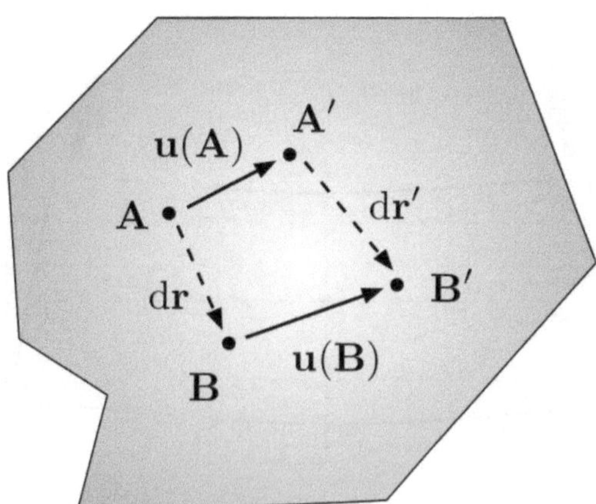

Fig. 1.7. Vettori distanza $\mathbf{dr}$ e $\mathbf{dr}'$ prima e dopo una deformazione e vettori spostamento $\mathbf{u}(\mathbf{A})$ e $\mathbf{u}(\mathbf{B})$.

Si ha evidentemente $\mathbf{A}' = \mathbf{A} + \mathbf{u}(\mathbf{A})$ e $\mathbf{B}' = \mathbf{B} + \mathbf{u}(\mathbf{B})$ da cui

$$\mathbf{B}' = \mathbf{B} + \mathbf{u}(\mathbf{B}) = \mathbf{A} + \mathrm{d}\mathbf{r} + \mathbf{u}(\mathbf{A} + \mathrm{d}\mathbf{r})$$

$$= \mathbf{A} + \mathrm{d}\mathbf{r} + \mathbf{u}(\mathbf{A}) + \left.\frac{\partial \mathbf{u}}{\partial \mathbf{x}}\right|_{\mathbf{A}} \mathrm{d}\mathbf{r} \tag{1.23}$$

e quindi

$$\mathrm{d}\mathbf{r}' = \mathbf{B}' - \mathbf{A}' = \mathrm{d}\mathbf{r} + \left.\frac{\partial \mathbf{u}}{\partial \mathbf{x}}\right|_{\mathbf{A}} \mathrm{d}\mathbf{r} \tag{1.24}$$

La lunghezza del vettore distanza $A - B$ dopo la deformazione sarà

$$|\mathbf{B}' - \mathbf{A}'| = \sqrt{\left(\mathrm{d}\mathbf{r} + \left.\frac{\partial \mathbf{u}}{\partial \mathbf{x}}\right|_{\mathbf{A}} \mathrm{d}\mathbf{r}\right) \cdot \left(\mathrm{d}\mathbf{r} + \left.\frac{\partial \mathbf{u}}{\partial \mathbf{x}}\right|_{\mathbf{A}} \mathrm{d}\mathbf{r}\right)} \tag{1.25}$$

$$= \mathrm{d}r\sqrt{1 + 2\mathbf{n} \cdot \left(\left.\frac{\partial \mathbf{u}}{\partial \mathbf{x}}\right|_{\mathbf{A}} \mathbf{n}\right) + \left(\left.\frac{\partial \mathbf{u}}{\partial \mathbf{x}}\right|_{\mathbf{A}} \mathbf{n}\right) \cdot \left(\left.\frac{\partial \mathbf{u}}{\partial \mathbf{x}}\right|_{\mathbf{A}} \mathbf{n}\right)}$$

essendo $\mathrm{d}\mathbf{r} = \mathrm{d}r\,\mathbf{n}$ con $\mathbf{n}$ versore della distanza $A - B$. Quest'ultima relazione può essere riscritta in una forma dove le componenti esplicite delle varie quantità appaiano più chiaramente

$$(\mathrm{d}r')^2 - (\mathrm{d}r)^2 = \left(\frac{\partial u_j}{\partial x_k} + \frac{\partial u_k}{\partial x_j} + \frac{\partial u_i}{\partial x_j}\frac{\partial u_i}{\partial x_k}\right) \mathrm{d}x_j \mathrm{d}x_k \tag{1.26}$$

dove abbiamo usato la definizione $\mathrm{d}\mathbf{r} = (\mathrm{d}x_1, \mathrm{d}x_2, \mathrm{d}x_3)$.

Incidentalmente, dalla precedente Eq. (1.26) si ottiene l'importante relazione $(\mathrm{d}r')^2 - (\mathrm{d}r)^2 = 2\varepsilon_{jk}\mathrm{d}x_j\mathrm{d}x_k$ dove è stata introdotta la quantità

$$\varepsilon_{jk} = \frac{1}{2}\left(\frac{\partial u_j}{\partial x_k} + \frac{\partial u_k}{\partial x_j} + \frac{\partial u_i}{\partial x_j}\frac{\partial u_i}{\partial x_k}\right) \tag{1.27}$$

che rappresenta il tensore delle deformazioni corretto anche per poter descrivere grandi deformazioni (arbitrarie) [5, 33]. Si noti che è stato adottato il simbolo ε_{jk} diverso da ϵ_{jk} al fine di distinguere i due differenti oggetti. Si vede facilmente che ε_{jk} si riduce al più noto tensore $\epsilon_{jk} = \frac{1}{2}\left(\frac{\partial u_j}{\partial x_k} + \frac{\partial u_k}{\partial x_j}\right)$ quando si trascurano i termini quadratici. In questo testo non ci occuperemo mai di grandi deformazioni e, quindi, non utilizzeremo mai il tensore completo ε_{jk} dato in Eq. (1.27), ma adotteremo sistematicamente la versione per piccole deformazioni ϵ_{jk} come definito in Eq. (1.14).

Proseguiamo dunque con l'ipotesi di piccole deformazioni. Analogamente a quanto detto poco sopra, per piccole deformazioni il termine quadratico di Eq. (1.25) è trascurabile. Inoltre, poiché $\sqrt{1 + x} \sim 1 + \frac{x}{2}$ per piccoli x, abbiamo

$$\mathrm{d}r' = |\mathbf{B}' - \mathbf{A}'| = \mathrm{d}r\left(1 + \mathbf{n} \cdot \left.\frac{\partial \mathbf{u}}{\partial \mathbf{x}}\right|_{\mathbf{A}} \mathbf{n}\right) \tag{1.28}$$

da cui

$$\frac{\mathrm{d}r' - \mathrm{d}r}{\mathrm{d}r} = \mathbf{n} \cdot \left(\left. \frac{\partial \mathbf{u}}{\partial \mathbf{x}} \right|_{\mathbf{A}} \mathbf{n} \right) = \mathbf{n} \cdot \left(\hat{J}_{\mathbf{A}} \, \mathbf{n} \right) \tag{1.29}$$

dove abbiamo introdotto la matrice jacobiana $\hat{J}$ definita in Eq. (1.9). Indicando con $\epsilon_{\mathbf{n}}$ la variazione relativa di lunghezza nella direzione $\mathbf{n}$ ed osservando che

$$\mathbf{n} \cdot \hat{J}\mathbf{n} = \mathbf{n} \cdot \left[\left(\hat{\epsilon} + \hat{\Omega} \right) \mathbf{n} \right] = \mathbf{n} \cdot (\hat{\epsilon} \, \mathbf{n}) \tag{1.30}$$

otteniamo

$$\epsilon_{\mathbf{n}} = \mathbf{n} \cdot (\hat{\epsilon} \, \mathbf{n}) \tag{1.31}$$

Questo risultato ha fatto esplicito uso della relazione

$$\mathbf{n} \cdot \left(\hat{\Omega}\mathbf{n} \right) = 0 \tag{1.32}$$

che dimostriamo qui di seguito. Scrivendo per componenti

$$\mathbf{n} \cdot \left(\hat{\Omega}\mathbf{n} \right) = n_i \Omega_{ij} n_j \tag{1.33}$$

possiamo usare esplicitamente il carattere antisimmetrico del tensore delle rotazioni locali, ovvero

$$n_i \Omega_{ij} n_j = -n_i \Omega_{ji} n_j \tag{1.34}$$

Tuttavia, per l'arbitrarietà del nome degli indici è anche vero che

$$n_i \Omega_{ij} n_j = -n_j \Omega_{ij} n_i \tag{1.35}$$

da cui segue necessariamente che

$$\mathbf{n} \cdot \left(\hat{\Omega}\mathbf{n} \right) = -\mathbf{n} \cdot \left(\hat{\Omega}\mathbf{n} \right) \tag{1.36}$$

ovvero $\mathbf{n} \cdot \left(\hat{\Omega}\mathbf{n} \right) = 0$.

Torniamo ora al ragionamento principale. Abbiamo dimostrato che la variazione relativa di lunghezza nella direzione $\mathbf{n}$ è data dalla forma quadratica costruita con il tensore delle deformazioni $\hat{\epsilon}$. Se, in particolare, il versore $\mathbf{n}$ coincide con uno dei tre versori $\mathbf{e}_1$, $\mathbf{e}_2$, $\mathbf{e}_3$ degli assi cartesiani, possiamo attribuire un immediato significato fisico alle componenti ϵ_{11}, ϵ_{22}, ϵ_{33}, rispettivamente: *esse rappresentano le variazioni relative di lunghezza lungo i tre assi coordinati.*

Passiamo ora allo studio delle deformazioni degli angoli tra vettori. Siano $\mathbf{A}$, $\mathbf{B}$ e $\mathbf{C}$ i vettori posizione di tre punti in un solido nella configurazione di riferimento, tali che $\widehat{BAC} = \frac{\pi}{2}$ come illustrato in Fig. 1.8.
Come abbiamo visto poco sopra

$$\begin{cases} \mathrm{d}\mathbf{r}'_1 = \mathrm{d}\mathbf{r}_1 + \left. \frac{\partial \mathbf{u}}{\partial \mathbf{x}} \right|_{\mathbf{A}} \mathrm{d}\mathbf{r}_1 \\ \mathrm{d}\mathbf{r}'_2 = \mathrm{d}\mathbf{r}_2 + \left. \frac{\partial \mathbf{u}}{\partial \mathbf{x}} \right|_{\mathbf{A}} \mathrm{d}\mathbf{r}_2 \end{cases} \tag{1.37}$$

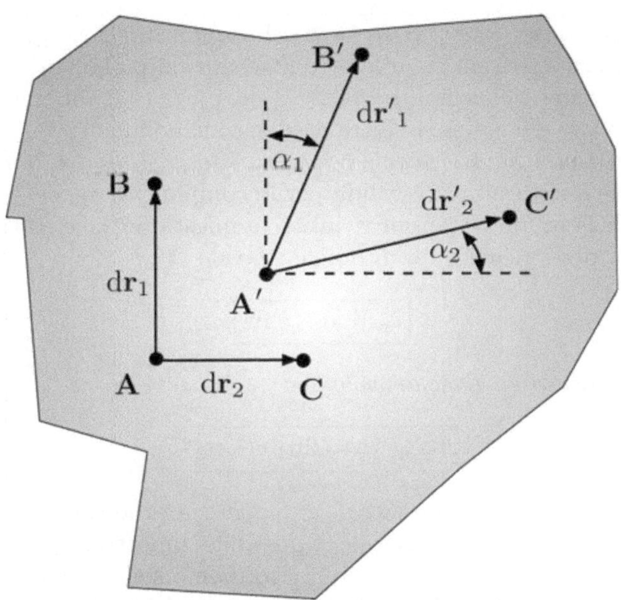

Fig. 1.8. Deformazioni angolari in un solido.

Poniamo per comodità $d\mathbf{r}_1 = dr_1\mathbf{n}_1$ e $d\mathbf{r}_2 = dr_2\mathbf{n}_2$ con $d\mathbf{r}_1 \cdot d\mathbf{r}_2 = 0$ (ovvero: $\mathbf{n}_1 \cdot \mathbf{n}_2 = 0$). I due angoli α_1 e α_2 indicati in Fig. 1.8 si calcolano come segue

$$\alpha_1 \simeq \tan\alpha_1 = \frac{d\mathbf{r}'_1 \cdot \mathbf{n}_2}{d\mathbf{r}'_1 \cdot \mathbf{n}_1} = \frac{\left(d\mathbf{r}_1 + \hat{J}_\mathbf{A}\, d\mathbf{r}_1\right) \cdot \mathbf{n}_2}{\left(d\mathbf{r}_1 + \hat{J}_\mathbf{A}\, d\mathbf{r}_1\right) \cdot \mathbf{n}_1}$$

$$\simeq \frac{\left(\hat{J}_\mathbf{A}\, d\mathbf{r}_1\right) \cdot \mathbf{n}_2}{d\mathbf{r}_1 \cdot \mathbf{n}_1}$$

$$= \mathbf{n}_2 \left(\hat{J}_\mathbf{A}\, \mathbf{n}_1\right) \tag{1.38}$$

Analogalmente $\alpha_2 = \mathbf{n}_1 \cdot (\hat{J}_\mathbf{A}\, \mathbf{n}_2)$. Quindi, la variazione che subisce un angolo retto fissato nelle direzioni $\mathbf{n}_1$ e $\mathbf{n}_2$ è data da

$$\Delta\alpha_{\,\mathbf{n}_1,\mathbf{n}_2} = \alpha_1 + \alpha_2 = \mathbf{n}_2 \cdot (\hat{J}_\mathbf{A}\, \mathbf{n}_1) + \mathbf{n}_1 \cdot (\hat{J}_\mathbf{A}\, \mathbf{n}_2)$$

$$= \mathbf{n}_1 \cdot \left[\left(\hat{\epsilon} + \hat{\Omega}\right)\mathbf{n}_2\right] + \mathbf{n}_2 \cdot \left[\left(\hat{\epsilon} + \hat{\Omega}\right)\mathbf{n}_1\right] = 2\mathbf{n}_1 \cdot (\hat{\epsilon}\, \mathbf{n}_2) \tag{1.39}$$

che dimostra come anche in questo caso il tensore delle deformazioni contenga tutte le informazioni rilevanti.

Il risultato testè ottenuto fornisce una interpretazione fisica diretta delle componenti ϵ_{12}, ϵ_{23} e ϵ_{13}. Sviluppiamo il ragionamento per il termine ϵ_{12}: a tal fine prendiamo $\mathbf{n}_1 = \mathbf{e}_1$ ed $\mathbf{n}_2 = \mathbf{e}_2$. La quantità $\Delta\alpha_{\mathbf{n}_1,\mathbf{n}_2}$ rappresenta, dunque, la variazione di un angolo retto giacente sul piano (x_1, x_2) ed avente i lati paralleli agli assi coordinati. Poiché $\epsilon_{12} = \mathbf{e}_1 \cdot (\hat{\epsilon}\,\mathbf{e}_2)$, abbiamo subito che: $\Delta\alpha_{\mathbf{n}_1,\mathbf{n}_2} = 2\epsilon_{12} = \frac{\partial u_1}{\partial x_2} + \frac{\partial u_2}{\partial x_1}$. In altre parole, concludiamo che ϵ_{12} *rappresenta la metà della variazione dell'angolo retto formato dagli assi x_1 e x_2*. La stessa interpretazione è naturalmente valida per le componenti ϵ_{23} ed ϵ_{13}.

Le due relazioni fondamentali ricavate in questa Sezione sono riepilogate qui di seguito; per le *variazioni di lunghezza* vale

$$\boxed{\epsilon_{\mathbf{n}} = \mathbf{n} \cdot (\hat{\epsilon}\,\mathbf{n})} \tag{1.40}$$

mentre per le *variazioni angolari* vale

$$\boxed{\Delta\alpha_{\mathbf{n}_1,\mathbf{n}_2} = 2\mathbf{n}_1 \cdot (\hat{\epsilon}\,\mathbf{n}_2)} \tag{1.41}$$

Esse rappresentano le *variazioni locali di lunghezza ed angolo* a seguito di una piccola deformazione. Più in generale, è possibile dimostrare anche l'esistenza di *relazioni globali* che, per brevità, qui ricordiamo senza dimostrazione [28]. Ad un volume V soggetto a deformazione $\hat{\epsilon}$ si associa una variazione

$$\Delta\mathsf{V} = \int_{\mathsf{V}} \mathrm{Tr}(\hat{\epsilon})\mathrm{d}V \tag{1.42}$$

mentre ad una superficie S avente versore normale $\mathbf{n}$ e soggetta a deformazione $\hat{\epsilon}$ si associa una variazione

$$\Delta\mathsf{S} = \int_{\mathsf{S}} \left[\mathrm{Tr}(\hat{\epsilon}) - \mathbf{n} \cdot (\hat{\epsilon}\,\mathbf{n})\right]\mathrm{d}S \tag{1.43}$$

Infine, per una linea γ avente versore tangente $\mathbf{t}$ e soggetta a deformazione $\hat{\epsilon}$ si ha una variazione di lunghezza pari a

$$\Delta L = \int_{\gamma} \mathbf{t} \cdot (\hat{\epsilon}\,\mathbf{t})\,\mathrm{d}l \tag{1.44}$$

1.5 Tensore degli sforzi

Si consideri la situazione in cui un corpo solido è soggetto a forze esterne. La caratteristica tipica della meccanica del continuo è che il sistema di forze che complessivamente si instaurano in un solido è duplice; si definiscono, infatti

- le *forze di volume*. Esse sono dipendenti unicamente dai campi esterni che agiscono sul solido e vengono descritte dal vettore $\mathbf{b}(\mathbf{x})$ che rappresenta la loro densità. Il significato fisico di tale densità si riassume dicendo che la forza totale $\mathrm{d}\mathbf{F}_V$ applicata ad un piccolo volume $\mathrm{d}V$ centrato sul punto $\mathbf{x}$ è data da $\mathrm{d}\mathbf{F}_V = \mathbf{b}(\mathbf{x})\mathrm{d}V$. Il vettore $\mathbf{b}(\mathbf{x})$ rappresenta quindi una forza per unità di volume. Il caso tipico è quello delle forze gravitazionali che sono proporzionali alla massa della porzione di volume su cui agiscono. In questo caso possiamo scrivere che $d\mathbf{F}_V = \mathbf{g}dm$ dove $\mathbf{g}$ è l'accelerazione di gravità, mentre dm è la massa locale del volume dV. Se poi si prende $\rho = \frac{dm}{dV}$ come densità di massa, allora si ha che $\mathbf{b}(\mathbf{x}) = \rho\mathbf{g}$.

- le *forze di superficie*. Esse sono dovute alle azioni di forza che ciascuna porzione di solido (in Fig. 1.9 indicata dalla porzione interna alla linea tratteggiata) subisce dalla parte rimanente del mezzo continuo (quella esterna alla linea tratteggiata). È importante riconoscere che la natura delle azioni che due corpi si trasmettono quando sono in contatto può essere descritta in maniera identica all'azione tra due porzioni dello stesso corpo, ma separate da una superficie ideale.

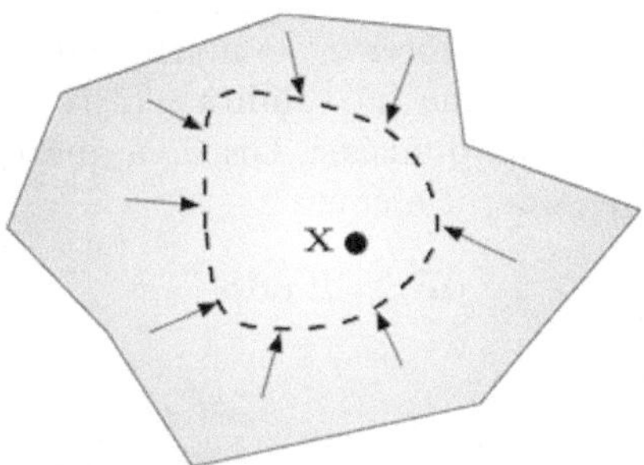

Fig. 1.9. Illustrazione schematica delle forze di superficie che agiscono sul contorno di una qualunque porzione (linea tratteggiata) di corpo solido.

La convenzione universalmente accettata prevede che, definito il versore normale uscente $\mathbf{n}$ all'elemento di superficie dS, una forza di superficie sia *negativa* se orientata oppostamente ad $\mathbf{n}$, ovvero sia *positiva* se concorde allo stesso. Dunque, le *forze di compressione* sono *negative*, mentre le *forze di trazione* (o tensili) sono *positive*. La convenzione è illustrata in Fig. 1.10. Infine, risulterà utile introdurre la seguente notazione per la forza di superficie infinitesima $d\mathbf{F}_S$ agente sull'elemento dS

$$d\mathbf{F}_S = \mathbf{f}dS \qquad (1.45)$$

dove $\mathbf{f}$ assume il significato fisico di una densità di forze per unità di superficie.

In Appendice C si dimostra analiticamente che esiste (ed è unico) un tensore $\hat{T}$ di rango 3×3 tale per cui

$$\boxed{\mathbf{f} = \hat{T}\mathbf{n}} \qquad (1.46)$$

Il carattere di simmetria del tensore $\hat{T}$ verrà discusso in Appendice D. L'esistenza del tensore $\hat{T}$ è un risultato universalmente noto come *teorema di*

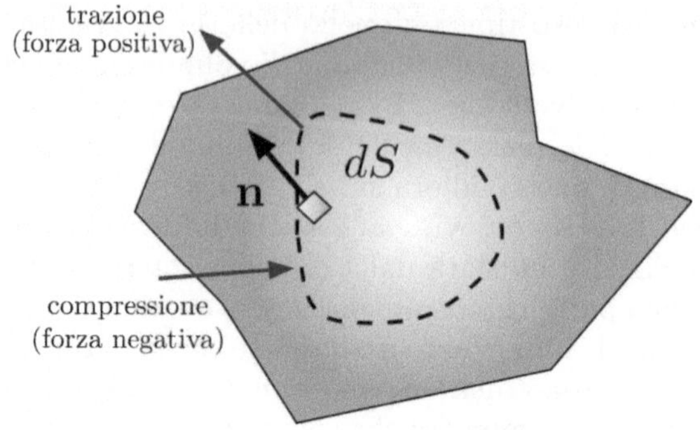

Fig. 1.10. Convenzione sui segni delle forze superficiali di trazione e compressione.

Cauchy, pubblicato nel testo "Exercices de mathématique" del 1827 [11, 24]. Sottolineiamo che questo teorema ha validità affatto generale e, dunque, si applica al caso di deformazioni qualsiasi. Grazie a questo teorema è possibile scrivere la forza totale di superficie come

$$\mathrm{d}\mathbf{F}_S = \hat{T}\mathbf{n}\mathrm{d}S \tag{1.47}$$

ovvero

$$\mathrm{d}F_{S,i} = T_{ij}n_j\mathrm{d}S \quad \rightarrow \quad \frac{\mathrm{d}F_{S,i}}{\mathrm{d}S} = T_{ij}n_j \tag{1.48}$$

Si noti che nelle precedenti espressioni gli indici ripetuti sono saturati: questa convenzione varrà sempre.

Il significato fisico del tensore $\hat{T}$ risulta immediato ove si considerino i seguenti semplici esempi. Supponiamo che tale tensore sia diagonale

$$T_{ij} = \sigma\delta_{ij} \tag{1.49}$$

(abbiamo usato la notazione δ_{ij} per l'indice di Kroenecker). In questo caso si ricava subito che

$$\frac{\mathrm{d}F_{S,i}}{\mathrm{d}S} = \sigma n_i \tag{1.50}$$

e, pertanto, la quantità σ rappresenta in questo caso la pressione idrostatica (di compressione o di trazione, a seconda del segno di σ) applicata sul corpo solido.

Supponiamo, invece, che il tensore $\hat{T}$ sia ora dato nella forma

$$\hat{T} = \begin{bmatrix} 0 & \tau & 0 \\ \tau & 0 & 0 \\ 0 & 0 & 0 \end{bmatrix} \tag{1.51}$$

dove τ è una quantità nota (detta sforzo di taglio). Si ricava immediatamente

$$\frac{\mathrm{d}F_{S,1}}{\mathrm{d}S} = \tau n_2 \quad \frac{\mathrm{d}F_{S,2}}{\mathrm{d}S} = \tau n_1 \quad \frac{\mathrm{d}F_{S,3}}{\mathrm{d}S} = 0 \tag{1.52}$$

che corrisponde all'applicazione di uno *sforzo di taglio* tangenziale alle superfici dS, con due componenti non nulle parallele, rispettivamente, all'asse di indice 1 e di indice 2. Infatti, se $\mathbf{n} \parallel x_1$, allora $\hat{T}\mathbf{n} \perp \mathbf{n}$; analogo risultato vale se $\mathbf{n} \parallel x_2$. In altre parole, riferendosi alla Fig. 1.11, si può dire che alla faccia numero 2 è applicata una forza per unità di superficie di intensità τ diretta lungo x_1 ed alla faccia numero 1 è applicata una forza sempre di intensità τ, ma diretta lungo x_2. Entrambe queste forze agiscono quindi tangenzialmente alle facce indicate del cubo. Inoltre, si osservi come l'applicazione di tali forze tenda a trasformare la faccia quadrata numero 4 (o analogamente la 3) in un rombo con l'angolo nell'origine degli assi che è acuto se $\tau > 0$ ed ottuso se $\tau < 0$.

Concludiamo, quindi, identificando $\hat{T}$ con il *tensore degli sforzi* (in inglese `stress tensor`) ed attribuendogli il significato fisico di una *pressione vettoriale*. La sua unità di misura è dunque il Pa (notiamo che i tipici valori di sforzo che si trovano in meccanica dei solidi variano tra il MPa ed il GPa). Al fine di meglio comprendere tale attribuzione, si consideri l'elemento di volume cubico riportato in Fig. 1.11: esso rappresenta una porzione infinitesima $dV = (dl)^3$ di un qualunque corpo solido. Le sei facce del cubo sono numerate secondo la notazione di Voigt (si veda Sez. 2.2). Qualora su tale elemento di volume agisca uno sforzo descritto dal tensore $\hat{T}$, le sue nove componenti hanno il significato illustrato in Fig. 1.12. Dunque, la componente T_{ij} rappresenta la pressione esistente sulla faccia di indice j ed agente lungo la direzione i.

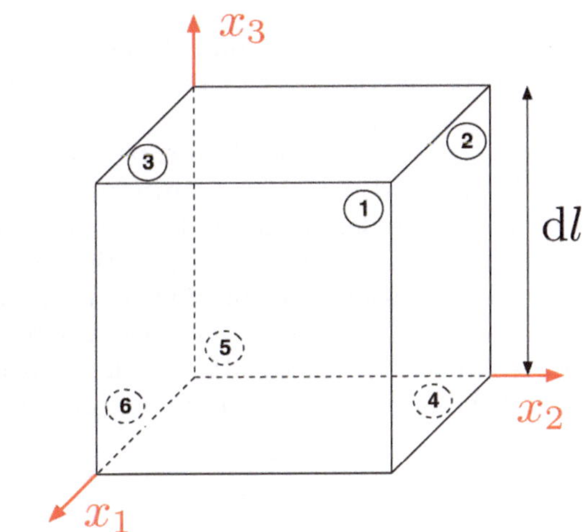

Fig. 1.11. Elemento di volume infinitesimo di un qualunque corpo solido. Le sei facce del cubo sono numerate secondo la notazione di Voigt.

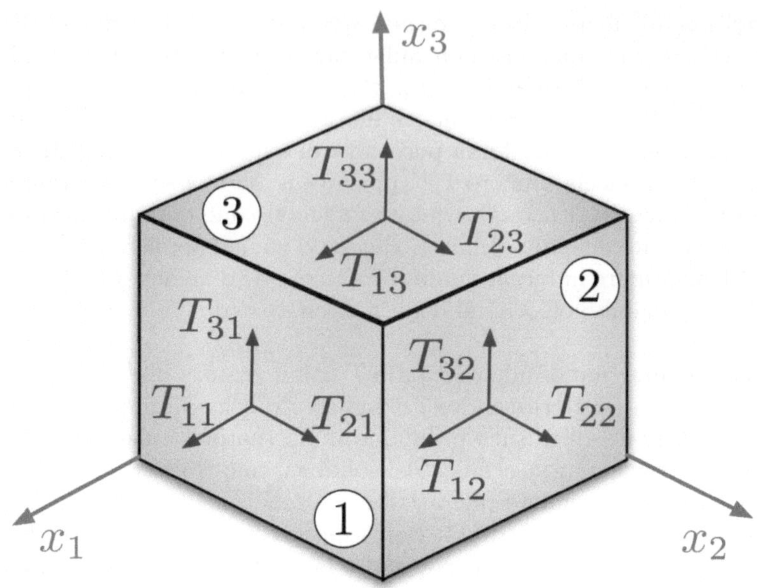

Fig. 1.12. Significato geometrico degli indici del tensore degli sforzi $\hat{T}$.

1.6 Struttura formale della meccanica dei solidi

Gli oggetti matematici introdotti sino a questo punto sono legati da un complesso di quattro equazioni che costituiscono la struttura formale della meccanica del continuo.

Le prime due equazioni – derivate, rispettivamente, dalla *prima e seconda equazione cardinale della meccanica razionale* – discendono direttamente dal bilancio della quantità di moto e del momento della quantità di moto per un sistema di punti materiali. In particolare, nel caso statico, esse rappresentano le condizioni di equilibrio traslazionale e rotazionale di un corpo (si ricordi che l'equilibrio si ha quando la risultante delle forze applicate è nulla e la risultante dei momenti applicati è nullo) [31, 19]. Esse sono le prime due relazioni fondamentali della meccanica dei continui e possono essere espresse nel seguente modo

$$\boxed{\frac{\partial T_{ji}}{\partial x_i} + b_j = \rho \frac{\partial^2 u_j}{\partial t^2}} \tag{1.53}$$

e

$$\boxed{T_{ij} = T_{ji}} \tag{1.54}$$

dove ρ rappresenta la densità volumetrica di massa del mezzo considerato. Queste equazioni sono derivate esplicitamente in Appendice D.

La terza equazione è la *relazione di congruenza* già introdotta

$$\boxed{\epsilon_{ij} = \tfrac{1}{2}\left(\frac{\partial u_i}{\partial x_j} + \frac{\partial u_j}{\partial x_i}\right)} \qquad (1.55)$$

La quarta equazione descrive fisicamente la relazione tra la deformazione applicata e lo sforzo risultante (o, equivalentemente, tra lo sforzo applicato e la conseguente deformazione osservata)

$$\boxed{T_{ij} = f(\epsilon_{ij})} \qquad (1.56)$$

Essa è detta *equazione costitutiva*. Va sottolineato che la struttura formale della meccanica dei solidi non è in grado di ricavare tale relazione costitutiva che, invece, deve essere assunta *a priori* del problema meccanico di interesse. Ogni risultato del continuo, dunque, è profondamente legato alla specifica equazione costitutiva che è stata adottata sulla base della conoscenza fenomenologica del mezzo fisico o sulla base della convenienza formale (o numerica). Questo è uno dei punti concettualmente più rilevanti dove la teoria atomistica può giocare un ruolo importante nel definire i fondamenti di plausibilità per la descrizione di continuo. Infatti, una volta assegnato il più opportuno modello di coesione atomica (empirico o da primi principi) la relazione costitutiva sforzo-deformazione è contenuta (ancorchè non palese in modo immediato) nello stesso modello atomistico. Ne discende, dunque, che la teoria atomistica può essere vista come una sorta di *teoria da primi principi per le equazioni costitutive del comportamento meccanico di un solido* [4, 26, 28, 41].

L'Eq. (1.56) assume in ogni punto del solido un'applicazione che associa biunivocamente un tensore degli sforzi ad un dato tensore delle deformazioni. Durante una deformazione, la rimozione delle forze esterne applicate comporta il ritorno del solido nelle condizioni iniziali di stato naturale. Tale stato naturale, o indeformato, corrisponde ad assenza di sforzi all'interno del corpo ($\hat{T} = 0$ se $\hat{\epsilon} = 0$ e viceversa). Per molti materiali l'Eq. (1.56) risulta lineare entro certi limiti di deformazione e/o sforzo. Tali mezzi e le corrispondenti equazioni costitutive vengono detti lineari. Altre volte le equazioni costitutive devono necessariamente contenere termini non lineari (per esempio quadratici e cubici nelle deformazioni) per rappresentare il comportamento reale del mezzo: in tale caso il solido è detto non lineare [2, 5].

Un altro aspetto importante della teoria dell'elasticità riguarda l'ipotesi di piccole deformazioni: quando tale assunzione è lecita, la teoria si sviluppa come descritto nel presente testo; nel caso si debbano tenere in conto deformazioni di entità superiore bisogna adottare uno schema più raffinato che esula dagli scopi di questo libro (teoria dell'elasticità per grandi deformazioni) [33].

Possiamo, infine, produrre la tassonomia di Tabella 1.1. Questa Tabella ha un valore indicativo e, sostanzialmente, formalizza una nomenclatura diffusa storicamente. Si noti, in particolare, che non ha un nome generico universale il caso di piccole deformazioni, con equazione costitutiva non lineare. Alcune volte ci si riferisce a tale caso con il termine *elasticità fisicamente non lineare*. D'altro canto si parla, per grandi deformazioni, genericamente di elasticità

Tabella 1.1. Classificazione schematica dei diversi capitoli della meccanica dei solidi.

regime	equazione costitutiva	capitolo della
piccole deformazioni	lineare	elasticità lineare
piccole deformazioni	non lineare	
grandi deformazioni	lineare	elasticità non lineare
grandi deformazioni	non lineare	elasticità non lineare

non lineare, indipendentemente dal tipo di equazione costitutiva (alcune volte si trova anche il termine *elasticità finita*). Infine, ricordiamo che il regime di piccole (grandi) deformazioni è anche noto come *regime di linearità (non linearità) geometrica* [28].

1.7 Esercizi del Capitolo 1

Esercizio 1.1. Un corpo bidimensionale occupa la regione di piano descritta dall'insieme $\{0 \leq x \leq 1; 0 \leq y \leq 1\}$ e viene deformato tramite lo spostamento $u_1 = \epsilon(x_1 + 2x_2)$ ed $u_2 = \epsilon(3x_1 + x_2)$ con $\epsilon \ll 1$. Calcolare l'estensione $\epsilon_{\mathbf{n}_1}$ lungo la direzione $\mathbf{n}_1 = (3/5, 4/5)$ e la variazione dell'angolo tra $\mathbf{n}_1$ ed $\mathbf{n}_2 = (-4/5, 3/5)$.

Soluzione 1.1. Calcoliamo il tensore delle deformazioni bidimensionale

$$\hat{\epsilon} = \begin{bmatrix} \frac{\partial u_1}{\partial x_1} & \frac{1}{2}\left(\frac{\partial u_1}{\partial x_2} + \frac{\partial u_2}{\partial x_1}\right) \\ \frac{1}{2}\left(\frac{\partial u_1}{\partial x_2} + \frac{\partial u_2}{\partial x_1}\right) & \frac{\partial u_2}{\partial x_2} \end{bmatrix} = \begin{bmatrix} \epsilon & \frac{5}{2}\epsilon \\ \frac{5}{2}\epsilon & \epsilon \end{bmatrix}$$

L'estensione lungo $\mathbf{n}_1$ si calcola come segue:

$$\epsilon_{\mathbf{n}_1} = \mathbf{n}_1 \cdot (\hat{\epsilon}\mathbf{n}_1)$$

$$= \epsilon(3/5, 4/5) \cdot (13/5, 23/10) = \frac{17}{5}\epsilon$$

La variazione dell'angolo tra $\mathbf{n}_1$ ed $\mathbf{n}_2 = (-4/5, 3/5)$ vale

$$\Delta\alpha_{\mathbf{n}_1,\mathbf{n}_2} = 2\mathbf{n}_1 \cdot (\hat{\epsilon}\mathbf{n}_2)$$

$$= 2\epsilon(3/5, 4/5) \cdot (7/10, -7/5) = -\frac{7}{5}\epsilon$$

Esercizio 1.2. Il tensore degli sforzi in un punto di un solido vale

$$\hat{T} = \begin{bmatrix} 1 & 1 & 0 \\ 1 & -1 & 0 \\ 0 & 0 & 1 \end{bmatrix}$$

Si chiede di trovare la forza superficiale sull'elemento di area avente vettore normale $\mathbf{v} = (1, 1, 2)$. Verificare che il modulo della componente della forza lungo $\mathbf{v}$ vale 1. Mostrare che lo sforzo di taglio ha modulo $\frac{1}{\sqrt{3}}$ e agisce nella direzione $\mathbf{w} = (1, -1, 0)$.

Soluzione 1.2. La forza superficiale vale

$$\mathbf{f} = \hat{T}\mathbf{n} = \hat{T}\frac{\mathbf{v}}{|\mathbf{v}|} = \begin{bmatrix} 1 & 1 & 0 \\ 1 & -1 & 0 \\ 0 & 0 & 1 \end{bmatrix} \begin{bmatrix} \frac{1}{\sqrt{6}} \\ \frac{1}{\sqrt{6}} \\ \frac{2}{\sqrt{6}} \end{bmatrix} = \begin{bmatrix} \frac{2}{\sqrt{6}} \\ 0 \\ \frac{2}{\sqrt{6}} \end{bmatrix}$$

La componente lungo il vettore $\mathbf{v}$ (sforzo normale) vale

$$f_n = \mathbf{f} \cdot \mathbf{n} = \mathbf{f} \cdot \frac{\mathbf{v}}{|\mathbf{v}|} = \frac{2}{\sqrt{6}} \cdot \frac{1}{\sqrt{6}} + \frac{2}{\sqrt{6}} \cdot \frac{2}{\sqrt{6}} = \frac{2}{6} + \frac{4}{6} = 1$$

come richiesto dall'esercizio. Lo sforzo di taglio si esprime nella forma

$$\mathbf{f}_t = \mathbf{f} - (\mathbf{f} \cdot \mathbf{n})\,\mathbf{n} = \begin{bmatrix} \frac{2}{\sqrt{6}} \\ 0 \\ \frac{2}{\sqrt{6}} \end{bmatrix} - \begin{bmatrix} \frac{1}{\sqrt{6}} \\ \frac{1}{\sqrt{6}} \\ \frac{2}{\sqrt{6}} \end{bmatrix} = \begin{bmatrix} \frac{1}{\sqrt{6}} \\ \frac{-1}{\sqrt{6}} \\ 0 \end{bmatrix}$$

Quest'ultimo vettore è evidentemente parallelo a $\mathbf{w} = (1, -1, 0)$ ed il modulo vale $f_t = |\mathbf{f}_t| = \sqrt{1/6 + 1/6} = \sqrt{1/3} = 1/\sqrt{3}$ come richiesto.

Esercizio 1.3. Si consideri la deformazione di un corpo corrispondente alla rotazione intorno all'asse x di un angolo θ. Si determinino lo spostamento $\mathbf{u}(\mathbf{x})$ e la relativa espressione approssimata quando l'angolo θ è molto piccolo. Infine si dimostri che il tensore delle deformazioni è nullo se θ è piccolo.

Soluzione 1.3. La trasformazione generale è data da $\mathbf{X} = \hat{R}\mathbf{x}$ dove la matrice di rotazione è data da

$$\hat{R} = \begin{bmatrix} 1 & 0 & 0 \\ 0 & \cos\theta & -\sin\theta \\ 0 & \sin\theta & \cos\theta \end{bmatrix}$$

Visto che lo spostamento si scrive come $\mathbf{u} = \mathbf{X} - \mathbf{x}$ si ha $\mathbf{u} = (\hat{R} - \hat{I})\mathbf{x}$ e quindi si ottiene

$$\mathbf{u} = \begin{bmatrix} 0 & 0 & 0 \\ 0 & \cos\theta - 1 & -\sin\theta \\ 0 & \sin\theta & \cos\theta - 1 \end{bmatrix} \mathbf{x}$$

Per piccoli valori dell'angolo θ lo spostamento si semplifica

$$\mathbf{u} = \begin{bmatrix} 0 & 0 & 0 \\ 0 & 0 & -\theta \\ 0 & \theta & 0 \end{bmatrix} \mathbf{x}$$

Il corrispondente tensore delle deformazioni si determina facilmente ed è nullo.

Esercizio 1.4. Un cilindro occupa la regione $x_1^2 + x_2^2 \leq R^2$ ed $-L \leq x_3 \leq 0$ ed è in equilibrio statico. Il tensore degli sforzi è dato da $T_{11} = T_{12} = T_{22} = 0$, $T_{13} = -ax_2$, $T_{23} = ax_1$ e $T_{33} = cx_3$ dove a e c sono costanti note. Trovare le forze volumetriche b_i e gli sforzi superficiali sulle tre facce (due basi e superficie laterale).

Soluzione 1.4. Le forze volumetriche si trovano direttamente dal bilancio della quantità di moto

$$b_1 = -\frac{\partial T_{11}}{\partial x_1} - \frac{\partial T_{12}}{\partial x_2} - \frac{\partial T_{13}}{\partial x_3} = 0$$

$$b_2 = -\frac{\partial T_{21}}{\partial x_1} - \frac{\partial T_{22}}{\partial x_2} - \frac{\partial T_{23}}{\partial x_3} = 0$$

$$b_3 = -\frac{\partial T_{31}}{\partial x_1} - \frac{\partial T_{32}}{\partial x_2} - \frac{\partial T_{33}}{\partial x_3} = -c$$

La forma generale della densità superficiale di forza è data da

$$\mathbf{f} = \hat{T}\mathbf{n} = \begin{bmatrix} 0 & 0 & -ax_2 \\ 0 & 0 & ax_1 \\ -ax_2 & ax_1 & cx_3 \end{bmatrix} \mathbf{n}$$

Sulla base superiore $x_3 = 0$ ed $\mathbf{n} = (0, 0, 1)$ e quindi

$$\mathbf{f} = \hat{T}\mathbf{n} = \begin{bmatrix} 0 & 0 & -ax_2 \\ 0 & 0 & ax_1 \\ -ax_2 & ax_1 & 0 \end{bmatrix} \begin{bmatrix} 0 \\ 0 \\ 1 \end{bmatrix} = \begin{bmatrix} -ax_2 \\ ax_1 \\ 0 \end{bmatrix}$$

Sulla base inferiore $x_3 = -L$ ed $\mathbf{n} = (0, 0, -1)$ e quindi

$$\mathbf{f} = \hat{T}\mathbf{n} = \begin{bmatrix} 0 & 0 & -ax_2 \\ 0 & 0 & ax_1 \\ -ax_2 & ax_1 & -cL \end{bmatrix} \begin{bmatrix} 0 \\ 0 \\ -1 \end{bmatrix} = \begin{bmatrix} ax_2 \\ -ax_1 \\ cL \end{bmatrix}$$

Sulla superficie laterale $x_1^2 + x_2^2 = R^2$ ed $\mathbf{n} = (x_1/R, x_2/R, 0)$ e quindi

$$\mathbf{f} = \hat{T}\mathbf{n} = \begin{bmatrix} 0 & 0 & -ax_2 \\ 0 & 0 & ax_1 \\ -ax_2 & ax_1 & cx_3 \end{bmatrix} \begin{bmatrix} \frac{x_1}{R} \\ \frac{x_2}{R} \\ 0 \end{bmatrix} = \begin{bmatrix} 0 \\ 0 \\ 0 \end{bmatrix}$$

Si tratta di un caso in cui si ha torsione mista a compressione.

Esercizio 1.5. Si consideri uno stato di tensione descritto localmente da un tensore degli sforzi diagonale. Gli elementi σ_1, σ_2 e σ_3 siano disposti sulla sua diagonale (si supponga per esempio che $\sigma_1 > \sigma_2 > \sigma_3$). Dato un versore $\mathbf{n}$, si

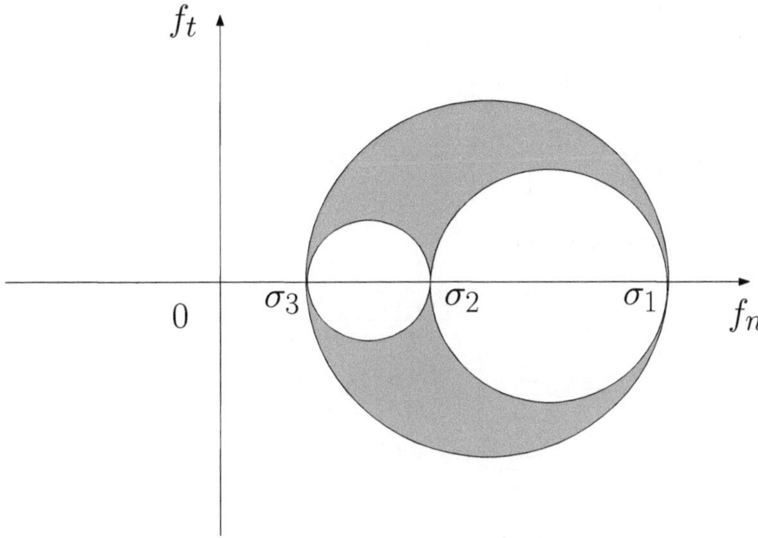

Fig. 1.13. Cerchi di Mohr.

possono determinare lo sforzo normale f_n e lo sforzo di taglio f_t. Si dimostri che queste due quantità sono sempre descritte da un punto nella zona grigia della Fig. 1.13, delimitata da tre cerchi, detti cerchi di Mohr [27, 15].

Soluzione 1.5. Visto che $\mathbf{f} = \hat{T}\mathbf{n}$ possiamo scrivere le relazioni

$$f_n = \mathbf{f} \cdot \mathbf{n} = \mathbf{n} \cdot \left(\hat{T}\mathbf{n}\right) = \sigma_1 n_1^2 + \sigma_2 n_2^2 + \sigma_3 n_3^2$$

$$|\mathbf{f}|^2 = \left(\hat{T}\mathbf{n}\right) \cdot \left(\hat{T}\mathbf{n}\right) = \sigma_1^2 n_1^2 + \sigma_2^2 n_2^2 + \sigma_3^2 n_3^2$$

ma chiaramente $|\mathbf{f}|^2 = f_n^2 + f_t^2$ e $n_1^2 + n_2^2 + n_3^2 = 1$ quindi si ottiene il sistema seguente

$$f_n^2 + f_t^2 = \sigma_1^2 n_1^2 + \sigma_2^2 n_2^2 + \sigma_3^2 n_3^2$$
$$f_n = \sigma_1 n_1^2 + \sigma_2 n_2^2 + \sigma_3 n_3^2$$
$$1 = n_1^2 + n_2^2 + n_3^2$$

Tale sistema può essere risolto rispetto alle variabili n_1^2, n_2^2 ed n_3^2 (per esempio con il metodo di Cramer) ottenendo i vari determinanti come segue

$$\Delta = \det \begin{bmatrix} \sigma_1^2 & \sigma_2^2 & \sigma_3^2 \\ \sigma_1 & \sigma_2 & \sigma_3 \\ 1 & 1 & 1 \end{bmatrix} = (\sigma_1 - \sigma_2)(\sigma_1 - \sigma_3)(\sigma_2 - \sigma_3)$$

$$\Delta_1 = \det \begin{bmatrix} f_n^2 + f_t^2 & \sigma_2^2 & \sigma_3^2 \\ f_n & \sigma_2 & \sigma_3 \\ 1 & 1 & 1 \end{bmatrix} = (\sigma_2 - \sigma_3)\left[f_t^2 + (f_n - \sigma_2)(f_n - \sigma_3)\right]$$

$$\Delta_2 = \det \begin{bmatrix} \sigma_1^2 & f_n^2 + f_t^2 & \sigma_3^2 \\ \sigma_1 & f_n & \sigma_3 \\ 1 & 1 & 1 \end{bmatrix} = -(\sigma_1 - \sigma_3)\left[f_t^2 + (f_n - \sigma_1)(f_n - \sigma_3)\right]$$

$$\Delta_3 = \det \begin{bmatrix} \sigma_1^2 & \sigma_2^2 & f_n^2 + f_t^2 \\ \sigma_1 & \sigma_2 & f_n \\ 1 & 1 & 1 \end{bmatrix} = (\sigma_1 - \sigma_2)\left[f_t^2 + (f_n - \sigma_1)(f_n - \sigma_2)\right]$$

da cui si ottengono le soluzioni

$$n_1^2 = \frac{\Delta_1}{\Delta} = \frac{f_t^2 + (f_n - \sigma_2)(f_n - \sigma_3)}{(\sigma_1 - \sigma_2)(\sigma_1 - \sigma_3)}$$

$$n_2^2 = \frac{\Delta_2}{\Delta} = -\frac{f_t^2 + (f_n - \sigma_1)(f_n - \sigma_3)}{(\sigma_1 - \sigma_2)(\sigma_2 - \sigma_3)}$$

$$n_3^2 = \frac{\Delta_3}{\Delta} = \frac{f_t^2 + (f_n - \sigma_1)(f_n - \sigma_2)}{(\sigma_1 - \sigma_3)(\sigma_2 - \sigma_3)}$$

Ora, visto che abbiamo assunto $\sigma_1 > \sigma_2 > \sigma_3$ e che le tre precedenti quantità sono sempre non negative, devono essere sempre verificate le seguenti disequazioni

$$f_t^2 + (f_n - \sigma_2)(f_n - \sigma_3) \geq 0$$
$$f_t^2 + (f_n - \sigma_1)(f_n - \sigma_3) \leq 0$$
$$f_t^2 + (f_n - \sigma_1)(f_n - \sigma_2) \geq 0$$

Esse sono equivalenti alle seguenti

$$f_t^2 + \left(f_n - \frac{\sigma_2 + \sigma_3}{2}\right)^2 \geq \left(\frac{\sigma_2 - \sigma_3}{2}\right)^2$$

$$f_t^2 + \left(f_n - \frac{\sigma_1 + \sigma_3}{2}\right)^2 \leq \left(\frac{\sigma_1 - \sigma_3}{2}\right)^2$$

$$f_t^2 + \left(f_n - \frac{\sigma_1 + \sigma_2}{2}\right)^2 \geq \left(\frac{\sigma_1 - \sigma_2}{2}\right)^2$$

Risulta evidente che tali equazioni rappresentano proprio i cerchi mostrati in Fig. 1.13, verificando quanto richiesto dall'esercizio. In conclusione, preso un punto ove il tensore degli sforzi sia diagonale su una data base, al variare del versore **n** possiamo ottenere uno sforzo normale ed uno sforzo di taglio descritti da un punto nella area grigia della Fig. 1.13, delimitata dai tre cerchi di Mohr .

Esercizio 1.6. Ricavare l'Eq. (1.42) del testo

$$\Delta V = \int_V \mathrm{Tr}\,(\hat{\epsilon})\,\mathrm{d}\mathbf{x}$$

Soluzione 1.6. La variazione di volume si può esprimere come $\Delta V = V' - V$ dove $V' = \int_{V'} d\mathbf{X}$ e $V = \int_{V} d\mathbf{x}$, avendo considerato una generica trasformazione $\mathbf{X} = f(\mathbf{x})$ tra le configurazioni iniziale e finale. Quindi la variazione di volume diventa

$$\Delta V = \int_{V'} d\mathbf{X} - \int_{V} d\mathbf{x} = \int_{V} \det\left[\frac{\partial \mathbf{X}}{\partial \mathbf{x}}\right] d\mathbf{x} - \int_{V} d\mathbf{x}$$

$$= \int_{V} \left\{\det\left[\frac{\partial \mathbf{X}}{\partial \mathbf{x}}\right] - 1\right\} d\mathbf{x} = \int_{V} \left\{\det\left[\hat{F}\right] - 1\right\} d\mathbf{x}$$

$$= \int_{V} \left\{\det\left[\hat{I} + \hat{J}\right] - 1\right\} d\mathbf{x} = \int_{V} \left\{\det\left[\hat{I} + \hat{\epsilon} + \hat{\Omega}\right] - 1\right\} d\mathbf{x}$$

avendo utilizzato il teorema del cambio di variabili per gli integrali multipli. Nel caso di piccole deformazioni la formula può essere ulteriormente semplificata poiché l'ipotesi $J_{ij} \ll 1$ comporta

$$\det\left[\hat{I} + \hat{J}\right] = \det \begin{bmatrix} 1 + J_{11} & J_{12} & J_{13} \\ J_{21} & 1 + J_{22} & J_{23} \\ J_{31} & J_{32} & 1 + J_{33} \end{bmatrix}$$

$$\simeq 1 + J_{11} + J_{22} + J_{33} = 1 + \mathrm{Tr}\left(\hat{J}\right)$$

Allora

$$\Delta V = \int_{V} \left\{\det\left[\hat{I} + \hat{\epsilon} + \hat{\Omega}\right] - 1\right\} d\mathbf{x}$$

$$= \int_{V} \mathrm{Tr}\left(\hat{\epsilon} + \hat{\Omega}\right) d\mathbf{x} = \int_{V} \mathrm{Tr}\left(\hat{\epsilon}\right) d\mathbf{x}$$

come dovevasi verificare.

Esercizio 1.7. Dato un tensore delle piccole deformazioni ϵ_{ij} (simmetrico) costante in tutto lo spazio, determinare la forma generale del campo di deformazioni corrispondente. [Suggerimento: si consideri la procedura operativa per il calcolo degli spostamenti a partire dal tensore delle deformazioni, descritta in Appendice B.]

Soluzione 1.7. Innanzitutto, bisogna verificare che le equazioni di compatibilità di Saint-Venant, Eq. (B6), siano verificate. Questo risulta vero semplicemente perchè le ϵ_{ij} sono costanti e quindi tutte le derivate sono nulle. A questo punto bisogna trovare gli elementi Ω_{12}, Ω_{13} e Ω_{23} del tensore delle rotazioni integrando l'Eq. (B.5). Questo significa che dobbiamo risolvere le equazioni

$$\frac{\partial \epsilon_{ik}}{\partial x_h} - \frac{\partial \epsilon_{ih}}{\partial x_k} = \frac{\partial \Omega_{kh}}{\partial x_i}$$

rispetto a Ω_{kh}. Visto che le ϵ_{ij} sono costanti, tali equazioni si semplificano nella forma $\frac{\partial \Omega_{kh}}{\partial x_i} = 0$ che conduce subito al seguente risultato: le tre funzioni Ω_{12}, Ω_{13} e Ω_{23} sono anch'esse costanti. Queste costanti vengono indicate, per convenienza, nel seguente modo:

$$\Omega_{12} = -\omega_3$$
$$\Omega_{13} = \omega_2$$
$$\Omega_{23} = -\omega_1$$

Questo significa che abbiamo ottenuto la forma completa del tensore delle rotazioni costante

$$\hat{\Omega} = \begin{bmatrix} 0 & -\omega_3 & \omega_2 \\ \omega_3 & 0 & -\omega_1 \\ -\omega_2 & \omega_1 & 0 \end{bmatrix}$$

Sommando il tensore $\hat{\epsilon}$ ed il tensore $\hat{\Omega}$ appena trovato, si ottiene il gradiente $\hat{J}$ dello spostamento come segue

$$\hat{J} = \begin{bmatrix} \epsilon_{11} & \epsilon_{12} - \omega_3 & \epsilon_{13} + \omega_2 \\ \epsilon_{12} + \omega_3 & \epsilon_{22} & \epsilon_{23} - \omega_1 \\ \epsilon_{13} - \omega_2 & \epsilon_{23} + \omega_1 & \epsilon_{33} \end{bmatrix}$$

Visto che $\frac{\partial u_i}{\partial x_j} = J_{ij}$, siamo finalmente in grado di svolgere un'ultima integrazione per ottenere il campo degli spostamenti. Si ottiene facilmente che: $u_i(\mathbf{x}) = J_{ij}x_j + u_{i,0}$, dove i coefficienti $u_{i,0}$ sono altre tre costanti di integrazione. Più esplicitamente si ha

$$u_1(\mathbf{x}) = \epsilon_{11}x_1 + \epsilon_{12}x_2 + \epsilon_{13}x_3 - \omega_3 x_2 + \omega_2 x_3 + u_{1,0}$$
$$u_2(\mathbf{x}) = \epsilon_{12}x_1 + \epsilon_{22}x_2 + \epsilon_{23}x_3 + \omega_3 x_1 - \omega_1 x_3 + u_{2,0}$$
$$u_3(\mathbf{x}) = \epsilon_{13}x_1 + \epsilon_{23}x_2 + \epsilon_{33}x_3 - \omega_2 x_1 + \omega_1 x_2 + u_{3,0}$$

Si osservi che la soluzione generale ha sei costanti di integrazione (tre coefficienti ω_i e tre coefficienti $u_{i,0}$): cio è coerente con il fatto che il problema risolto coincide con la soluzione di sei equazioni differenziali del primo ordine. Infine, è importante fornire un senso fisico alla soluzione trovata ed alle costanti di integrazione introdotte. A tal fine riscriviamo la soluzione nella forma vettoriale

$$\mathbf{u}(\mathbf{x}) = \hat{\epsilon}\mathbf{x} + \boldsymbol{\omega} \times \mathbf{x} + \mathbf{u}_0$$

Tale equazione dimostra esplicitamente che il vettore $\mathbf{u}_0$ rappresenta una traslazione arbitraria e che il vettore $\boldsymbol{\omega}$ rappresenta una rotazione arbitraria. Quindi, in conclusione, possiamo affermare che il problema posto ha soluzione a meno di una roto-traslazione arbitraria cha va imposta tramite le condizioni al contorno associate al problema.

2

Continuo lineare elastico

La struttura logica della teoria dell'elasticità è racchiusa nell'insieme delle equazioni fondamentali che rappresentano il bilancio della quantità di moto, il bilancio del momento della quantità di moto e la relazione di congruenza che lega il tensore delle deformazioni al campo di spostamento. Ad esse, per formare un sistema completo e ben posto, bisogna aggiungere le equazioni costitutive che descrivono il comportamento del mezzo elastico che si vuole descrivere. Tali equazioni costitutive legano il tensore delle deformazioni al tensore degli sforzi mediante una corrispondenza che deve riflettere il comportamento fisico (cioè osservabile sperimentalmente) del solido. A questo livello la teoria delle equazioni costitutive è basata su fondamenti fenomenologici. La stragrande maggioranza dei materiali, in particolare quando sottoposti a piccole deformazioni, sono descritti esaurientemente da una relazione lineare tra sforzi e deformazioni.

In questo Capitolo descriviamo le proprietà dei materiali elastici lineari e approfondiamo, in particolare, lo studio dei mezzi isotropi che sono quelli più diffusi e più semplici da trattare. In questo contesto sono definiti i vari moduli elastici, ampiamente utilizzati nelle applicazioni della meccanica dei solidi. Infine, la definizione delle equazioni costitutive di un mezzo consentirà di impostare in modo rigoroso e risolvere esplicitamente una serie di problemi classici della teoria dell'elasticità di rilevante interesse, anche pratico.

2.1 Equazione costitutiva elastica

Il formalismo sin qui sviluppato è esatto e di validità affatto generale, sotto l'unica condizione che si stiano considerando piccoli spostamenti. Tuttavia, il dispositivo teorico è del tutto generico e, al fine di procedere oltre, è necessario introdurre ipotesi semplificatrici. Occorre, in particolare, esprimere in maniera esplicita l'equazione costitutiva per la tipologia di comportamento meccanico che si intende studiare.

L'approssimazione più ampiamente diffusa e studiata equivale ad assumere che la risposta del sistema sia *elastica lineare* [2, 28]. L'equazione costituitiva associata è

$$T_{ij} = \mathcal{C}_{ijkh} \epsilon_{kh} \tag{2.1}$$

dove le $\mathcal{C}_{ijkh}$ sono opportune costanti. L'Eq. (2.1) è di validità generale, comprendendo cioè ogni possibile caso di simmetria cristallina e/o anisotropia. Questa equazione è una generalizzazione della famosa legge di Hooke, il quale nel 1676 diede il primo contributo in tema di equazioni costitutive. Egli descrisse le molle degli orologi con la relazione $F = kx$ (... *ut tensio sic vis* ...) [10, 11, 12]. Il tensore $\hat{\mathcal{C}}$ ha $3^4 = 81$ componenti ed è noto come *tensore elastico* o *delle costanti elastiche*. Il numero effettivo delle sue componenti indipendenti è necessariamente ridotto da relazioni matematiche universalmente valide. Infatti:

- la simmetria del tensore degli sforzi impone che

$$\mathcal{C}_{ijkh} = \mathcal{C}_{jikh} \tag{2.2}$$

- la simmetria del tensore delle deformazioni impone che

$$\mathcal{C}_{ijkh} = \mathcal{C}_{ijhk} \tag{2.3}$$

- argomentazioni termodinamiche impongono che

$$\mathcal{C}_{ijkh} = \mathcal{C}_{khij} \tag{2.4}$$

Le prime due relazioni sono note come *piccole simmetrie*, mentre la terza relazione è nota come *grande simmetria* e merita un approfondimento.

Si supponga l'esistenza di una certa densità di energia potenziale elastica dipendente dal tensore delle deformazioni $U = U(\hat{\epsilon})$. Da essa si può determinare per derivazioni una equazione costitutiva del tipo $T_{ij} = \frac{\partial U(\hat{\epsilon})}{\partial \epsilon_{ij}}$ (si pensi, ad esempio, al caso unidimensionale di un oscillatore armonico di costante elastica k dove: $U = \frac{1}{2}kx^2$ e quindi $F = kx$). Confrontando questa equazione costitutiva con l'Eq. (2.1) si ottiene

$$\mathcal{C}_{ijkh} = \frac{\partial T_{ij}}{\partial \epsilon_{kh}} = \frac{\partial^2 U(\hat{\epsilon})}{\partial \epsilon_{kh} \partial \epsilon_{ij}} \tag{2.5}$$

Per il teorema di Schwartz la derivata seconda di una funzione sufficientemente regolare è permutabile e, quindi, se esiste una $U(\hat{\epsilon})$ che descrive il materiale allora deve sussistere la grande simmetria. Si osservi, infine, che per i materiali lineari la funzione densità di energia è sempre del tipo $U(\hat{\epsilon}) = \frac{1}{2}\mathcal{C}_{ijkh}\epsilon_{ij}\epsilon_{hk}$. Quando si considera la configurazione di riferimento priva di sforzi e deformazioni, si deve sempre avere $U(\hat{\epsilon}) > 0$. Questo, almeno intuitivamente, significa che un sistema di "molle" deformato deve avere energia potenziale totale positiva [26]. Le considerazioni energetiche saranno discusse dettagliatamente nel Capitolo seguente.

La conseguenza pratica di questa gerarchia di simmetrie è che il tensore $\hat{C}$ ha solamente 21 componenti indipendenti, nel caso più generale. Ulteriore riduzione del numero di componenti indipendenti è imposta dalla simmetria cristallina del solido considerato [4, 41].

2.2 Notazione di Voigt

La simmetria dei tensori $\hat{\epsilon}$ e $\hat{T}$ e la grande simmetria del tensore elastico $\hat{C}$ suggeriscono di utilizzare una notazione semplificata, detta di Voigt. Anziché rappresentare $\hat{\epsilon}$ e $\hat{T}$ tramite le corrispondenti matrici $\{\epsilon_{ij}\}$ e $\{T_{ij}\}$, è conveniente utilizzare dei vettori colonna i cui elementi siano tutte e sole le sei componenti indipendenti della deformazione e dello sforzo.

Per formalizzare questa convenienza dobbiamo innanzitutto ricordare che noi abbiamo sempre indicato le direzioni cartesiane (x, y, z) con gli indici $(1, 2, 3)$. Le sei componenti indipendenti del tensore delle deformazioni possono, dunque, essere arrangiate in un unico vettore colonna come segue

$$\tilde{\epsilon} = \underbrace{\begin{bmatrix} \epsilon_{xx} \\ \epsilon_{yy} \\ \epsilon_{zz} \\ \epsilon_{xy} \\ \epsilon_{yz} \\ \epsilon_{xz} \end{bmatrix}}_{\text{indici cartesiani}} = \underbrace{\begin{bmatrix} \epsilon_{11} \\ \epsilon_{22} \\ \epsilon_{33} \\ \epsilon_{12} \\ \epsilon_{23} \\ \epsilon_{13} \end{bmatrix}}_{\text{indici numerici}} \tag{2.6}$$

A questo punto, procediamo con l'identificazione di ciascuna coppia di *indici cartesiani* con un indice numerico, secondo lo schema seguente

$$xx \to 1 \quad yy \to 2 \quad zz \to 3 \quad xy \to 4 \quad yz \to 5 \quad xz \to 6 \tag{2.7}$$

In questo modo, il vettore colonna $\tilde{\epsilon}$ viene indicato come

$$\tilde{\epsilon} = \underbrace{\begin{bmatrix} \epsilon_{xx} \\ \epsilon_{yy} \\ \epsilon_{zz} \\ \epsilon_{xy} \\ \epsilon_{yz} \\ \epsilon_{xz} \end{bmatrix}}_{\text{notazione esplicita}} = \underbrace{\begin{bmatrix} \epsilon_1 \\ \epsilon_2 \\ \epsilon_3 \\ \epsilon_4 \\ \epsilon_5 \\ \epsilon_6 \end{bmatrix}}_{\text{notazione compatta di Voigt}} \tag{2.8}$$

Onde evitare confusioni, ribadiamo ancora una volta che il singolo indice numerico allude nella notazione di Voigt – a differenza di quanto assunto sinora – ad una coppia di indici cartesiani. Per questo motivo tale notazione è anche detta *compatta*, al fine di distinguerla da quella estesa comune. Bisogna, putroppo, segnalare un'altra possibile sorgente di confusione legata ad una mancanza di universalità nell'adozione della notazione compatta: mentre i primi tre elementi del vettore colonna delle deformazioni sono ovunque definiti come in Eq. (2.8), si trovano invece ordinamenti differenti per gli ultimi tre elementi. Inoltre, altre volte in alcuni testi il vettore delle deformazioni in notazione di Voigt viene definito ponendo: $\epsilon_4 = 2\epsilon_{xy}$, $\epsilon_5 = 2\epsilon_{yz}$ e $\epsilon_6 = 2\epsilon_{xz}$. Noi non adottiamo questa convenzione e utilizzeremo sempre rigorosamente le definizioni date nelle Eq. (2.6), (2.7) e (2.8). Si faccia comunque attenzione che le formule qui sviluppate contengono, quindi, una moltiplicazione (o una divisione) per un fattore 2 che può indurre confusione nel confronto con alcuni altri testi di elasticità.

In maniera del tutto analoga si può procedere per il tensore degli sforzi

$$\tilde{T} = \underbrace{\begin{bmatrix} T_{xx} \\ T_{yy} \\ T_{zz} \\ T_{xy} \\ T_{yz} \\ T_{xz} \end{bmatrix}}_{\text{notazione esplicita}} = \underbrace{\begin{bmatrix} T_1 \\ T_2 \\ T_3 \\ T_4 \\ T_5 \\ T_6 \end{bmatrix}}_{\text{notazione compatta di Voigt}} \tag{2.9}$$

D'ora in poi $\tilde{\epsilon}$ e $\tilde{T}$ rappresenteranno i vettori associati ai tensori $\hat{\epsilon}$ e $\hat{T}$, mediante la convenzione di Voigt. In tale ipotesi il tensore elastico $\mathcal{C}_{ijkh}$ a quattro indici si trasforma in una matrice quadrata, avente sei righe e sei colonne, che indicheremo con $\tilde{\mathcal{C}}$. Ovviamente vale

$$\tilde{T} = \tilde{\mathcal{C}}\tilde{\epsilon} \tag{2.10}$$

che espressamente diventa

$$\begin{bmatrix} T_1 \\ T_2 \\ T_3 \\ T_4 \\ T_5 \\ T_6 \end{bmatrix} = \begin{bmatrix} \mathcal{C}_{11} & \mathcal{C}_{12} & \mathcal{C}_{13} & \mathcal{C}_{14} & \mathcal{C}_{15} & \mathcal{C}_{16} \\ \mathcal{C}_{12} & \mathcal{C}_{22} & \mathcal{C}_{23} & \mathcal{C}_{24} & \mathcal{C}_{25} & \mathcal{C}_{26} \\ \mathcal{C}_{13} & \mathcal{C}_{23} & \mathcal{C}_{33} & \mathcal{C}_{34} & \mathcal{C}_{35} & \mathcal{C}_{36} \\ \mathcal{C}_{14} & \mathcal{C}_{24} & \mathcal{C}_{34} & \mathcal{C}_{44} & \mathcal{C}_{45} & \mathcal{C}_{46} \\ \mathcal{C}_{15} & \mathcal{C}_{25} & \mathcal{C}_{35} & \mathcal{C}_{45} & \mathcal{C}_{55} & \mathcal{C}_{56} \\ \mathcal{C}_{16} & \mathcal{C}_{26} & \mathcal{C}_{36} & \mathcal{C}_{46} & \mathcal{C}_{56} & \mathcal{C}_{66} \end{bmatrix} \begin{bmatrix} \epsilon_1 \\ \epsilon_2 \\ \epsilon_3 \\ \epsilon_4 \\ \epsilon_5 \\ \epsilon_6 \end{bmatrix} \tag{2.11}$$

dove la simmetria ordinaria di $\tilde{\mathcal{C}}$ (che è sempre verificata) riflette la grande simmetria di $\hat{\mathcal{C}}$. Si osservi che dall'Eq. (2.11) è immediato rendersi conto che le componenti indipendenti del tensore elastico sono 21. Infatti una matrice simmetrica $n \times n$ ha $n(n+1)/2$ elementi indipendenti, come risulta evidente da un conteggio elementare. Ponendo $n = 6$ si ottengono subito 21 elementi per i tensori elastici. Come vedremo nel seguito, questa tecnica di rappresentazione compatta è molto utile anche per altri tensori che intervengono nella teoria della elasticità.

I tensori elastici (o di rigidità) $\hat{\mathcal{C}}$ e $\tilde{\mathcal{C}}$ vengono detti in inglese **stiffness tensors**. Introduciamo anche le relazioni inverse mediante la formula

$$\hat{\epsilon} = \hat{\mathcal{D}}\,\hat{T} \tag{2.12}$$

con $\hat{\mathcal{D}} = \hat{\mathcal{C}}^{-1}$; analogalmente

$$\tilde{\epsilon} = \tilde{\mathcal{D}}\,\tilde{T} \tag{2.13}$$

con $\tilde{\mathcal{D}} = \tilde{\mathcal{C}}^{-1}$. Le nuove quantità $\hat{\mathcal{D}}$ e $\tilde{\mathcal{D}}$ sono dette *tensori di cedevolezza* (o *flessibilità*) o, in inglese, `compliance tensors`.

Il tensore $\tilde{\mathcal{C}}$ (o il suo inverso $\tilde{\mathcal{D}}$) nella notazione di Voigt è estremamente utile per definire il tipo di anisotropia presente nel mezzo e, quindi, per identificare il tipo di simmetria cristallina del solido che si sta considerando [26, 4]. Considerando, per esempio, i quattro tipi di reticolo illustrati in Fig. 2.1, è possibile dimostrare che il tensore dato in Eq. (2.11) ha

$$\text{reticolo triclino} \rightarrow 21 \text{ componenti indipendenti}$$
$$\text{reticolo monoclino} \rightarrow 13 \text{ componenti indipendenti}$$
$$\text{reticolo ortorombico} \rightarrow 9 \text{ componenti indipendenti}$$
$$\text{reticolo cubico} \rightarrow 3 \text{ componenti indipendenti}$$

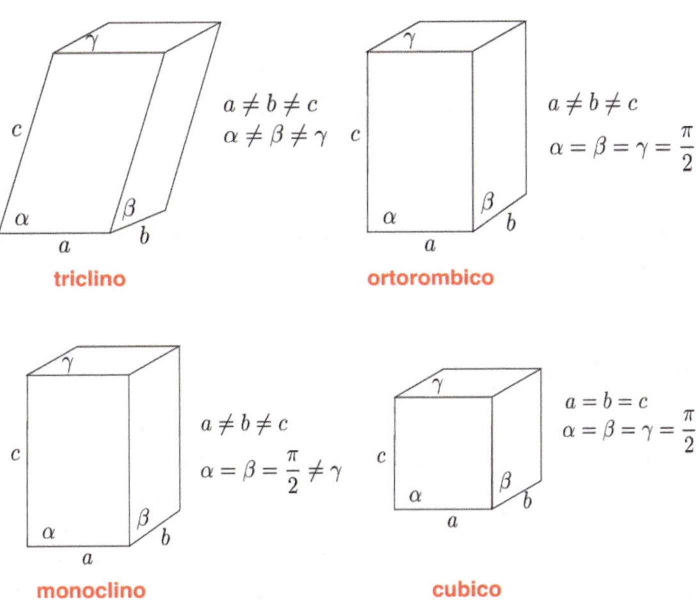

Fig. 2.1. Alcuni tipi di reticoli cristallini.

Il caso di un cristallo cubico riveste una importanza paradigmatica e, dunque, esplicitiamo almeno per esso la forma del tensore elastico (in notazione compatta)

$$\tilde{C} = \begin{bmatrix} \mathcal{C}_{11} & \mathcal{C}_{12} & \mathcal{C}_{12} & 0 & 0 & 0 \\ \mathcal{C}_{12} & \mathcal{C}_{11} & \mathcal{C}_{12} & 0 & 0 & 0 \\ \mathcal{C}_{12} & \mathcal{C}_{12} & \mathcal{C}_{11} & 0 & 0 & 0 \\ 0 & 0 & 0 & \mathcal{C}_{44} & 0 & 0 \\ 0 & 0 & 0 & 0 & \mathcal{C}_{44} & 0 \\ 0 & 0 & 0 & 0 & 0 & \mathcal{C}_{44} \end{bmatrix} \qquad (2.14)$$

In questo caso le costanti di rigidità e quelle di cedevolezza sono legate dalle seguenti relazioni

$$\mathcal{C}_{44} = \frac{1}{\mathcal{D}_{44}}$$

$$\mathcal{C}_{11} - \mathcal{C}_{12} = \frac{1}{\mathcal{D}_{11} - \mathcal{D}_{12}}$$

$$\mathcal{C}_{11} + 2\mathcal{C}_{12} = \frac{1}{\mathcal{D}_{11} + 2\mathcal{D}_{12}} \qquad (2.15)$$

come facilmente verificato per inversione diretta della matrice di Eq. (2.14). Tramite le Eq. (2.15) è facile trovare gli elementi del tensore di cedevolezza:

$$\mathcal{D}_{44} = \frac{1}{\mathcal{C}_{44}}$$

$$\mathcal{D}_{11} = \frac{\mathcal{C}_{11} + \mathcal{C}_{12}}{(\mathcal{C}_{11} - \mathcal{C}_{12})(\mathcal{C}_{11} + 2\mathcal{C}_{12})}$$

$$\mathcal{D}_{12} = -\frac{\mathcal{C}_{12}}{(\mathcal{C}_{11} - \mathcal{C}_{12})(\mathcal{C}_{11} + 2\mathcal{C}_{12})} \qquad (2.16)$$

Ulteriori informazioni sul tensore elastico per i diversi reticoli cristallini possono essere trovate in ogni buon testo di fisica dello stato solido [4, 25].

2.3 Mezzo omogeneo ed isotropo

Un caso di grande importanza in meccanica dei solidi (sia sotto il profilo concettuale, sia sotto il profilo applicativo) è quello di un *mezzo continuo, omogeneo ed isotropo*. Per omogeneità si intende che il comportamento meccanico del mezzo è identico in tutti i suoi punti: formalmente cioè equivale a dire che il tensore elastico $\hat{C}$ non dipende dalle coordinate $\mathbf{r}$ del punto considerato. D'altro canto, per isotropia si intende che le proprietà meccaniche non dipendono dalla direzione considerata: formalmente ciò equivale a dire che tali proprietà sono invarianti per rotazioni [36, 38].

Un esempio di mezzo elastico, omogeneo ed isotropo è quello di un materiale che, a parità di trazione, si allunga della stessa quantità indipendentemente dalla direzione lungo la quale viene applicato lo sforzo ed indipendentemente dal punto ove viene applicato lo stesso. Un mezzo che gode delle proprietà di omogeneità, isotropia e linearità (elasticità) è anche detto *mezzo normale*.

Per un tale mezzo normale esistono due sole componenti indipendenti del tensore $\hat{C}$ (cioè due sole costanti elastiche): esse sono dette *coefficienti di Lamé* e sono universalmente indicate con i simboli μ (*modulo di scorrimento* oppure *di taglio* o, in inglese, `shear modulus`) e λ (primo coefficiente di Lamé). Alternativamente vengono utilizzati il *modulo di Young E* (in inglese `Young's modulus`) ed il *coefficiente di Poisson ν* (in inglese `Poisson's ratio`). Infine, possono essere utilizzati i moduli μ e K, quest'ultimo noto come *modulo di compressibilità* (in inglese `bulk modulus`).

In questa Sezione dimostreremo la relazione costitutiva per un mezzo omogeneo ed isotropo in regime lineare elastico (*relazione normale*) sia con un argomento fenomenologico (Sez. 2.3.1), sia con uno formale (Sez. 2.3.2). Infine, aggiungeremo considerazioni ulteriori sul modulo di compressibilità nella Sez. 2.3.3.

2.3.1 Relazione normale: argomento fenomenologico

Visto che il tensore degli sforzi $\hat{T}$ è un tensore simmetrico, esiste sicuramente una base (cioè un sistema di riferimento) in cui esso è diagonale. Mettiamoci dunque in tale sistema e indichiamo con $\hat{T}^*$ la sua rappresentazione diagonale, dove sono non nulli unicamente gli elementi T_{11}^*, T_{22}^* e T_{33}^*. Se, poi, consideriamo il caso semplice di un mezzo normale soggetto ad uno sforzo di trazione uniassiale lungo x_1, abbiamo che: $T_{11}^* \neq 0$, $T_{22}^* = 0$ e $T_{33}^* = 0$. L'esperienza indica che in risposta ad una tale sollecitazione il mezzo si allunga lungo la direzione x_1 e si restringe nel piano (x_2, x_3). Possiamo formalizzare queste semplici risultanze fenomenologiche scrivendo

$$\epsilon_{11}^* = +\frac{1}{E}T_{11}^*$$

$$\epsilon_{22}^* = -\frac{\nu}{E}T_{11}^*$$

$$\epsilon_{33}^* = -\frac{\nu}{E}T_{11}^*$$

$$\epsilon_{12}^* = 0$$

$$\epsilon_{23}^* = 0$$

$$\epsilon_{31}^* = 0 \tag{2.17}$$

Il modulo di Young E descrive la variazione di lunghezza lungo la direzione di applicazione dello sforzo (si veda la prima formula in Eq. (2.17)); il coefficiente di Poisson ν descrive invece l'entità della restrizione o dilatazione nelle direzioni ortogonali (si vedano la seconda e la terza formula in Eq. (2.17)). Ovviamente nelle condizioni scelte non si osservano deformazioni di taglio.

Quando lo sforzo (pur sempre diagonale) assume carattere triassiale possiamo generalizzare le Eq. (2.17) in modo immediato

$$\epsilon_{11}^* = \frac{1}{E}\left[T_{11}^* - \nu\left(T_{22}^* + T_{33}^*\right)\right]$$

$$\epsilon_{22}^* = \frac{1}{E}\left[T_{22}^* - \nu\left(T_{11}^* + T_{33}^*\right)\right]$$

$$\epsilon_{33}^* = \frac{1}{E}\left[T_{33}^* - \nu\left(T_{22}^* + T_{11}^*\right)\right]$$

$$\epsilon_{12}^* = 0$$

$$\epsilon_{23}^* = 0$$

$$\epsilon_{31}^* = 0 \tag{2.18}$$

Anche in questo caso il tensore di sforzo è diagonale e, quindi, produce variazioni di lunghezza lungo i tre assi, senza produrre invece variazioni angolari. Si deve osservare come l'Eq. (2.18) sia una semplice sovrapposizione dei tre effetti descritti in Eq. (2.17) ed applicati ai tre differenti assi.

Siamo arrivati quindi a dire che la relazione costitutiva del mezzo ha la forma data in Eq. (2.18). Essa, come ipotizzato inizialmente, è tuttavia valida solo sulla base ortonormale che diagonalizza il tensore degli sforzi (in cui tale tensore è in forma diagonale). A noi interessa generalizzare tale relazione costitutiva ad ogni possibile sistema di rifermento e, quindi, procediamo nel seguente modo. Per cominciare osserviamo che la Eq. (2.18) può essere scritta in forma più compatta come segue

$$\epsilon_{kk}^* = \frac{1}{E}\left[(1 + \nu)T_{kk}^* - \nu\left(T_{11}^* + T_{22}^* + T_{33}^*\right)\right]$$

$$\epsilon_{ij}^* = 0 \text{ se } i \neq j \tag{2.19}$$

e che vale quindi la relazione matriciale

$$\hat{\epsilon}^* = \frac{1}{E}\left[(1 + \nu)\hat{T}^* - \nu\hat{I}\,\mathrm{Tr}\left(\hat{T}^*\right)\right] \tag{2.20}$$

dove $\hat{I}$ è la matrice identità 3x3 ed, inoltre, $\hat{T}^*$ ed $\hat{\epsilon}^*$ sono diagonali. Adesso ruotiamo il sistema di riferimento mediante una matrice di rotazione arbitraria $\hat{R}$: a seguito di tale rotazione il tensore degli sforzi $\hat{T}^*$ si trasforma in $\hat{T}$ ed il tensore delle deformazioni $\hat{\epsilon}^*$ si trasforma in $\hat{\epsilon}$. Tali trasformazioni per rotazione sono evidentemente descritte dalle relazioni

$$\hat{\epsilon} = \hat{R}^T\hat{\epsilon}^*\hat{R} \quad \Leftrightarrow \quad \hat{\epsilon}^* = \hat{R}\hat{\epsilon}\hat{R}^T$$

$$\hat{T} = \hat{R}^T\hat{T}^*\hat{R} \quad \Leftrightarrow \quad \hat{T}^* = \hat{R}\hat{T}\hat{R}^T \tag{2.21}$$

dove $\hat{R}^T$ rappresenta la matrice trasposta di $\hat{R}$. Utilizzando l'Eq. (2.20) tra i tensori diagonalizzati otteniamo

$$\begin{aligned}
\hat{\epsilon} &= \hat{R}^T\frac{1}{E}\left[(1 + \nu)\hat{T}^* - \nu\hat{I}\,\mathrm{Tr}\left(\hat{T}^*\right)\right]\hat{R} \\
&= \frac{1}{E}\left[(1 + \nu)\hat{R}^T\hat{T}^*\hat{R} - \nu\hat{R}^T\hat{I}\hat{R}\mathrm{Tr}\left(\hat{T}^*\right)\right] \\
&= \frac{1}{E}\left[(1 + \nu)\hat{T} - \nu\hat{I}\,\mathrm{Tr}\left(\hat{T}^*\right)\right]
\end{aligned} \tag{2.22}$$

Osserviamo anche che

$$\mathrm{Tr}\left(\hat{T}^{*}\right) = \mathrm{Tr}\left(\hat{R}\hat{T}\hat{R}^{T}\right) = \mathrm{Tr}\left(\hat{R}^{T}\hat{R}\hat{T}\right) = \mathrm{Tr}\left(\hat{T}\right) \qquad (2.23)$$

avendo usato la proprietà commutativa della traccia $\mathrm{Tr}\left(\hat{A}\hat{B}\right) = \mathrm{Tr}\left(\hat{B}\hat{A}\right)$ e l'ortogonalità $\hat{R}^{T}\hat{R} = \hat{I}$. Combinando questi risultati, si ottiene finalmente la relazione costitutiva valida in qualsiasi sistema di riferimento (in cui sia il tensore di sforzo sia quello di deformazione non sono più in forma diagonale)

$$\boxed{\hat{\epsilon} = \tfrac{1}{E}\left[(1+\nu)\hat{T} - \nu\hat{I}\,\mathrm{Tr}\left(\hat{T}\right)\right]} \qquad (2.24)$$

Essa scritta esplicitamente diventa

$$\epsilon_{11} = \frac{1}{E}\left[T_{11} - \nu\left(T_{22} + T_{33}\right)\right]$$

$$\epsilon_{22} = \frac{1}{E}\left[T_{22} - \nu\left(T_{11} + T_{33}\right)\right]$$

$$\epsilon_{33} = \frac{1}{E}\left[T_{33} - \nu\left(T_{22} + T_{11}\right)\right]$$

$$\epsilon_{12} = \frac{1+\nu}{E}T_{12}$$

$$\epsilon_{23} = \frac{1+\nu}{E}T_{23}$$

$$\epsilon_{31} = \frac{1+\nu}{E}T_{31} \qquad (2.25)$$

Si noti che in questo caso generico le variazioni angolari sono differenti da zero.

A partire dalla relazione fondamentale Eq. (2.24) è possibile trovare la relazione inversa. Innanzitutto calcoliamo la traccia del tensore delle deformazioni

$$\begin{aligned}
\mathrm{Tr}\left(\hat{\epsilon}\right) &= \frac{1}{E}\left[(1+\nu)\mathrm{Tr}\left(\hat{T}\right) - 3\nu\mathrm{Tr}\left(\hat{T}\right)\right] \\
&= \frac{1-2\nu}{E}\mathrm{Tr}\left(\hat{T}\right)
\end{aligned} \qquad (2.26)$$

da cui otteniamo

$$\mathrm{Tr}\left(\hat{T}\right) = \frac{E}{1-2\nu}\mathrm{Tr}\left(\hat{\epsilon}\right) \qquad (2.27)$$

Dalla Eq. (2.24) otteniamo quindi il tensore degli sforzi

$$\hat{T} = \frac{E}{1+\nu}\hat{\epsilon} + \frac{\nu}{1+\nu}\hat{I}\,\mathrm{Tr}\left(\hat{T}\right) \qquad (2.28)$$

che, sostituendo il risultato di Eq. (2.27), fornisce immediatamente

$$\hat{T} = \frac{E}{1+\nu}\hat{\epsilon} + \frac{\nu E}{(1+\nu)(1-2\nu)}\hat{I}\,\mathrm{Tr}\,(\hat{\epsilon}) \qquad (2.29)$$

La Eq. (2.29) rappresenta la relazione costitutiva nella forma inversa. A questo punto è possibile definire i coefficienti di Lamé universalmente indicati con i simboli μ e λ secondo queste relazioni

$$\mu = \frac{E}{2(1+\nu)} \qquad (2.30)$$

$$\lambda = \frac{\nu E}{(1+\nu)(1-2\nu)} \qquad (2.31)$$

Abbiamo perciò dimostrato che l'equazione costitutiva in regime lineare elastico per un mezzo omogeneo e isotropo è

$$\hat{T} = 2\mu\hat{\epsilon} + \lambda\hat{I}\mathrm{Tr}(\hat{\epsilon}) \qquad (2.32)$$

La forma tensoriale di questa equazione può essere esplicitata in componenti

$$T_{ij} = 2\mu\epsilon_{ij} + \lambda\delta_{ij}\epsilon_{kk} \qquad (2.33)$$

2.3.2 Relazione normale: argomento formale

L'equazione costitutiva elastica può anche essere derivata da un teorema molto generale (e ampiamente applicato in meccanica del continuo), di interesse sia in regime di risposta lineare, sia in regime non lineare [5, 30, 38]. Il teorema prende in considerazione una dipendenza generica del tensore $\hat{T}$ dal tensore $\hat{\epsilon}$

$$\hat{T} = f(\hat{\epsilon}) \qquad (2.34)$$

L'unica ipotesi contemplata nel teorema è quella di isotropia della funzione f. Questo significa che l'applicazione f deve soddisfare la relazione generica di indipendenza dal sistema di riferimento che, a sua volta, può essere scritta come segue

$$\hat{R}^T f(\hat{\epsilon})\,\hat{R} = f\left(\hat{R}^T\hat{\epsilon}\hat{R}\right) \ \ \forall \ \hat{R} \qquad (2.35)$$

dove $\hat{R}$ è una generica matrice di rotazione ortogonale. Il teorema in questione afferma che la relazione isotropa più generale (quella, cioè, che contempla ogni possibile grado di non linearità) assume la forma seguente

$$\hat{T} = q_1\hat{I} + q_2\hat{\epsilon} + q_3\hat{\epsilon}^2 \qquad (2.36)$$

dove ciascuna delle tre funzioni q_1, q_2 ed q_3 dipende da tre variabili calcolate negli argomenti $\mathrm{Tr}(\hat{\epsilon})$, $\mathrm{Tr}(\hat{\epsilon}^2)$ e $\mathrm{Tr}(\hat{\epsilon}^3)$ (usualmente indicati come gli *invarianti del tensore* $\hat{\epsilon}$. Si veda l'Appendice E per qualche dettaglio sull'argomento)

$$q_\alpha = q_\alpha\left(\mathrm{Tr}(\hat{\epsilon}), \mathrm{Tr}(\hat{\epsilon}^2), \mathrm{Tr}(\hat{\epsilon}^3)\right) \qquad (2.37)$$

dove $\alpha = 1, 2, 3$. Quando ci limitiamo al caso di linearità, dobbiamo ritenere solo i termini di primo grado in $\hat{\epsilon}$ e, quindi, si ha necessariamente che

$$\begin{cases} q_1 = a + b\mathrm{Tr}(\hat{\epsilon}) \\ q_2 = c \\ q_3 = 0 \end{cases} \tag{2.38}$$

dove a, b e c sono numeri reali. La diretta applicazione del teorema in oggetto porta quindi al seguente risultato

$$\begin{aligned} \hat{T} &= [a + b\mathrm{Tr}(\hat{\epsilon})] + c\hat{\epsilon} \\ &= a\hat{I} + b\mathrm{Tr}(\epsilon)\hat{I} + c\hat{\epsilon} \end{aligned} \tag{2.39}$$

Nella relazione tra sforzo e deformazione vogliamo che sia $\hat{T} = 0$ quando $\hat{\epsilon} = 0$: poniamo quindi $a = 0$. È dunque immediata l'identificazione $c = 2\mu$ e $b = \lambda$ che pienamente giustifica l'Eq. (2.32). La relazione inversa della Eq. (2.32) consente di calcolare il tensore di deformazione quando è noto quello di sforzo (deve coincidere con la Eq. (2.24)). Con passaggi simili ai precedenti si ottiene subito

$$\boxed{\hat{\epsilon} = \frac{1}{2\mu}\hat{T} - \frac{\lambda}{2\mu(2\mu + 3\lambda)}\hat{I}\mathrm{Tr}(\hat{T})} \tag{2.40}$$

Questa equazione applicata al caso di uno *sforzo uniassico* descritto dal tensore

$$\hat{T} = \begin{bmatrix} \sigma & 0 & 0 \\ 0 & 0 & 0 \\ 0 & 0 & 0 \end{bmatrix} \tag{2.41}$$

fornisce le relazioni inverse alle Eq. (2.31) e (2.32). La deformazione risultante è descritta da un tensore di deformazione con tre sole componenti non nulle

$$\begin{aligned} \epsilon_{11} &= \left[\frac{1}{2\mu} - \frac{\lambda}{2\mu(2\mu + 3\lambda)} \right] \sigma \\ \epsilon_{22} &= \epsilon_{33} = -\frac{\lambda}{2\mu(2\mu + 3\lambda)}\sigma \end{aligned} \tag{2.42}$$

L'interpretazione fisica è già stata descritta, ma la ripetiamo per chiarezza: qualora un mezzo omogeneo e isotropo (in regime di risposta lineare) venga stirato (compresso) lungo una direzione, esso si restringe (dilata) lungo le due direzioni normali a quella di trazione (compressione). Dal confronto tra le Eq. (2.42) e le Eq. (2.17) si hanno subito le formule per ottenere il modulo di Young ed il coefficiente di Poisson a parire dai moduli di Lamé:

$$\left[\frac{1}{2\mu} - \frac{\lambda}{2\mu(2\mu + 3\lambda)} \right] = \frac{1}{E} \tag{2.43}$$

$$\frac{\lambda}{2\mu(2\mu + 3\lambda)} = \frac{\nu}{E} \tag{2.44}$$

2.3.3 Modulo di compressibilità

Consideriamo il caso di uno *sforzo idrostatico* descritto dal tensore

$$\hat{T} = \begin{bmatrix} \sigma & 0 & 0 \\ 0 & \sigma & 0 \\ 0 & 0 & \sigma \end{bmatrix} \tag{2.45}$$

Anche in questo caso, tramite le equazioni costitutive, si può dimostrare che

$$\begin{aligned}
\hat{\epsilon} &= \left[\frac{1}{2\mu} - \frac{3\lambda}{2\mu(2\mu + 3\lambda)} \right] \sigma \hat{I} \\
&= \frac{1}{2\mu + 3\lambda} \sigma \hat{I} \\
&= \frac{1}{3} \frac{1}{\lambda + \frac{2}{3}\mu} \sigma \hat{I}
\end{aligned} \tag{2.46}$$

Questo risultato permette di introdurre un nuovo parametro fisico di grande importanza ed estesamente utilizzato in meccanica dei solidi: il *modulo di compressibilità* K (in inglese, **bulk modulus**)

$$K = \lambda + \frac{2}{3}\mu \tag{2.47}$$

così che

$$\hat{\epsilon} = \frac{1}{3K} \sigma \hat{I} \tag{2.48}$$

che riassume la relazione sforzo-deformazione nel caso di una pressione idrostatica di intensità σ in un modo estremamente compatto. Si osservi inoltre che la relazione

$$\mathrm{Tr}(\hat{\epsilon}) = \frac{\sigma}{K} \tag{2.49}$$

rappresenta un risultato importante perché descrive la *variazione volumetrica locale nel caso di sforzo idrostatico*. Questo risultato, quindi, giustifica completamente la definizione di K mediante l'Eq. (2.47). Si osservi, inoltre, che l'equazione costitutiva fondamentale può essere scritta in termini del modulo di scorrimento e del modulo di compressibilità

$$\begin{aligned}
\hat{T} &= 2\mu\hat{\epsilon} + \left(K - \frac{2}{3}\mu \right) \hat{I}\mathrm{Tr}(\hat{\epsilon}) \\
&= 2\mu \left[\hat{\epsilon} - \frac{1}{3}\hat{I}\mathrm{Tr}(\hat{\epsilon}) \right] + 3K \left[\frac{1}{3}\hat{I}\mathrm{Tr}(\hat{\epsilon}) \right]
\end{aligned} \tag{2.50}$$

Nell'ultima espressione la quantità $\left[\hat{\epsilon} - \frac{1}{3}\hat{I}\mathrm{Tr}(\hat{\epsilon}) \right]$ si chiama parte deviatorica del tensore delle deformazioni e la quantità $\left[\frac{1}{3}\hat{I}\mathrm{Tr}(\hat{\epsilon}) \right]$ si chiama parte sferica del tensore delle deformazioni. Questo risultato rappresenta l'applicazione in un caso particolare della proprietà generale tale per cui *ogni tensore può sempre essere decomposto nelle sue parti sferica e deviatorica*.

Infine, è utile ed interessante esprimere l'equazione costitutiva isotropa elastica mediante la notazione di Voigt. Per quanto riguarda il tensore elastico, possiamo scrivere semplicemente, partendo dalla precedente Eq. (2.50) e considerando le varie componenti

$$\tilde{T} = \tilde{\mathcal{C}}\,\tilde{\epsilon} = \begin{bmatrix} K + \frac{4}{3}\mu & K - \frac{2}{3}\mu & K - \frac{2}{3}\mu & 0 & 0 & 0 \\ K - \frac{2}{3}\mu & K + \frac{4}{3}\mu & K - \frac{2}{3}\mu & 0 & 0 & 0 \\ K - \frac{2}{3}\mu & K - \frac{2}{3}\mu & K + \frac{4}{3}\mu & 0 & 0 & 0 \\ 0 & 0 & 0 & 2\mu & 0 & 0 \\ 0 & 0 & 0 & 0 & 2\mu & 0 \\ 0 & 0 & 0 & 0 & 0 & 2\mu \end{bmatrix}\tilde{\epsilon} \qquad (2.51)$$

Si noti che il tensore elastico di Eq. (2.51) è simile a quello di un cristallo cubico

$$\tilde{T} = \tilde{\mathcal{C}}\,\tilde{\epsilon} = \begin{bmatrix} \mathcal{C}_{11} & \mathcal{C}_{12} & \mathcal{C}_{12} & 0 & 0 & 0 \\ \mathcal{C}_{12} & \mathcal{C}_{11} & \mathcal{C}_{12} & 0 & 0 & 0 \\ \mathcal{C}_{12} & \mathcal{C}_{12} & \mathcal{C}_{11} & 0 & 0 & 0 \\ 0 & 0 & 0 & \mathcal{C}_{44} & 0 & 0 \\ 0 & 0 & 0 & 0 & \mathcal{C}_{44} & 0 \\ 0 & 0 & 0 & 0 & 0 & \mathcal{C}_{44} \end{bmatrix}\tilde{\epsilon} \qquad (2.52)$$

L'identità tra le Eq. (2.51) e (2.52) si ottiene se si impone la cosiddetta *relazione di isotropia*

$$\mathcal{C}_{44} = \mathcal{C}_{11} - \mathcal{C}_{12} \qquad (2.53)$$

di grande utilità pratica in quanto spesso usata per verificare di quanto un dato materiale a simmetria cubica di moduli elastici noti si discosti dalle condizioni di isotropia. In termini di tensore di cedevolezza (o flessibiltà) tale relazione si presenta nella forma $\mathcal{D}_{44} = \mathcal{D}_{11} - \mathcal{D}_{12}$ che può essere facilmente dedotta dalle Eq. (2.15) .

La relazione inversa dell'Eq. (2.51) si scrive

$$\tilde{\epsilon} = \tilde{\mathcal{D}}\,\tilde{T} = \begin{bmatrix} \frac{3K+\mu}{9\mu K} & \frac{2\mu-3K}{18\mu K} & \frac{2\mu-3K}{18\mu K} & 0 & 0 & 0 \\ \frac{2\mu-3K}{18\mu K} & \frac{3K+\mu}{9\mu K} & \frac{2\mu-3K}{18\mu K} & 0 & 0 & 0 \\ \frac{2\mu-3K}{18\mu K} & \frac{2\mu-3K}{18\mu K} & \frac{3K+\mu}{9\mu K} & 0 & 0 & 0 \\ 0 & 0 & 0 & \frac{1}{2\mu} & 0 & 0 \\ 0 & 0 & 0 & 0 & \frac{1}{2\mu} & 0 \\ 0 & 0 & 0 & 0 & 0 & \frac{1}{2\mu} \end{bmatrix}\tilde{\epsilon} \qquad (2.54)$$

Le due precedenti relazioni sono scritte in termini di K e μ, ma possono ovviamente essere esplicitate anche rispetto ad ogni coppia di moduli di elasticità, secondo lo schema illustrato nella prossima Sezione. Solitamente l'uso dei due coefficienti K e μ è quello che rende i calcoli più agevoli.

2.4 Moduli di elasticità

I cinque moduli di elasticità λ, μ, K, E, ν sono in relazione tra loro mediante le espressioni discusse nella Sezione precedente. Quindi, ciascuno di essi può essere scritto in funzione di altri due. Si ottiene in questo modo una serie di formule molto utili nelle applicazioni pratiche. Esse sono riportate in Tabella 2.1 dove, leggendo la Tabella per righe, si trova ciascun modulo espresso in funzione di una coppia di altri moduli.

Tabella 2.1. Relazioni tra i moduli di elasticità.

	(λ, μ)	(K, μ)	(μ, ν)	(E, ν)	(E, μ)
λ		$K - \frac{\bullet}{\bullet}\mu$	$\frac{\bullet\mu\nu}{\bullet-\bullet\nu}$	$\frac{\nu E}{\bullet\bullet\ \bullet\nu\bullet\bullet\bullet-\bullet\nu\bullet}$	$\frac{\mu\bullet E-\bullet\mu\bullet}{\bullet\mu-E}$
μ				$\frac{E}{\bullet\ \bullet\ \bullet\nu\bullet}$	
K	$\frac{\bullet\lambda\bullet\ \bullet\mu}{\bullet}$		$\frac{\bullet\mu\bullet\bullet\ \bullet\nu\bullet}{\bullet\ \bullet-\bullet\nu\bullet}$	$\frac{E}{\bullet\ \bullet-\bullet\nu\bullet}$	$\frac{E\mu}{\bullet\ \bullet\mu-E\bullet}$
E	$\frac{\mu\bullet\bullet\lambda\bullet\ \bullet\mu\bullet}{\lambda\bullet\ \mu}$	$\frac{\bullet K\mu}{\bullet K\bullet\ \mu}$	$2(1+\nu)\mu$		
ν	$\frac{\lambda}{\bullet\ \lambda\bullet\ \mu\bullet}$	$\frac{\bullet K-\bullet\mu}{\bullet\ \bullet K\bullet\ \mu\bullet}$			$\frac{E-\bullet\mu}{\bullet\mu}$

Dimostreremo nella Sez. 3.3 che, da argomentazioni termodinamiche, si ricavano le seguenti condizioni fondamentali

$$\boxed{\begin{array}{l} \mu > 0 \\ 2\mu + 3\lambda > 0 \\ E > 0 \\ -1 < \nu < \frac{1}{2} \\ K > 0 \end{array}} \tag{2.55}$$

che devono essere sempre verificate in mezzi lineari, omogenei ed isotropi.

In quanto forze per unità di superficie, i moduli E, λ, μ e K vengono misurati nel sistema internazionale in Pa (1 Pa=1 N/m^2) o, più spesso, in MPa (1 MPa=1 N/mm^2). Invece, il coefficiente di Poisson ν è una quantità adimensionale essendo definita come rapporto tra due deformazioni. In Tabella 2.2 si riportano i valori delle costanti E e ν per alcuni metalli. Come si può osservare, i valori di ν sono compresi tra 0.2 e 0.4 per la maggioranza dei metalli. Inoltre, in Tabella 2.3 si riportano i valori delle altre costanti elastiche λ, μ e K per gli stessi elementi.

Tabella 2.2. Valori tipici delle costanti E e ν per alcuni metalli.

Materiale	$E(10^{\bullet}\,\text{MPa})$	ν
Acciaio	206	0.33
Alluminio	69	0.28
Argento	71	0.22
Ferro	206	0.25
Piombo	16	0.33
Rame	110	0.19
Stagno	46	0.43
Titanio	117	0.31
Tungsteno	388	0.28
Zinco	99	0.30

Tabella 2.3. Valori tipici delle costanti λ, μ e K per alcuni metalli.

Materiale	$\lambda(\text{MPa})$	$\mu(\text{MPa})$	$K(\text{MPa})$
Acciaio	150300	77440	202000
Alluminio	34300	26950	52270
Argento	22860	29100	42260
Ferro	82400	82400	137300
Piombo	11700	6000	15700
Rame	28300	46200	59150
Stagno	98800	16100	109500
Titanio	72860	44650	102630
Tungsteno	192900	151560	294000
Zinco	57100	38100	82500

Ricordiamo che i metalli sono lineari elastici solo in prima approssimazione (per piccoli sforzi applicati). Infatti, sottoposto ad uno sforzo crescente, il metallo si deformerà linearmente secondo la legge di Hooke in maniera elastica, e tornerà alla condizione iniziale in modo reversibile una volta cessato il carico. L'aumentare dello sforzo oltre un certo limite impone, tuttavia, una deformazione irreversibile plastica accompagnata inizialmente dall'incrudimento, cioè da un aumento progressivo della resistenza alla deformazione. La plasticità è, dunque, la capacità di un materiale di subire cambiamenti irreversibili di forma, in risposta alle forze applicate. La fase di passaggio tra deformazione elastica e plastica è chiamata snervamento [27].

Il valore teorico di energia (calcolato sotto l'ipotesi di materiale ideale, senza difetti strutturali) per deformare plasticamente un campione è notevolmente maggiore rispetto a quello in effetti necessario. Ciò è dovuto alla presenza di dislocazioni, ossia discontinuità di linea nella struttura cristallina. Tali dislocazioni permettono uno scorrimento dei piani reticolari della struttura cristallina, favorendo certe deformazioni permanenti. Quindi, in fase plastica (zona oltre l'incrudimento e lo snervamento) piccole variazioni di sforzo possono provocare sensibili e permanenti variazioni della forma. Questo concetto fu chiarito solo nel 1934 quando Egon Orowan, Michael Polanyi e Geoffrey Ingram Taylor, quasi contemporaneamente, capirono che la deformazione plastica può essere spiegata con la teoria delle dislocazioni. Un semplice modello per la forza richiesta per muovere una dislocazione mostra che lo strappo è possibile con una tensione minore che in un cristallo perfetto (da qui deriva la caratteristica malleabilità di un metallo)[26, 32]. Alcuni cenni elementari alle dislocazioni sono riportati in Appendice F.

La frattura, che si raggiunge aumentando ulteriormente il carico applicato oltre alla regione plastica, si distingue (a seconda della natura del metallo) in duttile o fragile. Nel primo caso il metallo si deforma sensibilmente nel campo plastico e si verifica uno strizzamento a causa dei microvuoti venutisi a creare; inoltre, la superficie di frattura ha la caratteristica forma di coppa cono. Nel secondo caso la frattura è improvvisa, subito oltrepassato il limite elastico; inoltre, la superficie è perpendicolare alla direzione dello sforzo, di aspetto brillante e cristallino.

Tabella 2.4. Costanti di cedevolezza per alcuni metalli a struttura cristallina cubica in fase monocristallina o policristallina.

Materiale	$\mathcal{D}_{\bullet\bullet}\cdot\left(10^{-\bullet}(\text{MPa})^{-\bullet}\right)$	$\mathcal{D}_{\bullet\bullet}\cdot\left(10^{-\bullet}(\text{MPa})^{-\bullet}\right)$	$\mathcal{D}_{\bullet\bullet}\cdot\left(10^{-\bullet}(\text{MPa})^{-\bullet}\right)$
Alluminio monocristallino	1.59	-0.58	1.76
Alluminio policristallino	1.45	-0.4	$\mathcal{D}_{\bullet\bullet} - \mathcal{D}_{\bullet\bullet}$
Ferro monocristallino	0.80	-0.28	0.43
Ferro policristallino	0.48	-0.12	$\mathcal{D}_{\bullet\bullet} - \mathcal{D}_{\bullet\bullet}$
Tungsteno monocristallino	0.257	-0.073	0.33
Tungsteno policristallino	0.26	-0.05	$\mathcal{D}_{\bullet\bullet} - \mathcal{D}_{\bullet\bullet}$

Al fine di presentare alcuni risultati sperimentali riguardanti materiali anisotropi (in particolare con reticolo cubico) in Tabella 2.4 si trovano i valori delle cedevolezze (o flessibilità elastiche) per alcuni metalli, sia sotto forma di monocristalli, sia di aggregati policristallini. In quest'ultimo caso, i metalli possono essere considerati praticamente isotropi. Inoltre, si ricorda che per un monocristallo (quindi anisotropo) il valore del modulo di Young dipende dalla direzione cristallografica considerata [4]. Nella Tabella 2.5 sono riportati i valori estremi che E può assumere nei monocristalli di quattro diversi metalli e le corrispondenti direzioni cristallografiche ([111] e [100]). Il modulo di elasticità dei corrispondenti materiali policristallini (isotropi) risulterà una media tra quelli relativi alle diverse direzioni [29].

Tabella 2.5. Valori estremali assunti da E per alcuni metalli a struttura cristallina cubica in fase monocristallina.

Materiale	$E_{max}\,(10^{\cdot}\,\mathrm{MPa})$	direz. cristall.	$E_{min}\,(10^{\cdot}\,\mathrm{MPa})$	direz. cristall.
Alluminio	77.3	[111]	63.9	[100]
Rame	196.2	[111]	68.2	[100]
Ferro	289.6	[111]	134.9	[100]
Tungsteno	388	[111]	388	[100]

Riportiamo, per concludere la rassegna sulle proprietà dei materiali, alcuni dati relativi a materiali di natura biologica (si veda la Tabella 2.6), motivati dal fatto che attualmente è molto vivo l'interesse per nuovi materiali (spesso basati sulle proteine strutturali) ispirati a strutture biologiche [20]. Le caratteristiche strutturali di alcune di queste proteine sono tali da renderle adatte a molteplici usi [41]. La resilina (una seta prodotta dagli insetti avente qualità eccezionali), l'elastina, il collagene dei mammiferi, alcune proteine umane, vengono studiati in quanto potrebbero essere utilizzati sia come nuovi materiali tessili avanzati, sia nel campo medico, sia come substrati nel campo dell'ingegneria dei materiali.

La resilina è la proteina elastica che dona alle pulci la loro eccezionale capacità di salto ed alle cicale il loro stridio assordante. Scoperta per la prima volta circa 40 anni fa nelle ali della libellula, la resilina è più flessibile di qualsiasi materiale prodotto dall'uomo. Interessante è il fatto che, poiché gli insetti non sostituiscono la propria resilina dopo essere usciti dallo stadio di larve, il materiale deve resistere per tutta la loro vita. Poco dopo la scoperta del gene della resilina nel genoma del moscerino della frutta (2001), gli scienziati hanno iniziato a tentare di produrre questa supergomma in laboratorio.

L'elastina è la proteina strutturale che conferisce elasticità ai nostri tessuti e ai nostri organi. L'elastina è collocata principalmente nelle pareti arteriose, nei polmoni, nell'intestino e nella pelle, così come negli altri tessuti elastici. Funziona nei tessuti connettivi in collaborazione con il collagene. Siccome il collagene conferisce rigidità, l'elastina è la proteina che permette ai tessuti connettivi dei nostri vasi sanguigni ed ai tessuti cardiaci di allungarsi e di ritrarsi nella posizione iniziale.

Il collagene (o collageno) è la principale proteina del tessuto connettivo negli animali. È la proteina più abbondante nei mammiferi, rappresentando

Tabella 2.6. Modulo di Young e resistenza alla rottura di alcuni materiali di natura biologica e confronto con l'acciaio dolce.

Materiale	E(MPa)	Resistenza alla rottura (MPa)
Resilina	1.8	3
Tessuto muscolare	1-4	—
Elastina	0.6	—
Collagene	$1\times10^{\cdot}$	50-100
Osso	$1\times10^{\cdot}$	100
Gomma	1.4	—
Legno di quercia	$1\times10^{\cdot}$	100
Acciaio dolce	$2\times10^{\cdot}$	500

nell'uomo circa il 6 per cento del peso corporeo. La fibra collagene è rappresentata da filamenti cilindrici non ramificati, raccolti in fasci. Se vengono bolliti danno luogo a gelatina o colla (collageno = produttore di colla). Il microscopio elettronico ha dimostrato che sono formate da un insieme di filamenti, detti microfibrille, a loro volta composte da molecole dette tropocollagene. A sua volta ogni molecola di tropocollagene è costituita da tre catene polipeptidiche elementari. Ogni catena è costituita da 333 triplette elementari (glicina X-Y) che si ripetono costantemente nella struttura, una struttura periodica di circa 64/1.000.000 di millimetro (3000 Å). Le fibre collagene sono molto resistenti alla trazione ed inoltre è assolutamente trascurabile l'allungamento che esse subiscono.

Nella Tabella 2.6 si trovano alcuni dati sull'elasticità e sulla resistenza alla rottura (il valore indicato rappresenta la massima sollecitazione monoassiale che un materiale può sostenere prima di arrivare a rottura) di alcuni materiali di natura biologica. Queste informazioni sono di grande importanza per la biomeccanica che si occupa esplicitamente delle proprietà elastiche delle macromolecole e dei tessuti di natura biologica [20, 41].

2.5 Esempi di calcolo degli sforzi

Presentiamo il calcolo esplicito del tensore degli sforzi, o di alcuni suoi elementi, in casi semplici, ma importanti nelle applicazioni pratiche. In particolare, ricordiamo che lo studio delle corrispondenti deformazioni era stato introdotto nella Sez. 1.3.

2.5.1 Sforzo in una deformazione monoassiale

Si consideri una sbarra costituita da un materiale omogeneo, isotropo, lineare con costanti di Lamé λ e μ. Esso viene deformato per semplice trazione lungo la direzione x_1 come discusso in Sez. 1.3.1 e illustrato in Fig. 1.2, in modo che la sua lunghezza vari dal valore l al valore $l' = l + \Delta l$. Ci poniamo l'obiettivo di calcolare il tensore degli sforzi associato a questa trazione.

L'unica componente non nulla del tensore delle deformazioni (notazione di Voigt) è $\epsilon_1 = \frac{\Delta l}{l}$ in modo che

$$\tilde{T} = \begin{bmatrix} 2\mu + \lambda & \lambda & \lambda & 0 & 0 & 0 \\ \lambda & 2\mu + \lambda & \lambda & 0 & 0 & 0 \\ \lambda & \lambda & 2\mu + \lambda & 0 & 0 & 0 \\ 0 & 0 & 0 & 2\mu & 0 & 0 \\ 0 & 0 & 0 & 0 & 2\mu & 0 \\ 0 & 0 & 0 & 0 & 0 & 2\mu \end{bmatrix} \begin{bmatrix} \frac{\Delta l}{l} \\ 0 \\ 0 \\ 0 \\ 0 \\ 0 \end{bmatrix} \tag{2.56}$$

Da questa equazione si ricava immediatamente il risultato che stiamo cercando

$$\tilde{T} = \begin{bmatrix} (2\mu + \lambda)\,\frac{\Delta l}{l} \\ \lambda\frac{\Delta l}{l} \\ \lambda\frac{\Delta l}{l} \\ 0 \\ 0 \\ 0 \end{bmatrix} \tag{2.57}$$

È interessante notare che, sebbene la deformazione sia di trazione semplice, esistono tre diverse componenti non nulle del tensore degli sforzi:

- la componente T_1 rappresenta lo sforzo che occorre applicare per allungare la sbarra lungo la direzione x_1;
- le componenti T_2 e T_3 rappresentano gli sforzi tensili che è necessario applicare lungo le direzioni trasverse x_2 e x_3, rispettivamente, al fine di mantenere il valore della sezione della sbarra fisso al valore iniziale.

2.5.2 Sforzo in una deformazione di taglio

Lo stesso sistema di cui al caso precedente, è ora soggetto ad una deformazione di taglio puro, come discusso in Sez.1.3.2 e illustrato in Fig. 1.3. Il tensore delle deformazioni in notazione esplicita è dato dalla Eq. (1.21), cui corrisponde in notazione di Voigt il vettore 6-dimensionale

$$\tilde{\epsilon} = \begin{bmatrix} 0 \\ 0 \\ 0 \\ \frac{s}{2} \\ 0 \\ 0 \end{bmatrix} = \begin{bmatrix} 0 \\ 0 \\ 0 \\ \frac{\Delta l}{2l} \\ 0 \\ 0 \end{bmatrix} \tag{2.58}$$

Applicando ancora una volta l'equazione costitutiva lineare

$$\tilde{T} = \begin{bmatrix} 2\mu + \lambda & \lambda & \lambda & 0 & 0 & 0 \\ \lambda & 2\mu + \lambda & \lambda & 0 & 0 & 0 \\ \lambda & \lambda & 2\mu + \lambda & 0 & 0 & 0 \\ 0 & 0 & 0 & 2\mu & 0 & 0 \\ 0 & 0 & 0 & 0 & 2\mu & 0 \\ 0 & 0 & 0 & 0 & 0 & 2\mu \end{bmatrix} \begin{bmatrix} 0 \\ 0 \\ 0 \\ \frac{\Delta l}{2l} \\ 0 \\ 0 \end{bmatrix} \tag{2.59}$$

otteniamo immediatamente lo sforzo risultante

$$\tilde{T} = \begin{bmatrix} 0 \\ 0 \\ 0 \\ \mu\frac{\Delta l}{l} \\ 0 \\ 0 \end{bmatrix} \tag{2.60}$$

Questo risultato giustifica pienamente il nome "modulo di taglio" dato al coefficiente di elasticità μ: esso, infatti, mette in relazione l'entità della deformazione di taglio direttamente con lo sforzo di taglio applicato.

2.5.3 Sforzo di torsione

Si consideri un cilindro di raggio R ed altezza H che viene sottoposto ad una piccola torsione, mantenendo la sezione costante. La torsione è applicata, come illustrato in Fig. 2.2, mantenendo la base inferiore ferma e ruotando la base superiore di un (piccolo) angolo θ in direzione antioraria. Vogliamo calcolare il vettore degli spostamenti, il tensore delle piccole deformazioni e il tensore degli sforzi per una tale torsione.

In generale un punto del piano (x_1, x_2) che viene ruotato di un angolo arbitrario α in direzione antioraria si trasforma in

$$(x_1, x_2) \rightarrow (x_1', x_2') = (x_1 \cos\alpha - x_2 \sin\alpha, x_1 \sin\alpha + x_2 \cos\alpha) \tag{2.61}$$

Supponiamo che ad ogni altezza x_3 del cilindro $(0 < x_3 < H)$ vi sia una rotazione pari ad $\alpha = \frac{x_3}{H}\theta$ cosicché:

- la base inferiore $(x_3 = 0)$ non ruota
- la base superiore $(x_3 = H)$ ruota di θ
- ogni piano intermedio $(0 \leq x_3 \leq H)$ ruota di un angolo compreso tra 0 e θ in modo lineare

Ciò implica immediatamente che il vettore spostamento $\mathbf{u}$ per un generico punto (x_1, x_2) a quota x_3 si scrive come

$$\mathbf{u}(x_1, x_2, x_3) = \begin{pmatrix} x_1' - x_1 \\ x_2' - x_2 \\ x_3' - x_3 \end{pmatrix} = \begin{pmatrix} x_1(\cos\frac{x_3}{H}\theta - 1) - x_2 \sin\frac{x_3}{H}\theta \\ x_1 \sin\frac{x_3}{H}\theta + x_2(\cos\frac{x_3}{H}\theta - 1) \\ 0 \end{pmatrix} \tag{2.62}$$

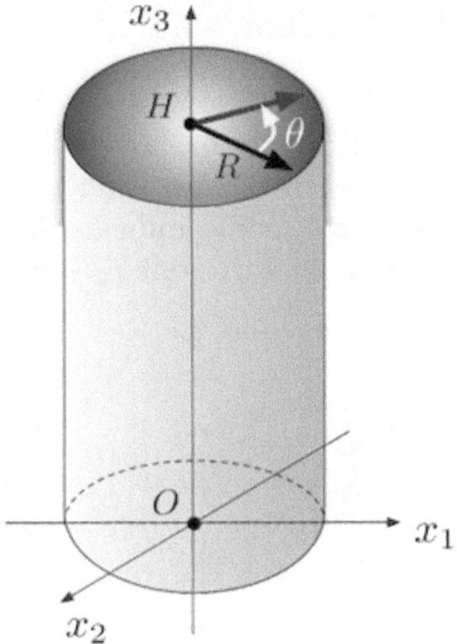

Fig. 2.2. Sforzo di torsione per un angolo θ.

In regime di piccoli angoli di torsione vale che $\frac{x_3}{H}\theta \ll 1$ e, quindi

$$\cos\frac{x_3}{H}\theta \sim 1 \qquad \sin\frac{x_3}{H}\theta \sim \frac{x_3}{H}\theta \tag{2.63}$$

per cui il vettore degli spostamenti risulta essere

$$\mathbf{u}(x_1, x_2, x_3) = \begin{pmatrix} -\frac{x_3}{H}\theta x_2 \\ +\frac{x_3}{H}\theta x_1 \\ 0 \end{pmatrix} \tag{2.64}$$

Per applicazione diretta della relazione di congruenza otteniamo il corrispondente tensore delle piccole deformazioni

$$\hat{\epsilon} = \begin{pmatrix} 0 & 0 & -\frac{\theta}{2H}x_2 \\ 0 & 0 & +\frac{\theta}{2H}x_1 \\ -\frac{\theta}{2H}\theta x_2 & +\frac{\theta}{2H}x_1 & 0 \end{pmatrix} \tag{2.65}$$

e per applicazione diretta dell'equazione costitutiva lineare elastica otteniamo

$$T_{13} = -\mu\frac{\theta}{H}x_2 \qquad T_{23} = \mu\frac{\theta}{H}x_1 \tag{2.66}$$

ovvero le uniche componenti non nulle del corrispondente tensore degli sforzi.

Il problema della torsione rientra nel più generale problema della trave di Saint-Venant: per alcuni dettagli sull'argomento si rimanda all'Appendice G dove sono introdotti alcuni concetti elementari.

2.5.4 Deformazioni e sforzi monoassiali

Si consideri un mezzo omogeneo, isotropo, lineare, elastico caratterizzato dai due coefficienti di Lamé λ e μ. Il mezzo ha la geometria indicata in Fig. 2.3a e viene sottoposto ad uno sforzo di compressione semplice che mantiene la sezione costante nel piano (x_1, x_2), come indicato in Fig. 2.3b. Ci si chiede quanto vale lo sforzo risultante nelle direzioni x_1 e x_2.

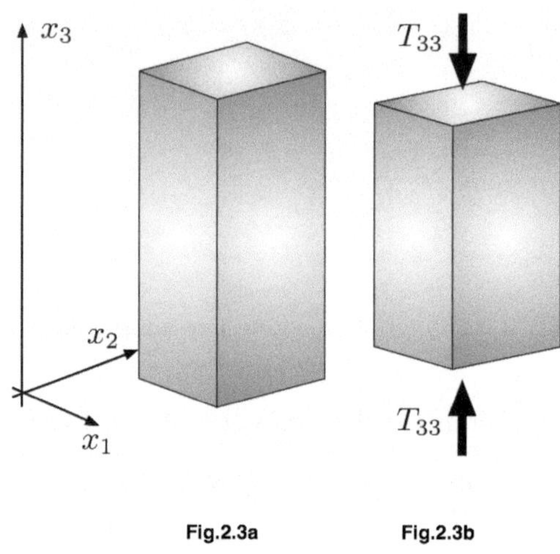

Fig. 2.3. Sforzo di compressione uniassiale lungo la direzione x. .

Utilizzando l'equazione costitutiva per il comportamento elastico lineare ed assumendo, per le ipotesi enunciate, che

$$\epsilon_{33} \neq 0$$
$$\epsilon_{ij} = 0 \quad \text{in tutti gli altri casi} \tag{2.67}$$

si ottiene immediatamente per calcolo esplicito quanto segue

$$T_{11} = 2\mu\epsilon_{11} + \lambda\left(\epsilon_{11} + \epsilon_{22} + \epsilon_{33}\right)$$
$$T_{22} = 2\mu\epsilon_{22} + \lambda\left(\epsilon_{11} + \epsilon_{22} + \epsilon_{33}\right)$$
$$T_{33} = 2\mu\epsilon_{33} + \lambda\left(\epsilon_{11} + \epsilon_{22} + \epsilon_{33}\right) \tag{2.68}$$

tutte le altre componenti del tensore degli sforzi essendo nulle per le ipotesi del problema. Dunque

$$T_{11} = \lambda\,\epsilon_{33}$$
$$T_{22} = \lambda\,\epsilon_{33}$$
$$T_{33} = (2\mu + \lambda)\,\epsilon_{33} \tag{2.69}$$

Supponendo noto lo sforzo T_{33} si ottiene facilmente che

$$\epsilon_{33} = \frac{T_{33}}{2\mu + \lambda} \tag{2.70}$$

ovvero

$$T_{11} = T_{22} = \left(\frac{\lambda}{2\mu + \lambda} \right) T_{33} \tag{2.71}$$

che rappresenta la soluzione al problema posto.

Se invece si considera uno sforzo $T_{33} \neq 0$, applicato senza vincoli laterali che mantengano la sezione costante durante la deformazione, il risultato sarà quello di osservare una contrazione longitudinale del mezzo ed una estensione trasversale descritta dalle seguenti relazioni

$$\epsilon_{11} = -\frac{1}{E}\nu T_{33}$$
$$\epsilon_{22} = -\frac{1}{E}\nu T_{33}$$
$$\epsilon_{33} = \frac{1}{E}T_{33}$$
$$\epsilon_{12} = \epsilon_{23} = \epsilon_{31} = 0 \tag{2.72}$$

da cui segue immediatamente che

$$\epsilon_{11} = \epsilon_{22} = -\nu\epsilon_{33} = -\frac{\lambda}{2(\lambda + \mu)}\epsilon_{33} \tag{2.73}$$

Questo esempio può servire come introduzione al fatto che nella teoria dell'elasticità possono essere considerate due particolari condizioni di applicazione dei carichi: esse vengono denominate rispettivamente condizione di *deformazione piana* e condizione di *sforzo piano*. Esse, come vedremo tra poco, corrispondono alle due differenti condizioni al contorno imposte al sistema.

2.6 Condizioni al contorno

Molti problemi della teoria dell'elasticità possono essere trattati in modo soddisfacente per mezzo di opportune condizioni al contorno che consentono di sviluppare un formalismo matematico semplificato di tipo bidimensionale (anche se, sia ben inteso, tali metodi possono essere applicati anche a sistemi fisici di volume). Tali problemi fanno parte della cosiddetta *teoria piana dell'elasticità*. In generale, ci sono due tipi di problemi concernenti l'analisi piana e si presentano in *condizioni di deformazione piana* o *di sforzo piano*. Questi tipi di condizioni definiscono delle particolari restrizioni ed assunzioni sugli sforzi e sugli spostamenti [37, 35].

2.6.1 Condizione di deformazione piana

Cominciamo con l'introdurre le condizioni di deformazione piana (in inglese **plane strain**). Considerando un generico campo di spostamenti descritto da $u_1(x_1, x_2, x_3)$, $u_2(x_1, x_2, x_3)$ ed $u_3(x_1, x_2, x_3)$ si dice che le condizioni di deformazione piana sono soddisfatte se $u_1 = u_1(x_1, x_2)$, $u_2 = u_2(x_1, x_2)$ ed $u_3(x_1, x_2, x_3) = 0$. In altre parole, queste condizioni sono verificate se il vettore spostamento appartiene sempre al piano x_1, x_2 e non dipende dalla coordinata x_3. Chiaramente la scelta del piano x_1, x_2 non è vincolante ed è stata fatta solo per fissare le idee.

Le condizioni di deformazione piana impongono che il tensore delle deformazioni verifichi sempre le relazioni: $\epsilon_{33} = 0$, $\epsilon_{13} = 0$ ed $\epsilon_{23} = 0$. È opportuno ricordare che stiamo sempre ragionando nel caso $u_3 = 0$; analoghe espressioni varranno per imposizione delle condizioni di deformazione piana lungo altre direzioni. La relazione costitutiva di Eq.(2.29) scritta in componenti diventa pertanto

$$T_{11} = \frac{E}{1+\nu}\left[\epsilon_{11} + \frac{\nu}{1-2\nu}(\epsilon_{11} + \epsilon_{22})\right] = \frac{E\left[(1-\nu)\epsilon_{11} + \nu\epsilon_{22}\right]}{(1+\nu)(1-2\nu)}$$

$$T_{22} = \frac{E}{1+\nu}\left[\epsilon_{22} + \frac{\nu}{1-2\nu}(\epsilon_{11} + \epsilon_{22})\right] = \frac{E\left[\nu\epsilon_{11} + (1-\nu)\epsilon_{22}\right]}{(1+\nu)(1-2\nu)}$$

$$T_{33} = \frac{E}{1+\nu}\left[\frac{\nu}{1-2\nu}(\epsilon_{11} + \epsilon_{22})\right]$$

$$T_{12} = \frac{E}{1+\nu}\epsilon_{12}$$

$$T_{23} = 0$$

$$T_{31} = 0 \tag{2.74}$$

Tali relazioni si scrivono comunemente nella seguente forma quando si ha a che fare con problemi bidimensionali:

$$\begin{bmatrix} T_{11} \\ T_{22} \\ T_{12} \end{bmatrix} = \frac{E}{(1+\nu)(1-2\nu)} \begin{bmatrix} 1-\nu & \nu & 0 \\ \nu & 1-\nu & 0 \\ 0 & 0 & 1-2\nu \end{bmatrix} \begin{bmatrix} \epsilon_{11} \\ \epsilon_{22} \\ \epsilon_{12} \end{bmatrix} \tag{2.75}$$

Quest'ultima può essere facilmente invertita ottenendo

$$\begin{bmatrix} \epsilon_{11} \\ \epsilon_{22} \\ \epsilon_{12} \end{bmatrix} = \frac{1}{E} \begin{bmatrix} 1-\nu^2 & -\nu(1+\nu) & 0 \\ -\nu(1+\nu) & 1-\nu^2 & 0 \\ 0 & 0 & 1+\nu \end{bmatrix} \begin{bmatrix} T_{11} \\ T_{22} \\ T_{12} \end{bmatrix} \tag{2.76}$$

Le precedenti rappresentano una forma compatta per problemi bidimensionali in condizioni di deformazione piana. La relazione $T_{33} = \frac{E}{1+\nu}\left[\frac{\nu}{1-2\nu}(\epsilon_{11} + \epsilon_{22})\right]$, non compresa tra le precedenti, resta comunque valida sotto le ipotesi di deformazione piana.

Nelle applicazioni pratiche la condizione di deformazione piana è ragione-volmente verificata ogniqualvolta abbiamo a che fare con una struttura avente una dimensione molto maggiore delle altre due. L'esempio tipico è rappresentato dal cilindro con altezza molto maggiore del diametro di base. Inoltre, le forze devono essere applicate nella direzione ortogonale all'asse del cilindro e non devono variare con la particolare sezione considerata. In ambito geotecnico sono le condizioni utilizzate per descrivere il comportamento elastico di dighe e tunnel [2].

2.6.2 Condizione di sforzo piano

La condizione di sforzo piano (in inglese **plane stress**) definisce uno stato di sforzo tale per cui $\hat{T}\mathbf{n} = 0$ in ciascun punto per un dato versore $\mathbf{n}$ fisso nello spazio. Considerando il versore $\mathbf{n}$ parallelo all'asse x_3 la condizione di sforzo piano corrisponde alle ipotesi $T_{33} = 0$, $T_{13} = 0$ e $T_{23} = 0$. Sotto queste condizioni, la relazione costitutiva fondamentale del mezzo normale nella forma di Eq. (2.24) si scrive in componenti come

$$\epsilon_{11} = \frac{1}{E}\left[T_{11} - \nu T_{22}\right]$$

$$\epsilon_{22} = \frac{1}{E}\left[T_{22} - \nu T_{11}\right]$$

$$\epsilon_{33} = -\frac{\nu}{E}\left(T_{22} + T_{11}\right)$$

$$\epsilon_{12} = \frac{1+\nu}{E}T_{12}$$

$$\epsilon_{23} = 0$$

$$\epsilon_{31} = 0 \tag{2.77}$$

Anche in questo caso ricordiamo che tali relazioni si scrivono comunemente nella seguente forma compatta utile quando si ha a che fare con problemi bidimensionali

$$\begin{bmatrix} \epsilon_{11} \\ \epsilon_{22} \\ \epsilon_{12} \end{bmatrix} = \frac{1}{E} \begin{bmatrix} 1 & -\nu & 0 \\ -\nu & 1 & 0 \\ 0 & 0 & 1+\nu \end{bmatrix} \begin{bmatrix} T_{11} \\ T_{22} \\ T_{12} \end{bmatrix} \tag{2.78}$$

Quest'ultima può essere facilmente invertita ottenendo

$$\begin{bmatrix} T_{11} \\ T_{22} \\ T_{12} \end{bmatrix} = \frac{E}{1-\nu^2} \begin{bmatrix} 1 & \nu & 0 \\ \nu & 1 & 0 \\ 0 & 0 & 1-\nu \end{bmatrix} \begin{bmatrix} \epsilon_{11} \\ \epsilon_{22} \\ \epsilon_{12} \end{bmatrix} \tag{2.79}$$

Anche in tale caso, le precedenti rappresentano la forma compatta dell'elasticità per problemi bidimensionali in condizioni di sforzo piano.

La relazione $\epsilon_{33} = -\frac{\nu}{E}\left(T_{22} + T_{11}\right)$, non compresa tra le precedenti, resta comunque valida in condizione di sforzo piano.

Nelle applicazioni pratiche le condizioni di sforzo piano sono approssimativamente verificate nelle seguenti situazioni: la geometria del corpo deve essere essenzialmente quella di una lastra con una dimensione molto inferiore alle altre due. I carichi devono essere applicati uniformemente nello spessore della lastra e devono agire nel piano della lastra stessa. Le deformazioni consentite alla lastra sono quindi quelle che la deformano (senza spostarla all'esterno del piano di riferimento iniziale, cioè senza flessioni). Tali ipotesi rappresentano una delle più diffuse condizioni al contorno nel campo della meccanica applicata [2].

È importante ricordare che una semplice sostituzione formale può trasformare le Eq. (2.78) e (2.79), valide per sforzi piani, nelle corrispondenti Eq. (2.75) e (2.76), valide per deformazioni piane. Infatti , se nelle Eq. (2.78) e (2.79) eseguiamo i cambi di variabile $E \rightarrow \frac{E}{1-\nu^2}$ e $\nu \rightarrow \frac{\nu}{1-\nu}$ otteniamo esattamente le Eq. (2.75) e (2.76). Questa osservazione è utile in numerose applicazioni pratiche.

2.7 Esercizi del Capitolo 2

Esercizio 2.1. Nel Cap. 1 abbiamo affermato che $\mathbf{f} = \hat{T}\mathbf{n}$ è la densità di forza superficiale espressa in termini del tensore degli sforzi e del versore normale all'elemento di area considerato. Si dimostri che in un mezzo normale vale la relazione [35]

$$\mathbf{f} = \lambda\mathbf{n}\ \boldsymbol{\nabla}\cdot\mathbf{u} + 2\mu\left(\mathbf{n}\cdot\boldsymbol{\nabla}\right)\mathbf{u} + \mu\mathbf{n}\times\left(\boldsymbol{\nabla}\times\mathbf{u}\right)$$

Soluzione 2.1. Lo sforzo sull'elemento di area per un mezzo normale si scrive come

$$\mathbf{f} = \hat{T}\mathbf{n} = \left(2\mu\hat{\epsilon} + \lambda\mathrm{Tr}\left(\hat{\epsilon}\right)\hat{I}\right)\mathbf{n} = 2\mu\hat{\epsilon}\mathbf{n} + \lambda\mathrm{Tr}\left(\hat{\epsilon}\right)\mathbf{n}$$

Passando alle componenti ed introducendo la definizione del tensore delle deformazioni si ha

$$f_i = \mu\left(\frac{\partial u_i}{\partial x_j} + \frac{\partial u_j}{\partial x_i}\right)n_j + \lambda\frac{\partial u_k}{\partial x_k}n_i$$

dove la somma sull'indice k è sottointesa. Adesso possiamo sommare e sottrarre la medesima quantità

$$f_i = \mu\left(\frac{\partial u_i}{\partial x_j} + \frac{\partial u_j}{\partial x_i}\right)n_j + \lambda\frac{\partial u_k}{\partial x_k}n_i + \mu\frac{\partial u_i}{\partial x_j}n_j - \mu\frac{\partial u_i}{\partial x_j}n_j$$

$$= \lambda\frac{\partial u_k}{\partial x_k}n_i + 2\mu\left(n_j\frac{\partial}{\partial x_j}\right)u_i + \mu\left(\frac{\partial u_j}{\partial x_i} - \frac{\partial u_i}{\partial x_j}\right)n_j$$

D'altra parte la quantità $\mathbf{n} \times (\boldsymbol{\nabla} \times \mathbf{u})$ si scrive in componenti come segue

$$[\mathbf{n} \times (\boldsymbol{\nabla} \times \mathbf{u})]_i = \eta_{ijk} n_j (\boldsymbol{\nabla} \times \mathbf{u})_k$$
$$= \eta_{ijk} n_j \eta_{kpq} \frac{\partial}{\partial x_p} u_q = \eta_{ijk} n_j \eta_{pqk} \frac{\partial}{\partial x_p} u_q$$

avendo utilizzato la proprietà di invarianza alle permutazioni cicliche del simbolo di Levi-Civita η_{ijk}.

Adesso, ricordando la proprietà $\eta_{ijk} \eta_{pqk} = \delta_{ip}\delta_{jq} - \delta_{iq}\delta_{jp}$ otteniamo

$$[\mathbf{n} \times (\boldsymbol{\nabla} \times \mathbf{u})]_i = n_j (\delta_{ip}\delta_{jq} - \delta_{iq}\delta_{jp}) \frac{\partial}{\partial x_p} u_q$$

da cui, sommando gli indici ripetuti

$$[\mathbf{n} \times (\boldsymbol{\nabla} \times \mathbf{u})]_i = n_q \frac{\partial}{\partial x_i} u_q - n_p \frac{\partial}{\partial x_p} u_i = \left(\frac{\partial u_j}{\partial x_i} - \frac{\partial u_i}{\partial x_j} \right) n_j$$

Infine, la forza viene scritta nella forma finale

$$f_i = \lambda \left(\boldsymbol{\nabla} \cdot \mathbf{u} \right) n_i + 2\mu \left(\mathbf{n} \cdot \boldsymbol{\nabla} \right) u_i + \mu \left[\mathbf{n} \times (\boldsymbol{\nabla} \times \mathbf{u}) \right]_i$$

che corrisponde a dimostrare quanto richiesto.

Esercizio 2.2. Verificare che una deformazione uniforme ϵ nella direzione $\mathbf{n}$ è descritta dallo spostamento $\mathbf{u}(\mathbf{x}) = \epsilon(\mathbf{x} \cdot \mathbf{n})\mathbf{n}$. Dimostrare inoltre che lo sforzo corrispondente in un mezzo normale è dato da $\hat{T} = \epsilon(2\mu \mathbf{n} \otimes \mathbf{n} + \lambda \hat{I})$ dove il tensore (detto diadico) $\mathbf{n} \otimes \mathbf{n}$ ha componenti $(\mathbf{n} \otimes \mathbf{n})_{ij} = n_i n_j$.

Soluzione 2.2. Si osservi innanzitutto che una deformazione uniforme nella direzione di x_1 è data da $u_1 = \epsilon x_1$, cioè $\mathbf{u}(\mathbf{x}) = \epsilon x_1 \mathbf{e}_1 = \epsilon(\mathbf{x} \cdot \mathbf{e}_1)\mathbf{e}_1$. La formula citata nel testo ne è una semplice generalizzazione. Passiamo a calcolare il tensore delle deformazioni associato allo spostamento $u_i = \epsilon x_k n_k n_i$ come segue

$$\epsilon_{ij} = \frac{1}{2} \left(\frac{\partial u_i}{\partial x_j} + \frac{\partial u_j}{\partial x_i} \right) = \epsilon n_i n_j$$

Di seguito si calcola il tensore degli sforzi

$$T_{ij} = 2\mu \epsilon_{ij} + \lambda \epsilon_{kk} \delta_{ij} = 2\mu \epsilon n_i n_j + \lambda \epsilon n_k n_k \delta_{ij}$$
$$= 2\mu \epsilon n_i n_j + \lambda \epsilon \delta_{ij} = \epsilon(2\mu n_i n_j + \lambda \delta_{ij})$$

da cui $\hat{T} = \epsilon(2\mu \mathbf{n} \otimes \mathbf{n} + \lambda \hat{I})$, come ipotizzato.

Esercizio 2.3. Abbiamo visto che un'applicazione f tra tensori è isotropa se $\hat{R}^T f(\hat{\epsilon}) \hat{R} = f\left(\hat{R}^T \hat{\epsilon} \hat{R} \right)$ $\forall$ $\hat{R}$ matrice di rotazione arbitraria. Quando la funzione f è lineare, cioè $f(\hat{\epsilon}) = \hat{Q}\hat{\epsilon}$ (ovvero $f(\hat{\epsilon})_{ij} = Q_{ijkh}\epsilon_{kh}$), la condizione si riscrive nella forma $\hat{R}^T\left(\hat{Q}\hat{\epsilon}\right)\hat{R} = \hat{Q}\left(\hat{R}^T\hat{\epsilon}\hat{R}\right)$ $\forall\ \hat{R}$. Verificare che i tensori $Q^{(1)}_{ijkh} = \delta_{ij}\delta_{kh}$ e $Q^{(2)}_{ijkh} = \delta_{ik}\delta_{jh} + \delta_{ih}\delta_{jk}$ sono isotropi secondo la precedente definizione.

Soluzione 2.3. Iniziamo a considerare il primo tensore proposto ed a calcolare la quantità seguente

$$\left[\hat{R}^T\left(\hat{Q}^{(1)}\hat{\epsilon}\right)\hat{R}\right]_{pq} = R^T_{pi}Q^{(1)}_{ijkh}\epsilon_{kh}R_{jq}$$
$$= R^T_{pi}\delta_{ij}\delta_{kh}\epsilon_{kh}R_{jq} = R^T_{pj}\epsilon_{kk}R_{jq}$$
$$= \delta_{pq}\epsilon_{kk} = \delta_{pq}\mathrm{Tr}(\hat{\epsilon})$$

D'altra parte si ha anche che

$$\left[\hat{Q}^{(1)}\left(\hat{R}^T\hat{\epsilon}\hat{R}\right)\right]_{pq} = Q^{(1)}_{pqkh}R^T_{ki}\epsilon_{ij}R_{jh}$$
$$= \delta_{pq}\delta_{kh}R^T_{ki}\epsilon_{ij}R_{jh} = \delta_{pq}R^T_{hi}\epsilon_{ij}R_{jh}$$
$$= \delta_{pq}\delta_{ij}\epsilon_{ij} = \delta_{pq}\mathrm{Tr}(\hat{\epsilon})$$

e quindi il primo tensore è isotropo secondo la definizione data.

Per quanto riguarda il secondo otteniamo

$$\left[\hat{R}^T\left(\hat{Q}^{(2)}\hat{\epsilon}\right)\hat{R}\right]_{pq} = R^T_{pi}Q^{(2)}_{ijkh}\epsilon_{kh}R_{jq}$$
$$= R^T_{pi}\left(\delta_{ik}\delta_{jh} + \delta_{ih}\delta_{jk}\right)\epsilon_{kh}R_{jq}$$
$$= R^T_{pi}\delta_{ik}\delta_{jh}\epsilon_{kh}R_{jq} + R^T_{pi}\delta_{ih}\delta_{jk}\epsilon_{kh}R_{jq}$$
$$= R^T_{pk}R_{hq}\epsilon_{kh} + R^T_{ph}R_{kq}\epsilon_{kh}$$
$$= R_{kp}R_{hq}\epsilon_{kh} + R_{hp}R_{kq}\epsilon_{kh}$$

D'altra parte si ha che

$$\left[\hat{Q}^{(2)}\left(\hat{R}^T\hat{\epsilon}\hat{R}\right)\right]_{pq} = Q^{(2)}_{pqkh}R^T_{ki}\epsilon_{ij}R_{jh}$$
$$= \left(\delta_{pk}\delta_{qh} + \delta_{ph}\delta_{qk}\right)R^T_{ki}\epsilon_{ij}R_{jh}$$
$$= \delta_{pk}\delta_{qh}R^T_{ki}\epsilon_{ij}R_{jh} + \delta_{ph}\delta_{qk}R^T_{ki}\epsilon_{ij}R_{jh}$$
$$= R^T_{pi}\epsilon_{ij}R_{jq} + R^T_{qi}\epsilon_{ij}R_{jp}$$
$$= R_{ip}R_{jq}\epsilon_{ij} + R_{jp}R_{iq}\epsilon_{ij}$$

e quindi anche il secondo tensore è isotropo secondo la definizione data.

Esercizio 2.4. Dimostrare che la relazione normale (mezzo lineare omogeneo ed isotropo) può essere posta nella seguente forma tensoriale

$$T_{ij} = C_{ijkh}\epsilon_{kh}$$
$$C_{ijkh} = \lambda\delta_{ij}\delta_{kh} + \mu\left(\delta_{ik}\delta_{jh} + \delta_{ih}\delta_{jk}\right)$$

Soluzione 2.4. Studiamo l'effetto del tensore C_{ijkh} sul generico tensore delle deformazioni

$$\begin{aligned}
T_{ij} &= C_{ijkh}\epsilon_{kh} \\
&= \lambda\delta_{ij}\delta_{kh}\epsilon_{kh} + \mu\left(\delta_{ik}\delta_{jh} + \delta_{ih}\delta_{jk}\right)\epsilon_{kh} \\
&= \lambda\delta_{ij}\epsilon_{kk} + \mu\delta_{ik}\delta_{jh}\epsilon_{kh} + \mu\delta_{ih}\delta_{jk}\epsilon_{kh} \\
&= \lambda\delta_{ij}\epsilon_{kk} + \mu\epsilon_{ij} + \mu\epsilon_{ji} \\
&= 2\mu\epsilon_{ij} + \lambda\delta_{ij}\epsilon_{kk}
\end{aligned}$$

che è una forma dell'equazione costitutiva.

Esercizio 2.5. Dimostrare che la relazione normale (mezzo lineare omogeneo ed isotropo) dell'esercizio precedente può essere invertita ottenendo

$$\epsilon_{ij} = D_{ijkh}T_{kh}$$
$$D_{ijkh} = \frac{1}{4\mu}\left(\delta_{ik}\delta_{jh} + \delta_{ih}\delta_{jk}\right) - \frac{\lambda}{2\mu\left(2\mu + 3\lambda\right)}\delta_{ij}\delta_{kh}$$

Soluzione 2.5. Analogamente all'esercizio precedente, studiamo l'effetto del tensore D_{ijkh} sul generico tensore degli sforzi

$$\begin{aligned}
\epsilon_{ij} &= D_{ijkh}T_{kh} \\
&= \frac{1}{4\mu}\left(\delta_{ik}\delta_{jh} + \delta_{ih}\delta_{jk}\right)T_{kh} - \frac{\lambda}{2\mu\left(2\mu + 3\lambda\right)}\delta_{ij}\delta_{kh}T_{kh} \\
&= \frac{1}{4\mu}\delta_{ik}\delta_{jh}T_{kh} + \frac{1}{4\mu}\delta_{ih}\delta_{jk}T_{kh} - \frac{\lambda}{2\mu\left(2\mu + 3\lambda\right)}\delta_{ij}T_{kk} \\
&= \frac{1}{4\mu}T_{ij} + \frac{1}{4\mu}T_{ji} - \frac{\lambda}{2\mu\left(2\mu + 3\lambda\right)}\delta_{ij}T_{kk} \\
&= \frac{1}{2\mu}T_{ij} - \frac{\lambda}{2\mu\left(2\mu + 3\lambda\right)}\delta_{ij}T_{kk}
\end{aligned}$$

che è un'altra relazione già introdotta in precedenza.

Si noti che nelle forme tensoriali esplicite descritte negli esercizi 2.4 e 2.5 sono stati utilizzati i tensori isotropi introdotti nell'esercizio 2.3. Essi, per questo motivo, assumono un ruolo centrale nella struttura delle equazioni costitutive.

Esercizio 2.6. Un mezzo anisotropo è detto *trasverso isotropo* quando il comportamento lungo una delle tre direzioni spaziali è differente dalle altre due, che invece si comportano in modo identico. Tale mezzo è anche detto uniassico. I cristalli esagonali sono anisotropi nel senso qui definito. Si consideri un mezzo uniassico con l'asse principale lungo x_3. Esso ha una matrice elastica descritta in notazione di Voigt dai cinque cosiddetti *parametri di Hill*

$$\tilde{C} = \begin{bmatrix} k+m & k-m & l & 0 & 0 & 0 \\ k-m & k+m & l & 0 & 0 & 0 \\ l & l & n & 0 & 0 & 0 \\ 0 & 0 & 0 & 2m & 0 & 0 \\ 0 & 0 & 0 & 0 & 2p & 0 \\ 0 & 0 & 0 & 0 & 0 & 2p \end{bmatrix}$$

Supponendo di utilizzare il materiale in condizioni di deformazione piana sui piani ortogonali all'asse principale, trovare il modulo di Young E_{eq} ed il coefficiente di Poisson ν_{eq} equivalenti.

Soluzione 2.6. La condizione di deformazione piana impone le seguenti condizioni: $\epsilon_{33} = 0$, $\epsilon_{13} = 0$ ed $\epsilon_{23} = 0$. Questo comporta

$$\begin{bmatrix} T_{11} \\ T_{22} \\ T_{33} \\ T_{12} \\ T_{23} \\ T_{31} \end{bmatrix} = \begin{bmatrix} k+m & k-m & l & 0 & 0 & 0 \\ k-m & k+m & l & 0 & 0 & 0 \\ l & l & n & 0 & 0 & 0 \\ 0 & 0 & 0 & 2m & 0 & 0 \\ 0 & 0 & 0 & 0 & 2p & 0 \\ 0 & 0 & 0 & 0 & 0 & 2p \end{bmatrix} \begin{bmatrix} \epsilon_{11} \\ \epsilon_{22} \\ 0 \\ \epsilon_{12} \\ 0 \\ 0 \end{bmatrix}$$

cioè esplicitamente

$$T_{11} = (k+m)\epsilon_{11} + (k-m)\epsilon_{22}$$
$$T_{22} = (k-m)\epsilon_{11} + (k+m)\epsilon_{22}$$
$$T_{12} = 2m\epsilon_{12}$$

Questo risultato può essere scritto in notazione compatta bidimensionale

$$\begin{bmatrix} T_{11} \\ T_{22} \\ T_{12} \end{bmatrix} = \begin{bmatrix} k+m & k-m & 0 \\ k-m & k+m & 0 \\ 0 & 0 & 2m \end{bmatrix} \begin{bmatrix} \epsilon_{11} \\ \epsilon_{22} \\ \epsilon_{12} \end{bmatrix}$$

e deve essere confrontato con i risultati noti validi in condizione di deformazione piana, ovvero

$$\begin{bmatrix} T_{11} \\ T_{22} \\ T_{12} \end{bmatrix} = \frac{E_{eq}}{(1+\nu_{eq})(1-2\nu_{eq})} \begin{bmatrix} 1-\nu_{eq} & \nu_{eq} & 0 \\ \nu_{eq} & 1-\nu_{eq} & 0 \\ 0 & 0 & 1-2\nu_{eq} \end{bmatrix} \begin{bmatrix} \epsilon_{11} \\ \epsilon_{22} \\ \epsilon_{12} \end{bmatrix}$$

Dal confronto si vede facilmente che devono essere soddisfatte le relazioni seguenti

$$k + m = \frac{E_{eq}(1 - \nu_{eq})}{(1 + \nu_{eq})(1 - 2\nu_{eq})}$$

$$2m = \frac{E_{eq}}{(1 + \nu_{eq})}$$

$$k - m = \frac{E_{eq}\nu_{eq}}{(1 + \nu_{eq})(1 - 2\nu_{eq})}$$

Sottraendo la prima e la terza equazione si ottiene esattamente la seconda; quindi prendendo ad esempio le prime due e risolvendo rispetto al modulo di Young E_{eq} ed al coefficiente di Poisson ν_{eq} equivalenti si ottiene

$$E_{eq} = \frac{m}{k}(3k - m)$$

$$\nu_{eq} = \frac{1}{2}\frac{k - m}{k}$$

Esercizio 2.7. Si consideri ancora un mezzo anisotropo del tipo *trasverso isotropo* con l'asse principale lungo x_3. Supponendo di utilizzare il materiale in condizioni di sforzo piano sui piani ortogonali all'asse principale, trovare il modulo di Young E_{eq} ed il coefficiente di Poisson ν_{eq} equivalenti.

Soluzione 2.7. A partire dalla matrice di rigidità dell'esercizio precedente calcoliamo la matrice inversa (di cedevolezza) come segue

$$\tilde{\mathcal{D}} = \begin{bmatrix} \frac{l^2-nm-nk}{4m(l^2-nk)} & \frac{nk-l^2-nm}{4m(l^2-nk)} & \frac{l}{2(l^2-nk)} & 0 & 0 & 0 \\ \frac{nk-l^2-nm}{4m(l^2-nk)} & \frac{l^2-nm-nk}{4m(l^2-nk)} & \frac{l}{2(l^2-nk)} & 0 & 0 & 0 \\ \frac{l}{2(l^2-nk)} & \frac{l}{2(l^2-nk)} & \frac{-k}{l^2-nk} & 0 & 0 & 0 \\ 0 & 0 & 0 & \frac{1}{2m} & 0 & 0 \\ 0 & 0 & 0 & 0 & \frac{1}{2p} & 0 \\ 0 & 0 & 0 & 0 & 0 & \frac{1}{2p} \end{bmatrix}$$

Ponendo il versore $\mathbf{n}$ parallelo all'asse x_3, la condizione di sforzo piano corrisponde alle ipotesi $T_{33} = 0$, $T_{13} = 0$ e $T_{23} = 0$, che comportano

$$\begin{bmatrix} \epsilon_{11} \\ \epsilon_{22} \\ \epsilon_{33} \\ \epsilon_{12} \\ \epsilon_{23} \\ \epsilon_{31} \end{bmatrix} = \begin{bmatrix} \frac{l^2-nm-nk}{4m(l^2-nk)} & \frac{nk-l^2-nm}{4m(l^2-nk)} & \frac{l}{2(l^2-nk)} & 0 & 0 & 0 \\ \frac{nk-l^2-nm}{4m(l^2-nk)} & \frac{l^2-nm-nk}{4m(l^2-nk)} & \frac{l}{2(l^2-nk)} & 0 & 0 & 0 \\ \frac{l}{2(l^2-nk)} & \frac{l}{2(l^2-nk)} & \frac{-k}{l^2-nk} & 0 & 0 & 0 \\ 0 & 0 & 0 & \frac{1}{2m} & 0 & 0 \\ 0 & 0 & 0 & 0 & \frac{1}{2p} & 0 \\ 0 & 0 & 0 & 0 & 0 & \frac{1}{2p} \end{bmatrix} \begin{bmatrix} T_{11} \\ T_{22} \\ 0 \\ T_{12} \\ 0 \\ 0 \end{bmatrix}$$

ovvero

$$\epsilon_{11} = \frac{l^2 - nm - nk}{4m(l^2 - nk)}T_{11} + \frac{nk - l^2 - nm}{4m(l^2 - nk)}T_{22}$$

$$\epsilon_{22} = \frac{nk - l^2 - nm}{4m(l^2 - nk)} T_{11} + \frac{l^2 - nm - nk}{4m(l^2 - nk)} T_{22}$$

$$\epsilon_{12} = \frac{1}{2m} T_{12}$$

In notazione compatta bidimensionale il risultato ottenuto si riassume come segue

$$\begin{bmatrix} \epsilon_{11} \\ \epsilon_{22} \\ \epsilon_{12} \end{bmatrix} = \begin{bmatrix} \frac{l^2 - nm - nk}{4m(l^2 - nk)} & \frac{nk - l^2 - nm}{4m(l^2 - nk)} & 0 \\ \frac{nk - l^2 - nm}{4m(l^2 - nk)} & \frac{l^2 - nm - nk}{4m(l^2 - nk)} & 0 \\ 0 & 0 & \frac{1}{2m} \end{bmatrix} \begin{bmatrix} T_{11} \\ T_{22} \\ T_{12} \end{bmatrix}$$

Questa relazione va confrontata con la relazione principale che descrive le condizioni di sforzo piano

$$\begin{bmatrix} \epsilon_{11} \\ \epsilon_{22} \\ \epsilon_{12} \end{bmatrix} = \frac{1}{E_{eq}} \begin{bmatrix} 1 & -\nu_{eq} & 0 \\ -\nu_{eq} & 1 & 0 \\ 0 & 0 & 1 + \nu_{eq} \end{bmatrix} \begin{bmatrix} T_{11} \\ T_{22} \\ T_{12} \end{bmatrix}$$

ottenendo

$$\frac{1}{E_{eq}} = \frac{l^2 - nm - nk}{4m(l^2 - nk)}$$

$$-\frac{\nu_{eq}}{E_{eq}} = \frac{nk - l^2 - nm}{4m(l^2 - nk)}$$

$$\frac{1 + \nu_{eq}}{E_{eq}} = \frac{1}{2m}$$

È evidente che ciascuna delle tre relazioni si può ottenere dalle altre due e quindi il sistema si risolve facilmente ottenendo i due parametri equivalenti

$$E_{eq} = \frac{4m(l^2 - nk)}{l^2 - nm - nk}$$

$$\nu_{eq} = \frac{l^2 + nm - nk}{l^2 - nm - nk}$$

Esercizio 2.8. (*Torsione*). Con riferimento all'esempio 2.5.3 sulla torsione di una sbarra (cilindro di raggio R ed altezza H), si determini il legame tra il momento torcente applicato e l'angolo totale di torsione θ tra la faccia inferiore e quella superiore.

Soluzione 2.8. Nell'esempio 2.5.3 sono state ricavate le seguenti relazioni fondamentali

$$T_{13} = -\mu \frac{\theta}{H} x_2 \qquad T_{23} = \mu \frac{\theta}{H} x_1$$

È immediato verificare che tali forme per gli sforzi soddisfano le equazioni di equilibrio $\frac{\partial}{\partial x_i} T_{ij} = -b_j$ con $b_j = 0$ essendo, quindi, soluzioni perfettamente accettabili per il problema in esame.

Determiniamo il momento applicato sulla base superiore. A tal fine osserviamo che le forze superficiali applicate a tale base si calcolano come segue

$$
\mathbf{f} = \begin{bmatrix} 0 & 0 & -\mu\frac{\theta}{H}x_2 \\ 0 & 0 & \mu\frac{\theta}{H}x_1 \\ -\mu\frac{\theta}{H}x_2 & \mu\frac{\theta}{H}x_1 & 0 \end{bmatrix} \begin{bmatrix} 0 \\ 0 \\ 1 \end{bmatrix} = \begin{bmatrix} -\mu\frac{\theta}{H}x_2 \\ \mu\frac{\theta}{H}x_1 \\ 0 \end{bmatrix}
$$

A sua volta, il momento sulla base superiore, determinato rispetto al centro di tale base, è calcolato come segue

$$
\mathbf{M} = \int_S \mathbf{r} \times \mathbf{f} \mathrm{d}S = \int_S \mathbf{e}_3 \mu \frac{\theta}{H} \left(x_1^2 + x_2^2 \right) \mathrm{d}x_1 \mathrm{d}x_2
$$
$$
= \mathbf{e}_3 \mu \frac{\theta}{H} \int_0^{2\pi} \int_0^R r^3 \mathrm{d}r \mathrm{d}\vartheta
$$
$$
= 2\pi \mathbf{e}_3 \mu \frac{\theta}{H} \int_0^R r^3 \mathrm{d}r = \pi \mathbf{e}_3 \mu \frac{\theta}{2H} R^4
$$

dove il vettore $\mathbf{r} = (x_1, x_2, 0)$ è il raggio vettore, la superficie S è descritta da $r^2 = x_1^2 + x_2^2 < R^2$ e $\mathrm{d}x_1 \mathrm{d}x_2 = r \mathrm{d}r \mathrm{d}\vartheta$ è l'elemento di area in coordinate polari. Quindi, la relazione tra il modulo di $\mathbf{M}$ e l'angolo di torsione θ è

$$
M = \pi\mu\frac{\theta}{2H}R^4
$$

Spesso tale relazione si trova sotto la forma semplificata $M = D\frac{\theta}{H}$ dove la quantità $D = \frac{1}{2}\pi\mu R^4$ viene detta *rigidità torsionale* della sbarra [5].

Il problema della torsione rientra nel più generale problema della trave di Saint-Venant: per maggiori dettagli sull'argomento si rimanda all'Appendice G, dove sono introdotti alcuni concetti elementari.

Sottolineiamo che questo metodo di soluzione del problema della torsione è applicabile solo al caso della sezione circolare. Per sezioni non circolari si dovrebbe utilizzare il metodo cosiddetto della funzione di torsione (in inglese `warping function`) per il quale rimandiamo a testi più specializzati [2, 5].

Esercizio 2.9. (*Flessione*). Si consideri un mezzo normale a forma di sbarra lunga L e di sezione circolare, con asse lungo la direzione x_1. Gli assi x_2 e x_3 definiscono, invece, una sua sezione (si veda la Fig. 1.4 per la geometria degli assi coordinati). Il punto (0,0,0) sia vincolato senza possibilità di ruotare e la sezione libera $x_1 = L$ sia soggetta ad un momento flettente descritto da $T_{11} = -\alpha x_2$. Ogni altro sforzo sia nullo. Il momento risultante applica una rotazione lungo l'asse x_3 in senso antiorario (se $\alpha > 0$). Trovare la relazione tra α ed il momento risultante. Verificare che $T_{11} = -\alpha x_2$ rappresenta la soluzione in ogni punto interno della sbarra e trovare gli spostamenti corrispondenti.

Soluzione 2.9. Determiniamo innanzitutto il momento risultante sulla base libera rispetto al punto $(L,0,0)$. A tal fine osserviamo che le forze superficiali applicate a tale base si calcolano come segue

$$\mathbf{f} = \begin{bmatrix} -\alpha x_2 & 0 & 0 \\ 0 & 0 & 0 \\ 0 & 0 & 0 \end{bmatrix} \begin{bmatrix} 1 \\ 0 \\ 0 \end{bmatrix} = \begin{bmatrix} -\alpha x_2 \\ 0 \\ 0 \end{bmatrix}$$

Inoltre, consideriamo il raggio vettore $\mathbf{r} = (0, x_2, x_3)$ e chiamiamo S la superficie della base libera $(x_1 = L)$. Il momento è dato da

$$\mathbf{M} = \int_S \mathbf{r} \times \mathbf{f} dS = \int_S \left(\alpha \mathbf{e}_2 x_2 x_3 + \alpha \mathbf{e}_3 x_2^2 \right) dx_2 dx_3$$

$$= \alpha \mathbf{e}_2 \int_S x_2 x_3 dx_2 dx_3 + \alpha \mathbf{e}_3 \int_S x_2^2 dx_2 dx_3$$

Per la simmetria della sezione (che è circolare per ipotesi) si ha evidentemente $\int_S x_2 x_3 dx_2 dx_3 = 0$. Il secondo termine di destra, invece, definisce il momento di inerzia della sezione S rispetto all'asse x_2: $I = \int_S x_2^2 dx_2 dx_3$. Quindi

$$\mathbf{M} = \alpha I \mathbf{e}_3$$

Il modulo del momento flettente è dato da $M = \alpha I$. La costante α perciò è pari al momento flettente diviso per il momento d'inerzia.

Adesso è semplice verificare (per sostituzione diretta) che lo sforzo $T_{11} = -\frac{M}{I} x_2$ soddisfa le equazioni di equilibrio $\frac{\partial}{\partial x_i} T_{ij} = -b_j$ con $b_j = 0$ in ogni punto del corpo; tale sforzo rappresenta dunque la soluzione completa del problema in esame. Ad esso corrispondono i seguenti elementi del tensore delle deformazioni validi per ogni punto interno alla sbarra

$$\epsilon_{11} = \frac{\partial u_1}{\partial x_1} = \frac{1}{E} T_{11} = -\frac{M}{EI} x_2$$

$$\epsilon_{22} = \frac{\partial u_2}{\partial x_2} = -\frac{\nu}{E} T_{11} = \frac{\nu M}{EI} x_2$$

$$\epsilon_{33} = \frac{\partial u_3}{\partial x_3} = -\frac{\nu}{E} T_{11} = \frac{\nu M}{EI} x_2$$

$$\epsilon_{12} = \frac{1}{2} \left(\frac{\partial u_1}{\partial x_2} + \frac{\partial u_2}{\partial x_1} \right) = 0$$

$$\epsilon_{23} = \frac{1}{2} \left(\frac{\partial u_2}{\partial x_3} + \frac{\partial u_3}{\partial x_2} \right) = 0$$

$$\epsilon_{13} = \frac{1}{2} \left(\frac{\partial u_1}{\partial x_3} + \frac{\partial u_3}{\partial x_1} \right) = 0$$

Dalle relazioni precedenti si può verificare che le soluzioni per gli spostamenti sono date dalle relazioni

$$u_1 = -\frac{M}{EI}x_1 x_2$$

$$u_2 = \frac{M}{2EI}\left(x_1^2 + \nu x_2^2 - \nu x_3^2\right)$$

$$u_3 = \frac{M\nu}{EI}x_2 x_3$$

Per un materiale particolarmente semplice (cioè in cui il coefficiente di Poisson sia trascurabilmente piccolo) i risultati coincidono con quelli descritti nell'esempio introduttivo 1.3.3. Il coefficiente dato dal prodotto tra il modulo di Young E ed il momento d'inerzia I si chiama *rigidità flessionale* ed è un paramentro centrale nella scienza delle costruzioni [6]. Inoltre, l'asse centrale del cilindro $x_2 = x_3 = 0$ è deformato in una parabola nel piano x_1, x_2 di equazione $x_2 = \frac{M}{2EI}x_1^2$. Ne segue facilmente che il raggio di curvatura della sbarra nell'origine degli assi è dato da $R = \frac{EI}{M}$. Tale relazione è nota con il nome di *legge di Eulero-Bernoulli* [5].

Il problema della flessione rientra nel più generale problema della trave di Saint-Venant: per maggiori dettagli sull'argomento si rimanda all'Appendice G, dove sono introdotti alcuni concetti elementari.

Esercizio 2.10. (*Simmetria sferica*). Si consideri un problema a simmetria sferica in un mezzo normale per il quale si assume che $\mathbf{u}(\mathbf{x}) = u(r)\frac{\mathbf{x}}{r}$, dove r è il modulo del vettore $\mathbf{x}$. Si determini la soluzione generale per lo spostamento radiale $u(r)$, per il tensore delle deformazioni e per la pressione radiale in assenza di forze volumetriche ed in condizioni statiche.

Soluzione 2.10. Dall'ipotesi di simmetria sferica $\mathbf{u}(\mathbf{x}) = u(r)\frac{\mathbf{x}}{r}$ segue immediatamente che $u_j = \frac{u(r)}{r}x_j$ da cui si calcola facilmente il tensore delle deformazioni tramite derivazione

$$\epsilon_{ij} = \frac{\partial}{\partial r}\left(\frac{u(r)}{r}\right)\frac{x_i x_j}{r} + \frac{u(r)}{r}\delta_{ij}$$

Segue quindi il tensore degli sforzi

$$T_{ij} = 2\mu\frac{\partial}{\partial r}\left(\frac{u(r)}{r}\right)\frac{x_i x_j}{r} + 2\mu\frac{u(r)}{r}\delta_{ij} + \lambda r\frac{\partial}{\partial r}\left(\frac{u(r)}{r}\right)\delta_{ij} + 3\lambda\frac{u(r)}{r}\delta_{ij}$$

$$= 2\mu\frac{\partial}{\partial r}\left(\frac{u(r)}{r}\right)\frac{x_i x_j}{r} + (2\mu + 3\lambda)\frac{u(r)}{r}\delta_{ij} + \lambda r\frac{\partial}{\partial r}\left(\frac{u(r)}{r}\right)\delta_{ij}$$

Sostituendo questa espressione nell'equazione fondamentale $\frac{\partial T_{ij}}{\partial x_i} = 0$ si ottiene

$$2\mu r\frac{\partial}{\partial r}\left[\frac{1}{r}\frac{\partial}{\partial r}\left(\frac{u(r)}{r}\right)\right]x_j + (10\mu + 3\lambda)\frac{1}{r}\frac{\partial}{\partial r}\left(\frac{u(r)}{r}\right)x_j$$

$$+ \lambda\frac{1}{r}\frac{\partial}{\partial r}\left[r\frac{\partial}{\partial r}\left(\frac{u(r)}{r}\right)\right]x_j = 0$$

Un lungo, ma semplice, svolgimento delle derivate conduce alla forma semplificata

$$(2\mu + \lambda)\frac{\mathbf{x}}{r}\frac{\partial}{\partial r}\left[\frac{1}{r^2}\frac{\partial}{\partial r}\left(r^2 u(r)\right)\right] = 0$$

da cui segue che la quantità $\frac{1}{r^2}\frac{\partial}{\partial r}\left(r^2 u\right)$ deve essere costante. Pertanto la soluzione generale per lo spostamento radiale è

$$u(r) = Ar + \frac{B}{r^2}$$

Per quanto riguarda il tensore delle deformazioni otteniamo

$$\epsilon_{ij} = \left(A + \frac{B}{r^3}\right)\delta_{ij} - 3B\frac{x_i x_j}{r^5}$$

e quindi la generica componente della forza radiale (per unità di superficie) sarà

$$f_k = T_{kh}n_h = T_{kh}\frac{x_h}{r} = (2\mu\epsilon_{kh} + \lambda\epsilon_{jj}\delta_{kh})\frac{x_h}{r}$$

da cui

$$\mathbf{f} = \hat{T}\mathbf{n} = \hat{T}\mathbf{x}\frac{1}{r} = \left[(2\mu + 3\lambda)\,A - 4\mu B\frac{1}{r^3}\right]\mathbf{x}\frac{1}{r}$$

Le formule finali ottenute, in particolare quelle che forniscono $u(r)$ ed $\mathbf{f}$, sono fondamentali per la soluzione di tutti i problemi a simmetria sferica.

Esercizio 2.11. (*Prima applicazione della simmetria sferica*). Si consideri un mezzo normale con forma di una corona sferica di raggio interno R_1 e raggio esterno $R_2 > R_1$. La corona sia soggetta internamente alla pressione idrostatica P_1 ed esternamente alla pressione P_2 (si veda la Fig. 2.4). Si determini lo spostamento radiale per tutte le sezioni interne di raggi $R_1 < r < R_2$.

Soluzione 2.11. In base alla soluzione generica trovata nell'esercizio precedente possiamo dire che $u(r) = Ar + \frac{B}{r^2}$ e che le seguenti condizioni al contorno devono essere verificate

$$\mathbf{f} = \hat{T}\mathbf{n} = -P_2\mathbf{n} \qquad \text{per } r = R_2$$
$$\mathbf{f} = \hat{T}\left(-\mathbf{n}\right) = P_1\mathbf{n} \quad \text{per } r = R_1$$

Esse comportano esplicitamente

$$(2\mu + 3\lambda)\,A - 4\mu B\frac{1}{R_2^3} = -P_2$$

$$(2\mu + 3\lambda)\,A - 4\mu B\frac{1}{R_1^3} = -P_1$$

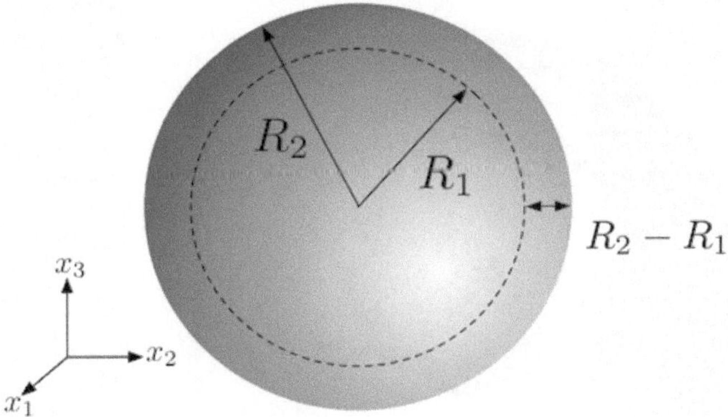

Fig. 2.4. Corona sferica soggetta a pressioni idrostatiche intera ed esterna.

da cui si possono calcolare le costanti A e B ottenendo il risultato finale per lo spostamento radiale

$$u(r) = \frac{P_1 R_1^3 - P_2 R_2^3}{(2\mu + 3\lambda)\left(R_2^3 - R_1^3\right)}\, r + \frac{\left(P_1 - P_2\right) R_1^3 R_2^3}{4\mu\left(R_2^3 - R_1^3\right)}\frac{1}{r^2}$$

Come richiesto, questo risultato descrive in modo completo la deformazione subita dalla corona sferica per effetto delle due pressioni interna ed esterna [26, 37].

Esercizio 2.12. (*Seconda applicazione della simmetria sferica*). Si consideri un mezzo normale tridimensionale infinito di moduli elastici λ_2 e μ_2, contenente una cavità sferica di raggio R_2. La cavità viene parzialmente riempita da una sfera di mezzo elastico, avente moduli λ_1 e μ_1 e raggio R_1 (si veda la Fig. 2.5). Si supponga di deformare i due mezzi in modo radiale fino a far coincidere le due superfici sferiche di raggi iniziali R_1 ed R_2. Si determini lo spostamento radiale nei due mezzi e il raggio effettivo a cui avviene il contatto tra le due superfici (incollamento).

Soluzione 2.12. Si osservi preliminarmente che nel caso in cui si ha $R_1 < R_2$ i due mezzi sono sottoposti a trazione radiale, quando invece $R_2 < R_1$ i due mezzi saranno sottoposti a compressione radiale.

Indichiamo con $u_d(r)$ lo spostamento radiale della sfera interna e con $u_f(r)$ lo spostamento radiale del mezzo esterno. La soluzione generica precedentemente trovata ci consente di scrivere le relazioni

$$u_d(r) = Ar + \frac{B}{r^2} \quad \text{e} \quad u_f(r) = Cr + \frac{D}{r^2}$$

Dovendo essere $u_d(0) = 0$ e $u_f(+\infty) = 0$ poniamo $B = 0$ e $C = 0$. L'incollamento delle due superfici sferiche prevede che lo sforzo e la posizione siano

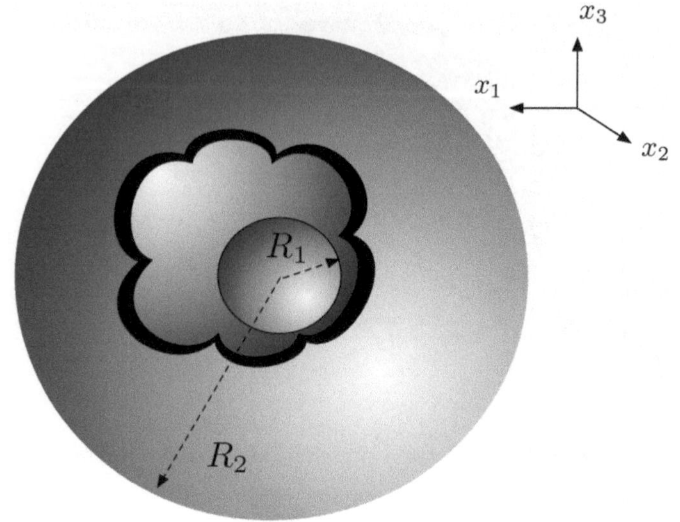

Fig. 2.5. Cavità sferica con sfera interna prima dell'*incollamento*.

continui all'interfaccia, ottenendo

$$R_1 + AR_1 = R_2 + \frac{D}{R_2^2}$$

$$(2\mu_1 + 3\lambda_1)\, A = -4\mu_2 \frac{D}{R_2^2}$$

da cui si trova facilmente

$$u_d(r) = \frac{R_2 - R_1}{R_2} \frac{1}{\frac{2\mu_1 + 3\lambda_1}{4\mu_2} + \frac{R_1}{R_2}} r$$

$$u_f(r) = -\frac{R_2 - R_1}{r^2} R_2^2 \frac{1}{1 + \frac{4\mu_2}{2\mu_1 + 3\lambda_1}\frac{R_1}{R_2}}$$

Infine il raggio effettivo si trova nel seguente modo

$$R_{eff} = R_1 + u_d(R_1) = R_2 + u_f(R_2) = \frac{3K_1 + 4\mu_2}{\frac{3K_1}{R_1} + \frac{4\mu_2}{R_2}}$$

e rappresenta il raggio a cui si dispone l'interfaccia all'equilibrio statico.

Esercizio 2.13. (*Simmetria cilindrica*). Si consideri un problema a simmetria cilindrica in un mezzo normale per il quale lo spostamento sia dato da $\mathbf{u}(\mathbf{x}) = R(r)\mathbf{e}_r + f(x_3)\mathbf{e}_3$, dove $r = \sqrt{x_1^2 + x_2^2}$ è il modulo del vettore $(x_1, x_2, 0)$ ed $\mathbf{e}_r = (x_1/r, x_2/r, 0)$. Si determini la soluzione generale in assenza di forze volumetriche ed in condizioni statiche per: lo spostamento radiale $R(r)$; lo spostamento longitudinale $f(x_3)$; il tensore delle deformazioni; la pressione radiale e longitudinale .

Soluzione 2.13. Noto lo spostamento $\mathbf{u}(\mathbf{x}) = R(r)\mathbf{e}_r + f(x_3)\mathbf{e}_3$ il tensore delle deformazioni si ottiene direttamente per derivazione e risulta espresso in funzione di $R(r)$ e $f(x_3)$. Di conseguenza si determina il tensore degli sforzi e si sostituisce nell'equazione del moto $\frac{\partial T_{ij}}{\partial x_i} = 0$. Con calcoli analoghi a quelli svolti nel caso della simmetria sferica si ottengono le relazioni indipendenti

$$\frac{\partial}{\partial r}\left[\frac{1}{r}\frac{\partial}{\partial r}(rR)\right] = 0 \quad \text{e} \quad \frac{\partial^2 f}{\partial x_3^2} = 0$$

da cui

$$R(r) = Ar + \frac{B}{r}$$
$$f(x_3) = Cx_3 + D$$

Il coefficiente D rappresenta una traslazione pura e può essere posto a zero. Dalla relazione $R(r) = Ar + \frac{B}{r}$ seguono le espressione per le componenti dello spostamento $u_1 = \left(Ar + \frac{B}{r}\right)\frac{x_1}{r}$ e $u_2 = \left(Ar + \frac{B}{r}\right)\frac{x_2}{r}$ (la terza relazione è ovviamente $u_3 = f(x_3) = Cx_3$), dalle quali per ulteriore derivazione si determina il tensore delle deformazioni

$$\hat{\epsilon} = \begin{bmatrix} A + \frac{B}{r^2} - 2B\frac{x_1^2}{r^4} & -2B\frac{x_1 x_2}{r^4} & 0 \\ -2B\frac{x_1 x_2}{r^4} & A + \frac{B}{r^2} - 2B\frac{x_2^2}{r^4} & 0 \\ 0 & 0 & C \end{bmatrix}$$

Dall'equazione costitutiva segue la forma esplicita del tensore degli sforzi

$$\hat{T} = 2\mu\hat{\epsilon} + \lambda\mathrm{Tr}(\hat{\epsilon})\,\hat{I} =$$
$$= 2\mu \begin{bmatrix} A + \frac{B}{r^2} - 2B\frac{x_1^2}{r^4} & -2B\frac{x_1 x_2}{r^4} & 0 \\ -2B\frac{x_1 x_2}{r^4} & A + \frac{B}{r^2} - 2B\frac{x_2^2}{r^4} & 0 \\ 0 & 0 & C \end{bmatrix} + \lambda(2A + C)\begin{bmatrix} 1 & 0 & 0 \\ 0 & 1 & 0 \\ 0 & 0 & 1 \end{bmatrix}$$

Dalla precedente equazione, infine, segue facilmente la pressione idrostatica radiale

$$\hat{T}\mathbf{e}_r = \left[2(\lambda + \mu)A - 2\mu\frac{B}{r^2} + \lambda C\right]\mathbf{e}_r$$

e la pressione longitudinale

$$\hat{T}\mathbf{e}_3 = [(\lambda + 2\mu)C + 2\lambda A]\mathbf{e}_3$$

Le formule finali per $R(r)$, $f(x_3)$, $\hat{T}\mathbf{e}_r$ e $\hat{T}\mathbf{e}_3$ sono utili per risolvere qualsiasi problema avente simmetria cilindrica.

Esercizio 2.14. (*Prima applicazione della simmetria cilindrica*). Si consideri un tubo di materiale elastico (mezzo normale) avente costanti elastiche note soggetto ad una pressione interna P_1 ed una pressione esterna P_2. I raggi interno ed esterno siano R_1 ed R_2, rispettivamente (si veda la Fig. 2.6). Si determini il campo degli spostamenti nei due seguenti casi: (a) sforzo piano: sono presenti solo le due pressioni interna ed esterna (radiali) e, quindi, si genera una deformazione longitudinale da determinarsi; (b) deformazione piana: esiste, oltre alle pressioni radiali, uno sforzo P_a lungo l'asse del cilindro (anch'esso incognito) che annulla la deformazione longitudinale.

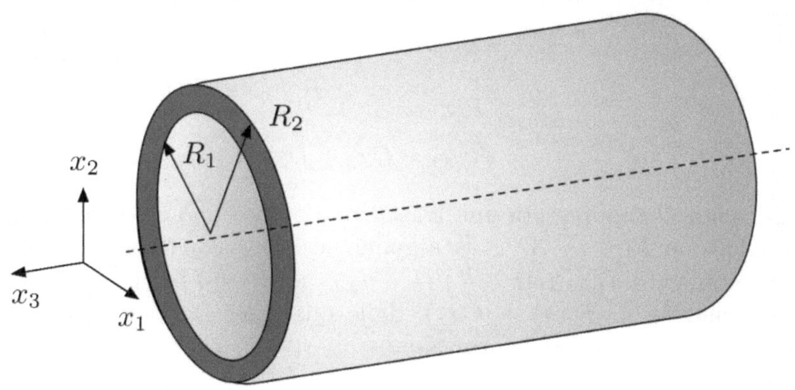

Fig. 2.6. Tubo cilindrico di mezzo elastico normale soggetto a pressioni interna ed esterna.

Soluzione 2.14. Nel caso (a) le condizioni al contorno da imporre sono

$$2(\lambda + \mu)A - 2\mu\frac{B}{R_1^2} + \lambda C = -P_1$$

$$2(\lambda + \mu)A - 2\mu\frac{B}{R_2^2} + \lambda C = -P_2$$

$$(\lambda + 2\mu)C + 2\lambda A = 0$$

e quindi le soluzioni finali seguono facilmente

$$R(r) = \frac{P_1 R_1^2 - P_2 R_2^2}{R_2^2 - R_1^2}\frac{\lambda + 2\mu}{2\mu(3\lambda + 2\mu)}r + \frac{P_1 - P_2}{2\mu\left(\frac{1}{R_1^2} - \frac{1}{R_2^2}\right)}\frac{1}{r}$$

$$f(x_3) = -\frac{P_1 R_1^2 - P_2 R_2^2}{R_2^2 - R_1^2}\frac{\lambda}{\mu(3\lambda + 2\mu)}x_3$$

Nel caso (b) si pone $f(x_3) = 0$, da cui segue $C = 0$. Il sistema di condizioni al contorno diventa allora

$$2(\lambda + \mu)A - 2\mu\frac{B}{R_1^2} = -P_1$$

$$2(\lambda + \mu)A - 2\mu\frac{B}{R_2^2} = -P_2$$

$$2\lambda A = P_a$$

e le soluzioni che si ottengono sono

$$R(r) = \frac{P_1 R_1^2 - P_2 R_2^2}{R_2^2 - R_1^2}\frac{1}{2(\lambda + \mu)}r + \frac{P_1 - P_2}{2\mu\left(\frac{1}{R_1^2} - \frac{1}{R_2^2}\right)}\frac{1}{r}$$

$$P_a = \frac{P_1 R_1^2 - P_2 R_2^2}{R_2^2 - R_1^2}\frac{\lambda}{\lambda + \mu}$$

dove P_a rappresenta lo sforzo assiale necessario per mantenere la deformazione piana [26, 37].

Esercizio 2.15. (*Seconda applicazione della simmetria cilindrica*). Si consideri un mezzo tridimensionale infinito di moduli elastici λ_2 e μ_2 con una cavità cilindrica di raggio R_2. La cavità viene parzialmente riempita da un cilindro di mezzo elastico, avente moduli λ_1 e μ_1 e raggio R_1 (si veda la Fig. 2.7). Si supponga di deformare i due mezzi in modo radiale senza alcuna deformazione longitudinale (deformazione piana) fino a far coincidere le due superfici cilindriche di raggi iniziali R_1 e R_2 (incollamento). Si determini lo spostamento radiale nei due mezzi e il raggio effettivo a cui avviene l'incollamento.

Soluzione 2.15. Nel cilindro interno poniamo $R_d(r) = A_1 r + \frac{B_1}{r}$ e $f_d(x_3) = C_1 x_3$. Nel mezzo esterno poniamo analogamente $R_f(r) = A_2 r + \frac{B_2}{r}$ e $f_f(x_3) = C_2 x_3$. Poichè $R_d(0) = 0$, dobbiamo porre $B_1 = 0$; inoltre, essendo $R_f(+\infty) = 0$, deve necessariamente essere $A_2 = 0$; infine, per la condizione di deformazione piana si ha $C_1 = C_2 = 0$. Restano,dunque, da determinare le incognite A_1 e B_2 tramite il sistema

$$R_1 + AR_1 = R_2 + \frac{B_2}{R_2}$$

$$2(\mu_1 + \lambda_1)A_1 = -2\mu_2\frac{B_2}{R_2^2}$$

da cui si trova facilmente

$$R_d(r) = \frac{R_2 - R_1}{R_2}\frac{1}{\frac{\mu_1 + \lambda_1}{\mu_2} + \frac{R_1}{R_2}}r$$

$$R_f(r) = -\frac{R_2 - R_1}{r}R_2\frac{1}{1 + \frac{\mu_2}{\mu_1 + \lambda_1}\frac{R_1}{R_2}}$$

Infine, il raggio corrispondente alla condizione di incollamento è dato da

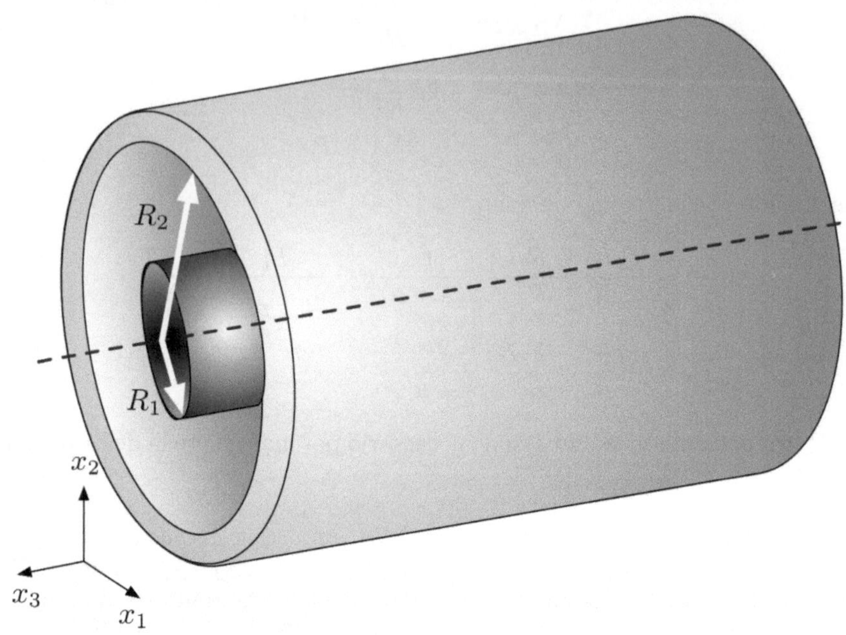

Fig. 2.7. Cavità cilindrica e cilindro interno prima dell'*incollamento*.

$$R_{eff} = R_1 + R_d(R_1) = R_2 + R_f(R_2) = \frac{\lambda_1 + \mu_1 + \mu_2}{\frac{\lambda_1 + \mu 1}{R_1} + \frac{\mu_2}{R_2}}$$

e rappresenta il raggio a cui si dispone l'interfaccia in condizioni di equilibrio statico.

Esercizio 2.16. (*Funzione di Airy*). Si consideri un mezzo bidimensionale in condizioni statiche di deformazione piana, senza forze volumetriche applica te. Si dimostri che le tre componenti indipendenti dello sforzo possono essere espresse mediante derivate di una singola funzione di due variabili. Si deter mini quindi l'equazione che deve essere risolta da tale funzione, detta funzione di Airy [2].

Soluzione 2.16. Considerando un generico campo di spostamenti descritto da $u_1(x_1, x_2, x_3)$, $u_2(x_1, x_2, x_3)$ ed $u_3(x_1, x_2, x_3)$, le condizioni di deforma zione piana sono soddisfatte, come noto, se $u_1 = u_1(x_1, x_2)$, $u_2 = u_2(x_1, x_2)$ ed $u_3(x_1, x_2, x_3) = 0$. Le componenti non nulle dello stress sono quind T_{11}, T_{12}, T_{22} e T_{33}. Le equazioni di bilancio per gli sforzi $\frac{\partial T_{ji}}{\partial x_i} = 0$ si riducono perciò alle seguenti

$$\frac{\partial T_{11}}{\partial x_1} + \frac{\partial T_{12}}{\partial x_2} = 0 \quad \text{e} \quad \frac{\partial T_{12}}{\partial x_1} + \frac{\partial T_{22}}{\partial x_2} = 0$$

Ricordiamo ora la seguente proprietà generale: dato un generico campo vettoriale $\mathbf{V} = (V_1, V_2, V_3)$ tale che $\nabla \times \mathbf{V} = 0$, deve esistere una funzione scalare $\mathcal{V}$ tale che $\mathbf{V} = \nabla \mathcal{V}$. Nel caso particolare in cui V_1 e V_2 dipendano solo dalle prime due variabili x_1 e x_2 e $V_3 = 0$, tale proprietà diventa: se $\frac{\partial V_1}{\partial x_2} - \frac{\partial V_2}{\partial x_1} = 0$ allora esiste $\mathcal{V}$ tale che $V_1 = \frac{\partial \mathcal{V}}{\partial x_1}$ e $V_2 = \frac{\partial \mathcal{V}}{\partial x_2}$. Ponendo $A = -V_2$ e $B = V_1$ si può anche dire che: se $\frac{\partial A}{\partial x_1} + \frac{\partial B}{\partial x_2} = 0$ allora esiste $\mathcal{V}$ tale che $A = -\frac{\partial \mathcal{V}}{\partial x_2}$ e $B = \frac{\partial \mathcal{V}}{\partial x_1}$. Quest'ultima proposizione può utilmente essere usata per entrambe le equazioni di equilibrio scritte poco sopra. Dalla prima deduciamo l'esistenza di un potenziale definito come $\mathcal{V} = -\mathcal{Q}(x_1, x_2)$ tale che

$$T_{11} = \frac{\partial \mathcal{Q}}{\partial x_2} \qquad T_{12} = -\frac{\partial \mathcal{Q}}{\partial x_1}$$

Dalla seconda deduciamo l'esistenza di un potenziale $\mathcal{V} = \mathcal{P}(x_1, x_2)$ tale che

$$T_{12} = -\frac{\partial \mathcal{P}}{\partial x_2} \qquad T_{22} = \frac{\partial \mathcal{P}}{\partial x_1}$$

Dal confronto delle relazioni $T_{12} = -\frac{\partial \mathcal{Q}}{\partial x_1}$ e $T_{12} = -\frac{\partial \mathcal{P}}{\partial x_2}$ si ottiene il seguente bilancio

$$\frac{\partial \mathcal{P}}{\partial x_2} = \frac{\partial \mathcal{Q}}{\partial x_1}$$

Con un ragionamento identico al precedente, si deduce l'esistenza di una funzione $\psi(x_1, x_2)$ tale per cui

$$\mathcal{Q} = \frac{\partial \psi}{\partial x_2} \qquad \mathcal{P} = \frac{\partial \psi}{\partial x_1}$$

Allora possiamo esprimere le componenti dello sforzo in termini della sola funzione scalare $\psi(x_1, x_2)$, detta *funzione di Airy*

$$T_{11} = \frac{\partial^2 \psi}{\partial x_2^2} \qquad T_{12} = -\frac{\partial^2 \psi}{\partial x_1 \partial x_2} \qquad T_{22} = \frac{\partial^2 \psi}{\partial x_1^2}$$

Cerchiamo ora l'equazione che soddisfa la funzione di Airy $\psi(x_1, x_2)$. Dalla definizione delle componenti della deformazione

$$\epsilon_{11} = \frac{\partial u_1}{\partial x_1} \qquad \epsilon_{12} = \frac{1}{2}\left(\frac{\partial u_1}{\partial x_2} + \frac{\partial u_2}{\partial x_1}\right) \qquad \epsilon_{22} = \frac{\partial u_2}{\partial x_2}$$

si ottiene immediatamente l'equazione di congruenza seguente

$$\frac{\partial^2 \epsilon_{11}}{\partial x_2^2} + \frac{\partial^2 \epsilon_{22}}{\partial x_1^2} = 2\frac{\partial^2 \epsilon_{12}}{\partial x_1 \partial x_2}$$

che rappresenta la versione bidimensionale delle equazioni descritte nell'Appendice B. Consideriamo ora le equazioni costitutive descritte nella Sez. 2.6.1

$$\begin{bmatrix} \epsilon_{11} \\ \epsilon_{22} \\ \epsilon_{12} \end{bmatrix} = \frac{1}{E} \begin{bmatrix} 1-\nu^2 & -\nu(1+\nu) & 0 \\ -\nu(1+\nu) & 1-\nu^2 & 0 \\ 0 & 0 & 1+\nu \end{bmatrix} \begin{bmatrix} T_{11} \\ T_{22} \\ T_{12} \end{bmatrix}$$

Sostituendo tali relazioni nell'equazione di congruenza si ottiene

$$\frac{1}{E}\left[(1-\nu^2)\frac{\partial^2 T_{11}}{\partial x_2^2} - \nu(1+\nu)\frac{\partial^2 T_{22}}{\partial x_2^2}\right]$$
$$+\frac{1}{E}\left[(1-\nu^2)\frac{\partial^2 T_{22}}{\partial x_1^2} - \nu(1+\nu)\frac{\partial^2 T_{11}}{\partial x_1^2}\right] = 2\frac{1+\nu}{E}\frac{\partial^2 T_{12}}{\partial x_1 \partial x_2}$$

Considerando ancora le due equazioni dell'equilibrio elastico $\frac{\partial T_{11}}{\partial x_1} + \frac{\partial T_{12}}{\partial x_2} = 0$ e $\frac{\partial T_{12}}{\partial x_1} + \frac{\partial T_{22}}{\partial x_2} = 0$ e derivandole (la prima rispetto ad x_1 e la seconda rispetto a x_2) e sommando ciò che si ottiene, giungiamo alla relazione importante $\frac{\partial^2 T_{11}}{\partial x_1^2} + \frac{\partial^2 T_{22}}{\partial x_2^2} = 2\frac{\partial^2 T_{12}}{\partial x_1 \partial x_2}$. Essa, se utilizzata nella precedente equazione di congruenza, ci consente di arrivare al risultato

$$\frac{\partial^2 T_{11}}{\partial x_1^2} + \frac{\partial^2 T_{11}}{\partial x_2^2} + \frac{\partial^2 T_{22}}{\partial x_1^2} + \frac{\partial^2 T_{22}}{\partial x_2^2} = 0$$

che, introducendo l'operatore Laplaciano, si riscrive come

$$\nabla^2 T_{11} + \nabla^2 T_{22} = 0$$

Tale relazione è detta alcune volte *equazione di Levy*. Infine, ricordando che le componenti degli sforzi si possono scrivere in termini della funzione di Airy otteniamo un'equazione finale la cui incognita è ψ

$$\nabla^2 \frac{\partial^2 \psi}{\partial x_2^2} + \nabla^2 \frac{\partial^2 \psi}{\partial x_1^2} = 0$$

oppure più semplicemente

$$\nabla^2 \nabla^2 \psi = 0$$

L'operatore $\nabla^2 \nabla^2$ è detto operatore biarmonico e viene indicato con ∇^4. L'equazione relativa $\nabla^4 \psi = 0$ è detta equazione biarmonica. L'approccio alla teoria dell'elasticità bidimensionale mediante la funzione di Airy e la corrispondente equazione biarmonica è il punto di partenza fondamentale per l'introduzione delle variabili complesse nello studio dei problemi meccanici. In passato, tale metodologia ha fornito la possibilità di risolvere un certo numero di problemi di grande interesse applicativo con tecniche relativamente semplici. Si invita il Lettore interessato ad approfondire l'argomento in testi specializzati su questo tema [2, 5, 38, 39].

3

Energia elastica

Il concetto di energia elastica è stato occasionalmente invocato nei Capitoli precedenti; per esempio, ne abbiamo fatto uso per verificare la grande simmetria del tensore elastico e per introdurre le limitazioni fisiche ai valori dei moduli di elasticità. Non abbiamo tuttavia affrontato in modo rigoroso l'introduzione di tale concetto all'interno della teoria dell'elasticità.

Lo scopo di questo Capitolo è quello di derivare una funzione densità di energia potenziale elastica e di definirne la struttura matematica. Applicheremo questi risultati allo studio della termodinamica di una deformazione – sia nel caso di temperatura nulla, sia in quello di temperatura finita (e, possibilmente, variabile) – in regime lineare elastico. Il Capitolo si concluderà, infine, con brevi cenni al problema della trasmissione termoelastica del calore.

3.1 Lavoro ed energia

Al fine di definire in modo non ambiguo alcune grandezze fisiche di interesse e di uniformare la notazione tipica della termodinamica con quella tipica della teoria della elasticità, presentiamo innanzitutto un richiamo di alcuni concetti energetici elementari.

Supponiamo di considerare un punto materiale di massa m che si muove sotto l'effetto di un campo di forze $\mathbf{F}(\mathbf{r})$. Il lavoro totale compiuto da tale forza per spostare il sistema dal punto A al punto B è dato dall'integrale di linea (eseguito sull'effettiva traiettoria che è stata seguita) tra i punti A e B

$$L_{AB} = \int_A^B \mathbf{F}(\mathbf{r}) \cdot d\mathbf{r} \tag{3.1}$$

dove $d\mathbf{r}$ misura lo spostamento infinitesimo lungo la direzione tangente alla traiettoria seguita. Tale lavoro corrisponde alla variazione di energia cinetica E_c tra i punti iniziale e finale (teorema lavoro-energia)

$$L_{AB} = \frac{1}{2}mv_B^2 - \frac{1}{2}mv_A^2 = E_c(B) - E_c(A) \tag{3.2}$$

dove v_A e v_B sono i moduli delle velocità iniziale e finale. Questo risultato, come noto, non richiede alcuna ipotesi sulle forze in gioco [19].

Supponiamo ora che il campo di forze sia conservativo e, quindi, che esista una energia potenziale E_p tale che

$$\mathbf{F}(\mathbf{r}) = -\frac{\partial E_p}{\partial \mathbf{r}} \tag{3.3}$$

Allora, con questa ipotesi aggiuntiva, il lavoro si può anche esprimere come

$$L_{AB} = \int_A^B \mathbf{F}(\mathbf{r}) \cdot \mathrm{d}\mathbf{r} = -\int_A^B \frac{\partial E_p}{\partial \mathbf{r}} \cdot \mathrm{d}\mathbf{r} = E_p(A) - E_p(B) \tag{3.4}$$

Il confronto tra le Eq. (3.2) e (3.4) conduce ad un primo caso elementare di bilancio energetico:

$$E_p(A) + E_c(A) = E_p(B) + E_c(B) \tag{3.5}$$

Passiamo ora a considerare un sistema materiale esteso, come ad esempio un sistema di punti materiali o un mezzo continuo. Il sistema sia soggetto ad un insieme di forze che lo porta nella posizione B a partire dalla posizione A.

Possiamo in generale ammettere che il campo di forze totale sia rappresentabile come somma di due contributi diversi: quello dovuto alle *forze interne* (agenti, cioè, a livello dei costituenti elementari del materiale considerato, ovvero: atomi o molecole) e quello dovuto alle *forze esterne* (legate, cioè, ad una qualunque azione meccanica esercitata dall'esterno del materiale considerato).

Considerazioni elementari di fisica dei solidi ci consentono di affermare che *le forze interne sono certamente conservative*, perchè legate alle azioni a livello atomico-molecolare. Al contrario, *le forze esterne sono arbitrarie*, la loro natura (conservativa o meno) dipendendo da caso a caso. In conclusione, il suddetto mezzo, durante lo spostamento da A a B, è soggetto a forze interne conservative e a forze esterne arbitrarie, in modo che

$$[E_p(B) + E_c(B)] - [E_p(A) + E_c(A)] = L^{est} \tag{3.6}$$

dove L^{est} rappresenta il lavoro compiuto solo dalle forza esterne per spostare il sistema materiale dalla configurazione A alla configurazione B. In Eq. (3.6) il termine di energia potenziale E_p si riferisce all sistema di forze interne che si instaurano tra i costituenti elementari del mezzo.

L'Eq. (3.6) rappresenta un caso particolare del *primo principio della termodinamica* che si scrive, in generale, come segue

$$\Delta E_{tot} = L^{est} + \int_V \Delta Q \mathrm{d}V \tag{3.7}$$

dove abbiamo assunto che il lavoro esterno e il calore siano positivi se, rispettivamente, eseguito sul sistema o assorbito dal sistema [7, 31]. Inoltre ΔQ è il *calore assorbito per unità di volume* durante la trasformazione termodinamica.

L'energia totale E_{tot} del sistema, è naturalmente somma di contributi diversi. Qualitativamente possiamo distinguere tra

- contributi *macroscopici di tipo cinetico* (per esempio, quelli legati al moto del centro di massa), nel seguito indicati con E_c^{macro} (coincidenti con E_c in Eq. (3.6));
- contributi *macroscopici di tipo potenziale* (legati al lavoro delle forze interne al sistema), nel seguito indicati con E_p^{macro} (coincidenti con E_p in Eq. (3.6)). Il termine contributo macroscopico di tipo potenziale può essere un po' ambiguo e deve essere chiarito ulteriormente: la quantità E_p^{macro} rappresenta la somma di tutti i contributi di energia potenziale associata alle forze d'interazione elementare tra gli atomi del mezzo. In elasticità il mezzo può essere deformato e, nel seguito, vogliamo poter calcolare tale quantitativo energetico per mezzo dei campi descrittivi della meccanica del continuo (tensore delle deformazioni e degli sforzi). Il termine *macroscopico* è, quindi, indicato per ricordare che tale contributo dipende direttamente da questi campi elastici che sono appunto quantità definite a livello macroscopico.
- contributi *microscopici di tipo cinetico* (legati al moto di agitazione termica dei costituenti elementari del sistema), nel seguito indicati con E_c^{micro}.

Questi ultimi contributi sono sostanzialmente legati a quei termini energetici suggeriti dalla termodinamica statistica e, dunque, legati alla temperatura. Ove, dunque, si consideri il sistema a temperatura nulla si ottiene la significativa semplificazione di azzerare tutti i contributi microscopici e, dunque per questo caso particolare vale che $\Delta E_{tot} = \Delta E_p^{macro} + \Delta E_c^{macro}$. Se poi il sistema in oggetto viene mantenuto in condizioni adiabatiche, possiamo scrivere il *primo principio della termodinamica per un sistema meccanico adiabatico a temperatura nulla* come in Eq. (3.6)

$$\boxed{\Delta E_c^{macro} + \Delta E_p^{macro} = L^{est}} \tag{3.8}$$

dove abbiamo ovviamente fatto uso esplicito della relazione $\Delta Q = 0$ valida nelle condizioni prescelte.

3.2 Lavoro e densità di energia potenziale elastica

Per gli scopi cui siamo interessati dobbiamo applicare la relazione generale Eq. (3.6) o Eq. (3.8) al caso del lavoro compiuto su un mezzo continuo elastico. In particolare occorre prendere in considerazione i seguenti termini:

- la grandezza E_p (energia potenziale totale) che vogliamo definire in modo rigoroso;

- la grandezza E_c (energia cinetica totale del continuo in moto) la cui la definizione è stata anticipata nella Sezione precedente e la cui espressione esplicita verrà fornita fra poco;
- la grandezza L^{est} (lavoro delle forze esterne sul sistema).

Supponiamo, dunque, di avere un corpo finito che occupi il volume V limitato dalla superficie S e cominciamo col calcolare il lavoro delle forze esterne

$$L^{est} = L^{est}(\mathrm{V}) + L^{est}(\mathrm{S}) \tag{3.9}$$

dove: il primo termine del membro di destra rappresenta il lavoro fatto sul volume V dalle forze di volume $\mathbf{b}(\mathbf{x}, t)$, in generale dipendenti sia dal punto selezionato, sia dal tempo; il secondo termine rappresenta invece il lavoro compiuto dalle forze $T_{ij}n_j$ applicate superficialmente.

Sviluppiamo innanzitutto il calcolo del lavoro fatto sul volume V. Conviene procedere dapprima valutando $L^{est}(\mathrm{V})$ come integrale temporale della potenza (che corrisponde al prodotto forza per velocità) sviluppata sull'unità di volume e, poi, sommando tutti i contributi relativi ai volumi infinitesimi in cui il mezzo continuo è idealmente scomposto. Questa procedura equivale al calcolo di

$$L^{est}(\mathrm{V}) = \int_{\mathrm{V}} \left[\int_{t(A)}^{t(B)} \mathbf{b}(\mathbf{r}, t) \cdot \frac{\mathrm{d}\mathbf{u}(\mathbf{r}, t)}{\mathrm{d}t} \mathrm{d}t \right] \mathrm{d}V$$

$$= \int_{\mathrm{V}} \left[\int_{t(A)}^{t(B)} b_i(\mathbf{r}, t) \frac{\mathrm{d}u_i(\mathbf{r}, t)}{\mathrm{d}t} \mathrm{d}t \right] \mathrm{d}V \tag{3.10}$$

dove $t(A)$ e $t(B)$ rappresentano, rispettivamente, i tempi in corrispondenza dei quali l'elemento $\mathrm{d}V$ occupa le posizioni A e B. Analogalmente per il lavoro sulla superficie S vale

$$L^{est}(\mathrm{S}) = \int_{\mathrm{S}} \left[\int_{t(A)}^{t(B)} T_{ij}n_j \frac{\mathrm{d}u_i}{\mathrm{d}t} \mathrm{d}t \right] \mathrm{d}S$$

$$= \int_{\mathrm{V}} \left[\int_{t(A)}^{t(B)} \frac{\partial}{\partial x_j} \left(T_{ij} \frac{\mathrm{d}u_i}{\mathrm{d}t} \right) \mathrm{d}t \right] \mathrm{d}V$$

$$= \int_{\mathrm{V}} \left[\int_{t(A)}^{t(B)} \left(\frac{\partial T_{ij}}{\partial x_j} \frac{\mathrm{d}u_i}{\mathrm{d}t} + T_{ij} \frac{\mathrm{d}}{\mathrm{d}t} \frac{\partial u_i}{\partial x_j} \right) \mathrm{d}t \right] \mathrm{d}V$$

$$= \int_{\mathrm{V}} \left[\int_{t(A)}^{t(B)} \left(\frac{\partial T_{ij}}{\partial x_j} \frac{\mathrm{d}u_i}{\mathrm{d}t} + T_{ij} \frac{\mathrm{d}\epsilon_{ij}}{\mathrm{d}t} \right) \mathrm{d}t \right] \mathrm{d}V \tag{3.11}$$

avendo usato il teorema della divergenza nel primo passaggio ed avendo sfruttato sia la simmetria del tensore degli sforzi, sia la definizione del tensore delle deformazioni nell'ultimo. In particolare, abbiamo fatto uso della equivalenza

$$T_{ij} \frac{\partial u_i}{\partial x_j} = \frac{1}{2} T_{ij} \frac{\partial u_i}{\partial x_j} + \frac{1}{2} T_{ij} \frac{\partial u_i}{\partial x_j}$$

$$= \frac{1}{2}T_{ij}\frac{\partial u_i}{\partial x_j} + \frac{1}{2}T_{ji}\frac{\partial u_j}{\partial x_i}$$

$$= \frac{1}{2}T_{ij}\frac{\partial u_i}{\partial x_j} + \frac{1}{2}T_{ij}\frac{\partial u_j}{\partial x_i}$$

$$= \frac{1}{2}T_{ij}\left(\frac{\partial u_i}{\partial x_j} + \frac{\partial u_j}{\partial x_i}\right)$$

$$= T_{ij}\epsilon_{ij} \tag{3.12}$$

I due contributi di volume e di superficie, dunque, sommano a

$$L^{est} = \int_V \left\{ \int_{t(A)}^{t(B)} \left[\left(\frac{\partial T_{ij}}{\partial x_j} + b_i\right)\frac{\mathrm{d}u_i}{\mathrm{d}t} + T_{ij}\frac{\mathrm{d}\epsilon_{ij}}{\mathrm{d}t} \right]\mathrm{d}t \right\} \mathrm{d}V \tag{3.13}$$

e, usando l'equazione del moto data in Eq. (1.53), si ottiene subito che

$$L^{est} = \int_V \left\{ \int_{t(A)}^{t(B)} \left[\rho\frac{\mathrm{d}^2 u_i}{\mathrm{d}t^2}\frac{\mathrm{d}u_i}{\mathrm{d}t} + T_{ij}\frac{\mathrm{d}\epsilon_{ij}}{\mathrm{d}t} \right]\mathrm{d}t \right\} \mathrm{d}V$$

$$= \int_V \left\{ \int_{t(A)}^{t(B)} \left[\frac{1}{2}\rho\frac{\mathrm{d}}{\mathrm{d}t}\left(\frac{\mathrm{d}u_i}{\mathrm{d}t}\frac{\mathrm{d}u_i}{\mathrm{d}t}\right) + T_{ij}\frac{\mathrm{d}\epsilon_{ij}}{\mathrm{d}t} \right]\mathrm{d}t \right\} \mathrm{d}V$$

$$= \int_V \left\{ \left[\frac{1}{2}\rho\left(\frac{\mathrm{d}u_i}{\mathrm{d}t}\frac{\mathrm{d}u_i}{\mathrm{d}t}\right)_B - \frac{1}{2}\rho\left(\frac{\mathrm{d}u_i}{\mathrm{d}t}\frac{\mathrm{d}u_i}{\mathrm{d}t}\right)_A \right] \right\} \mathrm{d}V$$

$$+ \int_V \left\{ \int_{t(A)}^{t(B)} T_{ij}\frac{\mathrm{d}\epsilon_{ij}}{\mathrm{d}t}\mathrm{d}t \right\} \mathrm{d}V \tag{3.14}$$

Questa forma generale del lavoro esterno, una volta confrontato con l'Eq. (3.8), permette finalmente di procedere con le seguenti identificazioni per la *variazione di energia cinetica macroscopica*

$$\Delta E_c^{macro} = \int_V \frac{1}{2}\rho\left(\frac{\mathrm{d}\mathbf{u}}{\mathrm{d}t}\cdot\frac{\mathrm{d}\mathbf{u}}{\mathrm{d}t}\right)_B \mathrm{d}V - \int_V \frac{1}{2}\rho\left(\frac{\mathrm{d}\mathbf{u}}{\mathrm{d}t}\cdot\frac{\mathrm{d}\mathbf{u}}{\mathrm{d}t}\right)_A \mathrm{d}V \tag{3.15}$$

e per la *variazione di energia potenziale macroscopica*

$$\Delta E_p^{macro} = \int_V \left[\int_{t(A)}^{t(B)} T_{ij}\frac{\mathrm{d}\epsilon_{ij}}{\mathrm{d}t}\mathrm{d}t \right] \mathrm{d}V \tag{3.16}$$

Possiamo convenientemente definire la *densità U di energia potenziale elastica per unità di volume* secondo la

$$E_p^{macro} = \int_V U\mathrm{d}V \tag{3.17}$$

in modo che risulti possibile scrivere la differenza di energia potenziale come

$$\Delta E_p^{macro} = \int_V \int_{t(A)}^{t(B)} \frac{\mathrm{d}U}{\mathrm{d}t} \mathrm{d}t \mathrm{d}V \qquad (3.18)$$

Val la pena di sottolineare che la precedente equazione ha implicitamente fatto uso dell'esistenza di una energia potenziale elastica come variabile di stato, cosa assolutamente coerente con i principi fondamentali della termodinamica [26, 28]. Confrontando le Eq. (3.16) e (3.18) si ottiene subito che

$$\Delta E_p^{macro} = \int_V \int_{t(A)}^{t(B)} \frac{\mathrm{d}U}{\mathrm{d}t} \mathrm{d}t \mathrm{d}V = \int_V \int_{t(A)}^{t(B)} T_{ij} \frac{\mathrm{d}\epsilon_{ij}}{\mathrm{d}t} \mathrm{d}t \mathrm{d}V \qquad (3.19)$$

e, per l'arbitrarietà dell'intervallo temporale e del dominio di integrazione spaziale, si ottiene il risultato

$$\boxed{\frac{\mathrm{d}U}{\mathrm{d}t} = T_{ij} \frac{\mathrm{d}\epsilon_{ij}}{\mathrm{d}t}} \qquad (3.20)$$

che rappresenta *la più generale epressione esplicita che lega l'energia potenziale elastica accumulata in corrispondenza ad certa deformazione* (a temperatura nulla). Qualora la precedente relazione sia scritta con gli argomenti espliciti

$$\frac{\mathrm{d}U(\epsilon_{kh})}{\mathrm{d}t} = T_{ij}(\epsilon_{kh}) \frac{\mathrm{d}\epsilon_{ij}}{\mathrm{d}t} \qquad (3.21)$$

essa afferma che la funzione U è un differenziale esatto

$$\boxed{T_{ij} = \frac{\partial U}{\partial \epsilon_{ij}}} \qquad (3.22)$$

Questo è un risultato fondamentale che può essere riassunto come segue: *esiste una densità di energia potenziale elastica che soddisfa il primo principio della termodinamica e dalla quale è possibile ottenere la relazione costitutiva del mezzo tramite la relazione data in Eq. (3.22)* [26, 28].

Nel caso in cui il mezzo sia lineare (ma, in generale, anisotropo) sappiamo che l'equazione costitutiva si scrive nella forma data in Eq. (2.1). Da tale relazione otteniamo $\mathcal{C}_{ijkh} = \frac{\partial T_{ij}}{\partial \epsilon_{kh}}$ ovvero usando l'Eq. (3.22)

$$\mathcal{C}_{ijkh} = \frac{\partial^2 U}{\partial \epsilon_{kh} \partial \epsilon_{ij}} \qquad (3.23)$$

Questa relazione rende evidente la grande simmetria nelle due coppie di indici (ij) e (kh). È inoltre possibile per il caso lineare esplicitare la funzione U in una forma molto compatta di grande utilità applicativa. Infatti, dalla relazione data in Eq. (3.20) si ha

$$\frac{\mathrm{d}U}{\mathrm{d}t} = \mathcal{C}_{ijkh} \epsilon_{kh} \frac{\mathrm{d}\epsilon_{ij}}{\mathrm{d}t} \qquad (3.24)$$

che, sfruttando la grande simmetria appena ricavata, si riscrive come

$$\frac{\mathrm{d}U}{\mathrm{d}t} = \frac{1}{2}\mathcal{C}_{ijkh}\frac{\mathrm{d}\left(\epsilon_{ij}\epsilon_{kh}\right)}{\mathrm{d}t} \tag{3.25}$$

ovvero

$$\boxed{U = \tfrac{1}{2}\mathcal{C}_{ijkh}\epsilon_{ij}\epsilon_{kh}} \tag{3.26}$$

Questa relazione può essere ulteriormente sviluppata nel caso di mezzo lineare e isotropo, assumendo una forma molto compatta

$$\begin{aligned}
U(\hat{\epsilon}) &= \frac{1}{2}\mathcal{C}_{ijkh}\epsilon_{ij}\epsilon_{kh} = \frac{1}{2}T_{ij}\epsilon_{ij}\\
&= \frac{1}{2}\left(2\mu\epsilon_{ij} + \lambda\epsilon_{kk}\delta_{ij}\right)\epsilon_{ij}\\
&= \mu\epsilon_{ij}\epsilon_{ij} + \frac{1}{2}\lambda\epsilon_{kk}\epsilon_{ii}
\end{aligned} \tag{3.27}$$

dove abbiamo fatto uso esplicito dei coefficienti di Lamé introdotti nel Capitolo precedente. Ora, visto che $\epsilon_{kk} = \epsilon_{ii} = \mathrm{Tr}(\hat{\epsilon})$ e che $\epsilon_{ij}\epsilon_{ij} = \mathrm{Tr}(\hat{\epsilon}^2)$ possiamo scrivere

$$\boxed{U(\hat{\epsilon}) = \mu\mathrm{Tr}(\hat{\epsilon}^2) + \tfrac{1}{2}\lambda\left[\mathrm{Tr}(\hat{\epsilon})\right]^2} \tag{3.28}$$

che rappresenta la forma più generale per la *dipendenza della densità di energia potenziale elastica dalla deformazione in un mezzo elastico omogeneo ed isotropo* (per deformazioni a temperatura nulla).

Per concludere, vogliamo ricordare alcune proprietà della funzione densità di energia elastica per i mezzi elastici non lineari, ma isotropi. In tale caso la funzione energia (descritta da una funzione scalare) non può che dipendere dagli invarianti del tensore di deformazione (si veda l'Appendice E), che sono gli unici oggetti isotropi (nel senso che non dipendono dal sistema di riferimento prescelto) [5, 26]. Quindi, per mezzi non lineari isotropi, si ha:

$$U = U\left(\mathrm{Tr}(\hat{\epsilon}), \mathrm{Tr}(\hat{\epsilon}^2), \mathrm{Tr}(\hat{\epsilon}^3)\right) \tag{3.29}$$

Una volta nota la precedente funzione si può trovare l'equazione costitutiva per mezzo delle derivate espresse nella formula data in Eq. (3.22). Se tale approccio energetico è applicato ai mezzi lineari isotropi si torna ad ottenere l'Eq. (3.28). Si veda la Sez. 3.3.2 per questa ulteriore discussione.

3.3 Deformazione a temperatura finita

Passiamo ora a considerare il caso di deformazioni che avvengono a *temperatura finita*. Ci limiteremo a considerare unicamente *trasformazioni termodinamiche in regime quasi-statico*: in altre parole, la deformazione applicata al mezzo avviene in tempi sufficientemente lunghi da permettere di considerare sempre il sistema all'equilibrio termodinamico istantaneo (ad una data temperatura).

3.3.1 Potenziali termodinamici

Una volta accesa la temperatura, abbiamo attivato tutti i moti di agitazione termica dei costituenti elementari del nostro mezzo (quelli, cioè, che avevamo trascurato nella precedente Sezione dove tutte le argomentazioni erano svolte a temperatura nulla) e, dunque, risulta necessario inserire nel formalismo il contributo energetico ΔE_c^{micro}, nonchè il contributo che descrive il trasferimento di calore dal mezzo elastico all'ambiente esterno o viceversa. È proprio tramite questo meccanismo che il sistema può scambiare calore con l'ambiente esterno, secondo la

$$\mathrm{d}\mathcal{Q} = \mathcal{T}\mathrm{d}\mathcal{S} \tag{3.30}$$

dove $\mathcal{T}$ rappresenta la temperatura, $\mathcal{S}$ rappresenta l'entropia per unità di volume e $\mathcal{Q}$ il calore assorbito per unità di volume. Possiamo quindi riscrivere l'Eq. (3.7) con i contributi esplicitati

$$\Delta E_c^{micro} + \Delta E_c^{macro} + \Delta E_p^{macro} = L^{est} + \int_V \Delta \mathcal{Q}\mathrm{d}V \tag{3.31}$$

Considerato che L^{est}, grazie alla Eq. (3.14), è esprimibile come

$$L^{est} = \Delta E_c^{macro} + \int_V \left[\int_{t(A)}^{t(B)} T_{ij}\frac{d\epsilon_{ij}}{\mathrm{d}t}\mathrm{d}t \right] \mathrm{d}V \tag{3.32}$$

possiamo subito ottenere che

$$\Delta E_c^{micro} + \Delta E_p^{macro} = \int_V \left[\int_{t(A)}^{t(B)} T_{ij}\frac{d\epsilon_{ij}}{\mathrm{d}t}\mathrm{d}t \right] \mathrm{d}V + \int_V \Delta \mathcal{Q}\mathrm{d}V \tag{3.33}$$

e finalmente scrivere il primo principio della termodinamica nella forma

$$\boxed{\mathrm{d}U = T_{ij}\mathrm{d}\epsilon_{ij} + \mathrm{d}\mathcal{Q} = T_{ij}\mathrm{d}\epsilon_{ij} + \mathcal{T}\mathrm{d}\mathcal{S}} \tag{3.34}$$

dove abbiamo posto $E_c^{micro} + E_p^{macro} = \int_V U\mathrm{d}V$ e abbiamo identificato U con la *densità di energia interna* del sistema in oggetto. La quantità U assume, dunque, un significato più generale rispetto alla Sezione precedente e risulta coincidente con quest'ultimo solo se gli aspetti cinetici microscopici non sono considerati. Questo risultato rappresenta *l'equazione fondamentale della termodinamica dei mezzi continui deformati quasi-staticamente* (ovvero, reversibilmente).

Nel caso di deformazioni particolari l'Eq. (3.34) si riconduce facilmente ai risultati canonici della termodinamica classica. Consideriamo, infatti, il caso di una deformazione di compressione o espansione, che risulti descritta da un tensore degli sforzi del tipo $T_{ij} = -\mathcal{P}\delta_{ij}$. In questa espressione, la grandezza $\mathcal{P}$ rappresenta la pressione idrostatica applicata, mentre il segno negativo indica che tale pressione viene esercitata sul sistema. Sotto queste condizioni risulta immediatamente che

$$T_{ij}\mathrm{d}\epsilon_{ij} = -\mathcal{P}\delta_{ij}\mathrm{d}\epsilon_{ij} = -\mathcal{P}\mathrm{d}\mathrm{Tr}(\hat{\epsilon}) \tag{3.35}$$

Il termine $\mathrm{d}\mathrm{Tr}(\hat{\epsilon})$ rappresenta ovviamente la variazione volumetrica infinitesima del sistema (o, meglio, la variazione di volume per unità di volume, restando quindi adimensionale) e, dunque, possiamo semplicemente scriverlo come: $\mathrm{d}\mathrm{Tr}(\hat{\epsilon}) = \mathrm{d}V'$ (l'apice ci ricorda che è una variazione di volume per unità di volume, adimensionale). Si ricorda, infatti, che nel primo Capitolo è stata introdotta la relazione $\Delta V = \int_V \mathrm{Tr}\,(\hat{\epsilon})\,\mathrm{d}V$ che descrive la variazione effettiva di volume (dimostrata nell'esercizio 1.6). In conclusione, il bilancio energetico per un sistema compresso idrostaticamente in modo reversibile è

$$\mathrm{d}U = \mathcal{T}\mathrm{d}\mathcal{S} - \mathcal{P}\mathrm{d}V' \tag{3.36}$$

come noto dalla termodinamica elementare (anche se in questo caso ciascuna grandezza estensiva che compare nella precedente è specifica, cioè per unità di volume; al contrario, temperatura e pressione essendo grandezze intensive sono misurate nelle unità convenzionali) [7, 26].

In aggiunta all'energia interna U possiamo anche definire l'*energia libera di Helmholtz* $\mathcal{F}$ (per unità di volume) come

$$\mathcal{F} = U - \mathcal{T}\mathcal{S} \tag{3.37}$$

e l'*energia libera di Gibbs* $\mathcal{G}$ (per unità di volume) come

$$\mathcal{G} = U - \mathcal{T}\mathcal{S} - T_{ij}\epsilon_{ij} \tag{3.38}$$

Notiamo che quest'ultima definizione rappresenta la generalizzazione, al caso di deformazione arbitraria, della definizione elementare data per una compressione uniforme $T_{ij} = -\mathcal{P}\delta_{ij}$ cui si associa l'espressione

$$\mathcal{G} = U - \mathcal{T}\mathcal{S} + \mathcal{P}V' \tag{3.39}$$

La novità importante non risiede solo nel fatto che abbiamo adesso a disposizione dei potenziali termodinamici validi per una deformazione arbitraria di forma qualunque (purchè operata in regime quasi-statico), ma che possiamo anche stabilire delle espressioni operative inverse che consentono, a loro volta, di calcolare direttamente il tensore degli sforzi. Ad esempio è facile ricavare che

$$\begin{aligned}
T_{ij} &= \left.\frac{\partial U}{\partial \epsilon_{ij}}\right|_{\mathcal{S}} \\
&= \left.\frac{\partial \mathcal{F}}{\partial \epsilon_{ij}}\right|_{\mathcal{T}}
\end{aligned} \tag{3.40}$$

dove si intende che nei due casi debbano essere mantenute costanti l'entropia o la temperatura, rispettivamente.

3.3.2 Mezzi omogenei ed isotropi

In pratica, per poter utilizzare le relazioni termodinamiche sin qui sviluppate è necessario conoscere la dipendenza dei diversi potenziali termodinamici dal tensore delle piccole deformazioni $\hat{\epsilon}$. Nel caso di mezzi omogenei ed isotropi questo risultato può essere raggiunto con considerazioni elementari.

Si consideri un mezzo omogeneo ed isotropo in regime di piccole deformazioni reversibili, e si consideri la temperatura T uniforme e costante in tutto il mezzo. Chiamiamo $\mathcal{F}_0$ la sua energia libera in assenza di deformazioni, ma alla stessa temperatura osservata quando esse sono in azione. Poiché, come detto, le deformazioni sono piccole, possiamo assumere che il potenziale $\mathcal{F}$ sia espandibile in serie di potenze delle deformazioni

$$\mathcal{F} = \mathcal{F}_0 + \left.\frac{\partial \mathcal{F}}{\partial \epsilon_{ij}}\right|_T \epsilon_{ij} + \frac{1}{2}\left.\frac{\partial^2 \mathcal{F}}{\partial \epsilon_{ij}\partial \epsilon_{hk}}\right|_T \epsilon_{ij}\epsilon_{hk} + \cdots \tag{3.41}$$

Il termine al primo ordine in ϵ_{ij} deve necessariamente essere nullo: vale, infatti, l'Eq. (3.40) e perdipiù all'equilibrio (cioè in assenza di deformazioni) lo sforzo T_{ij} è nullo. Dunque, i primi termini da considerare nello sviluppo sono quelli quadratici. Ci arresteremo, poi, proprio a quest'ordine, ancora una volta ricordando che le deformazioni sono per ipotesi piccole. In altre parole, possiamo scrivere

$$\mathcal{F} = \mathcal{F}_0 + \mathcal{O}(\hat{\epsilon}^2) \tag{3.42}$$

Poiché il termine $\mathcal{F}_0$ è definito a meno di una costante arbitraria, è conveniente assumere anche che $\mathcal{F}_0 = 0$. Ricordando, inoltre, che l'energia libera $\mathcal{F}$ è ovviamente uno scalare, possiamo concludere che anche il termine $\mathcal{O}(\hat{\epsilon}^2)$ dovrà esserlo. Poiché il tensore delle piccole deformazioni $\hat{\epsilon}$ è simmetrico, possiamo con i suoi elementi costruire due sole grandezze scalari indipendenti legate, rispettivamente, ai suoi due invarianti di secondo ordine $[\mathrm{Tr}(\hat{\epsilon})]^2$ e $\mathrm{Tr}(\hat{\epsilon}^2)$. Utilizzando i risultati già noti $\epsilon_{ii} = \epsilon_{jj} = \mathrm{Tr}(\hat{\epsilon})$ e $\epsilon_{ij}\epsilon_{ij} = \mathrm{Tr}(\hat{\epsilon}^2)$, possiamo allora scrivere

$$\boxed{\mathcal{F}(\epsilon_{ij}) = c_1 \epsilon_{ii}\epsilon_{jj} + c_2 \epsilon_{ij}\epsilon_{ij}} \tag{3.43}$$

che rappresenta l'espressione generale per l'*energia libera di un mezzo omogeneo ed isotropo*. Se associamo le due costanti c_1 e c_2 ai coefficienti di Lamé secondo le relazioni

$$c_1 = \frac{\lambda}{2}$$
$$c_2 = \mu \tag{3.44}$$

trova una spiegazione termodinamica esauriente il perché un mezzo omogeneo e isotropo in regime lineare sia caratterizzato da due soli moduli elastici.

L'espressione esplicita che abbiamo appena ricavato per l'energia libera come funzione della deformazione consente di dimostrare le condizioni fondamentali – anticipate nella Sez. 2.4 – che i moduli elastici devono soddisfare.

In condizioni di equilibrio $\mathcal{F}$ è minima e, in particolare, vale zero per quella particolare deformazione corrispondente a $\epsilon_{ij} = 0$ $\forall\, i, j$. Quindi, la forma quadratica data in Eq. (3.43) è definita positiva. In altri termini, possiamo dire che il solido elastico in condizione non deformata deve essere in equilibrio stabile per ipotesi e, quindi, l'energia potenziale relativa deve avere un minimo in corrispondenza a tale condizione [19, 31]. Ponendo a zero l'energia potenziale in condizione non deformata, risulta che deve essere sempre positiva la funzione definita in Eq. (3.43). Supponiamo ora di applicare una deformazione tale per cui $\epsilon_{ii} = 0$. Allora si deve avere che

$$\mathcal{F} = c_2 \epsilon_{ij} \epsilon_{ij} > 0 \quad \Longrightarrow \quad \boxed{c_2 > 0} \tag{3.45}$$

Se invece applichiamo la deformazione $\epsilon_{ij} = s\delta_{ij}$ con $s \in \Re$ allora

$$\begin{aligned}
\mathcal{F} &= c_1(s\delta_{ii})(s\delta_{jj}) + c_2(s\delta_{ij})(s\delta_{ij}) \\
&= 9s^2 c_1 + 3s^2 c_2 > 0 \quad \Longrightarrow \quad \boxed{3c_1 + c_2 > 0}
\end{aligned} \tag{3.46}$$

Ricordando l'Eq. (3.44), ricaviamo subito due importanti relazioni

$$\boxed{\mu > 0} \tag{3.47}$$

$$\boxed{3\lambda + 2\mu > 0} \tag{3.48}$$

Utlizzando le corrispondenze tra i cinque moduli elastici di un mezzo omogeneo ed isotropo date in Tabella 2.1 si dimostrano immediatamente le seguenti relazioni

$$K = \frac{3\lambda + 2\mu}{3} \quad \Longrightarrow \quad \boxed{K > 0} \tag{3.49}$$

$$E = \frac{9K\mu}{3K + \mu} \quad \Longrightarrow \quad \boxed{E > 0} \tag{3.50}$$

$$\tag{3.51}$$

Anche per il modulo di Poisson è possibile definire un intervallo assoluto di variabilità. Partendo dalla relazione

$$\nu = \frac{3K - 2\mu}{2(3K + \mu)} \tag{3.52}$$

si dimostra facilmente che

$$\nu = \frac{3K - 2\mu}{2(3K + \mu)} = \frac{1}{2} - \frac{3\mu}{2(3K + \mu)} < \frac{1}{2} \tag{3.53}$$

e che

$$\nu = \frac{3K - 2\mu}{2(3K + \mu)} = \frac{9K}{2(3K + \mu)} - 1 > -1 \tag{3.54}$$

ovvero, in forma compatta, vale sempre che

$$\boxed{-1 < \nu < \tfrac{1}{2}} \tag{3.55}$$

È interessante notare che questo risultato formale – che ammette i valori negativi per il modulo di Poisson – è stato per molto tempo controverso. Tutti i materiali tradizionali, infatti, si restringono trasversalmente se allungati longitudinalmente. Tuttavia, negli ultimi decenni, sono stati scoperti numerosi materiali non convenzionali per i quali è stato sperimentalmente misurato un valore $\nu < 0$. Esempi di questi materiali sono rappresentati dalle schiume, dai laminati, e anche da alcuni materiali nano- o micro-porosi.

Nel caso di mezzi omogenei ed isotropi abbiamo dunque ricavato una espressione di validità del tutto generale per il potenziale termodinamico "energia libera", ovvero

$$\begin{aligned}
\mathcal{F} &= \frac{\lambda}{2}\epsilon_{ii}\epsilon_{jj} + \mu\epsilon_{ij}\epsilon_{ij} \\
&= \frac{1}{2}K\epsilon_{ii}\epsilon_{jj} + \mu\left(\epsilon_{ij}\epsilon_{ij} - \frac{1}{3}\epsilon_{ii}\epsilon_{jj}\right)
\end{aligned} \tag{3.56}$$

Dimostriamo adesso – come esempio notevole di utilizzo dei potenziali termodinamici – che da essa discende l'equazione costitutiva, già discussa nella Sez. 2.3

Applicando direttamente l'Eq. (3.40) alla Eq. (3.56) otteniamo

$$\begin{aligned}
T_{hk} = \;\; &\frac{1}{2}K\frac{\partial\epsilon_{ii}}{\partial\epsilon_{hk}}\epsilon_{jj} + \frac{1}{2}K\epsilon_{ii}\frac{\partial\epsilon_{jj}}{\partial\epsilon_{hk}} \\
&+\mu\left(2\frac{\partial\epsilon_{ij}}{\partial\epsilon_{hk}}\epsilon_{ij} - \frac{1}{3}\frac{\partial\epsilon_{ii}}{\partial\epsilon_{hk}}\epsilon_{jj} - \frac{1}{3}\epsilon_{ii}\frac{\partial\epsilon_{jj}}{\partial\epsilon_{hk}}\right)
\end{aligned} \tag{3.57}$$

Poiché

$$\frac{\partial\epsilon_{ii}}{\partial\epsilon_{hk}} = \delta_{ih}\delta_{ik} = \delta_{hk} \qquad \text{e} \qquad \frac{\partial\epsilon_{ij}}{\partial\epsilon_{hk}} = \delta_{ih}\delta_{jk} \tag{3.58}$$

allora

$$\begin{aligned}
T_{hk} = &\frac{1}{2}K\delta_{hk}\epsilon_{jj} + \frac{1}{2}K\epsilon_{ii}\delta_{hk} \\
&+\mu\left(2\epsilon_{ij}\delta_{ih}\delta_{jk} - \frac{2}{3}\epsilon_{ii}\delta_{hk}\right) \\
= &K\epsilon_{ii}\delta_{hk} + \mu\left(2\epsilon_{hk} - \frac{2}{3}\epsilon_{ii}\delta_{hk}\right)
\end{aligned} \tag{3.59}$$

che equivale a scrivere

$$T_{hk} = 2\mu\epsilon_{hk} + \left(K - \frac{2}{3}\mu\right)\epsilon_{ii}\delta_{hk} \tag{3.60}$$

ovvero al risultato cercato.

3.4 Deformazione a temperatura variabile

Ammettendo che la temperatura del sistema possa variare, abbiamo la necessità di contemplare sia il caso di una deformazione indotta da una variazione di temperatura, sia la possibilità opposta che una deformazione determini riscaldamento o raffreddamento del mezzo. L'espressione completa per la funzione energia libera del sistema dovrà quindi contenere un *termine di accoppiamento temperatura-deformazione* [35, 38].

Considerato che lavoriamo in regime di piccole deformazioni ed assumendo *piccole variazioni di temperatura* ΔT, è naturale scrivere tale temine di accoppiamento in modo che dipenda solo da termini al primo ordine in $\hat{\epsilon}$ ed in ΔT. Inoltre, poiché $\hat{\epsilon}$ è un tensore simmetrico di rango due, è possibile costruire a partire dalle sue componenti una sola grandezza scalare invariante di primo grado (come necessario perché possa essere inserita nella espressione per l'energia libera), ovvero la sua traccia. Concludendo, possiamo scrivere l'*energia libera per un mezzo omogeneo ed isotropo in condizioni di temperatura variabile* come

$$\boxed{\mathcal{F}(T) = \mathcal{F}_0(T) - K\alpha\Delta T\epsilon_{ii} + \tfrac{1}{2}K\epsilon_{ii}\epsilon_{jj} + \mu\left(\epsilon_{ij}\epsilon_{ij} - \tfrac{1}{3}\epsilon_{ii}\epsilon_{jj}\right)} \qquad (3.61)$$

dove, in analogia a quanto già scritto nel caso di deformazioni a temperatura costante, il termine $\mathcal{F}_0(T)$ rappresenta un contributo di energia libera del sistema indeformato, dipendente unicamente dalla temperatura. Gli ultimi due termini del membro di destra, invece, descrivono la variazione puramente meccanica (cioè legata alla deformazione) di energia libera e non contemplano contributi termodinamici. Dunque, il termine di accoppiamento è $-K\alpha\Delta T\epsilon_{ii}$, dove il parametro α assumerà il significato fisico spiegato nel seguito.

Il tensore degli sforzi in condizioni di temperatura variabile è ricavato applicando l'Eq. (3.40)

$$\boxed{T_{ij} = \frac{\partial \mathcal{F}}{\partial \epsilon_{ij}} = -K\alpha\Delta T\delta_{ij} + K\epsilon_{kk}\delta_{ij} + 2\mu\left(\epsilon_{ij} - \tfrac{1}{3}\epsilon_{kk}\delta_{ij}\right)} \qquad (3.62)$$

Il primo termine di destra rappresenta quindi *lo sforzo (interno) indotto dalla variazione di temperatura.*

Consideramo ora il caso particolare di una *dilatazione termica libera*, ovvero di una dilatazione che avviene in assenza di sforzi esterni applicati al sistema. Una volta dilatatosi, il sistema raggiungerà un nuovo stato di equilibrio in corrispondenza del quale anche gli sforzi interni saranno nulli. Abbiamo, quindi, raggiunto la condizione

$$0 = \frac{\partial \mathcal{F}}{\partial \epsilon_{ij}} = -K\alpha\Delta T\delta_{ij} + K\epsilon_{kk}\delta_{ij} + 2\mu\left(\epsilon_{ij} - \frac{1}{3}\epsilon_{kk}\delta_{ij}\right) \qquad (3.63)$$

che fornisce immediatamente il risultato

$$0 = -K\alpha\Delta T + K\epsilon_{kk} \qquad (3.64)$$

ovvero

$$\epsilon_{kk} = \alpha \Delta\mathcal{T} \tag{3.65}$$

È quindi finalmente possibile identificare α come il *coefficiente di dilatazione (volumetrica) termica del sistema considerato*. Operativamente, tale coefficiente è calcolato tramite la

$$\boxed{\alpha = \frac{\epsilon_{kk}}{\Delta\mathcal{T}} = \frac{\Delta V'}{\Delta\mathcal{T}}} \tag{3.66}$$

avendo sfruttato il fatto che $\epsilon_{kk} = \mathrm{Tr}(\hat{\epsilon}) = \Delta V'$ è la variazione relativa di volume (per unità di volume) dell'elemento considerato. Ne segue che α è misurato in K^{-1} (perché $\Delta V'$ è adimensionale).

Ricordiamo, infine, che nel caso particolare di *trasformazioni adiabatiche* è possibile dimostrare che la relazione generale data in Eq. (3.62) prende la forma

$$\boxed{T_{ij} = K_{ad}\epsilon_{kk}\delta_{ij} + 2\mu \left(\epsilon_{ij} - \tfrac{1}{3}\epsilon_{kk}\delta_{ij}\right)} \tag{3.67}$$

dove, mentre μ è l'ordinario modulo di scorrimento già noto, il coefficiente K_{ad} è detto *modulo adiabatico di compressibilità*. Si dimostra con argomenti elementari di termodinamica che

$$\frac{1}{K_{ad}} = \frac{1}{K} - \frac{\mathcal{T}\alpha^2}{C_p} \tag{3.68}$$

dove C_p è il calore specifico a pressione costante. In Tabella 3.1 si riportano i valori medi (a temperatura ambiente) di α per alcuni materiali.

Tabella 3.1. Valori medi della costante α di alcuni materiali.

Materiale	$\alpha(10^{-6}\,K^{-1})$	Materiale	$\alpha(10^{-6}\,K^{-1})$
Acciaio	36	Oro	42
Alluminio	72	Piombo	87
Argento	60	Platino	18
Bronzo	54	Quarzo	1.5
CauccIù	231	Rame	51
Ghisa	30	Stagno	78
Invar	1.5	Vetro	24
Nichel	39		

3.5 Trasmissione termoelastica del calore

L'equazione costitutiva scritta nella forma di Eq. (3.62) viene detta *legge di Duhamel-Neumann* [38]. Essa consente di sviluppare l'accoppiamento tra la teoria dell'elasticità e la teoria della trasmissione del calore. Si dimostra che, nel caso completo termoelastico (cioè quando si consideri l'accoppiamento temperatura-deformazione, come in Sez. 3.4), l'equazione che descrive la trasmissione del calore è la seguente

$$\rho C_v \frac{\partial T}{\partial t} + K\alpha T_0 \frac{\partial \epsilon_{ii}}{\partial t} = \kappa_t \nabla^2 T + Q \tag{3.69}$$

dove κ_t è la conduttività termica, ρ è la densità di massa del solido, C_v è il calore specifico per unità di volume e Q è il calore generato (entrante nel sistema) per unità di volume. La temperatura T_0 corrisponde alla situazione di assenza di deformazioni. Si osservi che per un corpo indeformabile ($\epsilon_{ij} = 0 \ \forall \ i,j$) l'equazione precedente si riduce alla classica equazione del calore

$$\frac{\partial T}{\partial t} = \frac{\kappa_t}{\rho C_v} \nabla^2 T + \frac{Q}{\rho C_v} \tag{3.70}$$

Spesso la relazione fondamentale Eq. (3.69) viene scritta in forma semplificata introducendo le quantità

$$\chi = \frac{\kappa_t}{\rho C_v} \qquad \gamma = \frac{K\alpha T_0}{\rho C_v} \qquad Q = \frac{Q}{\rho C_v} \tag{3.71}$$

Con tali definizioni il *sistema completo delle equazioni della termoelasticità* si presenta come segue:

$$\boxed{\frac{\partial T_{ij}}{\partial x_i} + b_j = \rho \frac{\partial^2 u_j}{\partial t^2}} \tag{3.72}$$

$$\boxed{\frac{\partial T}{\partial t} + \gamma \frac{\partial}{\partial t} \frac{\partial u_k}{\partial x_k} = \chi \nabla^2 T + Q} \tag{3.73}$$

dove si deve fare uso della relazione costitutiva esplicitata in termini degli spostamenti u_i

$$T_{ij} = -K\alpha \Delta T \delta_{ij} + \left(K - \frac{2}{3}\mu\right) \frac{\partial u_k}{\partial x_k} \delta_{ij} + \mu \left(\frac{\partial u_i}{\partial x_j} + \frac{\partial u_j}{\partial x_i}\right) \tag{3.74}$$

nella quale va inoltre inteso che $\Delta T = T - T_0$. La somma sull'indice k nelle ultime due equazioni è sottointesa.

Le prime tre Eq. (3.72) sono le equazioni fondamentali della meccanica dei solidi in cui si considera la legge costitutiva di Duhamel-Neumann; la quarta Eq. (3.73) è la *legge di trasmissione del calore*. Questo sistema di equazioni, una volta date appropriate condizioni al contorno, è in grado di descrivere il comportamento degli spostamenti, delle deformazioni, degli sforzi e della temperatura in ogni punto del mezzo considerato [38].

3.6 Esercizi del Capitolo 3

Esercizio 3.1. (*Principio dei Lavori Virtuali*). Si consideri un corpo in equilibrio che occupa una regione V avente una frontiera S. Come noto, un sistema di spostamenti e deformazioni $\left\{ \epsilon_{ij}^*,\ u_i^* \right\}$ è detto *congruente* se è verificata la condizione $\epsilon_{ij}^* = \frac{1}{2} \left(\frac{\partial u_i^*}{\partial x_j} + \frac{\partial u_j^*}{\partial x_i} \right)$. Analogamente, un sistema di forze $\{T_{ij},\ b_j,\ f_j\}$ è detto *equilibrato* se $\frac{\partial}{\partial x_i} T_{ij} = -b_j$ in V e se $T_{ij} n_j = f_i$ in S (essendo n_j l'elemento generico del versore normale ad S). Supponendo i due sistemi $\left\{ \epsilon_{ij}^*,\ u_i^* \right\}$ e $\{T_{ij},\ b_j,\ f_j\}$ completamente indipendenti, si verifichi il teorema generale seguente detto Principio dei Lavori Virtuali (acronimo PLV)

$$\int_S f_j u_j^* \mathrm{d}S + \int_V b_j u_j^* \mathrm{d}V = \int_V T_{ij} \epsilon_{ij}^* \mathrm{d}V$$

Soluzione 3.1. Moltiplichiamo l'equazione $\frac{\partial}{\partial x_i} T_{ij} = -b_j$ per u_j^* e quindi integriamo su tutta la regione V

$$\int_V \left[\frac{\partial T_{ij}}{\partial x_i} u_j^* + b_j u_j^* \right] \mathrm{d}V = 0$$

Visto che

$$\int_V \frac{\partial}{\partial x_i} \left(T_{ij} u_j^* \right) \mathrm{d}V = \int_V \frac{\partial T_{ij}}{\partial x_i} u_j^* \mathrm{d}V + \int_V T_{ij} \frac{\partial u_j^*}{\partial x_i} \mathrm{d}V$$

allora

$$\int_V \frac{\partial T_{ij}}{\partial x_i} u_j^* \mathrm{d}V = \int_V \frac{\partial}{\partial x_i} \left(T_{ij} u_j^* \right) \mathrm{d}V - \int_V T_{ij} \frac{\partial u_j^*}{\partial x_i} \mathrm{d}V$$

e, quindi, il bilancio iniziale diventa

$$\int_V \frac{\partial}{\partial x_i} \left(T_{ij} u_j^* \right) \mathrm{d}V - \int_V T_{ij} \frac{\partial u_j^*}{\partial x_i} \mathrm{d}V + \int_V b_j u_j^* \mathrm{d}V = 0$$

Applicando il teorema della divergenza al primo integrale

$$\int_S T_{ij} u_j^* n_i \mathrm{d}S - \int_V T_{ij} \frac{\partial u_j^*}{\partial x_i} \mathrm{d}V + \int_V b_j u_j^* \mathrm{d}V = 0$$

e, ricordando che $T_{ij} n_i = f_j$ e che $\frac{\partial u_j^*}{\partial x_i} = \epsilon_{ij}^* + \Omega_{ij}^*$ (con Ω_{ij}^* antisimmetrica), otteniamo

$$\int_S f_j u_j^* \mathrm{d}S - \int_V T_{ij} \epsilon_{ij}^* \mathrm{d}V + \int_V b_j u_j^* \mathrm{d}V = 0$$

che corrisponde a quanto richiesto. Si ricorda inoltre che è sempre valida la seguente terna di implicazioni:

- (Congruenza)+(Equilibrio)$\longrightarrow$ (PLV)
- (Congruenza)+(PLV)$\longrightarrow$ (Equilibrio)
- (Equilibrio)+(PLV)$\longrightarrow$ (Congruenza)

Le ultime due implicazioni sono lasciate come ulteriori esercizi. Il Principio dei Lavori Virtuali ha contribuito in modo determinante allo sviluppo della teoria dell'elasticità, sia dal punto di vista teorico, sia per le sue notevoli applicazioni pratiche alla scienza delle costruzioni [6, 12, 16].

Esercizio 3.2. (*Teorema di Clapeyron*, 1833). Si consideri un corpo in equilibrio che occupa una regione V avente una frontiera S. Un sistema di spostamenti e deformazioni *congruente* $\{\epsilon_{ij}, u_i\}$ è compatibile con un sistema di forze *equilibrato* $\{T_{ij}, b_j, f_j\}$ nel senso che è verificata anche la relazione costitutiva $T_{ij} = \mathcal{C}_{ijkh}\epsilon_{kh}$ (in altre parole è nota la soluzione completa del problema elastico). Si determini l'energia potenziale elastica immagazzinata e la si esprima in termini delle forze applicate b_j ed f_j e degli spostamenti u_i.

Soluzione 3.2. Si consideri il teorema PLV specializzato al caso in esame in cui i sistemi di spostamenti e forze non sono indipendenti bensì sono legati dall'equazione costitutiva

$$\int_S f_j u_j \mathrm{d}S + \int_V b_j u_j \mathrm{d}V = \int_V T_{ij}\epsilon_{ij}\mathrm{d}V$$

Si ricorda che $T_{ij} = \mathcal{C}_{ijkh}\epsilon_{kh}$ e si divide tutto per due

$$\frac{1}{2}\int_V \mathcal{C}_{ijkh}\epsilon_{kh}\epsilon_{ij}\mathrm{d}V = \frac{1}{2}\int_S f_j u_j \mathrm{d}S + \frac{1}{2}\int_V b_j u_j \mathrm{d}V$$

Ricordando le relazioni $U = \frac{1}{2}\mathcal{C}_{ijkh}\epsilon_{kh}\epsilon_{ij}$ e $E_p = \int_V U \mathrm{d}V$, che definiscono rispettivamente la densità di energia potenziale e l'energia potenziale totale, si ha

$$E_p = \frac{1}{2}\int_S f_j u_j \mathrm{d}S + \frac{1}{2}\int_V b_j u_j \mathrm{d}V$$

che risponde a quanto richiesto dall'esercizio.

Esercizio 3.3. (*Teorema di Kirchhoff*, 1859). Si consideri un corpo in equilibrio che occupa una regione V avente una frontiera S suddivisa in due parti S' ed S". Siano date le seguenti quantità: b_j in V, $f_j^{(B)}$ in S' e $u_j^{(B)}$ in S". Fissate queste forze di volume e queste condizioni al contorno miste, verificare che esiste unica soluzione per le incognite $\{\epsilon_{ij}, u_i, T_{ij}\}$ (si veda la Fig. 3.1). Si consideri la relazione costitutiva lineare $T_{ij} = \mathcal{C}_{ijkh}\epsilon_{kh}$.

Soluzione 3.3. La soluzione del problema deriva dal seguente sistema di equazioni alle derivate parziali con le condizioni al contorno indicate (si tratta del problema più generale della teoria dell'elasticità)

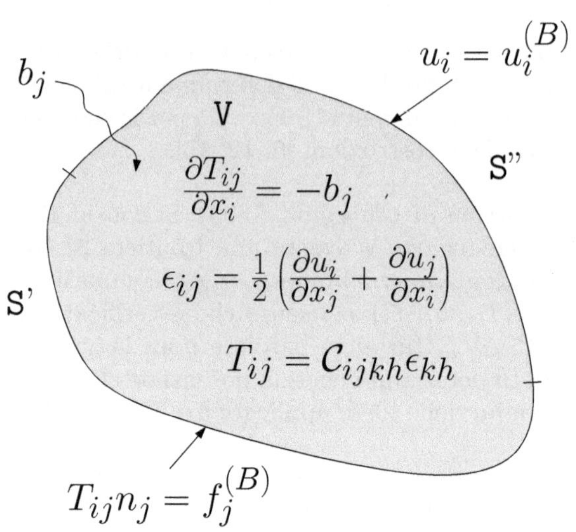

Fig. 3.1. Schema del generico problema elastico per il quale vale il *teorema di unicità di Kirchhoff.*

$$
\begin{aligned}
\frac{\partial T_{ij}}{\partial x_i} &= -b_j && \text{in } \mathbf{V} \\
T_{ij}n_j &= f_i^{(B)} && \text{in } \mathbf{S'} \\
\epsilon_{ij} &= \tfrac{1}{2}\left(\frac{\partial u_i}{\partial x_j} + \frac{\partial u_j}{\partial x_i}\right) && \text{in } \mathbf{V} \\
u_i &= u_i^{(B)} && \text{in } \mathbf{S''} \\
T_{ij} &= \mathcal{C}_{ijkh}\epsilon_{kh} && \text{in } \mathbf{V}
\end{aligned}
$$

Supponiamo che esistano due diverse soluzioni al problema $\left\{\epsilon_{ij}^{(1)},\, u_i^{(1)},\, T_{ij}^{(1)}\right\}$ e $\left\{\epsilon_{ij}^{(2)},\, u_i^{(2)},\, T_{ij}^{(2)}\right\}$. Definiamo $\bar{\epsilon}_{ij} = \epsilon_{ij}^{(1)} - \epsilon_{ij}^{(2)}$, $\bar{u}_i = u_i^{(1)} - u_i^{(2)}$ ed infine $\bar{T}_{ij} = T_{ij}^{(1)} - T_{ij}^{(2)}$. Tali grandezze differenza soddisfano le condizioni al contorno $\bar{f} = 0$ in $\mathbf{S'}$, $\bar{u} = 0$ in $\mathbf{S''}$ e $\bar{b} = 0$ in $\mathbf{V}$. Il PLV assume per queste grandezze la forma

$$
\int_{\mathbf{S'}} \bar{f}_j \bar{u}_j \mathrm{d}S + \int_{\mathbf{S''}} \bar{f}_j \bar{u}_j \mathrm{d}S + \int_{\mathbf{V}} \bar{b}_j \bar{u}_j \mathrm{d}V = \int_{\mathbf{V}} \bar{T}_{ij} \bar{\epsilon}_{ij} \mathrm{d}V
$$

I primi tre integrali sono nulli perché $\bar{f} = 0$ in $\mathbf{S'}$, $\bar{u} = 0$ in $\mathbf{S''}$ e $\bar{b} = 0$ in $\mathbf{V}$. Resta quindi

$$
\int_{\mathbf{V}} \bar{T}_{ij} \bar{\epsilon}_{ij} \mathrm{d}V = 0
$$

da cui

$$\int_{\mathbf{V}} \mathcal{C}_{ijkh}\bar{\epsilon}_{kh}\bar{\epsilon}_{ij}\mathrm{d}V = 0$$

che è equivalente alla relazione $E_p = 0$. Ora osserviamo che l'energia elastica è definita positiva: quindi, deve essere per forza $\bar{\epsilon}_{ij} = 0$. Conseguentemente essendo $\bar{\epsilon}_{ij} = \epsilon_{ij}^{(1)} - \epsilon_{ij}^{(2)}$ si ha $\epsilon_{ij}^{(1)} = \epsilon_{ij}^{(2)}$. Ne segue immediatamente che $T_{ij}^{(1)} = T_{ij}^{(2)}$. Se $\epsilon_{ij}^{(1)} = \epsilon_{ij}^{(2)}$ allora gli spostamenti possono al più differire per una roto-traslazione. Se la regione S" vincola sufficientemente il corpo si dovrà avere $u_i^{(1)} = u_i^{(2)}$, il che termina la verifica dell'unicità della soluzione.

Esercizio 3.4. (*Relazione di Reciprocità di Betti*, 1872). Si consideri un corpo in equilibrio che occupa una regione V avente una frontiera S. Supponiamo che siano note due soluzioni complete al problema elastico: $\{\epsilon'_{ij},\, u'_i,\, T'_{ij}\}$ corrispondente a f'_j su S e b'_j su V e $\{\epsilon''_{ij},\, u''_i,\, T''_{ij}\}$ corrispondente a f''_j su S e b''_j su V. Si consideri la relazione costitutiva lineare $T_{ij} = \mathcal{C}_{ijkh}\epsilon_{kh}$ per il mezzo in questione e si dimostri che vale la *relazione di reciprocità di Betti* [10, 28]

$$\int_{\mathbf{S}} f'_j u''_j \mathrm{d}S + \int_{\mathbf{V}} b'_j u''_j \mathrm{d}V = \int_{\mathbf{S}} f''_j u'_j \mathrm{d}S + \int_{\mathbf{V}} b''_j u'_j \mathrm{d}V$$

Soluzione 3.4. Utilizziamo due forme particolari in cui si può esprimere il PLV

$$\int_{\mathbf{S}} f'_j u''_j \mathrm{d}S + \int_{\mathbf{V}} b'_j u''_j \mathrm{d}V = \int_{\mathbf{V}} T'_{ij}\epsilon''_{ij}\mathrm{d}V$$

$$\int_{\mathbf{S}} f''_j u'_j \mathrm{d}S + \int_{\mathbf{V}} b''_j u'_j \mathrm{d}V = \int_{\mathbf{V}} T''_{ij}\epsilon'_{ij}\mathrm{d}V$$

Inoltre, possiamo anche scrivere

$$T'_{ij}\epsilon''_{ij} = \mathcal{C}_{ijkh}\epsilon'_{kh}\epsilon''_{ij} = \mathcal{C}_{khij}\epsilon'_{kh}\epsilon''_{ij} = T''_{kh}\epsilon'_{kh} = T''_{ij}\epsilon'_{ij}$$

avendo utilizzato la grande simmetria del tensore elastico. Questo conclude la verifica della relazione di Betti che discende dall'uguaglianza dei due PLV indicati sotto l'ipotesi della grande simmetria. Tale relazione ha notevoli applicazioni come vedremo negli esercizi 3.7 e 3.8.

Esercizio 3.5. Determinare la forma matematica della densità di energia potenziale elastica per un cristallo cubico una volta noto il suo tensore elastico e determinare il segno delle sue costanti elastiche.

Soluzione 3.5. Nella Sez. 2.2 è stata introdotta la forma del tensore elastico cubico

$$\tilde{C} = \begin{bmatrix} \mathcal{C}_{11} & \mathcal{C}_{12} & \mathcal{C}_{12} & 0 & 0 & 0 \\ \mathcal{C}_{12} & \mathcal{C}_{11} & \mathcal{C}_{12} & 0 & 0 & 0 \\ \mathcal{C}_{12} & \mathcal{C}_{12} & \mathcal{C}_{11} & 0 & 0 & 0 \\ 0 & 0 & 0 & \mathcal{C}_{44} & 0 & 0 \\ 0 & 0 & 0 & 0 & \mathcal{C}_{44} & 0 \\ 0 & 0 & 0 & 0 & 0 & \mathcal{C}_{44} \end{bmatrix}$$

Ricordando la relazione $U = \frac{1}{2}\mathcal{C}_{ijkh}\epsilon_{kh}\epsilon_{ij} = \frac{1}{2}T_{ij}\epsilon_{ij}$ si ha esplicitamente

$$U = \frac{1}{2}\left[T_{11}\epsilon_{11} + T_{22}\epsilon_{22} + T_{33}\epsilon_{33} + 2T_{12}\epsilon_{12} + 2T_{23}\epsilon_{23} + 2T_{31}\epsilon_{31}\right]$$

Poichè valgono le seguenti uguaglianze

$$T_{11} = \mathcal{C}_{11}\epsilon_{11} + \mathcal{C}_{12}\left(\epsilon_{22} + \epsilon_{33}\right)$$
$$T_{22} = \mathcal{C}_{11}\epsilon_{22} + \mathcal{C}_{12}\left(\epsilon_{11} + \epsilon_{33}\right)$$
$$T_{33} = \mathcal{C}_{11}\epsilon_{33} + \mathcal{C}_{12}\left(\epsilon_{11} + \epsilon_{22}\right)$$
$$T_{12} = \mathcal{C}_{44}\epsilon_{12}$$
$$T_{23} = \mathcal{C}_{44}\epsilon_{23}$$
$$T_{31} = \mathcal{C}_{44}\epsilon_{31}$$

si può concludere che

$$\begin{aligned} 2U &= \left[\mathcal{C}_{11}\epsilon_{11} + \mathcal{C}_{12}\left(\epsilon_{22} + \epsilon_{33}\right)\right]\epsilon_{11} + \left[\mathcal{C}_{11}\epsilon_{22} + \mathcal{C}_{12}\left(\epsilon_{11} + \epsilon_{33}\right)\right]\epsilon_{22} \\ &\quad + \left[\mathcal{C}_{11}\epsilon_{33} + \mathcal{C}_{12}\left(\epsilon_{11} + \epsilon_{22}\right)\right]\epsilon_{33} + 2\mathcal{C}_{44}\epsilon_{12}^2 + 2\mathcal{C}_{44}\epsilon_{23}^2 + 2\mathcal{C}_{44}\epsilon_{31}^2 \\ &= \mathcal{C}_{11}\left(\epsilon_{11}^2 + \epsilon_{22}^2 + \epsilon_{33}^2\right) + 2\mathcal{C}_{12}\left(\epsilon_{11}\epsilon_{22} + \epsilon_{22}\epsilon_{33} + \epsilon_{11}\epsilon_{33}\right) \\ &\quad + 2\mathcal{C}_{44}\left(\epsilon_{12}^2 + \epsilon_{23}^2 + \epsilon_{31}^2\right) \end{aligned}$$

Questa è la forma matematica della densità di energia potenziale elastica che può utilmente essere riscritta come segue

$$\begin{aligned} U = \frac{1}{2}\left[\epsilon_{11}, \epsilon_{22}, \epsilon_{33}\right] & \begin{bmatrix} \mathcal{C}_{11} & \mathcal{C}_{12} & \mathcal{C}_{12} \\ \mathcal{C}_{12} & \mathcal{C}_{11} & \mathcal{C}_{12} \\ \mathcal{C}_{12} & \mathcal{C}_{12} & \mathcal{C}_{11} \end{bmatrix} \begin{bmatrix} \epsilon_{11} \\ \epsilon_{22} \\ \epsilon_{33} \end{bmatrix} \\ + \left[\epsilon_{12}, \epsilon_{23}, \epsilon_{13}\right] & \begin{bmatrix} \mathcal{C}_{44} & 0 & 0 \\ 0 & \mathcal{C}_{44} & 0 \\ 0 & 0 & \mathcal{C}_{44} \end{bmatrix} \begin{bmatrix} \epsilon_{12} \\ \epsilon_{23} \\ \epsilon_{13} \end{bmatrix} \end{aligned}$$

Le due forme quadratiche che appaiono nel membro di destra di questa uguaglianza devono essere definite positive indipendentemente; inoltre, per ciascuna di esse possiamo utilizzare il criterio di Sylvester[1].

---

[1] Condizione necessaria e sufficiente affinché una matrice quadrata di ordine n sia definita positiva è che siano strettamente positivi tutti gli n minori principali dominanti da essa estraibili; il generico minore principale dominante di ordine k si ottiene eliminando le ultime k righe e le ultime k colonne e calcolando il determinante [40].

Questo comporta che

$$\mathcal{C}_{11} > 0$$
$$(\mathcal{C}_{11} - \mathcal{C}_{12})(\mathcal{C}_{11} + \mathcal{C}_{12}) > 0$$
$$(\mathcal{C}_{11} + 2\mathcal{C}_{12})(\mathcal{C}_{11} - \mathcal{C}_{12})^2 > 0$$

per quanto riguarda la prima matrice mentre si ottiene che $\mathcal{C}_{44} > 0$ per quanto riguarda la seconda. Il segno delle costanti elastiche di un cristallo cubico è quindi

$$\mathcal{C}_{11} > 0$$
$$-\frac{\mathcal{C}_{11}}{2} < \mathcal{C}_{12} < \mathcal{C}_{11}$$
$$\mathcal{C}_{44} > 0$$

Esercizio 3.6. Determinare la forma matematica della densità di energia potenziale elastica per un cristallo trasverso isotropo (esagonale) una volta noto il suo tensore elastico, espresso tramite i parametri di Hill. Si determini infine il segno di queste costanti elastiche.

Soluzione 3.6. Nell'esercizio 2.6 è stata usata la forma del tensore elastico trasverso isotropo scritta in termini dei parametri di Hill che qui ricordiamo

$$\tilde{\mathcal{C}} = \begin{bmatrix} k+m & k-m & l & 0 & 0 & 0 \\ k-m & k+m & l & 0 & 0 & 0 \\ l & l & n & 0 & 0 & 0 \\ 0 & 0 & 0 & 2m & 0 & 0 \\ 0 & 0 & 0 & 0 & 2p & 0 \\ 0 & 0 & 0 & 0 & 0 & 2p \end{bmatrix}$$

Analogamente all'esercizio precedente si ha

$$U = \frac{1}{2}\left[T_{11}\epsilon_{11} + T_{22}\epsilon_{22} + T_{33}\epsilon_{33} + 2T_{12}\epsilon_{12} + 2T_{23}\epsilon_{23} + 2T_{31}\epsilon_{31} \right]$$
$$= \frac{1}{2}\left[(k+m)\left(\epsilon_{11}^2 + \epsilon_{22}^2\right) + 2(k-m)\epsilon_{11}\epsilon_{22} + 2l(\epsilon_{11} + \epsilon_{22})\epsilon_{33} \right]$$
$$+ \frac{1}{2}n\epsilon_{33}^2 + 2m\epsilon_{12}^2 + 2p\left(\epsilon_{23}^2 + \epsilon_{13}^2\right)$$

Questa è la forma matematica della densità di energia potenziale elastica che può utilmente essere riscritta nella forma

$$U = \frac{1}{2}\left[\epsilon_{11}, \epsilon_{22}, \epsilon_{33}\right] \begin{bmatrix} k+m & k-m & l \\ k-m & k+m & l \\ l & l & n \end{bmatrix} \begin{bmatrix} \epsilon_{11} \\ \epsilon_{22} \\ \epsilon_{33} \end{bmatrix}$$
$$+ \left[\epsilon_{12}, \epsilon_{23}, \epsilon_{13}\right] \begin{bmatrix} 2m & 0 & 0 \\ 0 & 2p & 0 \\ 0 & 0 & 2p \end{bmatrix} \begin{bmatrix} \epsilon_{12} \\ \epsilon_{23} \\ \epsilon_{13} \end{bmatrix}$$

Le due forme quadratiche indicate devono essere definite positive indipendentemente e per ciascuna di esse possiamo utilizzare il criterio di Sylvester, che comporta le relazioni

$$k + m > 0$$
$$(k + m)^2 - (k - m)^2 > 0$$
$$4kmn - 4l^2 m > 0$$

per la prima matrice e le seguenti

$$m > 0$$
$$p > 0$$

per la seconda matrice. In conclusione il segno dei parametri di Hill è

$$k > 0$$
$$m > 0$$
$$p > 0$$
$$kn - l^2 > 0$$

Esercizio 3.7. (Prima applicazione della *relazione di Betti*). Si consideri la relazione di reciprocità dell'esercizio 3.4. Si supponga che $u_j'' = c_j + (\mathbf{v} \times \mathbf{r})_j = c_j + \eta_{jik} v_i x_k$, con c_j e v_i costanti arbitrarie. Si determinino ϵ_{ij}'', T_{ij}'', f_j'' e b_j''. Tramite l'uso della relazione di reciprocità si trovino, infine, le implicazioni relative alle grandezze ϵ_{ij}', f_j' e b_j' e si discuta il loro significato fisico.

Soluzione 3.7. Con una semplice derivazione della relazione $u_j'' = c_j + \eta_{jik} v_i x_k$ si vede che le seguenti grandezze sono tutte nulle

$$\epsilon_{ij}'' = 0$$
$$T_{ij}'' = 0$$
$$f_j'' = 0$$
$$b_j'' = 0$$

La relazione di reciprocità di Betti

$$\int_S f_j' u_j'' \mathrm{d}S + \int_V b_j' u_j'' \mathrm{d}V = \int_S f_j'' u_j' \mathrm{d}S + \int_V b_j'' u_j' \mathrm{d}V$$

si semplifica nella forma seguente

$$\int_S f_j' u_j'' \mathrm{d}S + \int_V b_j' u_j'' \mathrm{d}V = 0$$

Esplicitando il campo di spostamento

$$\int_S f'_j \left(c_j + \eta_{jik} v_i x_k \right) \mathrm{d}S + \int_V b'_j \left(c_j + \eta_{jik} v_i x_k \right) \mathrm{d}V = 0$$

si ricava che

$$c_j \left[\int_S f'_j \mathrm{d}S + \int_V b'_j \mathrm{d}V \right] + v_i \left[\int_S \eta_{jik} f'_j x_k \mathrm{d}S + \int_V \eta_{jik} b'_j x_k \mathrm{d}V \right] = 0$$

e, quindi, per l'arbitrarietà dei coefficienti c_j e v_i, si ottiene subito

$$\int_S \mathbf{f} \mathrm{d}S + \int_V \mathbf{b} \mathrm{d}V = 0$$

$$\int_S \mathbf{r} \times \mathbf{f} \mathrm{d}S + \int_V \mathbf{r} \times \mathbf{b} \mathrm{d}V = 0$$

Queste equazioni rappresentano rispettivamente l'equilibrio delle forze applicate e l'equilibrio dei momenti applicati. Questa prima applicazione del teorema di reciprocità di Betti consente di affermare che *in un corpo elastico in equilibrio deve necessariamente essere soddisfatto l'equilibrio delle forze applicate e l'equilibrio dei momenti applicati* [10, 28].

Esercizio 3.8. (Seconda applicazione della *relazione di Betti*). Si consideri ancora la relazione di reciprocità dell'esercizio 3.4. Si supponga che la relazione $u''_j = a_{ji} x_i$ sia soddisfatta, dove la matrice a_{ji} ha elementi costanti ed è simmetrica. Queste condizioni consentono di determinare il valore medio sul volume degli elementi del tensore delle deformazioni. Sviluppare tale procedura nel caso di mezzi isotropi e trarre le conseguenze di senso fisico.

Soluzione 3.8. Supponendo $u''_j = a_{ji} x_i$ si ottiene subito la relazione $\epsilon''_{ij} = a_{ij}$. Allora ϵ''_{ij} è costante e quindi anche T''_{ij} è costante (questa conclusione vale per ogni possibile equazione costitutiva). Ne segue che $b''_j = 0$ e $f''_j = T''_{ij} n_i$. La relazione di reciprocità di Betti

$$\int_S f'_j u''_j \mathrm{d}S + \int_V b'_j u''_j \mathrm{d}V = \int_S f''_j u'_j \mathrm{d}S + \int_V b''_j u'_j \mathrm{d}V$$

si semplifica pertanto nella forma seguente

$$\int_S f'_j u''_j \mathrm{d}S + \int_V b'_j u''_j \mathrm{d}V = \int_S T''_{ij} n_i u'_j \mathrm{d}S$$

Poichè tuttavia vale che

$$\int_S T''_{ij} n_i u'_j \mathrm{d}S = T''_{ij} \int_S n_i u'_j \mathrm{d}S$$

$$= T''_{ij} \int_V \frac{\partial u'_j}{\partial x_i} \mathrm{d}V = T''_{ij} \int_V \epsilon'_{ij} \mathrm{d}V$$

ricaviamo il risultato

$$\int_S f'_j u''_j \mathrm{d}S + \int_V b'_j u''_j \mathrm{d}V = T''_{ij} \int_V \epsilon'_{ij} \mathrm{d}V$$

dove $u''_j = a_{ji}x_i$ e T''_{ij} corrisponde alla deformazione $\epsilon''_{ij} = a_{ij}$. Quindi la procedura indicata consente di calcolare i valori medi $\int_V \epsilon'_{ij} \mathrm{d}V$ all'interno del corpo quando siano note solo le forze applicate. Sviluppiamo ulteriormente la procedura sotto l'ulteriore ipotesi che il mezzo isotropo sia descritto dalla equazione costitutiva $\hat{\epsilon} = \frac{1}{E}\left[(1+\nu)\hat{T} - \nu\hat{I}\,\mathrm{Tr}\left(\hat{T}\right)\right]$. Supponiamo che $T''_{ij} = \frac{1}{2}(\delta_{ik}\delta_{jh} + \delta_{ih}\delta_{jk})$, ovvero che vi sia un solo elemento diverso da zero simmetrizzato. Questo, dopo alcuni calcoli semplici, consente di derivare esplicitamente il valore medio della deformazione in funzione delle forze applicate (l'apice è omesso nella seguente)

$$\int_V \epsilon_{kh}\mathrm{d}V = \int_S \left\{ \frac{1+\nu}{2E}(f_h x_k + f_k x_h) - \frac{\nu}{E}(f_j x_j)\delta_{kh} \right\} \mathrm{d}S$$
$$+ \int_V \left\{ \frac{1+\nu}{2E}(b_h x_k + b_k x_h) - \frac{\nu}{E}(b_j x_j)\delta_{kh} \right\} \mathrm{d}V$$

Nei prodotti $(f_j x_j)$ e $(b_j x_j)$ la somma sull'indice j è sottointesa, come di consueto.

La relazione precedente è importantissima perché mette in relazione i valori medi delle deformazioni con le forze esterne applicate ed ha numerose applicazioni pratiche [10, 28]. Citiamo la più importante. Dalla relazione $\Delta \mathrm{V} = \int_V \mathrm{Tr}(\hat{\epsilon})\,\mathrm{d}V$ si può trovare la variazione di volume di un solido di forma arbitraria quando siano note solo le forze applicate

$$\Delta \mathrm{V} = \int_V \mathrm{Tr}(\hat{\epsilon})\,\mathrm{d}V = \frac{1-2\nu}{E}\int_V \mathbf{b}\cdot\mathbf{r}\mathrm{d}V + \frac{1-2\nu}{E}\int_S \mathbf{f}\cdot\mathbf{r}\mathrm{d}S$$

Se per esempio viene applicata una sola forza di pressione idrostatica $\mathbf{b} = 0$ e $\mathbf{f} = -\mathcal{P}\mathbf{n}$ si ha

$$\Delta \mathrm{V} = -\mathcal{P}\frac{1-2\nu}{E}\int_S \mathbf{n}\cdot\mathbf{r}\mathrm{d}S = -\mathcal{P}\frac{1-2\nu}{E}\int_V \boldsymbol{\nabla}\cdot\mathbf{r}\mathrm{d}V$$
$$= -\mathcal{P}\frac{1-2\nu}{E}\int_V 3\mathrm{d}V = -\frac{3(1-2\nu)}{E}\mathcal{P}\mathrm{V}$$

ovvero

$$\frac{\Delta \mathrm{V}}{\mathrm{V}} = -\frac{3(1-2\nu)}{E}\mathcal{P} = -\frac{\mathcal{P}}{K}$$

avendo introdotto il modulo di compressibilità K. L'ultima relazione afferma che la variazione relativa di volume in un solido di forma qualsiasi è pari al rapporto cambiato di segno tra la pressione ed il modulo di compressibilità. Tale notevole risultato fornisce un significato ancora più profondo a tale modulo elastico.

Esercizio 3.9. Con riferimento all'esercizio 2.8, si determini l'energia potenziale elastica accumulata in una sbarra sottoposta a torsione.

Soluzione 3.9. Nell'esercizio indicato le seguenti relazioni sono già state determinate

$$T_{13} = -\mu\frac{\theta}{H}x_2 \qquad T_{23} = \mu\frac{\theta}{H}x_1$$
$$\epsilon_{13} = -\frac{\theta}{2H}x_2 \qquad \epsilon_{23} = \frac{\theta}{2H}x_1$$

e, quindi, la densità di energia potenziale elastica si scrive come

$$U = T_{23}\epsilon_{23} + T_{13}\epsilon_{13} = \mu\frac{\theta^2}{2H^2}\left(x_1^2 + x_2^2\right)$$

L'energia potenziale accumulata durante la torsione è dunque

$$\begin{aligned}
E_p &= \int_V U\mathrm{d}V = \int_S \left[\int_0^H U\mathrm{d}x_3\right]\mathrm{d}x_1\mathrm{d}x_2 \\
&= \int_0^{2\pi}\int_0^R \left[\int_0^H U\mathrm{d}x_3\right]\rho\mathrm{d}\rho\mathrm{d}\vartheta \\
&= \int_0^{2\pi}\int_0^R \mu\frac{\theta^2}{2H^2}\rho^2 H\rho\mathrm{d}\rho\mathrm{d}\vartheta \\
&= \int_0^R \mu\pi\frac{\theta^2}{H}\rho^3\mathrm{d}\rho \\
&= \mu\pi\frac{\theta^2}{4H}R^4
\end{aligned}$$

Quest'ultima formula si può anche scrivere nella forma $E_p = \frac{1}{2}\theta M = \frac{1}{2}\frac{M^2 H}{D}$ ricordando che $M = \pi\mu\frac{\theta}{2H}R^4$ e che $D = \frac{1}{2}\pi\mu R^4$ [6].

Esercizio 3.10. Con riferimento all'esercizio 2.9, si determini l'energia potenziale elastica accumulata in una sbarra sottoposta a flessione.

Soluzione 3.10. Nell'esercizio indicato le seguenti relazioni sono state già determinate

$$T_{11} = -\frac{M}{I}x_2 \qquad \epsilon_{11} = \frac{1}{E}T_{11} = -\frac{M}{EI}x_2$$

e, quindi, la densità di energia energia potenziale elastica si scrive come

$$U = \frac{1}{2}T_{11}\epsilon_{11} = \frac{1}{2}\frac{M^2}{EI^2}x_2^2$$

L'energia potenziale accumulata durante la flessione è dunque

$$E_p = \int_V U\,\mathrm{d}V = \int_S \left[\int_0^L U\,\mathrm{d}x_1\right]\mathrm{d}x_3\mathrm{d}x_2$$

$$= \int_S \left[\int_0^L \frac{1}{2}\frac{M^2}{EI^2}x_2^2\,\mathrm{d}x_1\right]\mathrm{d}x_3\mathrm{d}x_2$$

$$= \int_S \frac{1}{2}\frac{M^2}{EI^2}x_2^2 L\,\mathrm{d}x_3\mathrm{d}x_2$$

$$= \frac{1}{2}\frac{M^2L}{EI^2}\int_S x_2^2\,\mathrm{d}x_3\mathrm{d}x_2$$

$$= \frac{1}{2}\frac{M^2L}{EI}$$

avendo ricordato che $I = \int_S x_2^2\,\mathrm{d}x_3\mathrm{d}x_2$ è il momento d'inerzia della sbarretta rispetto alla direzione x_2 [6].

4

Onde elastiche

Lo studio della propagazione delle onde meccaniche nei mezzi continui è stato un argomento centrale nella storia della scienza a partire dal VI sec. a.C. quando Pitagora analizzò l'origine del suono emesso da corde vibranti al variare della loro lunghezza e della tensione ad esse applicata. Solo nel 1747 D'Alembert formulò e risolse l'equazione del moto per una corda vibrante, equazione che porta il suo nome e che ritroveremo in vari contesti nel seguito del Capitolo. Grazie all'equazione di D'Alembert lo studio della propagazione ondosa nei solidi, o più in generale nei mezzi continui, ebbe uno sviluppo costante, in parallelo ed in stretta interazione con i progressi della fisica-matematica. Nel 1887 John William Strutt (Lord Rayleigh) investigò le proprietà delle onde superficiali, che hanno importanti applicazioni geologiche, definendo la frequenza delle onde in termini delle proprietà fisiche del mezzo materiale in cui esse si propagano [28].

In questo Capitolo sviluppiamo in dettaglio la trattazione dell'equazione di D'Alembert e delle sue applicazioni a casi notevoli. Attualmente le applicazioni di queste conoscenze sono molteplici: ad esempio, nel campo delle strutture ingegneristiche vi è grande interesse per la risposta dinamica (ondosa) a forti impatti o carichi impulsivi. La risposta a queste sollecitazioni esterne può, infatti, generare deformazioni permanenti o fratture nella struttura. Il campo degli ultrasuoni rappresenta un altro esempio di applicazione delle onde elastiche. La generazione ed il controllo di ultrasuoni permette di progettare sonde (tipicamente piezoelettriche) in grado di misurare le proprietà fondamentali elastiche di materiali o l'identificazione di difetti quali fratture, dislocazioni o disomogeneità [21]. Inoltre, queste tecniche sono ampiamente utilizzate nel campo della diagnostica medica, in particolare nell'ecografia. Infine, le onde elastiche sono un elemento fondamentale della geologia. Si pensi alla propagazione delle onde sismiche nella crosta terrestre, generate da terremoti, che sono in grado di trasportare grandi energie per migliaia di chilometri.

4.1 Sviluppo dell'equazione del moto

Nel caso di mezzo lineare omogeneo ed isotropo le relazioni fondamentali dell'elasticità sono state descritte nella forma

$$\frac{\partial T_{ij}}{\partial x_j} + b_i = \rho \frac{\partial^2 u_i}{\partial t^2} \tag{4.1}$$

$$\epsilon_{ij} = \frac{1}{2} \left(\frac{\partial u_i}{\partial x_j} + \frac{\partial u_j}{\partial x_i} \right) \tag{4.2}$$

$$T_{ij} = 2\mu\epsilon_{ij} + \lambda\epsilon_{kk}\delta_{ij} \tag{4.3}$$

Ponendo l'equazione costitutiva Eq. (4.3) nell'equazione del moto Eq. (4.1) otteniamo subito

$$2\mu \frac{\partial \epsilon_{ij}}{\partial x_j} + \lambda\delta_{ij}\frac{\partial \epsilon_{kk}}{\partial x_j} + b_i = \rho \frac{\partial^2 u_i}{\partial t^2} \tag{4.4}$$

da cui, saturando gli indici sommati con il simbolo di Kronecker, si ricava che

$$2\mu \frac{\partial \epsilon_{ij}}{\partial x_j} + \lambda\frac{\partial \epsilon_{kk}}{\partial x_i} + b_i = \rho \frac{\partial^2 u_i}{\partial t^2} \tag{4.5}$$

Sostituiamo ora le relazioni di congruenza Eq. (4.2) nella precedente Eq. (4.5)

$$\mu \frac{\partial}{\partial x_j} \left(\frac{\partial u_i}{\partial x_j} + \frac{\partial u_j}{\partial x_i} \right) + \lambda\frac{\partial}{\partial x_i}\frac{\partial u_k}{\partial x_k} + b_i = \rho \frac{\partial^2 u_i}{\partial t^2} \tag{4.6}$$

ed otteniamo quindi

$$\mu \frac{\partial^2 u_i}{\partial x_j^2} + \mu \frac{\partial^2 u_j}{\partial x_i \partial x_j} + \lambda\frac{\partial^2 u_k}{\partial x_i \partial x_k} + b_i = \rho \frac{\partial^2 u_i}{\partial t^2} \tag{4.7}$$

I due termini centrali di questa equazione sono simili e possono essere sommati come segue

$$(\mu + \lambda)\frac{\partial^2 u_j}{\partial x_i \partial x_j} + \mu \frac{\partial^2 u_i}{\partial x_j^2} + b_i = \rho \frac{\partial^2 u_i}{\partial t^2} \tag{4.8}$$

Ne risulta una equazione esplicita che ha come unica incognita il vettore spostamento. La notazione vettoriale consente di ottenere la seguente relazione che viene detta *equazione di Navier* o, alternativamente, *equazione di Lamé*

$$\boxed{(\lambda + \mu)\, \boldsymbol{\nabla}\left(\boldsymbol{\nabla} \cdot \mathbf{u} \right) + \mu\boldsymbol{\nabla}^2\mathbf{u} + \mathbf{b} = \rho\frac{\partial^2 \mathbf{u}}{\partial t^2}} \tag{4.9}$$

Tale *equazione fondamentale del moto* di un mezzo elastico normale può essere posta in forma differente mediante la seguente proprietà generale degli operatori differenziali

$$\nabla \times (\nabla \times \mathbf{u}) = \nabla (\nabla \cdot \mathbf{u}) - \nabla^2 \mathbf{u} \qquad (4.10)$$

L'applicazione dell'Eq. (4.10) all'Eq. (4.9) conduce senza difficoltà alla seconda forma delle equazioni del moto

$$\boxed{(\lambda + \mu)\, \nabla \times (\nabla \times \mathbf{u}) + (\lambda + 2\mu)\nabla^2 \mathbf{u} + \mathbf{b} = \rho \frac{\partial^2 \mathbf{u}}{\partial t^2}} \qquad (4.11)$$

Sia l'Eq. (4.9) che l'Eq. (4.11) sono un'equazione differenziale lineare alle derivate parziali del secondo ordine, che ha come incognita un campo vettoriale. Nel Cap. 6 dedicato alla teoria di Eshelby ci occuperemo di trovare la soluzione generale (la cosiddetta funzione di Green) dell'equazione del moto per un mezzo infinito, cioè esteso infinitamente in tutte le direzioni dello spazio tridimensionale. Per adesso limitiamoci a svolgere una discussione sulle condizioni al contorno che possono essere poste sulla superficie limite di un corpo elastico di dimensione finita.

Un primo tipo di condizioni al contorno fissa il valore dello spostamento sulla superficie esterna S del corpo: $\mathbf{u} = \mathbf{u}(\mathbf{x})$ per ogni $\mathbf{x} \in S$. Quando l'intera superficie esterna è descritta da tale condizione al contorno si dice che stiamo risolvendo un *problema elastico di prima specie* (*condizioni di Dirichlet*). Un secondo tipo di condizione al contorno fissa la forza per unità di supeficie sul bordo del materiale. Questo significa che è fissata la funzione $T_{ij}n_j = f_i(\mathbf{x})$ per ogni $\mathbf{x} \in S$. Quando l'intera superficie è descitta da tale condizione si dice che stiamo risolvendo un *problema elastico di seconda specie* (*condizioni di Neumann*). Infine, quando la superficie è suddivisa in due parti e su ciascuna di esse è definita una differente condizione al contorno (su una parte di prima specie e sull'altra di seconda specie) si dice che abbiamo di fronte un *problema misto* di elasticità lineare (*condizioni di Dirichlet-Neumann*). Come descritto nell'esercizio 3.3 è semplice dimostrare un teorema (statico) di unicità della soluzione per il generico problema misto, facendo opportuno uso del bilancio energetico; questo approccio energetico è stato per la prima volta introdotto da Kirchhoff nel 1859. Tale teorema di unicità può essere generalizzato al caso dinamico (dipendente dal tempo); non approfondiamo ulteriormente la questione in questa sede rimandando il Lettore a testi specifici [28, 35]. Nel seguito del Capitolo ci occupiamo invece di studiare come le equazioni del moto abbiano soluzioni di tipo ondoso.

4.2 Onde elastiche piane trasversali e longitudinali

Cerchiamo soluzioni particolari dell'equazione del moto sotto alcune ipotesi aggiuntive che consentono di definire le cosiddette *onde elastiche piane*. Si definiscono tali le soluzioni delle equazioni del moto che dipendono da una sola coordinata spaziale e dal tempo. La direzione spaziale che viene presa in considerazione si chiama *direzione di propagazione dell'onda piana*. Nel seguito indicheremo sempre con x_3 tale direzione e, quindi, il campo vettoriale

u dipenderà soltanto da x_3 e t. Ciò significa che le componenti dello spostamento saranno funzioni del seguente tipo: $u_1 = u_1(x_3, t)$, $u_2 = u_2(x_3, t)$ e $u_3 = u_3(x_3, t)$. A seguito di tali dipendenze, imposte per ipotesi, molte derivate parziali saranno necessariamente nulle

$$\frac{\partial u_1}{\partial x_1} = 0 \qquad \frac{\partial u_2}{\partial x_1} = 0 \qquad \frac{\partial u_3}{\partial x_1} = 0$$

$$\frac{\partial u_1}{\partial x_2} = 0 \qquad \frac{\partial u_2}{\partial x_2} = 0 \qquad \frac{\partial u_3}{\partial x_2} = 0 \tag{4.12}$$

Riscriviamo il sistema completo delle equazioni del moto presentato in Eq. (4.9) esplicitando tutte le componenti (senza far uso, per il momento, delle Eq. (4.12))

$$(\lambda + 2\mu)\frac{\partial^2 u_1}{\partial x_1^2} + (\lambda + \mu)\frac{\partial^2 u_2}{\partial x_1 \partial x_2} + (\lambda + \mu)\frac{\partial^2 u_3}{\partial x_1 \partial x_3} \tag{4.13}$$

$$+ \mu\frac{\partial^2 u_1}{\partial x_2^2} + \mu\frac{\partial^2 u_1}{\partial x_3^2} + b_1 = \rho\frac{\partial^2 u_1}{\partial t^2}$$

$$(\lambda + \mu)\frac{\partial^2 u_1}{\partial x_1 \partial x_2} + (\lambda + 2\mu)\frac{\partial^2 u_2}{\partial x_2^2} + (\lambda + \mu)\frac{\partial^2 u_3}{\partial x_2 \partial x_3} \tag{4.14}$$

$$+ \mu\frac{\partial^2 u_2}{\partial x_1^2} + \mu\frac{\partial^2 u_2}{\partial x_3^2} + b_2 = \rho\frac{\partial^2 u_2}{\partial t^2}$$

$$(\lambda + \mu)\frac{\partial^2 u_1}{\partial x_1 \partial x_3} + (\lambda + \mu)\frac{\partial^2 u_2}{\partial x_3 \partial x_2} + (\lambda + 2\mu)\frac{\partial^2 u_3}{\partial x_3^2} \tag{4.15}$$

$$+ \mu\frac{\partial^2 u_3}{\partial x_1^2} + \mu\frac{\partial^2 u_3}{\partial x_2^2} + b_3 = \rho\frac{\partial^2 u_3}{\partial t^2}$$

Adesso consideriamo l'ipotesi di onda piana riassunta nelle Eq. (4.12) e supponiamo che non ci siano forze di volume applicate in nessun punto dell'intero spazio tridimensionale[1]. La nostra ipotesi di assenza totale di forze di volume va intesa nel senso che le azioni che generano la propagazione ondosa sono poste a distanza infinita dalla regione in osservazione. Ciò comporta una forte semplificazione delle Eq. (4.13), (4.14) e (4.15) che si riducono alla seguente forma fondamentale

$$\boxed{\begin{aligned} \mu\frac{\partial^2 u_1}{\partial x_3^2} &= \rho\frac{\partial^2 u_1}{\partial t^2} \\ \mu\frac{\partial^2 u_2}{\partial x_3^2} &= \rho\frac{\partial^2 u_2}{\partial t^2} \\ (\lambda + 2\mu)\frac{\partial^2 u_3}{\partial x_3^2} &= \rho\frac{\partial^2 u_3}{\partial t^2} \end{aligned}} \tag{4.16}$$

---

[1] Quando le forze di volume sono presenti e indipendenti dal tempo non modificano sostanzialmente il discorso in questione perché il loro contributo non altera gli aspetti tempo-varianti (propagativi). Quando invece le forze di volume applicate dipendono dal tempo esse stesse sono le azioni che generano la formazione di onde elastiche.

Ciascuna delle tre equazioni è detta *equazione di D'Alembert* e le rispettive soluzioni sono dette onde monodimensionali per le ragioni che vedremo nel seguito. Osserviamo che l'equazione descrivente lo spostamento nella direzione di propagazione dell'onda ha coefficienti diversi dalle altre due equazioni che descrivono gli spostamenti nelle direzioni ortogonali. La componente u_3 nella direzione di propagazione si chiama *componente longitudinale* dell'onda piana. Le componenti u_1 e u_2 ortogonali alla direzione di propagazione si dicono *componenti trasversali* dell'onda piana. Definiamo coerentemente le seguenti *velocità di propagazione trasversale* e *longitudinale*

$$v_T = \sqrt{\frac{\mu}{\rho}} \tag{4.17}$$

$$v_L = \sqrt{\frac{\lambda + 2\mu}{\rho}} \tag{4.18}$$

Il significato fisico di tali quantità sarà reso evidente tra poco. Le equazioni fondamentali Eq. (4.16) si riscrivono per mezzo delle velocità appena definite come segue

$$\boxed{\begin{aligned} \frac{\partial^2 u_1}{\partial t^2} &= v_T^2 \frac{\partial^2 u_1}{\partial x_3^2} \\ \frac{\partial^2 u_2}{\partial t^2} &= v_T^2 \frac{\partial^2 u_2}{\partial x_3^2} \\ \frac{\partial^2 u_3}{\partial t^2} &= v_L^2 \frac{\partial^2 u_3}{\partial x_3^2} \end{aligned}} \tag{4.19}$$

Le condizioni note $\mu > 0$ e $K = \lambda + 2\mu/3 > 0$ implicano $2\mu + \lambda = \lambda + 2\mu/3 + 4\mu/3 > 4\mu/3 > \mu > 0$ e, quindi, si ha che *l'onda longitudinale è più veloce dell'onda trasversale*

$$v_L > v_T \tag{4.20}$$

Infatti, è semplice verificare che vale anche la seguente relazione per il rapporto tra le due velocità

$$\frac{v_L}{v_T} = \sqrt{\frac{\lambda + 2\mu}{\mu}} = \sqrt{2}\sqrt{\frac{1-\nu}{1-2\nu}} \tag{4.21}$$

Per questo, in sismologia ed in geologia, l'onda longitudinale è detta onda P (primaria) mentre l'onda trasversale è detta onda S (secondaria) [31]. Le onde P sono, fra le onde generate da un terremoto, le più veloci, e, dunque, le prime avvertite da una stazione sismica. Le onde S invece vengono sempre avvertite in un secondo tempo: esse raggiungono velocità che si aggirano solitamente intorno al 60-70% della velocità delle onde P. Infine, ricordiamo che talvolta nella terminologia propria della sismologia in lingua inglese onda P sta per *push wave* (onda di spinta) e onda S sta per *shake wave* (onda di tremito o agitazione) [21].

4.3 Equazione di D'Alembert

Per capire il significato fisico delle soluzioni dell'equazione di D'Alembert (vedi Eq. (4.19)) ed il significato delle velocità v_L e v_T consideriamo una singola generica equazione di D'Alembert in forma generalizzata

$$\boxed{\frac{\partial^2 f(z,t)}{\partial t^2} = v^2 \frac{\partial^2 f(z,t)}{\partial z^2}} \tag{4.22}$$

e studiamone le proprietà.

Abbiamo inserito variabili arbitrarie in modo da potere utilizzare i risultati che troveremo in differenti applicazioni e contesti. Il metodo che si usa per capire la forma delle soluzioni è basato sul seguente cambio di variabili

$$\xi = z - vt \qquad \varrho = z + vt \tag{4.23}$$

La funzione incognita $f(z,t)$ si trasforma nell'altra incognita $f(\xi, \varrho)$. La derivazione delle funzioni composte ci permette di svolgere i seguenti passaggi

$$\frac{\partial f}{\partial t} = \frac{\partial f}{\partial \varrho}\frac{\partial \varrho}{\partial t} + \frac{\partial f}{\partial \xi}\frac{\partial \xi}{\partial t} = v\left(\frac{\partial f}{\partial \varrho} - \frac{\partial f}{\partial \xi}\right) \tag{4.24}$$

$$\frac{\partial f}{\partial z} = \frac{\partial f}{\partial \varrho}\frac{\partial \varrho}{\partial z} + \frac{\partial f}{\partial \xi}\frac{\partial \xi}{\partial z} = \frac{\partial f}{\partial \varrho} + \frac{\partial f}{\partial \xi} \tag{4.25}$$

Si può, poi, passare alle derivate seconde

$$\frac{\partial^2 f}{\partial t^2} = v\left(\frac{\partial}{\partial \varrho}\frac{\partial \varrho}{\partial t} + \frac{\partial}{\partial \xi}\frac{\partial \xi}{\partial t}\right)\left(\frac{\partial f}{\partial \varrho} - \frac{\partial f}{\partial \xi}\right)$$

$$= v^2\left(\frac{\partial}{\partial \varrho} - \frac{\partial}{\partial \xi}\right)\left(\frac{\partial f}{\partial \varrho} - \frac{\partial f}{\partial \xi}\right)$$

$$= v^2\left(\frac{\partial^2 f}{\partial \varrho^2} - 2\frac{\partial^2 f}{\partial \xi \partial \varrho} + \frac{\partial^2 f}{\partial \xi^2}\right) \tag{4.26}$$

$$\frac{\partial^2 f}{\partial z^2} = \left(\frac{\partial}{\partial \varrho} + \frac{\partial}{\partial \xi}\right)\left(\frac{\partial f}{\partial \varrho} + \frac{\partial f}{\partial \xi}\right)$$

$$= \frac{\partial^2 f}{\partial \varrho^2} + 2\frac{\partial^2 f}{\partial \xi \partial \varrho} + \frac{\partial^2 f}{\partial \xi^2} \tag{4.27}$$

Adesso le Eq. (4.26) e (4.27) devono essere sostituite in Eq. (4.22), ottenendo

$$\frac{\partial^2 f(\xi, \varrho)}{\partial \xi \partial \varrho} = 0 \quad \Rightarrow \quad \frac{\partial}{\partial \xi}\left[\frac{\partial f(\xi, \varrho)}{\partial \varrho}\right] = 0 \tag{4.28}$$

Segue subito che la quantità $\frac{\partial f(\xi, \varrho)}{\partial \varrho}$ deve essere costante rispetto a ξ e, quindi, può dipendere solo da ϱ

$$\frac{\partial f(\xi, \varrho)}{\partial \varrho} = G(\varrho) \tag{4.29}$$

dove $G(\varrho)$ è una funzione arbitraria. Si può integrare la Eq. (4.29) rispetto a ϱ ottenendo

$$f(\xi, \varrho) = \int G(\varrho)\mathrm{d}\varrho + A(\xi) \tag{4.30}$$

Definendo, infine, la primitiva di $G(\varrho)$ come $B(\varrho)$ si ha la soluzione di D'Alembert

$$f(\xi, \varrho) = A(\xi) + B(\varrho) \tag{4.31}$$

che, tramite il cambiamento di variabili sopra descritto, fornisce la soluzione completa nelle variabili iniziali z e t (D'Alembert, "Recherches sur les cordes vibranti", 1747)

$$\boxed{f(z,t) = A(z - vt) + B(z + vt)} \tag{4.32}$$

Possiamo quindi dire che la soluzione generale dell'equazione di D'Alembert si scrive sempre tramite due funzioni arbitrarie di una variabile reale. Inoltre l'Eq. (4.32) ci consente di interpretare il significato della parola *onda* e della parola *velocità di propagazione* dell'onda [36]. Consideriamo una soluzione in cui sia presente solo la funzione $A(z - vt)$ e disegnamone il grafico nel piano $f - z$ ad un certo istante t_0, cioè $f(z, t_0) = A(z - vt_0)$ (si veda Fig. 4.1). Lasciamo, quindi, passare un intervallo di tempo Δt e consideria-

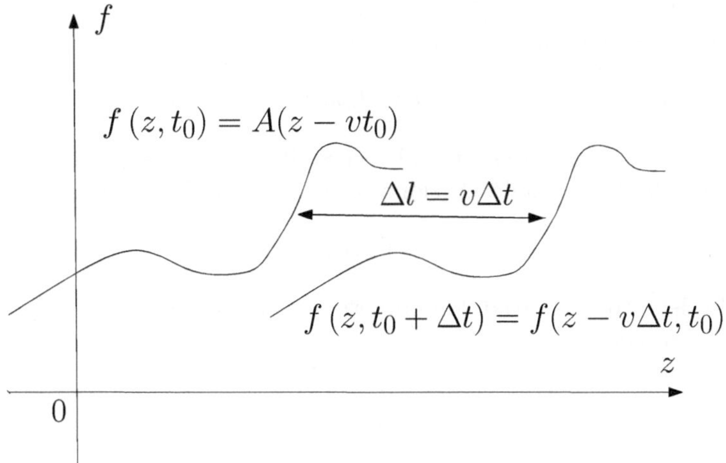

Fig. 4.1. Proprietà fondamentale della soluzione dell'equazione di D'Alembert.

mo nuovamente la funzione $f(z, t_0 + \Delta t)$. Essa si può riscrivere nel seguente modo

$$f(z, t_0 + \Delta t) = A(z - v(t_0 + \Delta t)) = A(z - vt_0 - v\Delta t)$$
$$= A((z - v\Delta t) - vt_0) = f(z - v\Delta t, t_0) \tag{4.33}$$

Quindi si ricava la proprietà fondamentale tipica di un'onda: $f(z, t_0 + \Delta t) = f(z - v\Delta t, t_0)$. Questo significa che i grafici delle funzioni $f(z, t_0)$ e $f(z, t_0 + \Delta t)$ nel piano $f - z$ sono identici a meno di una traslazione verso destra (valori positivi di z) pari ad una lunghezza $\Delta l = v\Delta t$. Questo spiega il significato del termine *propagazione ondosa* e l'attribuzione al parametro v del significato fisico di *velocità di propagazione*. Per quanto appena esposto, il temine $A(z - vt)$ si chiama onda progressiva (nel senso che si propaga nella direzione dei valori positivi di z). Analogamente si verifica che il termine $B(z + vt)$ rappresenta un'onda regressiva (che si propaga verso i valori negativi di z). Questo ragionamento può essere naturalmente applicato a ciascuna delle tre equazioni d'onda piana che abbiamo ricavato nella Sezione precedente (vedere Eq. (4.16) o Eq. (4.19)).

Molto spesso le funzioni A e B che abbiamo introdotto sono funzioni sinusoidali. Ciò accade per due ragioni: la prima è che sono utilizzate effettivamente onde sinusoidali in molteplici applicazioni pratiche. La seconda ragione è dovuta al fatto che, nel caso in cui le funzioni A e B siano periodiche (ma non sinusoidali), si può invocare lo sviluppo in serie di Fourier ed analizzare, quindi, ciascun contributo sinusoidale indipendentemente dagli altri grazie alla linearità delle equazioni in gioco [34].

Analizziamo nel dettaglio le quantità fisiche che si incontrano nel caso di onda sinusoidale. Consideriamo per semplicità un'onda puramente progressiva descritta dalla funzione $A(\xi) = A_M \cos(2\pi k_0 \xi + \phi)$ dove A_M, k_0 e ϕ sono costanti note. Segue immediatamente che l'onda è descritta da

$$f(z, t) = A_M \cos\left[2\pi k_0 (z - vt) + \phi\right] \tag{4.34}$$

La *pulsazione angolare* rispetto alla variabile temporale (il coefficiente che moltiplica t all'interno della funzione coseno) si definisce come

$$\omega = 2\pi k_0 v \tag{4.35}$$

Il periodo rispetto alla variabile temporale (si chiama semplicemente *periodo*) viene indicato con T

$$T = \frac{1}{k_0 v} = \frac{2\pi}{\omega} \tag{4.36}$$

La *frequenza* rispetto alla variabile temporale è quindi data da

$$f = \frac{1}{T} = \frac{\omega}{2\pi} = k_0 v \tag{4.37}$$

Il periodo rispetto alla variabile spaziale si chiama *lunghezza d'onda*

$$\lambda_0 = \frac{1}{k_0} = \frac{2\pi v}{\omega} = \frac{v}{f} \tag{4.38}$$

Infine, la frequenza rispetto alla variabile spaziale si chiama *numero d'onda*

$$k_0 = \frac{1}{\lambda_0} = \frac{f}{v} \tag{4.39}$$

Nei prossimi paragrafi verrà descritta una metodologia adatta allo studio delle onde in regime sinusoidale permanente.

4.4 Onde longitudinali: approfondimento

Consideriamo il caso in cui sia diversa da zero la sola componente $u_3(x_3,t)$ nel sistema fondamentale descritto in precedenza (Eq. (4.16) o Eq. (4.19)). Ciò significa che stiamo considerando un'onda puramente longitudinale. Questo implica che l'unica componente del tensore delle deformazioni diversa da zero è $\epsilon_{33} = \frac{\partial u_3}{\partial x_3}$. Di conseguenza il tensore degli sforzi ha solo tre componenti diverse da zero

$$T_{11} = T_{22} = \lambda \frac{\partial u_3}{\partial x_3} \tag{4.40}$$

$$T_{33} = (\lambda + 2\mu) \frac{\partial u_3}{\partial x_3} \tag{4.41}$$

La propagazione delle onde piane longitudinali è descritta bene dalle due grandezze fisiche *velocità istantanea* e *pressione istantanea*

$$V(x_3,t) = \frac{\partial u_3}{\partial t} \tag{4.42}$$

$$P(x_3,t) = -T_{33}(x_3,t) = -(\lambda + 2\mu) \frac{\partial u_3}{\partial x_3} \tag{4.43}$$

Si faccia attenzione che la pressione qui definita non corrisponde esattamente alla pressione termodinamica introdotta nel precedente Capitolo. Piuttosto, essa va intesa come pressione impulsiva (in inglese `shock wave`) associata alla propagazione ondosa di un certo campo di spostamento. Per questo motivo si usa nel seguito un simbolo diverso rispetto a quello precedentemente usato per le argomentazioni termodinamiche. Il segno meno in Eq. (4.43) rappresenta solo una convenzione che vuole la pressione positiva in fase di compressione. Con tali definizioni le equazioni del moto si scrivono subito in una forma particolarmente interessante

$$\frac{\partial V}{\partial t} = -\frac{1}{\rho} \frac{\partial P}{\partial x_3} \tag{4.44}$$

$$\frac{\partial P}{\partial t} = -(\lambda + 2\mu) \frac{\partial V}{\partial x_3} \tag{4.45}$$

Se calcoliamo la derivata parziale della prima equazione rispetto al tempo e sostituiamo la seconda equazione otteniamo un'equazione di D'Alembert per la velocità istantanea. Viceversa, se deriviamo rispetto allo spazio la seconda ed utilizziamo la prima otteniamo un'equazione di D'Alembert per la pressione istantanea; lasciamo il dettaglio di questi calcoli come esercizio e riportiamo i risultati

$$\frac{\partial^2 V}{\partial t^2} = \frac{\lambda + 2\mu}{\rho} \frac{\partial^2 V}{\partial x_3^2} \tag{4.46}$$

$$\frac{\partial^2 P}{\partial t^2} = \frac{\lambda + 2\mu}{\rho} \frac{\partial^2 P}{\partial x_3^2} \tag{4.47}$$

Per quanto visto nella Sezione precedente le soluzioni generiche delle precedenti equazioni di D'Alembert sono

$$V = A(x_3 - v_L t) + B(x_3 + v_L t) \tag{4.48}$$

$$P = C(x_3 - v_L t) + D(x_3 + v_L t) \tag{4.49}$$

dove le quattro funzioni arbitrarie non sono tutte indipendenti tra loro, ma devono soddisfare le Eq. (4.44) e Eq. (4.45) descriventi l'accoppiamento tra pressione e velocità istantanee. Se, come prima, definiamo le variabili ausiliarie $\xi = x_3 - v_L t$ e $\varrho = x_3 + v_L t$, abbiamo subito $V = A(\xi) + B(\varrho)$ e $P = C(\xi) + D(\varrho)$. Inoltre, gli operatori derivate parziali si scrivono nella forma

$$\frac{\partial}{\partial t} = v_L \left(\frac{\partial}{\partial \varrho} - \frac{\partial}{\partial \xi} \right) \tag{4.50}$$

$$\frac{\partial}{\partial x_3} = \frac{\partial}{\partial \varrho} + \frac{\partial}{\partial \xi} \tag{4.51}$$

Sostituendo questi operatori differenziali in Eq. (4.44) ed utilizzando le soluzioni date dalle Eq. (4.48) e (4.49) otteniamo

$$v_L \left(\frac{\partial}{\partial \varrho} - \frac{\partial}{\partial \xi} \right) [A(\xi) + B(\varrho)] = -\frac{1}{\rho} \left(\frac{\partial}{\partial \varrho} + \frac{\partial}{\partial \xi} \right) [C(\xi) + D(\varrho)] \tag{4.52}$$

da cui

$$v_L \left(\frac{\partial B(\varrho)}{\partial \varrho} - \frac{\partial A(\xi)}{\partial \xi} \right) = -\frac{1}{\rho} \left(\frac{\partial D(\varrho)}{\partial \varrho} + \frac{\partial C(\xi)}{\partial \xi} \right) \tag{4.53}$$

Separando le funzioni aventi medesimi argomenti e ricordando la definizione di velocità di propagazione longitudinale, risulta che

$$\sqrt{\frac{\lambda + 2\mu}{\rho}} \frac{\partial B(\varrho)}{\partial \varrho} = -\frac{1}{\rho} \frac{\partial D(\varrho)}{\partial \varrho} \tag{4.54}$$

$$\sqrt{\frac{\lambda + 2\mu}{\rho}} \frac{\partial A(\xi)}{\partial \xi} = \frac{1}{\rho} \frac{\partial C(\xi)}{\partial \xi} \tag{4.55}$$

dalle quali

$$\sqrt{(\lambda + 2\mu)\rho}\,\frac{\partial B(\varrho)}{\partial \varrho} = -\frac{\partial D(\varrho)}{\partial \varrho} \tag{4.56}$$

$$\sqrt{(\lambda + 2\mu)\rho}\,\frac{\partial A(\xi)}{\partial \xi} = \frac{\partial C(\xi)}{\partial \xi} \tag{4.57}$$

La loro integrazione comporta infine

$$D = -\sqrt{(\lambda + 2\mu)\rho}\,B \tag{4.58}$$

$$C = \sqrt{(\lambda + 2\mu)\rho}\,A \tag{4.59}$$

dove abbiamo supposto nulle le costanti di integrazione essendo interessati a fenomeni propagativi. Introduciamo ora l'*impedenza acustica longitudinale*

$$Z_L = \sqrt{(\lambda + 2\mu)\rho} \tag{4.60}$$

Segue che $D = -Z_L B$ e $C = Z_L A$ e le soluzioni definitive per la propagazione ondosa in termini di velocità e pressione istantanee longitudinali assumono la forma

$$V = \frac{C(x_3 - v_L t)}{Z_L} - \frac{D(x_3 + v_L t)}{Z_L} \tag{4.61}$$

$$P = C(x_3 - v_L t) + D(x_3 + v_L t) \tag{4.62}$$

4.5 Onde trasversali: approfondimento

Consideriamo adesso il caso in cui sia diversa da zero la sola componente $u_1(x_3, t)$ nel sistema fondamentale descritto in precedenza (Eq. (4.16) o Eq. (4.19)). Ciò significa che stiamo considerando un'onda puramente trasversale. Inoltre, per le onde trasversali bisogna specificare la polarizzazione, avendo esse due possibili componenti: il caso in esame riguarda la polarizzazione puramente lineare (cioè il vettore spostamento resta parallelo ad una direzione spaziale fissa, x_1). Questo implica che due componenti del tensore delle deformazioni sono diverse da zero, ovvero $\epsilon_{13} = \epsilon_{31} = \frac{1}{2}\frac{\partial u_1}{\partial x_3}$. Di conseguenza, il tensore degli sforzi ha due sole corrispondenti componenti diverse da zero (sforzi di taglio)

$$T_{13} = T_{31} = \mu\frac{\partial u_1}{\partial x_3} \tag{4.63}$$

La propagazione delle onde piane trasversali è descritta bene dalle due grandezze fisiche velocità istantanea e pressione istantanea

$$V(x_3, t) = \frac{\partial u_1}{\partial t} \tag{4.64}$$

$$P(x_3, t) = -T_{13}(x_3, t) = -\mu\frac{\partial u_1}{\partial x_3} \tag{4.65}$$

Il termine pressione viene usato in questo contesto impropriamente, riferendosi ad uno sforzo di taglio, ma questa nomenclatura rende uniforme il discorso con quello della precedente Sezione. Le equazioni del moto con tali definizioni si scrivono subito in questa forma analoga alla precedente

$$\frac{\partial V}{\partial t} = -\frac{1}{\rho}\frac{\partial P}{\partial x_3} \tag{4.66}$$

$$\frac{\partial P}{\partial t} = -\mu\frac{\partial V}{\partial x_3} \tag{4.67}$$

Se calcoliamo la derivata parziale della prima equazione rispetto al tempo e sostituiamo la seconda equazione otteniamo un'equazione di D'Alembert per la velocità istantanea. Viceversa, se deriviamo rispetto allo spazio la seconda ed utilizziamo la prima otteniamo un'equazione di D'Alembert per la pressione istantanea; lasciamo il dettaglio di questi calcoli come esercizio e riportiamo i risultati

$$\frac{\partial^2 V}{\partial t^2} = \frac{\mu}{\rho}\frac{\partial^2 V}{\partial x_3^2} \tag{4.68}$$

$$\frac{\partial^2 P}{\partial t^2} = \frac{\mu}{\rho}\frac{\partial^2 P}{\partial x_3^2} \tag{4.69}$$

Per quanto visto nella Sezione precedente le soluzioni generiche delle precedenti equazioni di D'Alembert sono

$$V = A(x_3 - v_T t) + B(x_3 + v_T t) \tag{4.70}$$

$$P = C(x_3 - v_T t) + D(x_3 + v_T t) \tag{4.71}$$

dove le quattro funzioni arbitrarie non sono tutte indipendenti tra loro, ma devono soddisfare le Eq. (4.66) e Eq. (4.67) descriventi l'accoppiamento tra pressione e velocità istantanee. Come prima definiamo l'*impedenza acustica trasversale*

$$Z_T = \sqrt{\mu\rho} \tag{4.72}$$

Le soluzioni definitive per la propagazione ondosa in termini di velocità e pressione istantanee trasversali sono dunque

$$V = \frac{C(x_3 - v_T t)}{Z_T} - \frac{D(x_3 + v_T t)}{Z_T} \tag{4.73}$$

$$P = C(x_3 - v_T t) + D(x_3 + v_T t) \tag{4.74}$$

E' importante fare alcune considerazioni aggiuntive in merito alla propagazione delle onde longitudinali o trasversali nei vari stati di aggregazione della materia. Nei mezzi solidi elastici vi è la possibilità di propagazione sia nel modo longitudinale, sia nel modo trasversale. Nei fluidi ideali (cioè a viscosità nulla) e nei gas, invece, esistono soltanto le onde longitudinali perché essi si comportano equivalentemente ad un mezzo elastico con $\mu = 0$ e, quindi, $v_T = 0$. In altri termini, questo significa che nei gas e nei fluidi ideali non esistono sforzi di taglio e perciò non possono propagare onde basate su tale meccanismo di trasmissione delle forze.

4.6 Regime sinusoidale permanente

Quando le funzioni che definiscono la propagazione ondosa sono di tipo sinusoidale semplice si dice che le onde elastiche sono *monocromatiche*. Ciò significa che esiste una sola componente nello spettro di Fourier o, in altre parole, un singolo contributo armonico. Esse verranno studiate utilizzando il metodo (molto efficace quando si ha a che fare con regime sinusoidale stazionario ed equazioni lineari) detto - a seconda dei contesti - metodo dei *fasori*, di *Kennelly-Steinmetz*, di *Siemens*, degli *esponenziali immaginari* o, infine, *metodo simbolico* [21, 34].

Consideriamo l'insieme delle funzioni sinusoidali del tempo aventi una pulsazione angolare ω fissata: $a(t) = A_M \cos(\omega t + \phi)$. Nel metodo dei fasori, alla funzione $a(t)$ si fa corrispondere il numero complesso così definito: $\dot{a} = A_M e^{i\phi}$. Il puntino sopra ciacun simbolo d'ora in poi rappresenterà il fasore associato a ciscuna grandezza. Le funzioni sinusoidali del tipo $a(t)$ formano, come è facile vedere, uno spazio vettoriale; così pure i numeri complessi loro associati. Il metodo simbolico istituisce una corrispondenza biunivoca tra i due spazi. La relazione $\dot{a} = A_M e^{i\phi}$ dà la regola per costruire il numero complesso corrispondente a una data $a(t)$. La regola di passaggio inversa, cioè quella che permette di ricostruire $a(t)$ a partire dal suo rappresentativo complesso, è la seguente: $a(t) = \Re\left\{\dot{a} e^{i\omega t}\right\}$, dove l'operatore $\Re\{z\}$ rappresenta la parte reale del numero complesso z. La principale proprietà formale della corrispondenza tra l'insieme delle funzioni sinusoidali e l'insieme dei numeri complessi è che alla funzione derivata *totale* $\frac{\mathrm{d}a(t)}{\mathrm{d}t}$ corrisponde il numero complesso $i\omega\dot{a}$. Perciò, nell'ambito del metodo simbolico, si usa dire che la derivazione rispetto al tempo corrisponde alla moltiplicazione per $i\omega$.

Quando si ha a che fare con funzioni non solo del tempo, ma anche delle coordinate spaziali, il metodo dei fasori si può utilizzare allo stesso modo, con qualche variante banale. Una generica funzione dipenderà da x_1, x_2, x_3 e t e, in particolare, sarà sinusoidale rispetto al tempo; avrà quindi la forma $a(x_1, x_2, x_3, t) = A_M(x_1, x_2, x_3)cos(\omega t + \phi(x_1, x_2, x_3))$. Ad essa corrisponderà una funzione, complessa, di x_1, x_2 e x_3 , definita da $\dot{a}(x_1, x_2, x_3) = A_M(x_1, x_2, x_3)e^{i\phi(x_1, x_2, x_3)}$. La regola di passaggio inverso diventa $a(x_1, x_2, x_3, t) = \Re\left\{\dot{a}(x_1, x_2, x_3)e^{i\omega t}\right\}$. La regola concernente la derivazione rispetto al tempo diventa la seguente: alla derivata *parziale* $\frac{\partial a(t)}{\partial t}$ corrisponde la funzione complessa $i\omega\dot{a}$. Si possono anche considerare campi vettoriali (anziché scalari, come nel caso precedente) con facili generalizzazioni.

Consideriamo ora l'applicazione del metodo dei fasori ai particolari campi elastici esaminati nei papagrafi precedenti. In particolare, ci riferiamo alle Eq. (4.44) e (4.45) per le onde longitudinali ed alle Eq. (4.66) e (4.67) per le onde trasversali. Questi due sistemi di equazioni sono identici a meno di un coefficiente e, quindi, consideriamo la forma unificata

$$\frac{\partial V}{\partial t} = -\frac{1}{\rho}\frac{\partial P}{\partial x_3} \tag{4.75}$$

$$\frac{\partial P}{\partial t} = -\gamma\frac{\partial V}{\partial x_3} \tag{4.76}$$

dove $\gamma = \lambda + 2\mu$ per le onde longitudinali e $\gamma = \mu$ per le onde trasversali. Supponendo regime sinusoidale (onde monocromatiche), adottiamo il metodo simbolico ottenendo

$$i\omega\dot{V} = -\frac{1}{\rho}\frac{d\dot{P}}{dx_3} \tag{4.77}$$

$$i\omega\dot{P} = -\gamma\frac{d\dot{V}}{dx_3} \tag{4.78}$$

Si noti che le derivate parziali sono diventate derivate totali perché i fasori sono funzione solo di una variabile spaziale. Dalla prima equazione fasoriale otteniamo

$$\dot{V} = -\frac{1}{i\omega\rho}\frac{d\dot{P}}{dx_3} \tag{4.79}$$

e, quindi, sostituendo nella seconda

$$i\omega\dot{P} = \frac{\gamma}{i\omega\rho}\frac{d^2\dot{P}}{dx_3^2} \tag{4.80}$$

ovvero

$$\boxed{\frac{d^2\dot{P}}{dx_3^2} + \omega^2\frac{\rho}{\gamma}\dot{P} = 0} \tag{4.81}$$

La precedente è evidentemente un'equazione per moti armonici. Essa si chiama *equazione di Helmholtz*: ogni qualvolta si trasforma un'equazione di D'Alembert con il metodo simbolico, si ottiene un'equazione detta di Helmholtz (il metodo è molto usato in ottica ed i risultati qui descritti sono molto simili al caso delle onde elettromagnetiche). Spesso si definisce la *costante di propagazione* nella forma

$$\beta = \omega\sqrt{\frac{\rho}{\gamma}} = \frac{\omega}{v_{L,T}} \tag{4.82}$$

dove $v_{L,T}$ rappresenta la velocità di propagazione longitudinale o trasversale a seconda del problema che stiamo trattando. Questo consente di scrivere l'equazione di Helmoholtz nella forma

$$\frac{\mathrm{d}^2 \dot{P}}{\mathrm{d}x_3^2} + \beta^2 \dot{P} = 0 \tag{4.83}$$

La soluzione dell'equazione per moti armonici è

$$\dot{P} = \dot{M}e^{-i\beta x_3} + \dot{N}e^{i\beta x_3} \tag{4.84}$$

dove i coefficienti $\dot{M}$ ed $\dot{N}$ sono costanti di integrazione complesse ed arbitrarie. A questo punto le onde di velocità istantanea si possono trovare direttamente dalla Eq. (4.79); infatti

$$\begin{aligned}
\dot{V} &= -\frac{1}{i\omega\rho}\frac{\mathrm{d}\dot{P}}{\mathrm{d}x_3} \\
&= -\frac{1}{i\omega\rho}\frac{\mathrm{d}}{\mathrm{d}x_3}\left(\dot{M}e^{-i\beta x_3} + \dot{N}e^{i\beta x_3}\right) \\
&= -\frac{1}{i\omega\rho}\left(-i\beta\dot{M}e^{-i\beta x_3} + i\beta\dot{N}e^{i\beta x_3}\right) \\
&= \frac{\beta}{\omega\rho}\dot{M}e^{-i\beta x_3} - \frac{\beta}{\omega\rho}\dot{N}e^{i\beta x_3}
\end{aligned} \tag{4.85}$$

dove valgono le seguenti uguaglianze

$$\frac{\beta}{\omega\rho} = \frac{\omega\sqrt{\frac{\rho}{\gamma}}}{\omega\rho} = \frac{1}{\rho}\sqrt{\frac{\rho}{\gamma}} = \frac{1}{\sqrt{\gamma\rho}} = \frac{1}{Z_{L,T}} \tag{4.86}$$

una volta che si ricordino le definizioni di impedenza acustica longitudinale e trasversale. In definitiva, le soluzioni si scrivono nella forma

$$\boxed{\begin{aligned}
\dot{P} &= \dot{M}e^{-i\beta x_3} + \dot{N}e^{i\beta x_3} \\
\dot{V} &= \frac{\dot{M}}{Z_{L,T}}e^{-i\beta x_3} - \frac{\dot{N}}{Z_{L,T}}e^{i\beta x_3}
\end{aligned}} \tag{4.87}$$

Questa è la *soluzione fondamentale della propagazione ondosa* (in regime sinusoidale semplice) in termini di pressione e velocità. La relazione vale sia per onde longitudinali, sia per onde trasversali, purchè si usino opportunamente Z_L o Z_T. Inoltre, è importante osservare che la soluzione finale data in Eq. (4.87) rappresenta la versione monocromatica delle equazioni generali Eq. (4.61) e (4.62), valide per il caso longitudinale e delle equazioni generali Eq. (4.73) e (4.74), valide per il caso trasversale. Questa osservazione consente quindi di identificare i termini con il coefficiente $\dot{M}$ come onde progressive ed i termini con il coefficiente $\dot{N}$ come onde regressive. Infine, ricordiamo che vi sono molti casi di propagazione ondosa in cui due grandezze duali evolvono come indicato in Eq. (4.87): per esempio, la differenza di potenziale e la corrente elettrica lungo una linea di trasmissione; oppure il campo elettrico ed il campo magnetico in un'onda elettromagnetica piana trasversale [36].

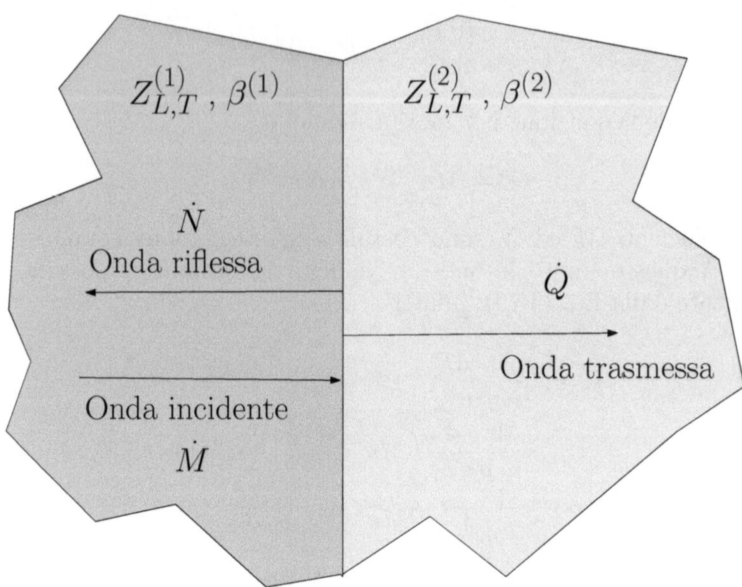

Fig. 4.2. Interfaccia tra due mezzi elastici differenti con onda incidente ortogonale ad essa: si nota la generazione di un'onda riflessa e di un'onda trasmessa.

4.7 Trasmissione e riflessione

In questa Sezione studiamo la propagazione di onde elastiche in prossimità di interfaccie tra mezzi elastici differenti. In particolare analizziamo nel dettaglio il caso di incidenza ortogonale di un'onda su un'interfaccia tra due mezzi differenti. Inoltre, mostreremo l'applicazione di questa teoria all'analisi del comportamento di una sonda utilizzata in ecografia medica. Infine, descriveremo brevemente il comportamento dei campi elastici nel caso di incidenza obliqua di un'onda su un'interfaccia piana.

4.7.1 Incidenza ortogonale

Consideriamo un'interfaccia piana tra due mezzi differenti ed un'onda elastica incidente, generante un'onda riflessa ed un'onda trasmessa. L'analisi che svolgeremo è valida sia per onde longitudinali che per onde trasversali monocromatiche. La pulsazione angolare ω sia fissata e costante. Il primo mezzo sia caratterizzato dall'impedenza acustica $Z_{L,T}^{(1)}$ e da una costante di propagazione $\beta^{(1)} = \omega/v_{L,T}^{(1)}$, ed il secondo dall'impedenza $Z_{L,T}^{(2)}$ e dalla costante $\beta^{(2)} = \omega/v_{L,T}^{(2)}$. La situazione è rappresentata in Fig. 4.2. Inoltre, consideriamo l'asse x_3 perpendicolare all'interfaccia e allineato alla direzione di propagazione delle onde.

Nel primo mezzo esiste un'onda progressiva che rappresenta l'onda incidente ed un'onda regressiva che rappresenta quella riflessa; invece, nel secondo mezzo, vi è solo un'onda progressiva che rappresenta l'onda trasmessa. Quindi, nel primo mezzo il campo elastico è descritto da pressione e velocità come segue

$$\dot{P}^{(1)} = \dot{M}e^{-i\beta^{(1)}x_3} + \dot{N}e^{i\beta^{(1)}x_3} \tag{4.88}$$

$$\dot{V}^{(1)} = \frac{\dot{M}}{Z_{L,T}^{(1)}}e^{-i\beta^{(1)}x_3} - \frac{\dot{N}}{Z_{L,T}^{(1)}}e^{i\beta^{(1)}x_3} \tag{4.89}$$

Analogamente, nel secondo mezzo vale che

$$\dot{P}^{(2)} = \dot{Q}e^{-i\beta^{(2)}x_3} \tag{4.90}$$

$$\dot{V}^{(2)} = \frac{\dot{Q}}{Z_{L,T}^{(2)}}e^{-i\beta^{(2)}x_3} \tag{4.91}$$

Per ovvi motivi fisici, all'interfaccia tra i due mezzi differenti pressione e velocità istantanee devono essere continue; quindi: per $x_3 = 0$ si ottiene subito che

$$\dot{M} + \dot{N} = \dot{Q} \tag{4.92}$$

$$\frac{\dot{M}}{Z_{L,T}^{(1)}} - \frac{\dot{N}}{Z_{L,T}^{(1)}} = \frac{\dot{Q}}{Z_{L,T}^{(2)}} \tag{4.93}$$

Si definiscono il *coefficiente di riflessione* $\dot{R}$ ed il *coefficiente di trasmissione* $\dot{T}$ come segue

$$\dot{R} = \frac{\dot{N}}{\dot{M}} \tag{4.94}$$

$$\dot{T} = \frac{\dot{Q}}{\dot{M}} \tag{4.95}$$

Il sistema di equazioni si riscrive pertanto in modo più semplice

$$1 + \dot{R} = \dot{T} \tag{4.96}$$

$$\frac{1 - \dot{R}}{Z_{L,T}^{(1)}} = \frac{\dot{T}}{Z_{L,T}^{(2)}} \tag{4.97}$$

da cui si ottengono facilmente le relazioni fondamentali

$$\boxed{\begin{aligned} \dot{R} &= \frac{Z_{L,T}^{(2)} - Z_{L,T}^{(1)}}{Z_{L,T}^{(1)} + Z_{L,T}^{(2)}} \\ \dot{T} &= \frac{2Z_{L,T}^{(2)}}{Z_{L,T}^{(1)} + Z_{L,T}^{(2)}} \end{aligned}} \tag{4.98}$$

Tabella 4.1. Densità, velocità di propagazione e impedenze acustiche di vari materiali solidi.

Materiale	$\rho(\mathrm{Kg/m}^\cdot)$	$v_L(\mathrm{m/s})$	$v_T(\mathrm{m/s})$	$Z_L(10^\cdot\ \mathrm{Rayl})$	$Z_T(10^\cdot\ \mathrm{Rayl})$
Alluminio	2700	6150	3100	16.6	8.37
Argento	10490	3450	1570	36.2	16.5
Ferro	7960	5060	3190	40.3	25.4
Nichel	8800	5590	2930	49.2	25.8
Oro	19300	3140	1170	60.6	22.5
Piombo	11300	2120	740	23.9	8.3
Rame	8960	4270	2150	38.2	19.2
Tungsteno	19300	4780	2640	92.2	50.0
Zinco	6900	3860	2560	26.6	17.6

Confermiamo per chiarezza che tali relazioni valgono in modo identico sia per onde longitudinali che trasversali (quindi, $Z_{L,T}$ va sostituita con Z_L oppure con Z_T a seconda del caso in esame). Questo risultato vale anche per fluidi ideali e gas, ma soltanto con riferimento alle onde longitudinali.

Stimiamo l'ordine di grandezza delle velocità e delle impedenze di alcuni materiali. Consideriamo, per iniziare, l'acqua: la densità vale $\rho = 10^3$ Kg/m^3; inoltre $\mu = 0$ e $\lambda = 2.24 \times 10^9$ N/m^2, da cui $v_L = \sqrt{\frac{\lambda}{\rho}} = 1.5 \times 10^3$ m/s e $Z_L = \sqrt{\rho\lambda} = 1.5 \times 10^6$ Kg/(m^{2}s). L'unità di misura dell'impedenza acustica è Kg/(m^{2}s) a cui è stato dato il nome Rayl in onore di Lord Rayleigh. Quindi si può dire che l'impedenza acustica dell'acqua è $Z_L = 1.5 \times 10^6$ Rayl.

Per l'aria, invece, valgono le seguenti argomentazioni: se la consideriamo come un gas ideale, possiamo dire che il rapporto C_p/C_v (calore specifico a pressione costante diviso per il calore specifico a volume costante) coincide praticamente con quello di un gas biatomico tipo N_2 od O_2. Dunque si pone $C_p/C_v = 1.4$. Per un gas ideale, inoltre, si ha $\mu = 0$ e $\lambda = P_0 C_p/C_v$ (ciò deriva dal fatto che le compressioni e rarefazioni sono così rapide da potersi considerare adiabatiche; si veda l'esercizio 4.7) dove P_0 è la pressione in condizioni di pressione atmosferica normale ($P_0 = 1$ Kg/cm$^2 = 10^5$ N/m^2). L'aria, infine, ha la densità $\rho = 1.5$ Kg/m^3. Si ottiene finalmente la velocità di propagazione $v_L = \sqrt{\frac{\lambda}{\rho}} = 330$ m/s e l'impedenza $Z_L = 500$ Rayl [36].

Passiamo, ora, ad alcuni valori nei solidi: nei metalli le onde longitudinali hanno velocità nell'intervallo $3\text{-}6 \times 10^3$ m/s; quelle trasversali nell'intervallo $1\text{-}3 \times 10^3$ m/s. Per i valori di densità, velocità di propagazione e impedenza acustica di altri materiali solidi si veda la Tabella 4.1: si tratta dei valori nominali calcolati dalle costanti elastiche.

4.7.2 Ecografia

Un esempio tipico di applicazione della teoria generale è dato dall'ecografia: si tratta di una tecnica di indagine diagnostica medica largamente utilizzata in contrapposizione alle tecniche standard radiologiche. Gli ultrasuoni utilizzati hanno frequenza compresa nell'intervallo tra 1-20 MHz. La frequenza viene scelta tenendo in considerazione che frequenze maggiori hanno maggiore potere risolutivo dell'immagine, ma penetrano meno in profondità nel soggetto. Queste onde sono generate da un cristallo piezoceramico inserito in una sonda mantenuta a diretto contatto con la pelle del paziente, con l'interposizione di un apposito gel (che elimina l'aria interposta tra sonda e cute del paziente, permettendo agli ultrasuoni di penetrare nel segmento anatomico esaminato); la stessa sonda è in grado di raccogliere il segnale di ritorno, che viene opportunamente elaborato da un computer e presentato su un monitor. La

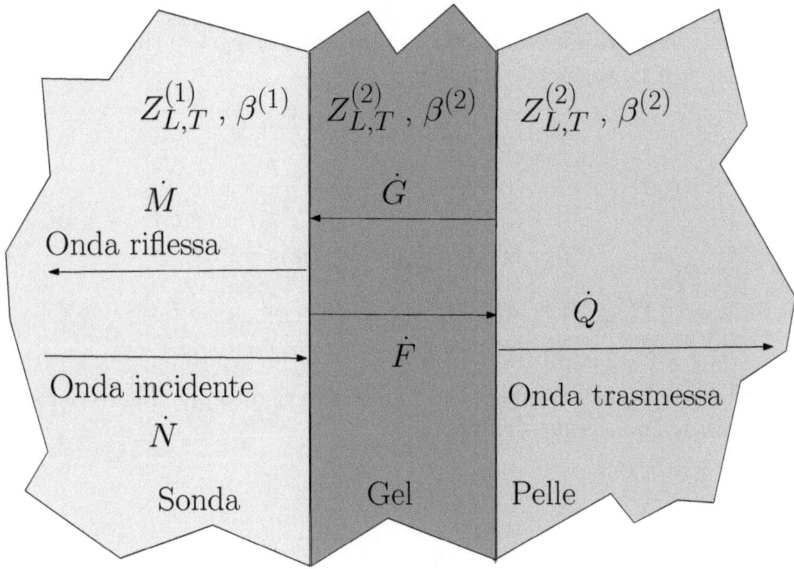

Fig. 4.3. Tipica situazione di aderenza tra una sonda da ecografia (sinistra) e pelle (destra) realizzata per mezzo di un gel opportuno (centro). Si osservi la doppia riflessione e doppia trasmissione. Lo spessore del gel sarà indicato con d.

situazione che si presenta è illustrata in Fig. 4.3 dove le tre differenti porzioni di materia sono separate da due interfacce sonda-gel (sinistra) e gel-pelle (destra). Dal punto divista analitico si tratta di un calcolo simile al precedente, ma complicato dalla presenza di una doppia interfaccia. Supponiamo che lo spessore del gel sia indicato con d. Nel primo mezzo (sonda) il campo elastico è descritto da pressione e velocità come segue

$$\dot{P}^{(1)} = \dot{M}e^{-i\beta^{(1)}x_3} + \dot{N}e^{i\beta^{(1)}x_3} \tag{4.99}$$

$$\dot{V}^{(1)} = \frac{\dot{M}}{Z_{L,T}^{(1)}}e^{-i\beta^{(1)}x_3} - \frac{\dot{N}}{Z_{L,T}^{(1)}}e^{i\beta^{(1)}x_3} \tag{4.100}$$

Analogamente nel secondo mezzo (gel) valgono le seguenti relazioni

$$\dot{P}^{(2)} = \dot{F}e^{-i\beta^{(2)}x_3} + \dot{G}e^{i\beta^{(2)}x_3} \tag{4.101}$$

$$\dot{V}^{(2)} = \frac{\dot{F}}{Z_{L,T}^{(2)}}e^{-i\beta^{(2)}x_3} - \frac{\dot{G}}{Z_{L,T}^{(2)}}e^{i\beta^{(2)}x_3} \tag{4.102}$$

Infine nel terzo mezzo (pelle) si scrive che

$$\dot{P}^{(3)} = \dot{Q}e^{-i\beta^{(3)}x_3} \tag{4.103}$$

$$\dot{V}^{(3)} = \frac{\dot{Q}}{Z_{L,T}^{(3)}}e^{-i\beta^{(3)}x_3} \tag{4.104}$$

La continuità delle grandezze fisiche va imposta per $x_3 = 0$ (interfaccia sonda-gel) e per $x_3 = d$ (interfaccia gel-pelle)

$$\dot{M} + \dot{N} = \dot{F} + \dot{G} \tag{4.105}$$

$$\frac{\dot{M}}{Z_{L,T}^{(1)}} - \frac{\dot{N}}{Z_{L,T}^{(1)}} = \frac{\dot{F}}{Z_{L,T}^{(2)}} - \frac{\dot{G}}{Z_{L,T}^{(2)}} \tag{4.106}$$

$$\dot{F}e^{-i\beta^{(2)}d} + \dot{G}e^{i\beta^{(2)}d} = \dot{Q}e^{-i\beta^{(3)}d} \tag{4.107}$$

$$\frac{\dot{F}}{Z_{L,T}^{(2)}}e^{-i\beta^{(2)}d} - \frac{\dot{G}}{Z_{L,T}^{(2)}}e^{i\beta^{(2)}d} = \frac{\dot{Q}}{Z_{L,T}^{(3)}}e^{-i\beta^{(3)}d} \tag{4.108}$$

Questo sistema di quattro equazioni può essere risolto per mezzo dei seguenti coefficienti di trasmissione e riflessione

$$\dot{R} = \frac{\dot{N}}{\dot{M}} \tag{4.109}$$

$$\dot{T} = \frac{\dot{Q}}{\dot{M}} \tag{4.110}$$

La soluzione viene lasciata come esercizio e si riportano solo i risultati finali

$$\dot{R} = \frac{4}{a}Z_{L,T}^{(2)}Z_{L,T}^{(3)}e^{i(\beta^{(2)}+\beta^{(3)})d} \tag{4.111}$$

$$\dot{T} = \frac{1}{a}\left\{ \left[Z_{L,T}^{(1)}Z_{L,T}^{(2)} + Z_{L,T}^{(1)}Z_{L,T}^{(3)} - Z_{L,T}^{(2)}Z_{L,T}^{(3)} - \left(Z_{L,T}^{(2)}\right)^2 \right] e^{2i\beta^{(2)}d} \right.$$

$$\left. + Z_{L,T}^{(1)}Z_{L,T}^{(2)} - Z_{L,T}^{(1)}Z_{L,T}^{(3)} - Z_{L,T}^{(2)}Z_{L,T}^{(3)} + \left(Z_{L,T}^{(2)}\right)^2 \right\} \tag{4.112}$$

dove

$$a = \left[Z_{L,T}^{(1)}Z_{L,T}^{(2)} + Z_{L,T}^{(1)}Z_{L,T}^{(3)} + Z_{L,T}^{(2)}Z_{L,T}^{(3)} + \left(Z_{L,T}^{(2)}\right)^2 \right] e^{2i\beta^{(2)}d}$$

$$+ Z_{L,T}^{(1)}Z_{L,T}^{(2)} - Z_{L,T}^{(1)}Z_{L,T}^{(3)} + Z_{L,T}^{(2)}Z_{L,T}^{(3)} - \left(Z_{L,T}^{(2)}\right)^2 \tag{4.113}$$

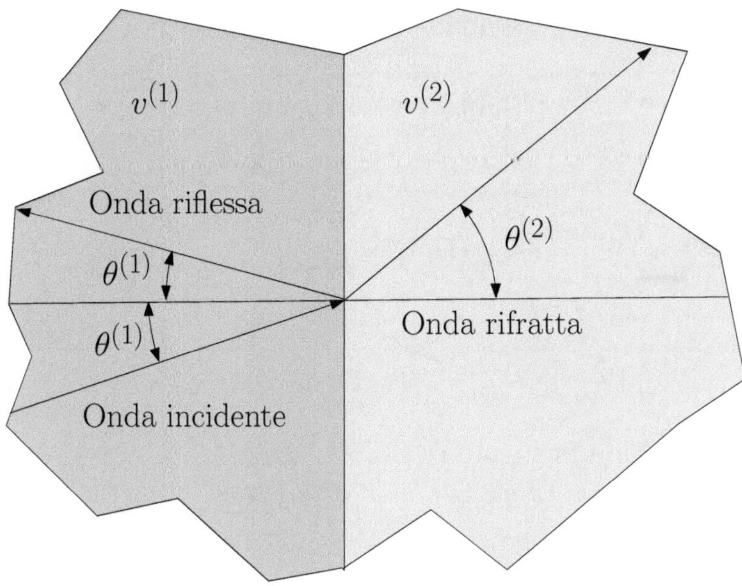

Fig. 4.4. Leggi di riflessione e rifrazione per un'onda elettromagnetica tra due mezzi normali.

Queste relazioni sono utili per definire le proprietà ottimali del gel e per ottenere l'accoppiamento voluto tra l'onda incidente e le onde riflessa e trasmessa.

4.7.3 Incidenza obliqua

Consideriamo, ora, il caso di incidenza obliqua. Ricordiamo le leggi di riflessione e rifrazione per un'onda elettromagnetica, con riferimento alla Fig. 4.4 dove è rappresentata la situazione tipica [31, 36]:

- l'angolo di incidenza e angolo di riflessione sono sempre uguali fra loro
- la legge di Snell permette di ricavare l'angolo di rifrazione tramite la relazione $v^{(1)} \sin(\theta^{(2)}) = v^{(2)} \sin(\theta^{(1)})$ dove $v^{(1)}$ e $v^{(2)}$ sono le velocità di propagazione nei due mezzi

La situazione per le onde elastiche è più complessa (si veda la Fig. 4.5): consideriamo come esempio paradigmatico un'interfaccia liquido-solido. Supponiamo che il fluido sia ideale: l'onda incidente sarà solo longitudinale, ossia le particelle si muovono parallelamente alla direzione di propagazione. L'onda rimane longitudinale anche quando riflessa. Al contrario, una particella nella parte solida assume un moto più complesso. Si avrà, infatti, un modo longitudinale ed uno trasversale.

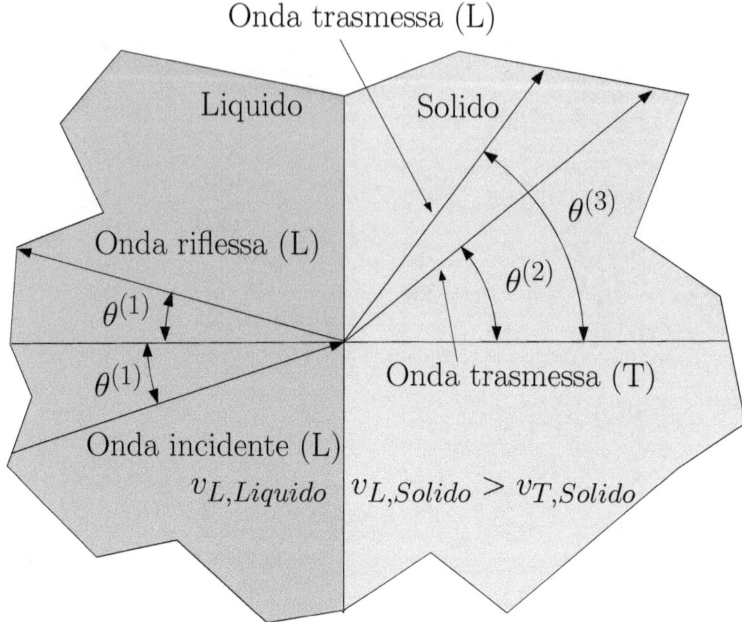

Fig. 4.5. Interfaccia liquido-solido con conversione modale di un'onda elastica longitudinale.

Dalla legge di Snell, che continua a valere, abbiamo $v_{L,Liquido}\sin(\theta^{(2)}) = v_{T,Solido}\sin(\theta^{(1)})$ e $v_{L,Liquido}\sin(\theta^{(3)}) = v_{L,Solido}\sin(\theta^{(1)})$. Poiché $v_{L,Solido} > v_{T,Solido}$ vale sempre la relazione $\theta^{(3)} > \theta^{(2)}$. Il fenomeno per cui da un'onda di tipo longitudinale può nascere un'onda di tipo trasversale (e viceversa) si chiama *conversione modale* [21].

Citiamo, infine, il caso ancora più complesso tra due mezzi elastici solidi: se un'onda longitudinale è incidente in modo obliquo si generano due onde riflesse (una longitudinale ed una trasversale) e due onde trasmesse (una longitudinale ed una trasversale). La situazione è analoga nel caso in cui l'onda incidente sia trasversale. L'analisi matematica di queste situazioni più complicate è lasciata a testi specialistici sull'argomento. Ricordiamo, inoltre, che esistono almeno altri due tipi di onde elastiche particolarmente importanti in certe applicazioni: sono note con i nomi di *onde di Rayleigh* (onde superficiali in un mezzo solido, descrivono il tipo di onda più distruttiva in un terremoto, si vedano gli esercizi 4.5 e 4.6) e *onde di Love* (onde che si propagano in mezzi stratificati, anch'esse utili in sismologia) [38, 28, 21].

4.8 Viscoelasticità

Sino a questo punto abbiamo considerato una relazione costitutiva elastica tra tensore degli sforzi e tensore delle deformazioni completamente indipendente dalle velocità e, quindi, dal tempo. Questo è vero se la velocità delle particelle è estremamente piccola. Tuttavia, quando la velocità finita delle particelle diventa rilevante, subentrano processi dissipativi che *trasformano parte dell'energia meccanica in calore* (questo fenomeno è chiamato *viscosità*) [26]. Questi effetti diventano particolarmente evidenti nei fenomeni di propagazione ondosa dove le velocità delle particelle possono essere effettivamente grandi. E', dunque, opportuno per motivi di completezza sviluppare (almeno a livello elementare) alcuni *concetti base di viscoelasticità* per un mezzo normale (lineare, omogeneo ed isotropo).

Nelle Sezioni precedenti abbiamo visto che la relazione costitutiva può essere posta nella forma seguente

$$\hat{T} = 2\mu \left[\hat{\epsilon} - \frac{1}{3}\hat{I}\mathrm{Tr}(\hat{\epsilon}) \right] + K \left[\hat{I}\mathrm{Tr}(\hat{\epsilon}) \right]$$

Adesso introduciamo il *primo e secondo coefficiente di viscosità* η e ζ che mettono in relazione il tensore degli sforzi con la derivata temporale del tensore delle deformazioni. La relazione completa viscoelastica si scrive quindi nella forma

$$\hat{T} = 2\mu \left[\hat{\epsilon} - \frac{1}{3}\hat{I}\mathrm{Tr}(\hat{\epsilon}) \right] + K \left[\hat{I}\mathrm{Tr}(\hat{\epsilon}) \right]$$
$$+2\eta \left[\frac{\partial \hat{\epsilon}}{\partial t} - \frac{1}{3}\hat{I}\mathrm{Tr}(\frac{\partial \hat{\epsilon}}{\partial t}) \right] + \zeta \left[\hat{I}\mathrm{Tr}(\frac{\partial \hat{\epsilon}}{\partial t}) \right] \qquad (4.114)$$

Sottolineiamo che questa relazione è assolutamente analoga a quella del tensore viscoso degli sforzi nella teoria dei fluidi viscosi. Possiamo dire che il coefficiente di viscosità η è la controparte dinamica del modulo di taglio μ, mentre il coefficiente di viscosità ζ è la controparte dinamica del modulo di compressibilità K. Da un punto di vista fenomenologico, abbiamo scritto che un aumento delle velocità delle particelle corrisponde ad un aumento degli sforzi interni nel mezzo. La forma precedente è quella che assicura l'isotropia sia della parte statica, sia della parte dinamica.

Qui ci limitiamo a studiare le conseguenze di questa relazione costitutiva viscoelastica, sulla propagazione di onde meccaniche/acustiche. Passando alle componenti (e ricordando che $K = \lambda + 2\mu/3$) si può scrivere

$$T_{ij} = 2\mu\epsilon_{ij} + \lambda\epsilon_{kk}\delta_{ij} + 2\eta\frac{\partial \epsilon_{ij}}{\partial t} + \left(\zeta - \frac{2}{3}\eta \right) \frac{\partial \epsilon_{kk}}{\partial t}\delta_{ij} \qquad (4.115)$$

Passando poi alla notazione fasoriale si ha

$$\dot{T}_{ij} = 2\mu\dot{\epsilon}_{ij} + \lambda\dot{\epsilon}_{kk}\delta_{ij} + 2i\omega\eta\dot{\epsilon}_{ij} + i\omega \left(\zeta - \frac{2}{3}\eta \right) \dot{\epsilon}_{kk}\delta_{ij} \qquad (4.116)$$

cioè

$$\boxed{\dot{T}_{ij} = 2\left[\mu + i\omega\eta\right]\dot{\epsilon}_{ij} + \left[\lambda + i\omega\left(\zeta - \tfrac{2}{3}\eta\right)\right]\dot{\epsilon}_{kk}\delta_{ij}}$$ (4.117)

Lo studio della propagazione ondosa nei mezzi viscoelastici può essere condotta mediante i risultati dei paragrafi precedenti, sostituendo in maniera opportuna μ con $\dot{\mu} = \mu + i\omega\eta$ e λ con $\dot{\lambda} = \lambda + i\omega\left(\zeta - \tfrac{2}{3}\eta\right)$. Tale metodo di sostituzione rappresenta una tecnica estremamente potente per poter mantenere validi tutti i risultati delle precedenti Sezioni e generalizzarli al caso viscoelastico con un semplice cambiamento di parametri. Questa metodologia è assai diffusa in differenti rami della fisica ed è, per esempio, molto utilizzata in ottica ed elettromagnetismo per studiare la propagazione delle onde elettromagnetiche in mezzi conduttori di corrente elettrica (dove la conduzione genera processi dissipativi simili alla viscosità nel nostro contesto meccanico). Questo metodo, comunque, implica che i moduli elastici diventino numeri complessi. Per esempio, la costante di propagazione diventa (nel caso longitudinale)

$$\begin{aligned}
\beta_L &= \omega\sqrt{\frac{\rho}{\dot{\lambda} + 2\dot{\mu}}} \\
&= \omega\sqrt{\frac{\rho}{\lambda + i\omega\left(\zeta - \tfrac{2}{3}\eta\right) + 2\mu + 2i\omega\eta}} \\
&= \omega\sqrt{\frac{\rho}{\lambda + 2\mu + i\omega\left(\zeta + \tfrac{4}{3}\eta\right)}}
\end{aligned}$$ (4.118)

e

$$\beta_T = \omega\sqrt{\frac{\rho}{\dot{\mu}}} = \omega\sqrt{\frac{\rho}{\mu + i\omega\eta}}$$ (4.119)

in quello trasversale. Le stesse sostituzioni formali possono essere chiaramente svolte per le impedenze acustiche. L'impedenza acustica longitudinale viscoelastica diventa

$$Z_L = \sqrt{(\dot{\lambda} + 2\dot{\mu})\rho} = \sqrt{\left[\lambda + 2\mu + i\omega\left(\zeta + \frac{4}{3}\eta\right)\right]\rho}$$ (4.120)

mentre quella trasversale è

$$Z_T = \sqrt{\dot{\mu}\rho} = \sqrt{(\mu + i\omega\eta)\rho}$$ (4.121)

Un'onda piana progressiva in un mezzo viscoelastico è descritta dal sistema

$$\dot{P} = \dot{M}e^{-i\beta_{L,T}x_3}$$ (4.122)

$$\dot{V} = \frac{\dot{M}}{Z_{L,T}}e^{-i\beta_{L,T}x_3}$$ (4.123)

Si può verificare semplicemente che $\beta_{L,T}$ va considerato come un numero complesso con parte reale positiva e parte immaginaria negativa: $\beta_{L,T} = \beta_R - i\beta_I$ con $\beta_R > 0$ e $\beta_I > 0$. Allora, tornando alle grandezze originali (nello spazio e nel tempo), si può scrivere

$$
\begin{aligned}
P(x_3,t) &= \Re\left\{\dot{P}e^{i\omega t}\right\} \\
&= \Re\left\{\dot{M}e^{-i\beta_{L,T}x_3}e^{i\omega t}\right\} \\
&= \Re\left\{\dot{M}e^{-i(\beta_R - i\beta_I)x_3}e^{i\omega t}\right\} \\
&= e^{-\beta_I x_3}\Re\left\{\dot{M}e^{i(\omega t - \beta_R x_3)}\right\} \\
&= e^{-\beta_I x_3}\left\{(\Re e\dot{M})\cos(\omega t - \beta_R x_3)\right. \\
&\qquad \left. - (\Im m\dot{M})\sin(\omega t - \beta_R x_3)\right\}
\end{aligned}
\tag{4.124}
$$

L'ultima relazione trovata è di grande importanza fisica perché mostra la comparsa di un termine esponenziale negativo che esprime correttamente il decremento energetico: *il moto veloce delle particelle dissipa energia sotto forma di calore e l'ampiezza dell'onda decresce con la lunghezza di penetrazione.* La soluzione in termini di velocità istantanea è simile

$$
\begin{aligned}
V(x_3,t) &= \Re\left\{\dot{V}e^{i\omega t}\right\} \\
&= e^{-\beta_I x_3}\left\{(\Re e\frac{\dot{M}}{Z_{L,T}})\cos(\omega t - \beta_R x_3)\right. \\
&\qquad \left. - (\Im m\frac{\dot{M}}{Z_{L,T}})\sin(\omega t - \beta_R x_3)\right\}
\end{aligned}
\tag{4.125}
$$

Anche in questo caso è evidente il termine dissipativo. Si noti, inoltre, che la velocità di propagazione è data da

$$
v_{L,T} = \frac{\omega}{\beta_R}
\tag{4.126}
$$

mentre si definisce la *profondità di penetrazione* (detta anche costante di spazio) come

$$
d_{L,T} = \frac{1}{\beta_I}
\tag{4.127}
$$

il cui significato fisico è il seguente: quando un'onda elastica penetra in un materiale viscoelastico i suoi effetti si decrementano esponenzialmente, tramite una costante pari alla *profondità di penetrazione* (in pratica, spesso si assume che a distanza dalla superficie del mezzo dell'ordine di $\sim 10\,d_{L,T}$ gli effetti dell'onda siano nulli).

Osserviamo, infine, che le parti reale ed immaginaria della costante di propagazione hanno un immediato significato fisico: la sua parte reale è direttamente connessa con la velocità di propagazione dell'onda tramite l'Eq. (4.126) e la sua parte immaginaria determina la profondità di penetrazione tramite l'Eq. (4.127).

Al fine di calcolare esplicitamente le parti reale ed immaginaria del coefficiente di propagazione $\beta_{L,T}$ (si vedano le Eq. (4.118) e (4.119)) bisogna calcolare la radice quadrata di un numero complesso. Non riportiamo tutti i calcoli necessari, ma ricordiamo che alcune semplici formule consentono di ottenere i risultati utili nelle applicazioni pratiche[2]. L'applicazione di queste relazioni generali alla determinazione delle parti reale e immaginaria della costante di propagazione viene lasciata al lettore come esercizio.

Il calcolo delle parti reale ed immaginaria di $\beta_{L,T}$ diventa molto semplice e molto importante nel caso di *mezzo fortemente viscoso per la propagazione longitudinale*. Ciò equivale a considerare frequenze di oscillazione dell'onda elastica tali per cui $\lambda + 2\mu \ll \omega\left(\zeta + \frac{4}{3}\eta\right)$. Analogamente, un mezzo si dice *fortemente viscoso per la propagazione trasversale* se le frequenze sono tali da soddisfare la relazione $\mu \ll \omega\eta$. Allora le Eq. (4.118) e (4.119) si semplificano come segue

$$\beta_L = \omega\sqrt{\frac{\rho}{i\omega\left(\zeta + \frac{4}{3}\eta\right)}} = \sqrt{-i}\sqrt{\frac{\rho\omega}{\zeta + \frac{4}{3}\eta}} \tag{4.128}$$

$$\beta_T = \omega\sqrt{\frac{\rho}{i\omega\eta}} = \sqrt{-i}\sqrt{\frac{\omega\rho}{\eta}} \tag{4.129}$$

E' ben noto che $\sqrt{-i}$ ha le due soluzioni $\sqrt{2}/2 - i\sqrt{2}/2$ e $-\sqrt{2}/2 + i\sqrt{2}/2$. La soluzione che fornisce il corretto senso fisico (che comporta cioè il decremento dell'energia lungo la direzione di propagazione dovuto alla dissipazione viscosa) è la prima. Ponendo dunque $\sqrt{-i} = \sqrt{2}/2 - i\sqrt{2}/2$ si ricava

---

[2] Se poniamo $\sqrt{a + ib} = x + iy$ con $a > 0$ e $b > 0$ si ha (avendo scelto la soluzione utile alle nostre finalità fisiche)

$$x = \sqrt{\frac{\sqrt{a^2 + b^2} + a}{2}}$$

$$y = \sqrt{\frac{\sqrt{a^2 + b^2} - a}{2}}$$

Se invece $a > 0$ e $b < 0$ si ha

$$x = \sqrt{\frac{\sqrt{a^2 + b^2} + a}{2}}$$

$$y = -\sqrt{\frac{\sqrt{a^2 + b^2} - a}{2}}$$

Tabella 4.2. Viscosità η di alcuni materiali.

Materiale	η (Pa·s)
Mantello terrestre	$10^{\cdot\,\cdot}$
Asfalto	$10^{\cdot}$
Polimero fuso	$10^{\cdot}$
Melassa	$10^{\cdot}$
Miele liquido	10
Glicerolo	1
Olio di Oliva	$10^{-\cdot}$
Acqua	$10^{-\cdot}$
Aria	$10^{-\cdot}$

$$\beta_L = \sqrt{-i}\sqrt{\frac{\rho\omega}{\zeta + \frac{4}{3}\eta}} = \frac{1}{2}\sqrt{\frac{2\rho\omega}{\zeta + \frac{4}{3}\eta}}(1 - i) \tag{4.130}$$

$$\beta_T = \sqrt{-i}\sqrt{\frac{\omega\rho}{\eta}} = \frac{1}{2}\sqrt{\frac{2\omega\rho}{\eta}}(1 - i) \tag{4.131}$$

Da queste relazioni si possono ottenere le velocità di propagazione e le profondità di penetrazione sia nel caso longitudinale che trasversale

$$v_L = \sqrt{\frac{2\omega\left(\zeta + \frac{4}{3}\eta\right)}{\rho}} \tag{4.132}$$

$$d_L = \sqrt{\frac{2\left(\zeta + \frac{4}{3}\eta\right)}{\omega\rho}} \tag{4.133}$$

$$v_T = \sqrt{\frac{2\omega\eta}{\rho}} \tag{4.134}$$

$$d_T = \sqrt{\frac{2\eta}{\omega\rho}} \tag{4.135}$$

Si noti come tali parametri fondamentali per la propagazione ondosa dipendano fortemente dalla prima e seconda viscosità e, invece, come abbiano perso completamente importanza i moduli di elasticità. Si noti inoltre come le profondità di penetrazione siano inversamente proporzionali alla radice quadrata della frequenza [26].

In Tabella 4.2 sono riportati alcuni valori della viscosità (di taglio) di alcuni materiali (l'altro coefficiente di viscosità è spesso trascurabile). Alcune volte l'unità di misura (Pa·s) nel Sistema Internazionale è indicata con il nome Poiseuille e, quindi, si scrive che 1 (Pa·s)= 1 Poiseuille. Sono molto usate in questo contesto le vecchie unità del Sistema cgs (dyne·s/cm^2) che vengono chiamate Poise (simbolo P). Attualmente, nell'industria si usa molto il sottomultiplo centa-Poise (1/100 di Poise=cP) perché l'acqua ha la viscosità pari a 1.002 cP che è molto vicina ad uno. Le conversioni seguenti possono essere utili: 1 Poiseuille $= 1$ N·s/m^2 $= 1$(Pa·s)$=10$ P $= 1000$ cP. Il nome Poiseuille e l'abbreviazione Poise derivano dal grande fisico francese Jean Louis Poiseuille (1799 - 1869).

4.9 Esercizi del Capitolo 4

Esercizio 4.1. Un materiale elastico occupa la regione $0 < x_3 < H$. Il piano $x_3 = H$ è tenuto fisso ed il piano $x_3 = 0$ è in moto come segue: $u_1 = \epsilon \cos(\omega t)$, $u_2 = 0$ e $u_3 = \epsilon \sin(\omega t)$. Assumendo il moto ovunque descritto dalle relazioni $u_1 = f(x_3) \cos(\omega t)$, $u_2 = 0$ e $u_3 = g(x_3) \sin(\omega t)$ mostrare che f e g soddisfano $f'' + \left(\frac{\omega}{v_T}\right)^2 f = 0$ e $g'' + \left(\frac{\omega}{v_L}\right)^2 g = 0$ e trovare le soluzioni complete.

Soluzione 4.1. Assumendo il moto ovunque descritto dalle relazioni $u_1 = f(x_3) \cos(\omega t)$, $u_2 = 0$ e $u_3 = g(x_3) \sin(\omega t)$, le equazioni dinamiche dell'elasticità si riducono necessariamente alle seguenti

$$\mu \frac{\partial^2 u_1}{\partial x_3^2} = \rho \frac{\partial^2 u_1}{\partial t^2}$$

$$(\lambda + 2\mu) \frac{\partial^2 u_3}{\partial x_3^2} = \rho \frac{\partial^2 u_3}{\partial t^2}$$

Sostituendo $u_1 = f(x_3) \cos(\omega t)$, $u_2 = 0$ e $u_3 = g(x_3) \sin(\omega t)$ nelle precedenti equazioni è immediato ottenere che

$$f'' + \left(\frac{\omega}{v_T}\right)^2 f = 0$$

$$g'' + \left(\frac{\omega}{v_L}\right)^2 g = 0$$

dove f'' e g'' sono le derivate seconde rispetto a x_3 delle funzioni indicate. Le soluzioni delle precedenti equazioni si scrivono nella forma

$$f(x_3) = a \cos\left(\frac{\omega}{v_T} z\right) + b \sin\left(\frac{\omega}{v_T} z\right)$$

$$g(x_3) = c \cos\left(\frac{\omega}{v_L} z\right) + d \sin\left(\frac{\omega}{v_L} z\right)$$

e, imponendo le condizioni al contorno, si trovano le seguenti soluzioni finali

$$u_1 = \epsilon \cos(\omega t) \frac{\sin\left[\frac{\omega}{v_T}(H - z)\right]}{\sin\left(\frac{\omega}{v_T} H\right)}$$

$$u_3 = \epsilon \sin(\omega t) \frac{\sin\left[\frac{\omega}{v_L}(H - z)\right]}{\sin\left(\frac{\omega}{v_L} H\right)}$$

Esercizio 4.2. (*Teorema di decomposizione di Helmholtz o Clebsh*). Dimostrare che un campo vettoriale $\mathbf{b}(\mathbf{r})$ può essere sempre espresso come somma di un campo vettoriale irrotazionale $\boldsymbol{\nabla}\phi$ e di un campo vettoriale solenoidale $\boldsymbol{\nabla}\times\mathbf{v}$ (esistono cioè sempre ϕ e $\mathbf{v}$ tali che $\mathbf{b}(\mathbf{r})=\boldsymbol{\nabla}\phi+\boldsymbol{\nabla}\times\mathbf{v}$).

Soluzione 4.2. Per cominciare si pone $\mathbf{b}(\mathbf{r})=\boldsymbol{\nabla}\phi+\mathbf{a}$ dove ϕ è dato dall'equazione di Poisson $\nabla^2\phi=\boldsymbol{\nabla}\cdot\mathbf{b}$. Tale equazione di Poisson ha almeno una soluzione, sotto opportune ipotesi di regolarità delle funzioni utilizzate. Il termine $\boldsymbol{\nabla}\phi$ è certamente irrotazionale perché il rotore del gradiente di una funzione scalare è sempre nullo. Dobbiamo, quindi, verificare che il secondo termine $\mathbf{a}$ risulti solenoidale. A tal fine ne calcoliamo la divergenza ottenendo $\boldsymbol{\nabla}\cdot\mathbf{a}=\boldsymbol{\nabla}\cdot(\mathbf{b}-\boldsymbol{\nabla}\phi)=\boldsymbol{\nabla}\cdot\mathbf{b}-\nabla^2\phi=0$ per le ipotese fatte poco sopra. Questo completa la dimostrazione della decomposizione.

Si noti che l'equazione di Poisson $\nabla^2\phi=\boldsymbol{\nabla}\cdot\mathbf{b}$ ha almeno una soluzione, ma essa non è unica. Infatti, la funzione ϕ è certamente definita a meno di una funzione armonica ϕ_0 ($\nabla^2\phi_0=0$); in altre parole, se ϕ soddisfa l'equazione di Poisson $\nabla^2\phi=\boldsymbol{\nabla}\cdot\mathbf{b}$, allora $\phi+\phi_0$ la soddisfa anch'essa, purché: $\nabla^2\phi_0=0$. Quindi, il campo irrotazionale diventa $\boldsymbol{\nabla}(\phi+\phi_0)$ mentre il campo $\mathbf{a}$ (quello solenoidale) diventa $\mathbf{b}(\mathbf{r})-\boldsymbol{\nabla}(\phi+\phi_0)$. Si può dire che abbiamo aggiunto al campo irrotazionale (e tolto a quello solenoidale) la quantità $\boldsymbol{\nabla}\phi_0$. Questa quantità rappresenta un campo contemporaneamente solenoidale ed irrotazionale. In fisica vi sono moltissimi casi in cui compaiono campi con tali proprietà; per citare almeno un esempio si pensi ad un campo elettrostatico $\mathbf{E}$ in una zona priva di carica per il quale: $\boldsymbol{\nabla}\cdot\mathbf{E}=0$ e $\boldsymbol{\nabla}\times\mathbf{E}=0$. La decomposizione di Helmholtz è quindi definita a meno di un campo sia solenoidale che irrotazionale.

Esercizio 4.3. Cercare una soluzione completa dell'equazione delle onde elastiche $(\lambda+\mu)\boldsymbol{\nabla}\times(\boldsymbol{\nabla}\times\mathbf{u})+(\lambda+2\mu)\nabla^2\mathbf{u}+\mathbf{b}=\rho\frac{\partial^2\mathbf{u}}{\partial t^2}$ utilizzando il teorema dell'esercizio 4.2, sia per il campo vettoriale delle forze di volume $\mathbf{b}$, sia per il campo incognito degli spostamenti $\mathbf{u}$. Verificare che il problema viene ricondotto ad equazioni di D'Alembert.

Soluzione 4.3. Si considerino le decomposizioni seguenti

$$\mathbf{b}(\mathbf{r})=\boldsymbol{\nabla}\phi+\boldsymbol{\nabla}\times\mathbf{v}$$
$$\mathbf{u}(\mathbf{r})=\boldsymbol{\nabla}\psi+\boldsymbol{\nabla}\times\mathbf{w}$$

e si sviluppi l'equazione del moto nel seguente modo

$$\rho\frac{\partial^2\mathbf{u}}{\partial t^2}=(\lambda+\mu)\boldsymbol{\nabla}\times(\boldsymbol{\nabla}\times\mathbf{u})+(\lambda+2\mu)\nabla^2\mathbf{u}+\mathbf{b}$$

$$\rho\frac{\partial^2(\boldsymbol{\nabla}\psi+\boldsymbol{\nabla}\times\mathbf{w})}{\partial t^2}=(\lambda+\mu)\boldsymbol{\nabla}\times(\boldsymbol{\nabla}\times(\boldsymbol{\nabla}\psi+\boldsymbol{\nabla}\times\mathbf{w}))$$
$$+(\lambda+2\mu)\nabla^2(\boldsymbol{\nabla}\psi+\boldsymbol{\nabla}\times\mathbf{w})+\boldsymbol{\nabla}\phi+\boldsymbol{\nabla}\times\mathbf{v}$$

Adesso si osservi che $\boldsymbol{\nabla} \times \boldsymbol{\nabla}\psi = 0$, $\boldsymbol{\nabla}^2(\boldsymbol{\nabla}\psi) = \boldsymbol{\nabla}(\nabla^2\psi)$ e $\boldsymbol{\nabla}^2(\boldsymbol{\nabla} \times \mathbf{w}) = \boldsymbol{\nabla} \times (\boldsymbol{\nabla}^2\mathbf{w})$ e, quindi, si ha

$$\rho\boldsymbol{\nabla}\frac{\partial^2\psi}{\partial t^2} + \rho\boldsymbol{\nabla} \times \frac{\partial^2\mathbf{w}}{\partial t^2} = (\lambda + \mu)\,\boldsymbol{\nabla} \times (\boldsymbol{\nabla} \times (\boldsymbol{\nabla} \times \mathbf{w}))$$
$$+ (\lambda + 2\mu)\left(\boldsymbol{\nabla}(\nabla^2\psi) + \boldsymbol{\nabla} \times (\boldsymbol{\nabla}^2\mathbf{w})\right)$$
$$+ \boldsymbol{\nabla}\phi + \boldsymbol{\nabla} \times \mathbf{v}$$

Ricordiamo che vale anche la proprietà $\boldsymbol{\nabla} \times (\boldsymbol{\nabla} \times \mathbf{w}) = \boldsymbol{\nabla}(\boldsymbol{\nabla} \cdot \mathbf{w}) - \nabla^2\mathbf{w}$ e che il rotore del gradiente è nullo; ne segue che

$$\rho\boldsymbol{\nabla}\frac{\partial^2\psi}{\partial t^2} + \rho\boldsymbol{\nabla} \times \frac{\partial^2\mathbf{w}}{\partial t^2} = -(\lambda + \mu)\,\boldsymbol{\nabla} \times (\boldsymbol{\nabla}^2\mathbf{w})$$
$$+ (\lambda + 2\mu)\left(\boldsymbol{\nabla}(\nabla^2\psi) + \boldsymbol{\nabla} \times (\boldsymbol{\nabla}^2\mathbf{w})\right)$$
$$+ \boldsymbol{\nabla}\phi + \boldsymbol{\nabla} \times \mathbf{v}$$

La precedente equazione si può riordinare come segue

$$\boldsymbol{\nabla}\left[(\lambda + 2\mu)\nabla^2\psi - \rho\frac{\partial^2\psi}{\partial t^2} + \phi\right] + \boldsymbol{\nabla} \times \left[\mu\boldsymbol{\nabla}^2\mathbf{w} - \rho\frac{\partial^2\mathbf{w}}{\partial t^2} + \mathbf{v}\right] = 0$$

da cui, infine, si ricavano le due equazioni di D'Alembert per ψ e $\mathbf{w}$

$$\nabla^2\psi - \frac{\rho}{\lambda + 2\mu}\frac{\partial^2\psi}{\partial t^2} = -\frac{1}{\lambda + 2\mu}\phi$$
$$\boldsymbol{\nabla}^2\mathbf{w} - \frac{\rho}{\mu}\frac{\partial^2\mathbf{w}}{\partial t^2} = -\frac{1}{\mu}\mathbf{v}$$

Le onde legate alla soluzione ψ si chiamano *onde di condensazione* e sono la controparte generica tridimensionale delle onde longitudinali; le onde legate alla soluzione $\mathbf{w}$ si chiamano *onde di distorsione* e sono la controparte generica tridimensionale delle onde trasversali. Ricordando che la generica equazione di D'Alembert con una funzione di sorgente $g(\mathbf{r}, t)$

$$\nabla^2 f - \frac{1}{v^2}\frac{\partial^2 f}{\partial t^2} = g$$

è risolta dalla cosiddetta formula dei potenziali ritardati (si veda l'esercizio 6.3)

$$g(\mathbf{r}, t) = -\frac{1}{4\pi}\int\int\int_{\Re^3}\frac{g\left(\mathbf{p}, t - \frac{|\mathbf{r}-\mathbf{p}|}{v}\right)}{|\mathbf{r} - \mathbf{p}|}\mathrm{d}\mathbf{p}$$

si trovano le soluzioni complete [36, 39]

$$\psi(\mathbf{r}, t) = \frac{1}{4\pi(\lambda + 2\mu)} \int \int \int_{\Re^3} \frac{\phi\left(\mathbf{p}, t - \sqrt{\frac{\rho}{\lambda+2\mu}}|\mathbf{r} - \mathbf{p}|\right)}{|\mathbf{r} - \mathbf{p}|} d\mathbf{p}$$

$$\mathbf{w}(\mathbf{r}, t) = \frac{1}{4\pi\mu} \int \int \int_{\Re^3} \frac{\mathbf{v}\left(\mathbf{p}, t - \sqrt{\frac{\rho}{\mu}}|\mathbf{r} - \mathbf{p}|\right)}{|\mathbf{r} - \mathbf{p}|} d\mathbf{p}$$

dove è facile riconoscere le velocità delle componenti longitudinale (di condensazione) e trasversale (di distorsione).

Esercizio 4.4. Scrivere l'equazione generale delle onde elastiche per un mezzo anisotropo (cristallo) senza forze di volume e cercare le soluzioni tipo onda piana nella forma $u_i = u_{i0} \exp\left[i\omega\left(t - \frac{\mathbf{n}\cdot\mathbf{r}}{v}\right)\right]$ dove: $\mathbf{n}$ rappresenta la direzione data di propagazione dell'onda, ω la pulsazione angolare data e v la velocità dell'onda incognita.

Soluzione 4.4. Si parta dalle relazioni fondamentali della meccanica $\frac{\partial T_{ij}}{\partial x_i} + b_j = \rho\frac{\partial^2 u_j}{\partial t^2}$ dove si consideri $b_j = 0$. Poi si ricordi l'equazione costitutiva generica $T_{ij} = \mathcal{C}_{ijkh}\epsilon_{kh}$, ottenendo $\frac{\partial \mathcal{C}_{ijkh}\epsilon_{kh}}{\partial x_i} = \rho\frac{\partial^2 u_j}{\partial t^2}$ ovvero $\mathcal{C}_{ijkh}\frac{\partial \epsilon_{kh}}{\partial x_i} = \rho\frac{\partial^2 u_j}{\partial t^2}$. Si utilizzi quindi la relazione di congruenza $\epsilon_{ij} = \frac{1}{2}\left(\frac{\partial u_i}{\partial x_j} + \frac{\partial u_j}{\partial x_i}\right)$ giungendo alla relazione

$$\mathcal{C}_{ijkh}\frac{\partial}{\partial x_i}\left[\frac{1}{2}\left(\frac{\partial u_k}{\partial x_h} + \frac{\partial u_h}{\partial x_k}\right)\right] = \rho\frac{\partial^2 u_j}{\partial t^2}$$

Per la simmetria di $\mathcal{C}_{ijkh}$ rispetto agli indici k e h si ottiene facilmente

$$\mathcal{C}_{ijkh}\frac{\partial}{\partial x_i}\frac{\partial u_k}{\partial x_h} = \rho\frac{\partial^2 u_j}{\partial t^2}$$

Sostituendo la forma dell'onda piana negli operatori differenziali si ottiene

$$\frac{\partial}{\partial x_i}\frac{\partial}{\partial x_h}u_{k0}\exp\left[i\omega\left(t - \frac{n_q x_q}{v}\right)\right] = -\frac{\omega^2}{v^2}n_h n_i u_k$$

Poiché, inoltre, vale che

$$\frac{\partial^2}{\partial t^2}u_{j0}\exp\left[i\omega\left(t - \frac{n_q x_q}{v}\right)\right] = -\omega^2 u_j$$

si ricava la seguente equazione

$$-\frac{\omega^2}{v^2}\mathcal{C}_{ijkh}n_h n_i u_k = -\rho\omega^2 u_j$$

da cui

$$\mathcal{C}_{ijkh} n_h n_i u_k = \rho v^2 \delta_{jk} u_k$$

ed infine

$$\left[\mathcal{C}_{ijkh} n_h n_i - \rho v^2 \delta_{jk} \right] u_k = 0$$

Questa equazione definisce un sistema omogeneo di primo grado rispetto agli spostamenti u_i. Affinché esistano soluzioni non banali, il determinate del sistema deve essere nullo

$$\det \left[\mathcal{C}_{ijkh} n_h n_i - \rho v^2 \delta_{jk} \right] = 0$$

Questa è un'equazione di terzo grado in v^2 che fornisce i valori ammissibili di velocità dell'onda in funzione della pulsazione angolare e della direzione di propagazione prescelte. In generale, si avranno tre velocità di propagazione distinte per ogni direzione di propagazione. Queste velocità possono coincidere solo per certe direzioni privilegiate. Lasciamo al Lettore la verifica che, considerando un mezzo isotropo, la presente analisi conduce alla velocità longitudinale con molteplicità uno ed alla velocità trasversale con molteplicità due [4, 26, 25].

Esercizio 4.5. (*Onde di Rayleigh*). Si consideri una interfaccia piana tra un materiale solido elastico ed l'aria ($x_3 > 0$ solido, $x_3 < 0$ aria). Si supponga l'esistenza di un'onda monocromatica che si propaga all'interfaccia nella direzione x_1, la cui ampiezza diminuisca all'aumentare della profondità raggiunta nel solido. I corrispondenti fasori avranno, quindi, un andamento del tipo: $\exp(-i\beta x_1) \exp(-\alpha x_3)$. Si determinino i possibili valori di α e β in termini della pulsazione angolare ω e delle costanti del mezzo [38].

Soluzione 4.5. Consideriamo $\mathbf{u} = (u_1, u_2, u_3)$ come il vettore dei fasori dell'onda; ad esso sia imposto l'andamento seguente

$$\begin{aligned}
\mathbf{u} = (u_1, u_2, u_3) &= (a_1, a_2, a_3) \exp(-i\beta x_1) \exp(-\alpha x_3) \\
&= \mathbf{a} \exp(-i\beta x_1) \exp(-\alpha x_3)
\end{aligned}$$

dove $\mathbf{a} = (a_1, a_2, a_3)$ è un vettore costante arbitrario. Derivando si ottengono le relazioni

$$\boldsymbol{\nabla} \cdot \mathbf{u} = -(\alpha a_3 + i\beta a_1) \exp(-i\beta x_1) \exp(-\alpha x_3)$$

$$\frac{\partial}{\partial x_1} \boldsymbol{\nabla} \cdot \mathbf{u} = i\beta (\alpha a_3 + i\beta a_1) \exp(-i\beta x_1) \exp(-\alpha x_3)$$

$$\frac{\partial}{\partial x_2} \boldsymbol{\nabla} \cdot \mathbf{u} = 0$$

$$\frac{\partial}{\partial x_3} \boldsymbol{\nabla} \cdot \mathbf{u} = \alpha (\alpha a_3 + i\beta a_1) \exp(-i\beta x_1) \exp(-\alpha x_3)$$

$$\boldsymbol{\nabla}^2 \mathbf{u} = \left(\alpha^2 - \beta^2 \right) \mathbf{a} \exp(-i\beta x_1) \exp(-\alpha x_3)$$

Esse possono essere sostituite nell'equazione fasoriale dell'elasticità (senza forze volumetriche)

$$\left(v_L^2 - v_T^2\right) \boldsymbol{\nabla} \left(\boldsymbol{\nabla} \cdot \mathbf{u}\right) + v_T^2 \boldsymbol{\nabla}^2 \mathbf{u} + \omega^2 \mathbf{u} = 0$$

ottenendo

$$\left(v_L^2 - v_T^2\right) i\beta \left(\alpha a_3 + i\beta a_1\right) + v_T^2 \left(\alpha^2 - \beta^2\right) a_1 + \omega^2 a_1 = 0$$
$$v_T^2 \left(\alpha^2 - \beta^2\right) a_2 + \omega^2 a_2 = 0$$
$$\left(v_L^2 - v_T^2\right) \alpha \left(\alpha a_3 + i\beta a_1\right) + v_T^2 \left(\alpha^2 - \beta^2\right) a_3 + \omega^2 a_3 = 0$$

Dalla seconda equazione segue che $a_2 = 0$ e, pertanto, le altre due si riscrivono come segue

$$\begin{cases} \left(v_L^2 - v_T^2\right) i\beta\alpha a_3 + \left(v_T^2\alpha^2 - v_L^2\beta^2 + \omega^2\right) a_1 = 0 \\ \left(v_L^2 - v_T^2\right) i\beta\alpha a_1 + \left(v_L^2\alpha^2 - v_T^2\beta^2 + \omega^2\right) a_3 = 0 \end{cases}$$

Da questo sistema di equazioni segue senza difficoltà che esistono due soluzioni per il coefficiente α

$$\alpha^{(1)} = \beta^2 - \frac{\omega^2}{v_L^2}$$

$$\alpha^{(2)} = \beta^2 - \frac{\omega^2}{v_T^2}$$

Sostituendo $\alpha^{(1)}$ nella seconda equazione del sistema si ha $i\alpha^{(1)}a_1 = -\beta a_3$. Analogamente, sostituendo $\alpha^{(2)}$ nella prima equazione si ha $i\alpha^{(2)}a_3 = \beta a_1$. Di conseguenza la soluzione elementare $\mathbf{u} = (a_1, 0, a_3) \exp\left(-i\beta x_1\right) \exp\left(-\alpha x_3\right)$ si duplica nelle due soluzioni

$$\mathbf{u}^{(1)} = \left(i\beta C^{(1)}, 0, \alpha^{(1)} C^{(1)}\right) \exp\left(-i\beta x_1\right) \exp\left(-\alpha^{(1)} x_3\right)$$

$$\mathbf{u}^{(2)} = \left(i\alpha^{(2)} C^{(2)}, 0, \beta C^{(2)}\right) \exp\left(-i\beta x_1\right) \exp\left(-\alpha^{(2)} x_3\right)$$

dove $C^{(1)}$ e $C^{(2)}$ sono costanti arbitrarie. La soluzione generica è data dalla combinazione lineare delle due possibili soluzioni. In componenti possiamo scrivere

$$u_1 = i \left[\beta C^{(1)} \exp\left(-\alpha^{(1)} x_3\right) + \alpha^{(2)} C^{(2)} \exp\left(-\alpha^{(2)} x_3\right)\right] \exp\left(-i\beta x_1\right)$$

$$u_3 = \left[\alpha^{(1)} C^{(1)} \exp\left(-\alpha^{(1)} x_3\right) + \beta C^{(2)} \exp\left(-\alpha^{(2)} x_3\right)\right] \exp\left(-i\beta x_1\right)$$

Gli unici elementi non nulli del tensore degli sforzi sono T_{13} e T_{33}

$$T_{13} = 2\mu\epsilon_{13}$$

$$= -i\mu \left[2\alpha^{(1)}\beta C^{(1)} \exp\left(-\alpha^{(1)} x_3\right) + \left(2\beta^2 - \frac{\omega^2}{v_T^2}\right) C^{(2)} \exp\left(-\alpha^{(2)} x_3\right)\right]$$
$$\times \exp\left(-i\beta x_1\right)$$

$$T_{33} = 2\mu\epsilon_{33} + \lambda\left(\epsilon_{11} + \epsilon_{33}\right)$$
$$= -\mu\left[2\alpha^{(2)}\beta C^{(2)}\exp\left(-\alpha^{(2)}x_3\right) + \left(2\beta^2 - \frac{\omega^2}{v_T^2}\right)C^{(1)}\exp\left(-\alpha^{(1)}x_3\right)\right]$$
$$\times \exp\left(-i\beta x_1\right)$$

Le condizioni al contorno per $x_3 = 0$ sono $T_{13} = 0$ e $T_{33} = 0$ e comportano

$$\begin{cases} 2\alpha^{(1)}\beta C^{(1)} + \left(2\beta^2 - \frac{\omega^2}{v_T^2}\right)C^{(2)} = 0 \\ 2\alpha^{(2)}\beta C^{(2)} + \left(2\beta^2 - \frac{\omega^2}{v_T^2}\right)C^{(1)} = 0 \end{cases}$$

Eliminando $C^{(1)}$ e $C^{(2)}$ dalle precedenti si ha l'equazione fondamentale

$$\boxed{16\beta^4\left(\beta^2 - \frac{\omega^2}{v_L^2}\right)\left(\beta^2 - \frac{\omega^2}{v_T^2}\right) = \left(2\beta^2 - \frac{\omega^2}{v_T^2}\right)^4}$$

In conclusione, dalla precedente equazione si trova β, una volta nota la pulsazione angolare; con tale valore di β si determinano $\alpha^{(1)}$ e $\alpha^{(2)}$; le costanti $C^{(1)}$ e $C^{(2)}$ sono vincolate dal sistema di equazioni sopra ricavato. La soluzione finale è indicata poco sopra nelle formule che forniscono u_1 e u_3.

Esercizio 4.6. (*Onde di Rayleigh in un mezzo di Poisson*). Un mezzo viene detto di Poisson[3] quando il suo coefficiente di Poisson vale $1/4$ [5]. In tali ipotesi determinare le soluzioni dell'equazione di Raileigh descritta nell'esercizio precedente.

Soluzione 4.6. Innanzitutto scriviamo l'equazione di Rayleigh dell'esercizio precedente in una forma più utile per il seguito. Definiamo le quantità

$$p = \frac{\omega^2}{\beta^2 v_T^2} \qquad q = \frac{v_T}{v_L}$$

dove p sarà incognita mentre q è ovviamente nota. L'equazione dell'esercizio precedente fornisce dopo alcuni passaggi elementari, e dividendo ambo i membri per ω^8

$$16\left(1 - pq^2\right)\left(1 - p\right) = \left(2 - p^4\right)$$

Se sviluppiamo tutte le moltiplicazioni indicate arriviamo all'equazione di terzo grado seguente

$$p^3 - 8p^2 + 8p\left(3 - 2q^2\right) - 16\left(1 - q^2\right) = 0$$

Per un mezzo di Posson si ha $\nu = 1/4$, e quindi

---

[3] Da un punto di vista microscopico, un mezzo di Poisson corrisponde al caso di interazioni atomo-atomo di tipo puramente centrale. Questo è, ad esempio, il caso di un cristallo esagonale descritto da un potenziale tipo Lennard-Jones.

$$q = \frac{v_T}{v_L} = \frac{1}{\sqrt{2}}\sqrt{\frac{1-2\nu}{1-\nu}} = \frac{1}{\sqrt{3}}$$

da cui $q^2 = 1/3$. Sostituendo tale valore nell'equazione precedente troviamo

$$3p^3 - 24p^2 + 56p - 32 = 0$$

Si osserva e verifica facilmente che $p = 4$ è una soluzione della precedente e, quindi, con il metodo di Ruffini (o con la divisione tra polinomi) si trova

$$3p^3 - 24p^2 + 56p - 32 = (p-4)\left(3p^2 - 12p + 8\right) = 0$$

Oltre alla soluzione $p = 4$ già nota, questa equazione genera anche le soluzioni $p = 2 \pm \frac{2\sqrt{3}}{3}$, la cui plausibilità fisica va accertata. Dalle relazioni dell'esercizio precedente $\alpha^{(1)} = \beta^2 - \frac{\omega^2}{v_L^2}$ e $\alpha^{(2)} = \beta^2 - \frac{\omega^2}{v_T^2}$ si osserva che devono sempre essere verificate le relazioni

$$\beta^2 - \frac{\omega^2}{v_L^2} > 0 \quad e \quad \beta^2 - \frac{\omega^2}{v_T^2} > 0$$

che assicurano il decremento dell'ampiezza dell'onda con la profondità. Ricordando che $v_L > v_T$ le precedenti sono riassunte nella singola relazione $\beta^2 > \frac{\omega^2}{v_T^2}$ la quale, a sua volta, implica che $p < 1$. Delle tre soluzioni l'unica accettabile è quindi la seguente

$$p = 2 - \frac{2\sqrt{3}}{3}$$

che corrisponde al seguente valore di β

$$\beta = \sqrt{\frac{\omega^2}{v_T^2}\frac{1}{2 - \frac{2\sqrt{3}}{3}}} = \frac{1}{\sqrt{2 - \frac{2\sqrt{3}}{3}}}\frac{\omega}{v_T}$$

Il caso di materiale di Poisson è particolarmente significativo perché le soluzioni del tipo onda di Rayleigh si riescono a scrivere in forma chiusa.

Esercizio 4.7. Dimostrare che un gas ideale, in cui non si trasmettono forze di taglio, è assimilabile, nell'ipotesi di trasformazione adiabatica, ad un mezzo elastico avente $\mu = 0$ e $\lambda = P_0\frac{C_p}{C_v}$ dove P_0 è la pressione d'equilibrio del gas. Si ricavi, infine, la velocità di un'onda piana longitudinale che si propaga nel gas nelle ipotesi sopra considerate: $v_L = \sqrt{\frac{P_0}{\rho}\frac{C_p}{C_v}}$.

Soluzione 4.7. L'assenza di trasmissione di forze di taglio comporta subito $\mu = 0$ per la definizione stessa del modulo di scorrimento. Quando si propaga un'onda longitudinale in un gas, le velocità del moto delle particelle sono tali da rendere trascurabili le trasmissioni di calore tra le particelle stesse e, quindi, si assume che la trasformazione subta da ciascuna particella del gas sia quasi statica ed adiabatica. Dalla termodinamica elementare sappiamo che una trasformazione adiabatica è descritta dalla legge $PV^{\frac{C_p}{C_v}} = \text{costante}$ dove P è la pressione e V è il volume di una certa regione contenente il gas.

Considerando ora un'onda piana, dalla relazione costitutiva generica $T_{ij} = 2\mu\epsilon_{ij} + \lambda\epsilon_{kk}\delta_{ij}$ con $\mu = 0$, otteniamo subito: $T_{33} = \lambda\epsilon_{33}$ lungo la direzione di propagazione dell'onda. Dunque, dobbiamo trovare il coefficiente di Lamé $\lambda = \frac{T_{33}}{\epsilon_{33}}$ che descriva correttamente le compressioni e rarefazioni del gas. Supponiamo che il gas all'equilibrio (ove non vi sia la propagazione ondosa) sia caratterizzato da un pressione P_0. La legge della trasformazione adiabatica si scrive allora nella forma

$$PV^{\frac{C_p}{C_v}} = P_0 V_0^{\frac{C_p}{C_v}}$$

dove P_0 e V_0 siano pressione e volume della regione all'equilibrio compresa tra $x_3 = 0$ ed $x_3 = L$ e P e V siano pressione e volume della regione compresa tra $x_3 = 0$ ed $x_3 = L + \Delta x_3$, dopo una piccola espansione. Osserviamo poi che la variazione di pressione rispetto al valore d'equilibrio rappresenta proprio lo sforzo elastico nella direzione di propagazione dell'onda

$$T_{33} = P - P_0$$

Inoltre, la variazione relativa di volume tra le regioni di riferimento e deformata rappresenta proprio la deformazione elastica

$$\epsilon_{33} = \frac{(L + \Delta x_3) - L}{L} = \frac{V - V_0}{V_0}$$

A questo punto, possiamo determinare il parametro λ come

$$\lambda = \frac{P - P_0}{\frac{V - V_0}{V_0}} = V_0 \frac{P - P_0}{V - V_0}$$

Dall'ipotesi di trasformazione adiabatica troviamo che $V = V_0 \left(\frac{P}{P_0}\right)^{C_v/C_p}$ e quindi

$$\lambda = \frac{P - P_0}{\left(\frac{P}{P_0}\right)^{C_v/C_p} - 1} = P_0 \frac{\frac{P}{P_0} - 1}{\left(\frac{P}{P_0}\right)^{C_v/C_p} - 1}$$

Nell'ipotesi di piccole deformazioni si suppone che P si discosti poco da P_0 e quindi si considera il valore approssimato

$$\lambda = P_0 \lim_{P \to P_0} \frac{\frac{P}{P_0} - 1}{\left(\frac{P}{P_0}\right)^{C_v/C_p} - 1} = P_0 \lim_{x \to 1} \frac{x - 1}{x^{C_v/C_p} - 1} = P_0 \frac{C_p}{C_v}$$

Infine, dalla relazione $v_L = \sqrt{\frac{\lambda}{\rho}}$ si ottiene subito $v_L = \sqrt{\frac{P_0}{\rho} \frac{C_p}{C_v}}$ come richiesto. Questo spiega dettagliatamente le considerazioni riportate nella Sez. 4.7.1.

5

Meccanica della frattura

La frattura è quel complesso di fenomeni che ultimamente portano alla rottura di un materiale. Questi fenomeni si dispiegano dalla scala nanometrica (coinvolgendo eventi di rottura dei legami chimici tra atomi e di interazione tra difetti puntuali e/o estesi) fino alla scala macroscopica (determinando l'innesco, la propagazione e il frastagliamento dei fronti di frattura). Le modalità di frattura sono molteplici e dipendono non solo dalle caratteristiche fisiche e chimiche del materiale, ma anche dalle specifiche condizioni di carico meccanico cui esso è soggetto nonchè dalla sua storia (quest'ultimo aspetto è noto come *fatica dei materiali*).

Uno dei primi resoconti scientifici sui fenomeni di frattura è dovuto a Leonardo da Vinci, il quale osservò come una corda metallica fosse tanto più resistente allo snervamento quanto più fosse corta. Anche Galileo si confrontò, seppur non sistematicamente, con la fenomenologia della rottura in pezzi di oggetti solidi. Tuttavia, la meccanica della frattura rimase nulla di più di una curiosità scientifica fino all'inizio del XX secolo, momento in cui – sotto la spinta della moderna industrializzazione – si trasformò in una disciplina ingegneristica a se stante. Furono soprattutto le scienze delle costruzioni navali e delle strutture (ponti ed edifici con armatura in metallo) a fornire i maggiori spunti per la razionalizzazione dei fatti noti sperimentalmente su base meramente empirica. Seguì, nei decenni successivi, lo sviluppo di una teoria coerente con i fenomeni noti, ma soprattutto predittiva circa la resistenza a frattura (o tenacità) di un certo materiale (o struttura ingegneristica) [3].

In questo Capitolo discuteremo i principi fondamentali della meccanica della frattura in regime lineare elastico. A differenza di quanto fatto nei precenti Capitoli, tratteremo gli argomenti selezionati a livello fenomenologico, cioè mantenendo al minimo indispensabile l'apparato formale. Due sono i motivi alla base di questa scelta. Innanzitutto, va osservato che la meccanica della frattura rappresenta una parte molto estesa e complessa della meccanica dei solidi, la cui descrizione completa va ben oltre lo scopo di questo testo, richiedendo infatti trattazioni assai più specialistiche. In particolare, moltissimi fenomeni di frattura di rilevante interesse concettuale ed applicativo coinvolgono regimi di risposta oltre quello lineare ed elastico e, pertanto, richiederebbero una adeguata conoscenza dei fenomeni plastici. In secondo luogo, abbiamo scelto di formalizzare la meccanica del cedimento dei materiali all'interno del sofisticato metodo di Eshelby: nei Cap. 6 e 7 tale teoria verrà presentata, discussa ed applicata a numerosi problemi elastici, tra cui appunto la frattura. Questo Capitolo, dunque, ha principalmente lo scopo di definire le necessarie conoscenze di base e discutere alcune semplici fenomenologie.

5.1 Fenomenologia di base

In questa Sezione introduciamo brevemente i concetti elementari che descrivono la fenomenologia di base. Inizialmente, consideriamo il fenomeno della rottura distinguendo il comportamento dei materiali duttili da quelli fragili. Nel seguito, descriveremo il ruolo della microstruttura (presenza di fessure nel materiale) per capire come essa possa influenzare i fenomeni di cedimento. In questo contesto mostriamo, inoltre, come la forma di una fessura possa modulare la concentrazione degli sforzi e quindi la resistenza del materiale.

5.1.1 Frattura fragile e duttile

Come punto di partenza è necessario definire le condizioni meccaniche di interesse e classificare, almeno qualitativamente, il comportamento di un materiale soggetto ad un regime di grandi deformazioni (che eventualmente possano portare al suo cedimento). Al fine di comprendere in profondità la fenomelogia di seguito descritta, si immagini una condizione di carico descritta schematicamente in Fig. 5.1 e, dunque, corrispondente alle condizioni di sforzo di trazione. Il campione corrisponde ad un materiale omogeneo ed isotropo, il cui spessore nella direzione perpendicolare al piano della figura è infinito. In questa geometria particolarmente semplice è possibile formulare il problema in oggetto tramite un formalismo scalare. Con riferimento alla Fig. 5.1, sia dunque σ il valore della opportuna componente del tensore degli sforzi che descrive la trazione cui è soggetto il campione lungo la direzione verticale.

In base alle modalità di risposta allo sforzo esterno di Fig. 5.1, i materiali si distinguono in materiali *duttili* e *fragili* [8]:

- I primi hanno la capacità di rispondere a piccoli sforzi in modo idealmente elastico lineare, mentre possono accomodare grossi sforzi mediante deformazioni permanenti irreversibili. Questa risposta definisce il *comportamento plastico* ed è tipica dei metalli. Un materiale duttile, dunque, è capace di sostenere grandi deformazioni, senza necessariamente rompersi. Questa capacità è legata alla presenza di dislocazioni (si veda l'Appendice F). La corrispondente curva sforzo-deformazione è schematicamente illustrata in Fig. 5.1 (in alto a destra). È evidente dal contesto che tale curva misura la deformazione lungo la verticale, causata dallo sforzo σ. Per

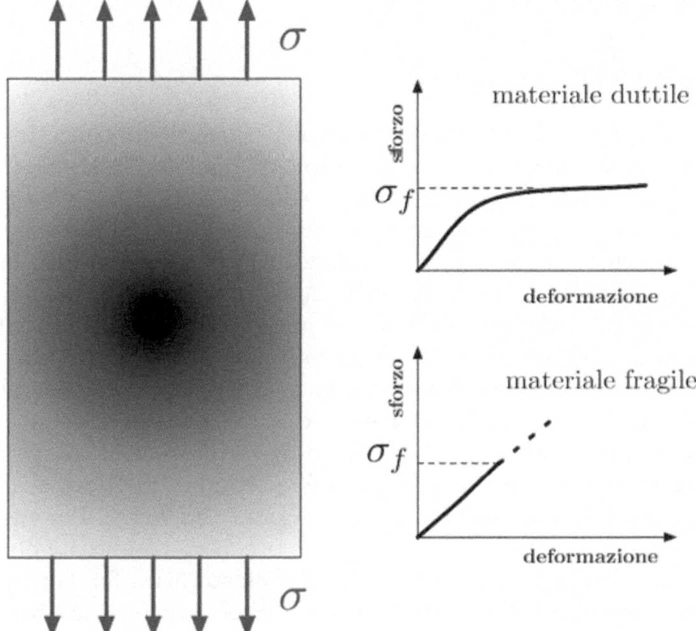

Fig. 5.1. Sinistra: Geometria di carico per una materiale omogeneo ed isotropo; la componente dello sforzo che definisce la trazione lungo la verticale è indicata come σ. Destra (alto): curva sforzo-deformazione per un materiale duttile. Destra (basso): curva sforzo-deformazione per un materiale fragile. Il valore σ_f rappresenta lo sforzo di snervamento (materiali duttili) o di cedimento (materiali fragili).

valori $\sigma > \sigma_f$ il materiale duttile ha ceduto, ovvero è possibile ottenere deformazioni arbitrariamente grandi senza aumentare il valore di sforzo applicato. Questa condizione è detta *limite di snervamento*. Sebbene non tratteremo oltre l'argomento della plasticità, va ricordato che l'esistenza in Natura dei fenomeni plastici sta alla base della metallurgia, cioè di una delle più antiche tecnologie sviluppate dall'Uomo.

- I materiali fragili hanno, invece, un comportamento affatto diverso: essi rispondono in modo elastico lineare sino ad un certo valore di sforzo (detto *sforzo di cedimento* o, in inglese, `failure stress`), oltre al quale si rompono in maniera irreversibile. Per i valori $\sigma > \sigma_f$ non è dunque possibile rappresentare la curva sforzo-deformazione che, pertanto, in Fig. 5.1 (a destra in basso) è tratteggiata. Questo tipo di fenomeno è detto *frattura fragile* (in inglese, `brittle fracture`) ed è tipica dei materiali ceramici o del comune vetro. Una volta che la frattura è innescata dal raggiungimento delle condizioni di cedimento, essa propaga in maniera irreversibile e catastrofica nel materiale.

In questo testo noi tratteremo unicamente il caso di frattura fragile.

5.1.2 Il ruolo della microstruttura

La Fig. 5.1 (disegno a sinistra) fa implicitamente proprio un concetto elementare ampiamente utilizzato nella vecchia progettazione ingegneristica, ovvero: le condizioni di cedimento sono tenute in considerazione sotto l'*assunzione semplificatrice che il materiale sia un continuo perfetto*, ovvero un sistema privo di microstruttura. In questa accezione, la microstruttura di un mezzo materiale non ha nulla a che fare con la sua composizione atomica: siamo, infatti, pur sempre nell'ambito di una teoria di continuo. Piuttosto, la locuzione "assenza di microstruttura" deve intendersi come assenza (nella matrice continua) di difetti, oppure di fessure (nel seguito indicate anche col termine *cricche*, dall'inglese `cracks`). Tipicamente, dunque, la progettazione strutturale procedeva sotto l'assunto che lo sforzo di esercizio (cioè lo sforzo a cui doveva resistere la struttura di interesse) fosse sempre inferiore al limite di cedimento noto per il materiale costituente la struttura stessa. Per aumentare i margini di sicurezza, al più si diminuiva il valore di σ_f tramite un opportuno coefficiente empirico, del tutto privo di un significato fisico fondamentale.

La visione moderna della frattura fragile è qualitativamente diversa. L'esperienza pratica ha, infatti, ampiamente dimostrato che si possono generare fenomeni di cedimento anche operando ben dentro i suddetti limiti di sicurezza. In altre parole, esiste una amplissima fenomenologia di cedimenti meccanici (in navi, aerei o ponti in metallo) di tipo fragile, osservata in sistemi e strutture soggetti a deformazioni piccole o, addirittura, nulle. Tali rotture fragili possono essere osservate anche in materiali che assorbono poca energia dal campo delle forze esterne agenti sul sistema e si manifestano con la propagazione di cricche molto veloci.

Il concetto chiave che dobbiamo introdurre per riconciliare la trattazione formale del fenomeno di cedimento con l'evidenza sperimentale consiste nell'ammettere che *a livello microscopico un materiale sia un oggetto strutturalmente complesso*. Dunque, è necessario ammettere che il materiale non sia più un mezzo strutturalmente omogeneo ed isotropo, ma piuttosto che contenga possibili disomogeneità (cioè piccole regioni con proprietà elastiche diverse) o cricche (cioè delle fessure vuote), entrambe immerse in una matrice altrimenti uniforme.

È proprio l'esistenza di questa microstruttura che cambia qualitativamente l'analisi del problema paradigmatico della frattura. Concettualmente il problema di base è riformulato come in Fig. 5.2, dove le precedenti condizioni di carico sono ora applicate ad un materiale disomogeneo contenente una microcricca.

È importante sottolineare che la dimensione dello spessore (lungo la direzione normale al piano della figura) non viene trattata esplicitamente perchè non solo, come già detto, il sistema è considerato infinitamente spesso, ma anche perchè *la cricca ellittica è passante* (ovvero: geometricamente la cricca

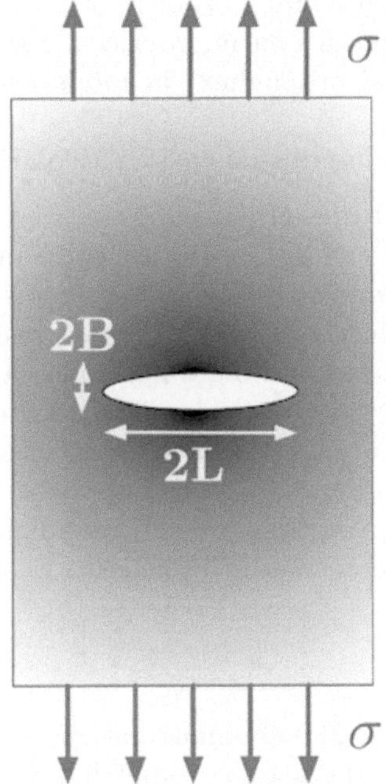

Fig. 5.2. Rappresentazione di un sistema continuo ed isotropo contenente una cricca ellittica di asse maggiore $2L$ ed asse minore $2B$, posta trasversalmente all'asse di carico.

è un ellissoide con un semiasse – quello normale al piano della figura – di lunghezza infinita).

Il primo risultato importante ottenuto per il problema di Fig. 5.2 è dovuto a Inglis che nel 1913 dimostrò come una cricca ellittica funzioni da *concentratore di sforzo*. Infatti, su ciascuno dei due apici di cricca (in inglese, `crack tip`) lo sforzo risultate σ_{tip} è dato da

$$\sigma_{tip} = \sigma \left(1 + \tfrac{2L}{B}\right) = \sigma \left(1 + 2\sqrt{\tfrac{L}{\rho}}\right) \tag{5.1}$$

dove σ è lo sforzo applicato e $\rho = B^2/L$ descrive il raggio di curvatura dell'apice di cricca. La dimostrazione sviluppata da Inglis è molto complessa e comporta il calcolo di difficili integrali ellittici [3, 9]. Noi la omettiamo, riservandoci di ricordare che è facilmente derivabile in maniera elegante e diretta mediante la teoria di Eshelby descritta nei prossimi Capitoli. È tuttavia opportuno sottolineare l'importanza concettuale del risultato di Inglis: *un materiale reale cede a valori di sforzo applicato inferiori al valore di cedimento (teorico) σ_f perchè la sua microstruttura opera intensificando i valori di sforzo internamente al materiale stesso.* Può, dunque, accadere che uno sforzo applicato

$\sigma < \sigma_f$ possa essere localmente ampliato oltre il limite di cedimento e, quindi, possa generare propagazione di una microcricca. Essa, poi, essendo innescata in un materiale fragile, si propagherà in modo esplosivo determinando la rottura del sistema.

È interessante studiare due diversi casi particolari.

- Il primo corrisponde ad una cricca di eccentricità nulla. In questo caso, $B = L$ e pertanto $\sigma_{tip}/\sigma = 3$. Questo risultato importante è spesso riassunto dicendo che *un foro circolare riduce la resistenza a frattura di un mezzo fragile di un fattore tre*. La nozione di resistenza a frattura verrà meglio descritta nel seguito, ma è già possibile capirne il significato fenomenologico: poichè nel caso di foro circolare il fattore di intensificazione di sforzo è pari a 3, il valore di sforzo di cedimento sarà corrispondentemente diminuito di un terzo (a parità di sforzo applicato).
- Il secondo caso particolare corrisponde alla condizione in cui $L \gg B$, anche noto come caso di *cricca sottile*. È immediato ricavare che

$$\boxed{\frac{\sigma_{tip}}{\sigma} = 2\sqrt{\frac{L}{\rho}}} \tag{5.2}$$

Il rapporto dato in Eq. (5.2) è chiamato *fattore di intensificazione di sforzo* e dipende unicamente da fattori geometrici, quali la dimensione L della cricca e la sua forma, riassunta nel valore della curvatura ρ al suo apice. Come anche l'intuizione suggerisce, il modello di Inglis prevede che a partità di materiale, forma di cricca e condizioni di carico, maggiore è la dimensione della fessura, minore è la resistenza a frattura (nel senso che maggiore è il fattore di intensificazione dello sforzo).

Il caso di cricca sottile si presta ad una importante osservazione. Consideriamo, infatti, il limite matematico di fessura infinitesimamente sottile, ovvero il limite per $\rho \to 0$ (in inglese, questo caso importante è detto `slit crack`): in queste condizioni il modello di Inglis prevede che lo sforzo all'apice di fessura sia infinito. Nessun materiale reale può, ovviamente, resistere ad un siffatto sforzo e, dunque, dobbiamo ammettere come conseguenza necessaria del modello di Inglis che un materiale contenente uno *slit crack* si rompa per applicazione di uno sforzo comunque piccolo (idealmente, anche infinitesimo).

Il limite matematico $\rho \to 0$ non è una mera astrazione matematica, ma si applica a numerosi casi reali, anche di grande rilevanza applicativa, che spaziano dalla scienza dei materiali, alla geofisica, alla biomeccanica. Il concetto di *slit crack*, infatti, vale ogniqualvolta il semiasse minore $2B$ (si veda Fig. 5.2) della fessura sia trascurabilmente piccolo rispetto alle dimensioni del sistema studiato. Il modello di Inglis, dunque, porta ad un paradosso della teoria (ovvero: esisterebbero dei materiali per nulla resistenti a frattura in qualsivoglia condizione fisica di carico, purchè contengano almeno una fessura di lunghezza arbitraria e spessore molto piccolo) che non possiamo accettare. Questo paradosso motiva uno studio più approfondito del problema di una cricca ellittica sotto sforzo, come illustrato nella prossima Sezione.

5.2 Il criterio di Griffith

La necessità di risolvere il paradosso del modello di Inglis ha condotto alla formulazione di una teoria della frattura fragile basata su criteri energetici, anzichè su criteri legati alla analisi del sistema di forze applicate. Questa teoria fu sviluppata originalmente da Griffith nei primi anni '20 del XX secolo e costituisce ancora oggi uno dei pilastri fondamentali della meccanica della frattura.

L'osservazione fondamentale di partenza è quasi ovvia: perchè una cricca si propaghi, questo fenomeno deve essere energeticamente favorevole. Inoltre, l'energia elastica accumulata nel materiale deve essere sufficiente alla formazione delle due nuove superfici libere interne che si formano all'avanzare della cricca. La situazione descritta corrisponde allo schema concettuale di Fig. 5.3: una fessura (o cricca) di lunghezza $2L$, inizialmente creata dentro ad un blocco materiale (altrimenti omogeneo ed isotropo e, comunque, lineare elastico), può avanzare sotto l'effetto dello sforzo di trazione applicato σ unicamente se *la variazione* $\mathrm{d}E_t$ *di energia totale per incremento elementare della lunghezza di fessura* $\mathrm{d}L$ *è negativo* [9, 32]. Ovvero:

$$\boxed{\text{criterio di Griffith}: \quad \frac{\mathrm{d}E_t}{\mathrm{d}L} \leq 0} \tag{5.3}$$

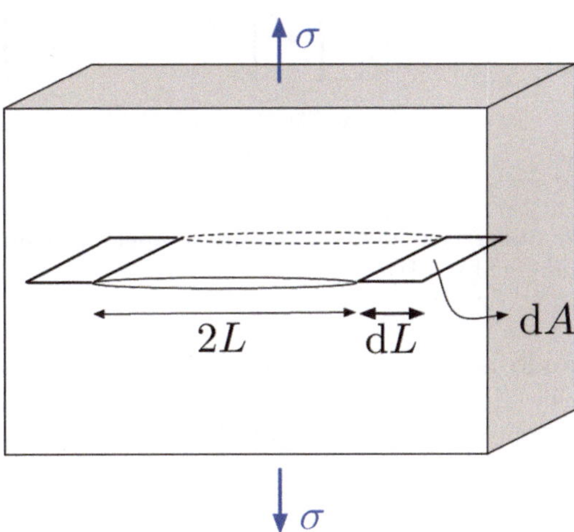

Fig. 5.3. Il problema di Griffith: una fessura ellittica di lunghezza $2L$ subisce un incremento di lunghezza $2\mathrm{d}L$ per effetto della trazione σ. Corrispondentemente, l'area della superficie interna del materiale aumenta di una quantità $2\mathrm{d}A$.

È evidente che in questo contesto E_t assume il ruolo di un'energia libera di Helmholtz e, quindi, il processo fisico può progredire solo in modo da diminuirla.

Il processo di avanzamento della cricca è accompagnato dalla creazione di nuova superficie interna, in ragione di un incremento dA per ogni allungamento dL della fessura stessa.

Prima di procedere con l'analisi dettagliata del bilancio energetico, dobbiamo specificare con maggior precisione le condizioni di carico. La situazione descritta in Fig. 5.3 si chiama *deformazione di apertura* (o Modo I). Alternativamente, si può sollecitare una fessura tramite una *deformazione di scorrimento* (Modo II) od una *deformazione di lacerazione* (Modo III). Le tre modalità di sollecitazione sono schematicamente illustrate in Fig. 5.4. In inglese il Modo I viene detto `in-plane opening mode`, il Modo II è indicato come `in-plane shearing mode`, mentre il Modo III è classificato come `anti-plane shearing opening`. Noi faremo sempre ed esclusivamente riferimento alla deformazione

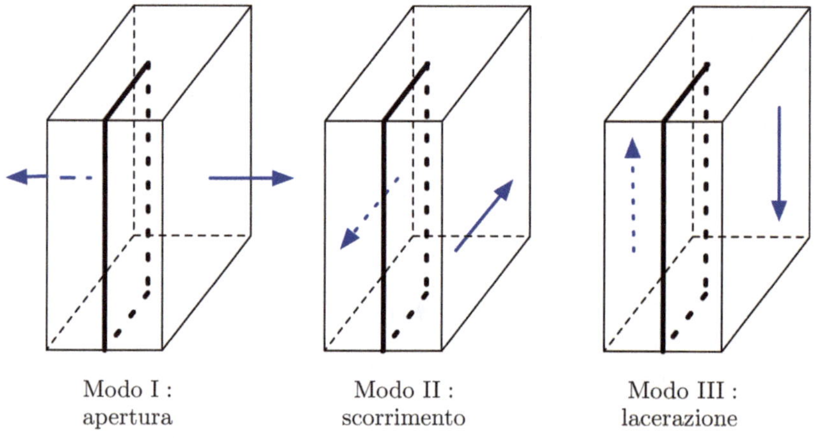

Fig. 5.4. Deformazioni corrispondenti a fratture di apertura (Modo I), scorrimento (Modo II) e lacerazione (Modo III).

di apertura, lasciando la trattazione delle altre modalità di sollecitazione a testi più specialistici [3].

Procediamo ora con il bilancio energetico per un evento di frattura Modo I, le cui grandezze fisiche e geometriche sono riassunte in Fig. 5.3. L'energia totale E_t del sistema con cricca (e soggetto a trazione) può essere scritta come somma di un contributo di *energia di superficie* E_s e di un contributo di *energia meccanica di interazione* W_i secondo la

$$E_t = E_s + W_i \qquad (5.4)$$

Il primo termine semplicemente descrive il lavoro necessario a creare nuova superficie, quando sussistono le condizioni affinchè la cricca propaghi. Si tratta quindi di un termine legato alla struttura atomica del materiale ed alla tipologia dei legami chimici in esso instaurati. Il secondo termine, invece, viene denominato energia di interazione perchè descrive effettivamente la relazione esistente tra il lavoro compiuto dalle forze che generano lo stato di carico del mezzo e l'energia potenziale elastica accumulata nello stesso. L'energia d'interazione viene a sua volta espressa come una somma

$$W_i = \Delta E_{est} + \Delta E_p^{macro} \tag{5.5}$$

dove i termini a secondo membro dell'uguaglianza sono definiti come segue. La quantità ΔE_p^{macro} rappresenta la differenza di energia potenziale elastica nel mezzo tra il caso in cui la cricca è presente ed il caso in cui essa è assente. Questa definizione rende la quantità ΔE_p^{macro} indipendente dall'estensione spaziale del mezzo e, invece, unicamente funzione della dimensione della cricca (e dello stato di carico del mezzo). Analogalmente, la quantità ΔE_{est} rappresenta la differenza di lavoro che le forze esterne agenti sul sistema debbano esercitare nei due casi opposti di mezzo fessurato e mezzo ideale.

Assumendo che lo sforzo applicato σ sia costante durante l'apertura della frattura, Griffith ha dimostrato che $\Delta E_{est} = -2\Delta E_p^{macro}$ in modo che

$$W_i = -\Delta E_p^{macro} \tag{5.6}$$

Questo risultato verrà dimostrato esplicitamente nella Sez. 6.6.2, come applicazione della teoria di Eshelby. Al momento è importante sottolineare che il segno negativo per l'energia meccanica sta ad indicare *una riduzione effettiva di energia durante la propagazione della frattura*. La condizione definita in Eq. (5.3) può essere finalmente esplicitata come segue

$$\frac{\mathrm{d}E_t}{\mathrm{d}L} = -\frac{\mathrm{d}\Delta E_p^{macro}}{\mathrm{d}L} + \frac{\mathrm{d}E_s}{\mathrm{d}L} \leq 0 \tag{5.7}$$

ovvero, in forma più compatta

$$\boxed{\frac{\mathrm{d}\Delta E_p^{macro}}{\mathrm{d}L} \geq \frac{\mathrm{d}E_s}{\mathrm{d}L}} \tag{5.8}$$

Questo importante risultato è noto come *criterio di Griffith per la frattura fragile*; sostanzialmente, esso sancisce che, affinchè avvenga un fenomeno di frattura, è necessario che la variazione di energia potenziale elastica dovuta alla presenza della cricca sia superiore al lavoro speso per creare nuova superficie libera interna [3]. Per poter procedere ulteriormente, bisogna calcolare esplicitamente i due termini energetici presenti in Eq. (5.8).

L'energia di superficie E_s (per larghezza unitaria del fronte di frattura) è facilmente esprimibile come

$$E_s = 4L\gamma_s \tag{5.9}$$

dove γ_s rappresenta l'energia di superficie (o, meglio: l'energia per larghezza unitaria di fronte di frattura spesa per generare un incremento unitario della lunghezza di fessura). Nella Fig. 5.3 tale fronte si sviluppa ortogonalmente sia all'asse di carico, sia all'asse di cricca. L'energia γ_s è ovviamente un parametro caratteristico che varia da caso a caso. Esso, infatti, misura il lavoro necessario a rompere i legami chimici (che terrebbero coeso il materiale) lungo una linea ideale rappresentante un segmento unitario del fronte di frattura. Come tale dipende non solo dallo specifico materiale considerato, ma anche dalla direzione di propagazione del fronte di frattura. Questa energia, poi, varierà in funzione dello stato di deformazione elastica cui è soggetto il materiale considerato (che si riflette nello stato di elongazione dei suddetti legami chimici). Non è compito della teoria lineare elastica della frattura provvedere al calcolo di γ_s, essendo invece questo un tipico problema di fisica dello stato solido. Coerentemente, nel resto della nostra trattazione noi supporremo nota l'energia di superficie γ_s e la considereremo – alla stregua, per esempio, dei moduli elastici – come un parametro materiale [3, 8].

Il termine ΔE_p^{macro} è più difficile da calcolare e richiede argomentazioni non elementari. In particolare, il calcolo dell'energia potenziale elastica conduce a risultati differenti a seconda delle specifiche condizioni al contorno imposte al nostro problema meccanico [3, 9, 32]. Il calcolo esplicito di questo termine energetico è svolto nell'Esercizio 7.1 del Cap. 7. Qui ci limitiamo a ricordare il risultato finale della teoria di Griffith che – per un mezzo lineare elastico di modulo di Young E e coefficiente di Poisson ν – permette di scrivere

$$\Delta E_p^{macro} = \frac{\pi L^2 \sigma^2}{E'} \tag{5.10}$$

dove E' è il modulo di Young efficace definito come segue

$$E' = \begin{cases} E & \text{in condizioni di } sforzo\ piano \\ \frac{E}{1-\nu^2} & \text{in condizioni di } deformazione\ piana \end{cases} \tag{5.11}$$

Abbiamo fatto uso della classificazione delle possibili condizioni al contorno già discussa nelle Sez. 2.6.1 e 2.6.2.

Sostituendo le Eq. (5.9) e (5.10) nella Eq. (5.8) otteniamo immediatamente che *la condizione fisica affinchè una cricca ellittica di lunghezza iniziale 2L propaghi in un mezzo* (lineare e fragile, di moduli elastici E ed ν ed energia di superficie γ_s) *è che lo sforzo σ applicato normalmente all'asse maggiore della cricca soddisfi la condizione*

$$\sigma \geq \sqrt{\frac{2\gamma_s E'}{\pi L}} \tag{5.12}$$

che permette di definire operativamente lo *sforzo di cedimento* σ_f per una cricca di lunghezza L_f come

$$\boxed{\sigma_f = \sqrt{\frac{2\gamma_s E'}{\pi L_f}}} \tag{5.13}$$

Il notevole risultato di Eq. (5.13) permette, dunque, di affermare che per ciascuna cricca di lunghezza assegnata L_f esiste un valore di soglia dello sforzo applicato, oltre al quale il materiale cede (nel senso che la cricca inizia a propagare). È anche vero il contrario: fissato un certo valore di sforzo tensile σ_f, inizieranno a propagare tutte le cricche eventualmente presenti nel materiale, purchè di semi-lunghezza iniziale uguale o superiore alla *lunghezza critica* L_f data dalla relazione

$$L_f = \frac{2\gamma_s E'}{\pi \sigma_f^2} \tag{5.14}$$

La condizione particolare caratterizzata dai valori $\sigma = \sigma_f$ e $L = L_f$ corrisponde ad una situazione di equilibrio instabile (infatti l'energia totale è massima, ma $\mathrm{d}^2 E_t/\mathrm{d}L^2 < 0$): ciò implica che, in linea di principio, un aumento di sforzo determina l'innesco della cricca, mentre una sua diminuzione implica la chiusura della fessura.

La teoria di Griffith è estremamente pulita dal punto di vista formale, è di (relativamente) facile dimostrazione, ma soprattutto conduce a risultati quantitativamente predittivi ed espressi in modo semplice come funzione di parametri materiali calcolabili o misurabili direttamente. È, dunque, comprensibile sia perchè essa rivesta un ruolo di paradigmantica importanza concettuale nella meccanica della frattura, sia perchè risulti attraente la possibilità di estendere l'Eq. (5.13) oltre il limite di comportamento fragile. Ciò è fattibile, a livello elementare, introducendo una semplice correzione fenomenologica che renda tale equazione applicabile anche a materiali duttili. Introducendo il parametro γ_p descrivente il lavoro plastico per elemento di superficie (e per una larghezza unitaria di fronte di frattura) è possibile proporre una formula fenomenologica per lo *sforzo di snervamento in un materiale duttile* come segue

$$\sigma_f = \sqrt{\frac{2(\gamma_s+\gamma_p)E'}{\pi L}} \tag{5.15}$$

A questo livello γ_p non è altro che un termine empirico, il cui calcolo da principi fondamentali richiederebbe lo sviluppo di un adeguato modello per la dissipazione di energia tramite una deformazione plastica. Questo argomento, pur estremamente interessate, va oltre gli scopi di questo testo [3].

5.3 Resistenza alla frattura

In questa Sezione rivolgiamo la nostra attenzione ad alcuni approfondimenti basati sui criteri energetici discussi in precedenza. In particolare, saranno introdotti i concetti di *forza generalizzata di propagazione* e di *resistenza alla frattura* che mettono in diversa luce il criterio di stabilità di una cricca. Infine, si discuteranno la cosiddetta *curva R* (ampiamente utilizzata in ambiti tecnologici) e le condizioni di carico a cui può essere sottoposta una regione fratturata.

5.3.1 Rilascio di energia e resistenza

L'argomento energetico alla Griffith si è rivelato determinante per la comprensione fisica del processo di cedimento a frattura di un materiale. Conviene, dunque, approdondirlo ulteriormente, introducendo la nozione di *forza generalizzata G di propagazione della frattura* (in inglese, `energy release rate`), definita tramite la relazione

$$G = -\frac{\mathrm{d}W_i}{\mathrm{d}L} \tag{5.16}$$

Tale forza rappresenta una conveniente quantificazione dell'energia resa disponibile per ogni incremento dL della lunghezza della fessura e per una larghezza unitaria di fronte di frattura. Dalle Eq. (5.6) e (5.10) si ricava immediatamente la seguente espressione esplicita per G

$$G = \frac{2\pi\sigma^2 L}{E'} \tag{5.17}$$

Combinando questo risultato con la definizione di sforzo di cedimento σ_f dato in Eq. (5.13), è possibile riformulare il criterio di Griffith dicendo che la condizione fisica a partire dalla quale si osserva la propagazione della cricca è che la *forza generalizzata di propagazione della frattura raggiunga almeno il valore critico G_c* dato da

$$\boxed{G_c = 4\gamma_s} \tag{5.18}$$

Definiamo ora la seguente relazione per l'energia di superficie E_s

$$R = \frac{\mathrm{d}E_s}{\mathrm{d}L} \tag{5.19}$$

e attribuiamo al nuovo parametro R il significato di *resistenza alla frattura* (in inglese, `crack resistance`). In altre parole, questo parametro misura il lavoro che è necessario spendere per ogni incremento dL della lunghezza della fessura e per una larghezza unitaria di fronte di frattura (si veda Fig. 5.3). La grandezza R varia da materiale a materiale: la sua definizione, infatti, lo lega al lavoro che bisogna spendere sul sistema al fine di rompere una data sequenza di legami chimici attraverso il fronte di frattura, affinchè sia assicurato l'avanzamento del suo fronte. Questo lavoro dipende sia dalla densità spaziale di legami (cioè dalla orientazione della cricca rispetto alla cristallografia del mezzo), sia dalla loro natura e forza (cioè dalla chimica delle interazioni atomo-atomo, specifica di ciascun materale considerato) [8].

Tramite i due nuovi concetti introdotti attraverso le grandezze G ed R possiamo dettagliare il bilancio energetico dato in Eq. (5.4) per ogni processo elementare di avanzamento dL come segue

$$\mathrm{d}E_t = \mathrm{d}W_i + \mathrm{d}E_s = (R - G)\mathrm{d}L \tag{5.20}$$

Questo risultato permette di affermare che *in condizioni critiche* – cioè quando $G = G_c$ – vale la seguente relazione

$$R = 4\gamma_s \qquad (5.21)$$

ovvero: *la resistenza a frattura è proprio data dall'energia di superficie*. Inoltre, il criterio di Griffith può essere alternativamente formulato in questi nuovi termini: il fronte di frattura avanza se $G > R$, mentre regredisce se $G < R$. In Tabella 5.1 riportiamo i valori di resistenza a frattura (prima colonna) e di forza generalizzata critica G_c (seconda colonna) per diversi materiali fragili reali. Poichè valgono le Eq. (5.18) e (5.21), la differenza tra i valori numerici delle grandezze riportate in prima e sconda colonna fornisce una stima della deviazione di ciascun materiale dal comportamento fragile ideale [3].

Tabella 5.1. Valori tipici della resistenza a frattura R, dell'energia di superficie $4\gamma_s$ e della tenacità a frattura $K_{I,c}$ per diversi materiali fragili reali.

Materiale	R (J m^{-2})	$4\gamma_s$ (J m^{-2})	$K_{I,c}$ (Nm$^{-3/2}$)
diamante	15	12	4
silicio	3	2.4	0.7
carburo di silicio	15	8	2.5
ossido di silicio	8	2	0.75
zaffiro	25	8	3
ossido di magnesio	3	3	0.9

5.3.2 La curva R

La conoscenza delle grandezza R consente di definire una semplice procedura grafica per la determinazione dello sforzo di cedimento $\sigma_f(\bar{L})$ di un materiale (di moduli elastici noti) che contenga una frattura di semi-lunghezza assegnata $\bar{L}$. La costruzione procede attraverso i seguenti passi:

- si inizi a rappresentare la grandezza R in funzione della generica semi-lunghezza L della cricca: l'Eq. (5.21) insegna che tale funzione è una semplice retta orizzontale, come riportato in Fig. 5.5 (sinistra);
- una volta assegnata la semi-lunghezza $\bar{L}$ si tracci la retta verticale fino ad intersecare $R = 4\gamma_s$: si definisce in questo modo un punto P nel piano;
- poichè la grandezza G ha le stesse dimensioni fisiche della resistenza R, è possibile rappresentare su questo stesso grafico anche la retta $G = G(L)$ per ogni valore possibile di carico applicato: si genera, così facendo un fascio di rette passanti per l'origine. In particolare, è possibile determinare il coefficiente angolare di quella particolare retta che passa sia per l'origine, sia per il punto P precedentemente individuato;
- la conoscenza di questo coefficiente angolare consente di calcolare σ_f mediante l'Eq. (5.17).

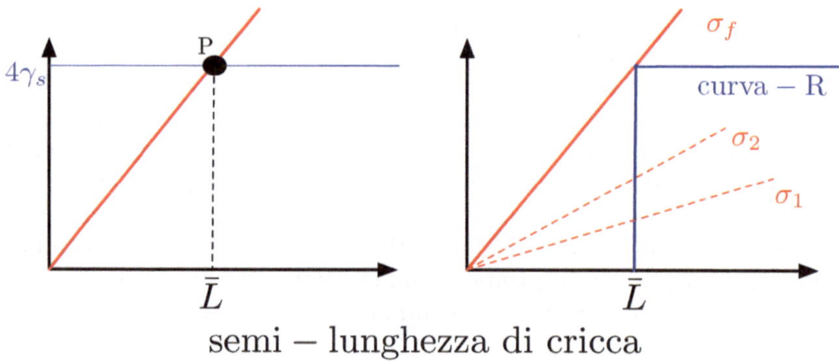

Fig. 5.5. Costruzione geometrica per la determinazione di σ_f (sinistra) e rappresentazione schematica della *curva-R* (destra) per un materiale idealmente fragile.

La particolarità di questa costruzione è legata all'andamento costante di R in funzione della semi-lunghezza L e, dunque, è specifica dei soli materiali fragili.

La precedente costruzione geometrica si presta anche ad un'altra semplice interpretazione energetica del processo di frattura fragile. Si fissi ancora una volta la semi-lunghezza $\bar{L}$ della fessura e si disegni la cosiddetta *curva-R*, come indicato in Fig. 5.5 (destra). A seconda del carico applicato ($\sigma_1 < \sigma_2 < \cdots < \sigma_f$) la retta che rappresenta la forza generalizzata di propagazione della frattura ha pendenze diverse, come illustrato. I casi corrispondenti ai carichi σ_1 e σ_2 corrispondono ad una situazione di cricca stabile. Il processo di frattura inizia quando il carico raggiunge il valore σ_f: in queste condizioni, infatti, la forza generalizzata di propagazione aumenta all'aumentare della semi-lunghezza di cricca (cioè per ogni $L > \bar{L}$), assumendo valori maggiori di $4\gamma_s$; al contrario, la resistenza a frattura rimane costante. Il sistema è dunque sbilanciato (instabile) a favore del regime di cricca propagante. Questo argomento prende il nome di *metodo della curva-R*.

Concludiamo questa discussione sottolineando ancora una volta il fatto che la Fig. 5.5 corrisponde al caso idealizzato di materiale lineare e fragile. Molti materiali reali manifestano, in realtà, comportamento duttile, oppure le condizioni di carico posso far insorgere fenomeni non lineari. In questi casi, la curva-R assume un andamento più smussato, il che complica di non poco l'analisi e la determinazione della condizione critica [3]. In particolare, diventa difficile definire in modo non ambiguo la soglia di Griffith ed assegnare un valore preciso a G_c.

5.3.3 La forza G e le condizioni di carico

Nelle precedenti Sezioni abbiamo omesso di discutere come la forza generalizzata di propagazione G dipenda dalle specifiche condizioni di carico cui è soggetto il materiale fessurato. Ciò è stato reso possibile dal notevole risultato che, in realtà, *G non dipende dalla configurazione di carico*: un risultato molto istruttivo da dimostrare esplicitamente.

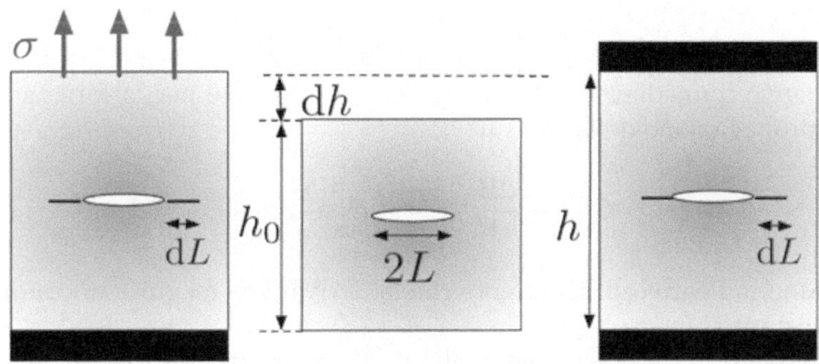

Fig. 5.6. Un mezzo fessurato (centro) di lunghezza iniziale $h.$ viene sottoposto ad un'elongazione $h. \to h. + \mathrm{d}h = h$ in condizioni di controllo di carico (sinistra), oppure in condizioni di controllo di spostamento (destra). Il sistema di fissaggio è schematicamente rappresentato in forma di ancoraggio a vincoli immobili (strisce nere).

Conviene, per il suddetto scopo, immaginare una situazione come illustrata in Fig. 5.6. Il mezzo contiene originariamente una fessura di semi-lunghezza L (disegno centrale) e viene caricato, alternativamente, in *condizioni di controllo di carico* (disegno a sinistra), oppure in *condizioni di controllo di spostamento* (disegno a destra). In sostanza, mentre nel primo caso si considera la situazione fisica di carico assegnato costante durante il processo di fratturazione, nel secondo caso si assume che venga assegnata (e rimanga costante) l'estensione del campione materiale lungo la direzione normale all'asse principale della cricca ellittica. In entrambi i casi, la situazione di deformazione imposta al sistema provoca un allungamento complessivo $2\mathrm{d}L$ della cricca stessa, in risposta ad un'estensione complessiva $\mathrm{d}h$ (che, per semplicità di notazione abbiamo costruito identica nei due casi) a partire da una estensione iniziale h_0.

Iniziamo a considerare il caso di controllo di carico. Intuitivamente possiamo ammettere che l'allungamento della cricca aumenti la cedevolezza del sistema e, pertanto, che la pendenza della curva sforzo-deformazione (che nel regime lineare elastico qui considerato è ovviamente una retta) diminuisca. La situazione è riassunta in Fig. 5.7 (sinistra). Ogni avanzamento infinitesimo della cricca comporta una variazione infinitesima $\mathrm{d}W_i$ di energia meccanica che, in virtù dell'Eq. (5.5), può essere scritta come

$$\mathrm{d}W_i = \mathrm{d}\Delta E_{est} + \mathrm{d}\Delta E_p^{marco} \tag{5.22}$$

Tuttavia, nelle condizioni imposte non vi è variazione di carico e, dunque, vale il risultato $\mathrm{d}W_i = -\mathrm{d}\Delta E_p^{macro}$ già utilizzato nella Sez. 5.2. Inoltre, la variazione di energia potenziale elastica $\mathrm{d}\Delta E_p^{macro}$ è, secondo il teorema di Clapeyron, pari all'area del triangolo definito dalle due curve sforzo-deformazione e dalla retta di carico

$$\mathrm{d}\Delta E_p^{macro} = \frac{1}{2}\sigma \mathrm{d}h \tag{5.23}$$

Si ricava perciò immediatamente la seguente espressione per la forza generalizzata di propagazione della frattura

$$G = -\left.\frac{\mathrm{d}W_i}{\mathrm{d}L}\right|_\sigma = \frac{1}{2}\sigma \left.\frac{\mathrm{d}h}{\mathrm{d}L}\right|_\sigma \tag{5.24}$$

dove abbiamo indicato esplicitamente che la derivata va eseguita in condizioni di carico costante.

Consideriamo ora il caso di controllo di spostamento: esso corrisponde ad una rappresentazione della curva sforzo-deformazione prima e dopo l'allungamento di cricca come riportato in Fig. 5.7 (destra). In questo caso l'allungamento complessivo del campione è fissato al valore h durante ogni fase del processo di frattura e, dunque, il carico esterno non compie lavoro, ovvero $\mathrm{d}\Delta E_{est} = 0$. Dalla Eq. (5.5) si ottiene che in questo caso $\mathrm{d}W_i = \mathrm{d}\Delta E_p^{macro}$. In queste condizioni, tuttavia, al fine di mantenere l'allungamento costante il carico deve variare di una opportuna quantità $-\mathrm{d}\sigma$. La variazione di energia potenziale elastica, quindi, è fornita dall'area del triangolo definito dalle due curve sforzo-deformazione e dall'ampiezza della variazione $-\mathrm{d}\sigma$

$$\mathrm{d}\Delta E_p^{macro} = -\frac{1}{2}h\mathrm{d}\sigma \tag{5.25}$$

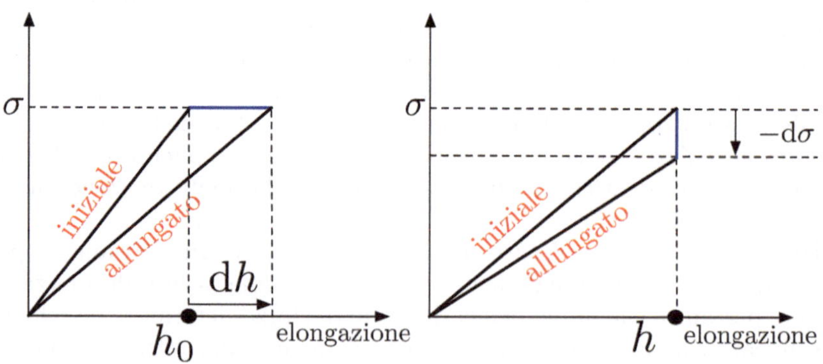

Fig. 5.7. Rappresentazione schematica della curva sforzo applicato - allungamento osservato in condizioni di controllo di carico (sinistra) e controllo di spostamento (destra). In entrambi i casi vengono riportate le curve corrispondenti alla situazione iniziale e a quella di sistema allungato.

La forza generalizzata di propagazione della frattura è ancora una volta facilmente calcolabile

$$G = - \left.\frac{\mathrm{d}W_i}{\mathrm{d}L}\right|_h = -\frac{1}{2}h\left.\frac{\mathrm{d}\sigma}{\mathrm{d}L}\right|_h \tag{5.26}$$

dove è chiaramente indicato che la derivata va eseguita stavolta in condizioni di elongazione costante.

Fenomenologicamente possiamo definire la grandezza *cedevolezza* $\mathcal{D}$ come la misura della pendenza della curva carico-allungaménto, cioè come il rapporto tra allungamento e carico applicato

$$\mathcal{D} = \frac{h}{\sigma} \tag{5.27}$$

Naturalmente tale grandezza rappresenta un opportuno elemento del tensore di cedevolezza, introdotto con l'Eq. (2.12). Tramite questa definizione e le Eq. (5.24) e (5.26) è facile dimostrare che

$$G = - \left.\frac{\mathrm{d}W_i}{\mathrm{d}L}\right|_\sigma = -\left.\frac{\mathrm{d}W_i}{\mathrm{d}L}\right|_h = \frac{1}{2}\sigma^2\frac{\mathrm{d}\mathcal{D}}{\mathrm{d}L} \tag{5.28}$$

che rappresenta proprio il risultato cercato. Si noti che per derivare l'Eq. (5.28) abbiamo fatto uso delle seguenti uguaglianze

$$\left.\frac{\mathrm{d}h}{\mathrm{d}L}\right|_\sigma = \sigma\frac{\mathrm{d}\mathcal{D}}{\mathrm{d}L} \tag{5.29}$$

e

$$\begin{aligned}
\left.\frac{\mathrm{d}\sigma}{\mathrm{d}L}\right|_h &= \left.\frac{\mathrm{d}}{\mathrm{d}L}\left(\frac{h}{\mathcal{D}}\right)\right|_h \\
&= h\left.\frac{\mathrm{d}}{\mathrm{d}L}\left(\frac{1}{\mathcal{D}}\right)\right|_h \\
&= -\frac{h}{\mathcal{D}^2}\frac{\mathrm{d}\mathcal{D}}{\mathrm{d}L}
\end{aligned} \tag{5.30}$$

che discendono direttamente dalla definizione di cedevolezza data in Eq. (5.27).

5.4 Campo di sforzo all'apice di cricca

Consideriamo ancora una volta il caso descritto in Fig. 5.2. Ricordando che in base al modello di Inglis la cricca funziona come concentratore di sforzo, ci poniamo ora il problema di *calcolare il campo di sforzo $\hat{T}$ in un'intorno dell'apice della cricca stessa.*

Le componenti interessanti sono quelle associate alla direzione definita dall'asse di cricca, che d'ora innanzi indicheremo con x, e dalla direzione di carico, che d'ora in poi indicheremo con y. Il problema è, dunque, due-dimensionale e consiste nel definire per ogni punto P il valore locale delle tre componenti indipendenti T_{xx}, T_{yy} e T_{xy}, come illustrato in Fig. 5.8. Per meglio visualizzare il significato geometrico del problema, un elemento infinitesimo di area di forma quadrata è stato disegnato attorno a P e le componenti del tensore $\hat{T}$ sono state disegnate rispetto alle facce di questo quadrato, secondo la convenzione definita in Fig. 1.12. Naturalmente, $T_{xy} = T_{yx}$ per la simmetria del tensore degli sforzi. L'origine degli assi è posta esattamente al centro della cricca. La geometria del problema suggerisce, inoltre, di introdurre un sistema di coordinate polari (r, ρ) centrato sull'apice di cricca, utile per definire la posizione di P nel piano $x - y$.

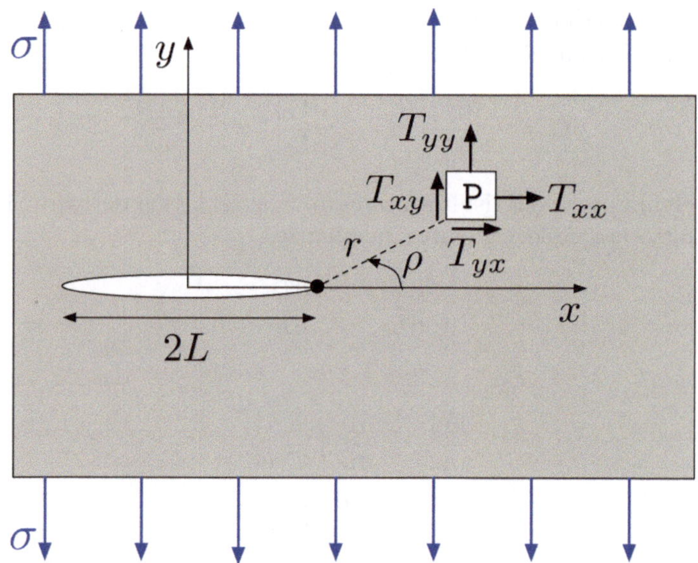

Fig. 5.8. Componenti T_{xx}, T_{yy} e $T_{xy} = T_{yx}$ del tensore degli sforzi nel punto P posto in prossimità dell'apice di una cricca di lunghezza $2L$. Il sistema è sotto trazione σ.

È possibile dimostrare che [3, 9]

$$\lim_{r \to 0} T_{ij} = \frac{K_I}{\sqrt{2\pi r}} f_{ij}(\rho) \tag{5.31}$$

dove $i, j = x, y$ e l'indice I indica esplicitamente che stiamo considerando una frattura di apertura tipo Modo I (si veda Fig. 5.4). Questo risultato è dovuto ancora ad Inglis e noi rimandiamo la sua dimostrazione formale (in alcuni casi specifici) alla Sez. 7.2, dove si farà uso della teoria di Eshelby. Qui è importante sottolineare che

- la funzione $f_{ij}(\rho)$ rappresenta un mero fattore geometrico;
- la grandezza K_I è detto *fattore di intensificazione dello sforzo* (in inglese **stress intensity factor**) ed è legato alla forza generalizzata per la propagazione di frattura dalla relazione

$$K_I = \sqrt{\frac{GE'}{2}} = \sigma\sqrt{\pi L} \qquad (5.32)$$

come dimostrato nella Sez. 7.2. Ricordiamo che il modulo di Young efficace E' varia al variare delle condizioni al contorno, come riportato in Eq. (5.11).

Quando l'Eq. (5.32) è calcolata in corripondenza del G_c di Griffith, allora la grandezza

$$\boxed{K_{I,c} = \sqrt{\frac{G_c E'}{2}}} \qquad (5.33)$$

è detta *tenacità a frattura* (in inglese, **fracture toughness**). Il valore di questo parametro caratteristico per diversi materiali è riportato in Tabella 5.1, da cui si evince immediatamente il suo significato fenomenologico: maggiore è il suo valore, maggiore è la resistenza meccanica del materiale.

Per concludere, anticipiamo che è particolarmente interessante studiare l'andamento della componente T_{yy} dello sforzo lungo la direzione x. Essa, infatti, rappresenta la tensione di elongazione lungo la direzione normale all'asse di cricca. Si dimostra che lungo la direzione definita dall'asse di cricca ($y = 0$) vale che [3, 9]:

$$T_{yy}(x,0) = \frac{|x|\sigma}{\sqrt{x^2 - L^2}} \qquad (5.34)$$

L'analisi matematica di questa situazione e la dimostrazione dell'Eq. (5.34) sarà svolta, ancora una volta, nella Sez. 7.2. Questa componente dello sforzo è importante perchè è direttamente collegata all'avanzamento del suo apice (nel senso che da questa componente dipende l'apertura della cricca, ovvero la creazione di nuova superficie libera interna). Per qualsivoglia carico esterno applicato σ, lo sforzo T_{yy} all'apice di cricca (ovvero: per $x \to \pm L$) divergerà e, quindi, il sistema risulterà instabile. Questo risultato –fisicamente inaccettabile – è una conseguenza ineliminabile della descrizione di continuo adottata in teoria dell'elasticità. Il paradosso è risolvibile unicamente nell'ambito della moderna teoria atomistica della frattura: una volta introdotto il reticolo cristallino discreto, è ovvio che gli sforzi possano essere unicamente calcolati sui siti reticolari, oppure sui legami interatomici. In entrambi i casi, la loro distanza dall'apice di cricca non potrà mai essere zero, per ovvi motivi cristallografici.

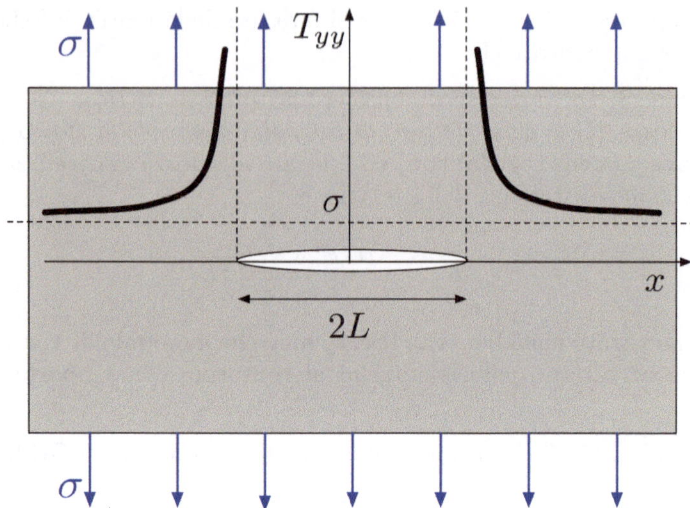

Fig. 5.9. Andamento della componente T_{yy} del campo di sforzo come funzione della distanza dall'apice di cricca. Il valore asintotico σ corrisponde al carico applicato remotamente al sistema.

L'andamento della componente T_{yy} è riportata in Fig. 5.9, la quale consente anche di visualizzare facilmente il fattore di intensificazione dello sforzo come

$$K_I = \lim_{x \to L} T_{yy}(x,0)\sqrt{2\pi(x-L)} = \sigma\sqrt{\pi L} \qquad (5.35)$$

Questa relazione dimostra come K_I sia indipendente dai moduli elastici del materiale fessurato e, quindi, rappresenti un concetto di validità del tutto generale. Osserviamo, infine, che a grandi distanze dall'apice di cricca (ovvero: per $x \to +\infty$) lo sforzo T_{yy} tende naturalmente al valore σ del carico applicato.

5.5 Esercizi del Capitolo 5

Esercizio 5.1. Si consideri una coppia di `slit-crack` disposti come in Fig. 5.10 e si consideri il corrispondente problema elastico quando il sistema sia sollecitato da uno sforzo tensile σ nella direzione y[1].

---

[1] Suggerimento: si supponga che la prima cricca sia sottoposta ad uno sforzo uniforme σ (senza risentire dell'effetto della seconda) e si determini lo sforzo medio effettivo nel segmento occupato dalla seconda cricca. Si determini quindi approssimativamente il fattore di intensificazione degli sforzi agli apici delle due cricche.

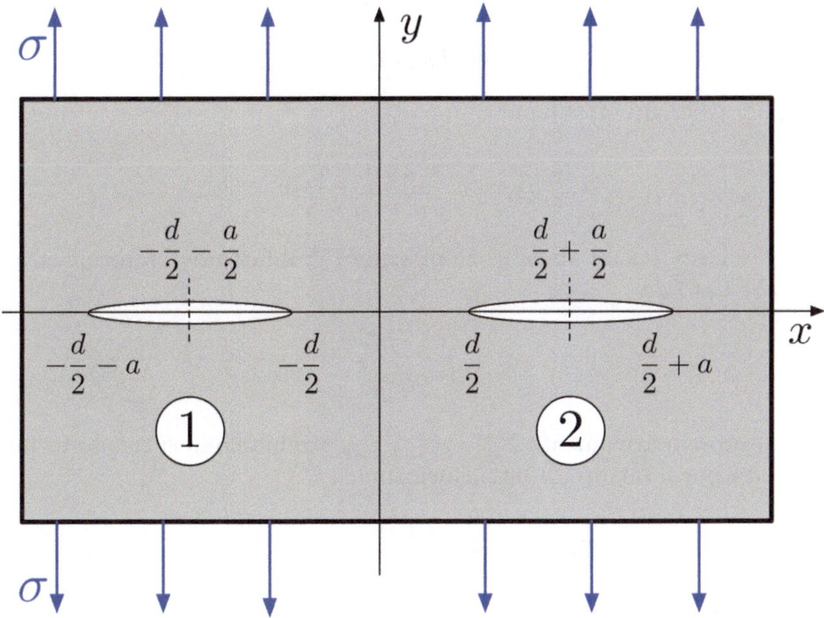

Fig. 5.10. Disposizione di due cracks simmetrici interagenti.

Soluzione 5.1. Utilizziamo la formula di Inglis che descrive l'andamento dello stress per una singola cricca. Supponendo che essa occupi il segmento $(-a/2, a/2)$ si ha

$$T_{yy} = \frac{|x|\sigma}{\sqrt{x^2 - \frac{a^2}{4}}}$$

Traslando opportunamente tale risultato ($x \to x + \frac{d+a}{2}$), otteniamo il campo di sforzo effettivo generato dalla presenza della prima cricca

$$T_{yy}^{(1)} = \frac{|x + \frac{d+a}{2}|\sigma}{\sqrt{\left(x + \frac{d}{2}\right)\left(x + a + \frac{d}{2}\right)}}$$

Adesso calcoliamo il valore medio di questo sforzo sul segmento occupato dalla seconda cricca

$$\langle T_{yy}^{(1)} \rangle_{(2)} = \frac{1}{a} \int_{\frac{d}{2}}^{a + \frac{d}{2}} \frac{\left(x + \frac{d+a}{2}\right)\sigma}{\sqrt{\left(x + \frac{d}{2}\right)\left(x + a + \frac{d}{2}\right)}} dx$$

Questo integrale può essere risolto per sostituzione, definendo una nuova variabile $\xi = \left(x + \frac{d}{2}\right)\left(x + a + \frac{d}{2}\right)$ da cui $d\xi = (2x + a + d)dx$ e

$$\langle T_{yy}^{(1)}\rangle_{(2)} = \frac{\sigma}{2a}\int_{d(d+a)}^{(d+a)(d+2a)}\frac{d\xi}{\sqrt{\xi}}$$

Con semplici passaggi otteniamo

$$\langle T_{yy}^{(1)}\rangle_{(2)} = \sigma\frac{2\sqrt{a+d}}{\sqrt{d+2a}+\sqrt{d}}$$

Per una cricca esposta ad un campo uniforme T_{yy}^{∞} il fattore di intensificazione degli sforzi è dato da

$$K_I = T_{yy}^{\infty}\sqrt{\frac{a}{2}\pi}$$

Ponendo approssimativamente $T_{yy}^{\infty} = \langle T_{yy}^{(1)}\rangle_{(2)}$ otteniamo la seguente formula approssimata per il fattore di intensificazione

$$K_I = \sigma\frac{2\sqrt{a+d}}{\sqrt{d+2a}+\sqrt{d}}\sqrt{\frac{a}{2}\pi}$$

Si noti che la formula è coerente nei due casi limite $d = 0$ e $d \to \infty$. In realtà i fattori di intensificazione dovrebbero risultare diversi per gli apici di cricca interni $x = \pm\frac{d}{2}$ e gli apici di cricca esterni $x = \pm\left(a+\frac{d}{2}\right)$. Il valore approssimato trovato è un valore intermedio tra i due differenti valori esatti. L'approssimazione è tanto migliore quanto più è grande la distanza d tra le cricche.

È interessante fare un confronto tra il risultato approssimato e la soluzione esatta del problema elastico in questione. Tale soluzione esatta può essere determinata mediante metodi basati sulla funzione di Airy (introdotta nell'Esercizio 2.16) e sulla teoria delle variabili complesse. In questa sede riportiamo semplicemente il risultato finale, riferito ad una configurazione geometrica molto generale e corrispondente a quella rappresentata in Fig. 5.11. Definiamo innanzitutto la funzione ausiliaria

$$G(x) = \sqrt{(x-a)(x-b)(x-c)(x-d)}$$

Supponendo che la struttura sia sottoposta ad un carico tensile σ nella direzione y, la soluzione generale per il campo di sforzo T_{yy} sull'asse x nella regione esterna alle cricche è data da [9]

$$T_{yy}(x,0) = \frac{\sigma}{2G(x)}\left|2x^2 - (a+b+c+d)x + ab + cd - (d-b)(c-a)\frac{\mathsf{E}(q)}{\mathsf{K}(q)}\right|$$

dove il parametro q è introdotto per indicare la radice

$$q = \sqrt{\frac{(d-c)(b-a)}{(d-b)(c-a)}}$$

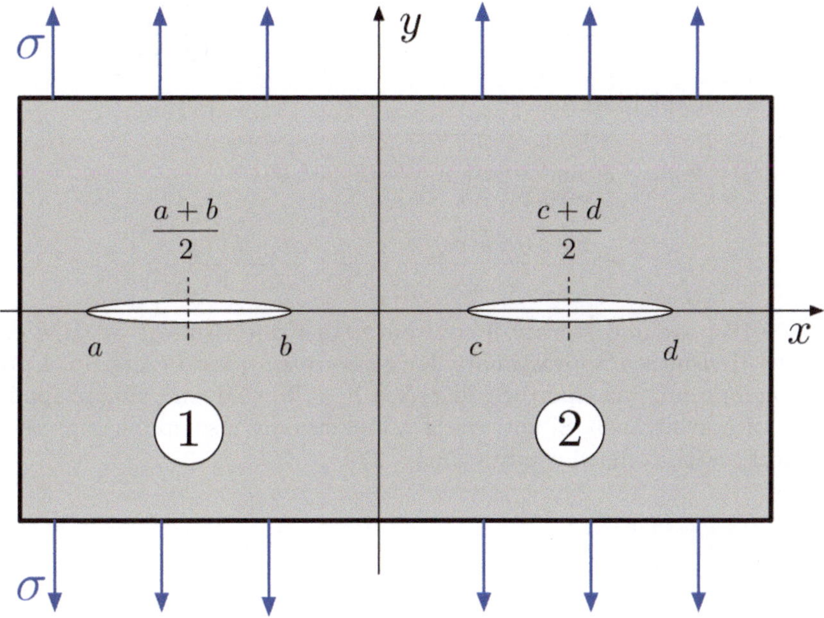

Fig. 5.11. Disposizione arbitraria di due cracks interagenti.

Nell'espressione per il campo di sforzo stati introdotti gli integrali ellittici completi di prima e seconda specie [1, 23]

$$\mathsf{K}(q) = \int\limits_0^{\frac{\pi}{2}} \frac{\mathrm{d}\alpha}{\sqrt{1 - q^2 \sin^2 \alpha}} = \int\limits_0^1 \frac{\mathrm{d}x}{\sqrt{(1 - x^2)(1 - q^2 x^2)}}$$

$$\mathsf{E}(q) = \int\limits_0^{\frac{\pi}{2}} \sqrt{1 - q^2 \sin^2 \alpha}\,\mathrm{d}\alpha = \int\limits_0^1 \frac{\sqrt{1 - q^2 x^2}}{\sqrt{1 - x^2}}\,\mathrm{d}x$$

Tale soluzione generale può essere applicata al caso dell'esercizio rappresentato in Fig. 5.10. Infatti, basta adottare le sostituzioni formali $a \to -a - \frac{d}{2}$, $b \to -\frac{d}{2}$, $c \to \frac{d}{2}$ e $d \to a + \frac{d}{2}$. Questo consente di ottenere la soluzione nella forma

$$T_{yy}(x,0) = \frac{\sigma \left| 2x^2 + d\left(a + \frac{d}{2}\right) - (a+d)^2 \frac{\mathsf{E}(\frac{a}{a+d})}{\mathsf{K}(\frac{a}{a+d})} \right|}{2\sqrt{\left(x + a + \frac{d}{2}\right)\left(x + \frac{d}{2}\right)\left(x - \frac{d}{2}\right)\left(x - a - \frac{d}{2}\right)}}$$

da cui si ricavano facilmente i fattori di intensificazione esatti agli apici esterni delle cricche

$$K_{I,est} = \lim_{x \to a + \frac{d}{2}} \sqrt{2\pi \left(x - a - \frac{d}{2}\right)}\, T_{yy}(x,0)$$

$$= \frac{\sigma\sqrt{a}\sqrt{a+d}\sqrt{2\pi}}{2\sqrt{2a+d}}\left[\frac{2a+d}{a} - \frac{a+d}{a}\frac{\mathsf{E}(\frac{a}{a+d})}{\mathsf{K}(\frac{a}{a+d})}\right]$$

e quelli per gli apici interni

$$K_{I,int} = \lim_{x\to\frac{d}{2}}\sqrt{2\pi\left(x-\frac{d}{2}\right)}\,T_{yy}(x,0)$$

$$= \frac{\sigma\sqrt{a}\sqrt{a+d}\sqrt{2\pi}}{2\sqrt{d}}\left[-\frac{d}{a} + \frac{a+d}{a}\frac{\mathsf{E}(\frac{a}{a+d})}{\mathsf{K}(\frac{a}{a+d})}\right]$$

In Fig. 5.12 possiamo trovare il confronto tra i due risultati esatti $K_{I,est}$ e $K_{I,int}$ ed il risultato approssimato K_I ricavato in questo esercizio. I grafici corrispondono ad una apertura di cricca $a = 1$ e ad uno sforzo applicato $\sigma = 1$ (unità arbitrarie). Si noti che il valore stimato è sempre compreso tra i due valori esatti, come ci aspettavamo.

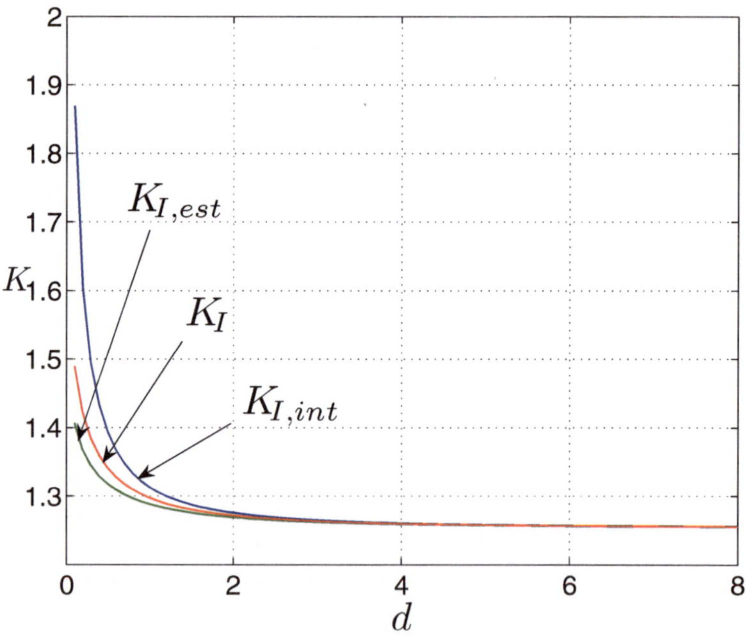

Fig. 5.12. Confronto tra i fattori di intensificazione esatti $K_{I,est}$ e $K_{I,int}$ e quello approssimato K_I, calcolati per $a = 1$ e $\sigma = 1$ (unità arbitrarie).

Esercizio 5.2. Si consideri nuovamente la coppia di cricche rappresentata in Fig. 5.10. Mediante le approssimazioni introdotte nell'esercizio precedente, si determini il valore dello sforzo critico $\sigma_f^{(2\,cricche)}$ di Griffith per tale configurazione.

Soluzione 5.2. Per una singola cricca di apertura a il criterio di Griffith conduce ad uno sforzo di cedimento pari a

$$\sigma_f = \sqrt{\frac{4\gamma_s E'}{\pi a}}$$

Per quanto visto nell'esercizio precedente lo sforzo medio cui è soggetto una singola cricca è dato da

$$\langle T_{yy}\rangle = \sigma \frac{2\sqrt{a+d}}{\sqrt{d+2a}+\sqrt{d}}$$

In condizioni critiche, cioè al limite di stabilità, si avrà

$$\langle T_{yy}\rangle_f = \sigma_f^{(2\,cricche)} \frac{2\sqrt{a+d}}{\sqrt{d+2a}+\sqrt{d}}$$

Ponendo $\sigma_f = \langle T_{yy}\rangle_f$, otteniamo quindi

$$\sqrt{\frac{4\gamma_s E'}{\pi a}} = \sigma_f^{(2\,cricche)} \frac{2\sqrt{a+d}}{\sqrt{d+2a}+\sqrt{d}}$$

da cui possiamo ottenere facilmente il valore critico $\sigma_f^{(2\,cricche)}$ richiesto

$$\sigma_f^{(2\,cricche)} = \frac{\sqrt{\frac{4\gamma_s E'}{\pi a}}}{\frac{2\sqrt{a+d}}{\sqrt{d+2a}+\sqrt{d}}} = \frac{\sqrt{d+2a}+\sqrt{d}}{\sqrt{a+d}\sqrt{a}}\sqrt{\frac{\gamma_s E'}{\pi}}$$

Si noti che per $d \to \infty$ si ha $\sigma_f^{(2\,cricche)} \to \sigma_f$, come deve essere quando le cricche non interagiscono. La formula può anche essere ulteriormente approssimata con uno sviluppo valido per grandi valori della distanza d. Infatti, si verifica facilmente che vale la relazione

$$\frac{\sqrt{d+2a}+\sqrt{d}}{2\sqrt{a+d}} \simeq 1 - \frac{1}{8}\frac{a^2}{d^2} + \frac{1}{4}\frac{a^3}{d^3}$$

per valori sufficientemente grandi della distanza. Allora si ottiene il rapporto approssimato

$$\frac{\sigma_f^{(2\,cricche)}}{\sigma_f} \simeq 1 - \frac{1}{8}\frac{a^2}{d^2} + \frac{1}{4}\frac{a^3}{d^3}$$

che evidenzia la relazione tra lo sforzo critico per due cricche e lo sforzo critico per una cricca (valida per $d \to \infty$).

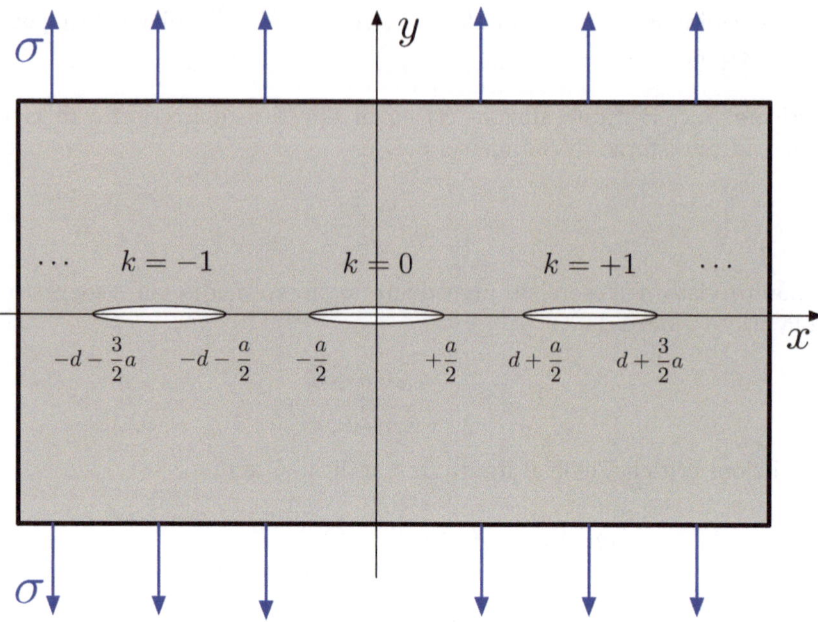

Fig. 5.13. Schiera regolare di infinite cricche aventi apertura a e distanza d.

Esercizio 5.3. Si consideri una schiera ordinata con un numero infinito di cricche collineari come quella rappresentata in Fig. 5.13. Si determini il fattore di intensificazione dello sforzo all'apice di ciascuna cricca, tramite le tecniche approssimate discusse negli esercizi precedenti.

Soluzione 5.3. Dalla Fig. 5.13 si deduce facilmente che l'intervallo I_k dell'asse x (corrispondente alla k-esima cricca) si scrive come

$$I_k = \left(k(a+d) - \frac{a}{2}, k(a+d) + \frac{a}{2}\right)$$

dove l'indice k assume tutti i valori interi ($k \in \mathcal{Z}$). Determiniamo approssimativamente lo sforzo medio agente sulla cricca posta in $k = 0$ dovuto alla presenza delle altre cricche. Supponiamo che l'intera struttura sia sottoposta ad uno sforzo tensile σ lungo l'asse y. Se la k-esima cricca fosse isolata, genererebbe un campo dato dall'espressione di Inglis traslata opportunamente

$$T_{yy}^{(k)} = \frac{|x - k(d+a)|\sigma}{\sqrt{[x - k(d+a)]^2 - \frac{a^2}{4}}}$$

Ovvero: la perturbazione rispetto allo sforzo applicato σ sarebbe $\Delta T_{yy}^{(k)} = T_{yy}^{(k)} - \sigma$ che, esplicitamente, conduce a

$$\Delta T_{yy}^{(k)} = \frac{|x - k(d+a)|\sigma}{\sqrt{[x - k(d+a)]^2 - \frac{a^2}{4}}} - \sigma$$

Adesso calcoliamo il valore medio di questa perturbazione sull'intervallo I_0 corrispondente alla cricca $k = 0$

$$\langle \Delta T_{yy}^{(k)} \rangle_{(0)} = \frac{\sigma}{a} \int_{-\frac{a}{2}}^{+\frac{a}{2}} \left\{ \frac{|x - k(d+a)|}{\sqrt{[x - k(d+a)]^2 - \frac{a^2}{4}}} - 1 \right\} dx$$

Mediante la sostituzione $[x - k(d+a)]^2 - \frac{a^2}{4} = \xi$ si ottiene facilmente

$$\langle \Delta T_{yy}^{(k)} \rangle_{(0)} = -\frac{\sigma \operatorname{sgn}(k)}{2a} \int_{k(a+d)[k(a+d)+a]}^{k(a+d)[k(a+d)-a]} \frac{d\xi}{\sqrt{\xi}} - \sigma$$

da cui l'integrazione elementare comporta

$$\langle \Delta T_{yy}^{(k)} \rangle_{(0)} = -\frac{\sigma \operatorname{sgn}(k)}{a} \sqrt{k(a+d)\left[k(a+d) - a\right]} +$$
$$+ \frac{\sigma \operatorname{sgn}(k)}{a} \sqrt{k(a+d)\left[k(a+d) + a\right]} - \sigma$$

Si noti che la precedente espressione risulta essere una funzione pari (simmetrica) in k. La perturbazione totale sulla cricca $k = 0$ si calcola come sommatoria delle perturbazioni generate da ciascuna cricca

$$\langle \Delta T_{yy} \rangle_{(0)} = \sum_{\substack{k \in \mathcal{Z} \\ k \neq 0}} \langle \Delta T_{yy}^{(k)} \rangle_{(0)}$$

e, quindi, il corrispondente valore medio dello sforzo applicato si determina come segue

$$\langle T_{yy} \rangle_{(0)} = \langle \Delta T_{yy} \rangle_{(0)} + \sigma = \sum_{\substack{k \in \mathcal{Z} \\ k \neq 0}} \langle \Delta T_{yy}^{(k)} \rangle_{(0)} + \sigma$$

Sfruttando la parità di $\langle \Delta T_{yy}^{(k)} \rangle_{(0)}$ e razionalizzando opportunamente i radicali si perviene alla relazione

$$\langle T_{yy} \rangle_{(0)} = \left\{ 1 + 2 \sum_{k=1}^{+\infty} \left[\frac{2\sqrt{k(a+d)}}{\sqrt{k(a+d)+a} + \sqrt{k(a+d)-a}} - 1 \right] \right\} \sigma$$

che rappresenta una serie convergente. Per una cricca esposta ad un campo uniforme T_{yy}^{∞}, il fattore di intensificazione degli sforzi è dato da

$$K_I = T_{yy}^{\infty} \sqrt{\frac{a}{2}\pi}$$

Ponendo approssimativamente $T_{yy}^{\infty} = \langle T_{yy} \rangle_{(0)}$, otteniamo la seguente formula approssimata per il fattore di intensificazione

$$K_I = \left\{ 1 + 2 \sum_{k=1}^{+\infty} \left[\frac{2\sqrt{k(a+d)}}{\sqrt{k(a+d)+a} + \sqrt{k(a+d)-a}} - 1 \right] \right\} \sigma \sqrt{\frac{a}{2}\pi}$$

che risponde a quanto richiesto dall'esercizio.

Anche in questo esempio possiamo fare un confronto tra la precedente formula approssimata e la seguente formula esatta (che può essere ottenuta con tecniche molto più raffinate)

$$K_I^{esatto} = \sigma \sqrt{\pi \frac{a}{2}} \sqrt{\frac{2(a+d)}{\pi a} \tan \frac{\pi a}{2(a+d)}}$$

Tale risultato è dovuto a Westergaard (1939) ed a Koiter (1959) [3, 9]. Il confronto tra i valori approssimati e quelli esatti è rappresentato in Fig. 5.14 da cui si evince che il metodo approssimato sottostima il fattore di intensificazione dello sforzo. Si può inoltre verificare facilmente che l'errore tra le due formule è dell'ordine di $\left(\frac{a}{d}\right)^4$.

Esercizio 5.4. Si consideri nuovamente la schiera di cricche rappresentata in Fig. 5.13. Mediante le approssimazioni introdotte nell'esercizio precedente si determini il valore dello sforzo critico $\sigma_f^{(schiera)}$ di Griffith per tale configurazione.

Soluzione 5.4. Per una singola cricca di apertura a il criterio di Griffith conduce ad uno sforzo di cedimento pari a

$$\sigma_f = \sqrt{\frac{4\gamma_s E'}{\pi a}}$$

Per quanto visto nell'esercizio precedente lo sforzo medio a cui è soggetta una singola cricca della schiera regolare è dato da

$$\langle T_{yy} \rangle = \left\{ 1 + 2 \sum_{k=1}^{+\infty} \left[\frac{2\sqrt{k(a+d)}}{\sqrt{k(a+d)+a} + \sqrt{k(a+d)-a}} - 1 \right] \right\} \sigma$$

In condizioni critiche, cioè al limite di stabilità, si avrà

$$\langle T_{yy} \rangle_f = \left\{ 1 + 2 \sum_{k=1}^{+\infty} \left[\frac{2\sqrt{k(a+d)}}{\sqrt{k(a+d)+a} + \sqrt{k(a+d)-a}} - 1 \right] \right\} \sigma_f^{(schiera)}$$

Ponendo quindi $\sigma_f = \langle T_{yy} \rangle_f$ otteniamo

$$\sqrt{\frac{4\gamma_s E'}{\pi a}} = \left\{ 1 + 2 \sum_{k=1}^{+\infty} \left[\frac{2\sqrt{k(a+d)}}{\sqrt{k(a+d)+a} + \sqrt{k(a+d)-a}} - 1 \right] \right\} \sigma_f^{(schiera)}$$

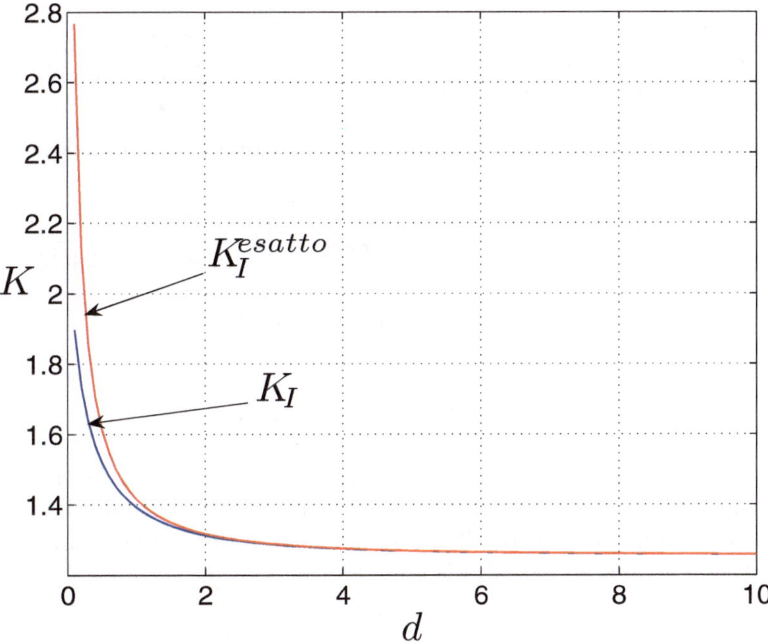

Fig. 5.14. Confronto tra il valore approssimato K_I ed il valore esatto K_I^{esatto} per una schiera regolare di infinite cricche aventi apertura $a = 1$ e $\sigma = 1$ al variare della distanza d.

da cui possiamo ottenere facilmente il valore critico $\sigma_f^{(schiera)}$ richiesto

$$\sigma_f^{(schiera)} = \frac{\sqrt{\frac{4\gamma_s E'}{\pi a}}}{1 + 2\sum_{k=1}^{+\infty}\left[\frac{2\sqrt{k(a+d)}}{\sqrt{k(a+d)+a}+\sqrt{k(a+d)-a}} - 1\right]}$$

Si noti che per $d \to \infty$ si ha $\sigma_f^{(schiera)} \to \sigma_f$, come deve essere quando le cricche non interagiscono. Questa formula finale può essere ulteriormente approssimata e semplificata nel seguente modo. Se d è abbastanza grande si verifica facilmente lo sviluppo

$$\frac{2\sqrt{k(a+d)}}{\sqrt{k(a+d)+a}+\sqrt{k(a+d)-a}} - 1 \simeq \frac{1}{8}\frac{a^2}{d^2}\frac{1}{k^2} - \frac{1}{4}\frac{a^3}{d^3}\frac{1}{k^2}$$

e quindi

$$\sum_{k=1}^{+\infty}\left[\frac{2\sqrt{k(a+d)}}{\sqrt{k(a+d)+a}+\sqrt{k(a+d)-a}} - 1\right] \simeq \frac{1}{8}\frac{a^2}{d^2}\sum_{k=1}^{+\infty}\frac{1}{k^2} - \frac{1}{4}\frac{a^3}{d^3}\sum_{k=1}^{+\infty}\frac{1}{k^2}$$

Ricordando che $\sum_{k=1}^{+\infty} \frac{1}{k^2} = \frac{\pi^2}{6}$ si ottiene subito

$$\sum_{k=1}^{+\infty} \left[\frac{2\sqrt{k(a+d)}}{\sqrt{k(a+d)+a} + \sqrt{k(a+d)-a}} - 1 \right] \simeq \frac{\pi^2}{48}\frac{a^2}{d^2} - \frac{\pi^2}{24}\frac{a^3}{d^3}$$

ed allora lo sforzo critico per la schiera si approssima con la relazione

$$\sigma_f^{(schiera)} \simeq \frac{\sqrt{\frac{4\gamma_s E'}{\pi a}}}{1 + \frac{\pi^2}{24}\frac{a^2}{d^2} - \frac{\pi^2}{12}\frac{a^3}{d^3}} \simeq \sqrt{\frac{4\gamma_s E'}{\pi a}} \left[1 - \frac{\pi^2}{24}\frac{a^2}{d^2} + \frac{\pi^2}{12}\frac{a^3}{d^3} \right]$$

In conclusione, per distanze sufficientemente grandi si ha

$$\frac{\sigma_f^{(schiera)}}{\sigma_f} \simeq 1 - \frac{\pi^2}{24}\frac{a^2}{d^2} + \frac{\pi^2}{12}\frac{a^3}{d^3}$$

che evidenzia la relazione tra lo sforzo critico per la schiera di cricche e lo sforzo critico per una cricca isolata (valida per $d \to \infty$). Facendo il confronto con la soluzione dell'esercizio 5.2 valida nel caso di due sole cricche si evince facilmente che vale la catena di disuguaglianze

$$\boxed{\sigma_f^{(schiera)} < \sigma_f^{(2\,cricche)} < \sigma_f}$$

ovvero: *lo sforzo critico diminuisce all'aumentare del numero di cricche.*

6
Teoria di Eshelby

La teoria di Eshelby è uno dei capitoli principali della cosiddetta micromeccanica, termine che nella letteratura scientifica viene usato in due accezioni differenti. Nella prima la micromeccanica studia le proprietà meccaniche (ma anche elettromagnetiche e termodinamiche) di materiali con una certa microstruttura. Nella seconda accezione, si intende lo studio del comportamento dei materiali alle varie scale di osservazione nanoscopica, microscopica, mesoscopica e macroscopica. La micromeccanica è recentemente diventata una parte indispensabile dei fondamenti teorici per ingegneri e fisici, in particolare per coloro che si applicano alle tecnologie emergenti come le nanotecnologie e le tecnologie biomediche.

Nella fisica della materia condensata (ed, oggi, nella meccanica applicata) il termine micromeccanica si riferisce specificatamente a tre scale di osservazione: scala degli atomi e delle molecole (nano-scala, con distanze tipiche dell'ordine di alcuni Å), microstruttura (mesoscala, con distanze tipiche dell'ordine dei nm-μm) e scala macroscopica o fenomenologica (mm). Si può efficacemente sintetizzare dicendo che il programma compessivo della micromeccanica sia quello di analizzare la materia a partire dalla leggi fisiche fondamentali (meccanica quantistica), sino ad arrivare alle equazioni costitutive di un mezzo avente ogni grado di complessità strutturale. Come fase intermedia si hanno tutte le tecniche e teorie di omogenizzazione utili per i materiali compositi e i mezzi eterogenei.

Dal punto di vista concettuale la micromeccanica si è sviluppata all'interno di un apparato analitico rigoroso e con tecniche computazionali avanzate. Si può dire che la microelasticità, nucleo centrale della micromeccanica, sia stata fondata tramite la definizione dell'*autodeformazione* (in inglese, `eigenstrain`) e dell'*inclusione* (in inglese, `inclusion`) e l'elegante teoria di Eshelby che viene discussa nel presente Capitolo. Si può inoltre affermare che tutte le moderne tecniche di analisi e progetto di materiali compositi di ogni tipo siano basati sulla presente teoria.

Al fine di meglio introdurre il Lettore alla complessa teoria di Eshelby, descriviamo brevemente il problema concettuale di base, nel caso di un mezzo elastico lineare omogeneo ed isotropo, esteso in tutto lo spazio tridimensionale. Tale mezzo sia inizialmente posto in una condizione di equilibrio statico senza alcuna forza applicata (stato di riferimento senza deformazioni). Supponiamo, ora, di rimuovere una regione ellissoidale ed ivi sostituire al mezzo iniziale un mezzo elastico differente. Anche la regione sostituita sia inizialmente in stato non deformato. Il sistema risultante è quindi formato da un mezzo contenente una disomogeneità. Quando il sistema complessivo viene sottoposto a tensioni elastiche, mediante forze applicate all'infinito (cioè a grandi distanze dall'ellissoide o remote), si crea un campo di deformazioni particolare, indotto dalla presenza della disomogeneità inserita nel mezzo. La teoria di Eshelby risolve completamente il problema matematico di una disomogeneità elastica, nel caso in cui gli sforzi all'infinito siano rappresentati da un campo uniforme [17, 18]. Sottolineiamo che se tali sforzi fossero applicati ad un mezzo omogeneo (senza disomogeneità) si genererebbero un tensore degli sforzi ed un tensore delle deformazioni uniformi (costanti).

La teoria di Eshelby ha immediate applicazioni in un vasto campo di situazioni meccaniche e fisiche di grande interesse nella micromeccanica [14, 29]. Si pensi, per esempio, allo studio dei materiali eterogenei composti dove le disomogeneità all'interno del mezzo sono gli oggetti fondamentali che definiscono la microstruttura. Si osservi, inoltre, che l'ellissoide (al variare della lunghezza dei tre semiassi) può assumere configurazioni geometriche di grande interesse come, per esempio, il cilindro (quando un semiasse tende all'infinito) che, a sua volta, consente lo studio di materiali fibrosi. Altro caso notevole è quello delle disomogeneità per così dire "piatte" (quando un semiasse tende a zero) che è legato al caso dei materiali fratturati o microfratturati (si vedano a tal proposito i Cap. 5 e 7).

6.1 Introduzione

Il punto di partenza è rappresentato dalle equazioni fondamentali dell'elasticità lineare. Esse verranno considerate sotto l'ipotesi di mezzo lineare omogeneo ed isotropo di cui riportiamo per comodità l'equazione costitutiva

$$T_{ij} = \mathcal{C}_{ijkh}\epsilon_{kh} \tag{6.1}$$

$$\mathcal{C}_{ijkh} = \lambda\delta_{ij}\delta_{kh} + \mu\left(\delta_{ik}\delta_{jh} + \delta_{ih}\delta_{jk}\right) \tag{6.2}$$

La seconda relazione, Eq. (6.2), indica la struttura di tutte le componenti del tensore di elasticità (stiffness tensor) definito nella prima relazione, Eq. (6.1) (si veda l'esercizio 2.4).

Le equazioni generali dell'elasticità, come è stato descritto nel Cap. 4, possono essere poste in una forma esplicita molto utile per le applicazioni, in quanto tale forma prevede come unica incognita il vettore spostamento

$$(\lambda + \mu)\,\boldsymbol{\nabla}\left(\boldsymbol{\nabla}\mathbf{u}\right) + \mu\boldsymbol{\nabla}^2\mathbf{u} + \mathbf{b} = \rho\frac{\partial^2\mathbf{u}}{\partial t^2} \tag{6.3}$$

Nella Sezione seguente ci occuperemo di trovare la soluzione generale (nel caso statico) dell'Eq. (6.3) per un mezzo infinito, cioè che si estende infinitamente in tutte le direzioni dello spazio tridimensionale.

La teoria di Eshelby, inoltre, fa uso di un artificio fisico-matematico basato sul concetto di *inclusione* (in inglese `inclusion`). Esso rappresenta un brillante espediente che consente di risolvere il problema sopra discusso della disomogeneità (in inglese `inhomogeneity`). L'inclusione non è fisicamente equivalente ad una disomogeneità; essa rappresenta un oggetto particolare con proprietà opportune. I due concetti sono legati dal *principio di equivalenza di Eshelby* che descriveremo nel prosieguo del Capitolo. Per ora ricordiamoci, quindi, che inclusione e disomogeneità non sono sinonimi, ma oggetti ben distinti di cui impareremo a conoscere le caratteristiche nel seguito. Talvolta in letteratura si trovano i due termini usati per descrivere lo stesso concetto e si capisce dal contesto l'accezione considerata. Al fine di evitare confusione, nella nostra trattazione useremo rigorosamente ciascun termine in base alle definizioni proprie.

6.2 La funzione di Green in teoria dell'elasticità

Consideriamo una forza agente in un solo punto di un mezzo elastico infinito tridimensionale. Tale forza concentrata è espressa dal punto di vista matematico tramite una funzione delta di Dirac tridimensionale $\delta\left(\mathbf{r}\right)$ che, per fissare le idee, consideriamo centrata nell'origine degli assi (ogni altra disposizione è riconducibile a questa mediante una traslazione). Inoltre, per gli scopi del presente testo ci soffermiamo esclusivamente sul caso statico. L'Eq. (6.3) si specializza nella seguente espressione

$$(\lambda + \mu)\, \mathbf{\nabla}\left(\mathbf{\nabla u}\right) + \mu \mathbf{\nabla}^2 \mathbf{u} + \mathbf{F}\delta\left(\mathbf{r}\right) = 0 \tag{6.4}$$

cioè in componenti

$$(\lambda + \mu)\, \frac{\partial}{\partial x_k}\left(\frac{\partial u_i}{\partial x_i}\right) + \mu \nabla^2 u_k + F_k \delta\left(\mathbf{r}\right) = 0 \tag{6.5}$$

dove è lasciata sottointesa la somma sull'indice i, mentre il vettore $\mathbf{r}$ rappresenta il vettore posizione (x_1, x_2, x_3). Si osservi, per completezza, che la funzione $\delta\left(\mathbf{r}\right)$ ha dimensioni $1/\text{m}^3$ e, quindi, il vettore $\mathbf{F}$ rappresenta una forza efficace misurata in N (essendo $\mathbf{b} = \mathbf{F}\delta\left(\mathbf{r}\right)$ una densità di forza cioè una forza per unità di volume). Utilizzando il metodo delle trasformate di Fourier (si veda l'Appendice H) possiamo riscrivere l'Eq. (6.5) nel dominio trasformato

$$\mu\kappa_i\kappa_i U_k\left(\boldsymbol{\kappa}\right) + (\lambda + \mu)\,\kappa_k\kappa_i U_i\left(\boldsymbol{\kappa}\right) = F_k \tag{6.6}$$

dove gli spostamenti $u_k(\mathbf{r})$ sono stati trasformati nelle funzioni $U_k(\boldsymbol{\kappa})$. La variabile Fourier-trasformata del vettore posizione $\mathbf{r}$ è stata indicata con $\boldsymbol{\kappa}$.

Inoltre, abbiamo usato la ben nota proprietà della funzione delta di Dirac la cui trasformata di Fourier vale sempre 1. Con questa procedura abbiamo cambiato un problema differenziale in un problema algebrico facilmente risolubile. Innanzitutto moltiplichiamo l'Eq. (6.6) per κ_k e sommiamo sull'indice k

$$\mu\kappa_i\kappa_i\kappa_k U_k\left(\boldsymbol{\kappa}\right) + \left(\lambda + \mu\right)\kappa_k\kappa_k\kappa_i U_i\left(\boldsymbol{\kappa}\right) = \kappa_k F_k \tag{6.7}$$

Riscrivendo in maniera più conveniente otteniamo

$$\left[\mu\kappa_i\kappa_i + \left(\lambda + \mu\right)\kappa_i\kappa_i\right]\kappa_k U_k\left(\boldsymbol{\kappa}\right) = \kappa_k F_k \tag{6.8}$$

ovvero

$$\kappa_k U_k\left(\boldsymbol{\kappa}\right) = \frac{\kappa_i F_i}{\left(\lambda + 2\mu\right)\kappa_i\kappa_i} \tag{6.9}$$

Sostituendo l'Eq. (6.9) nell'Eq. (6.6) si ottiene

$$\mu\kappa_i\kappa_i U_k\left(\boldsymbol{\kappa}\right) + \left(\lambda + \mu\right)\kappa_k\frac{\kappa_i F_i}{\left(\lambda + 2\mu\right)\kappa_i\kappa_i} = F_k \tag{6.10}$$

da cui si determina la trasformata di Fourier delle soluzioni

$$U_k\left(\boldsymbol{\kappa}\right) = \frac{F_k}{\mu\kappa_i\kappa_i} - \frac{\lambda + \mu}{\mu\left(\lambda + 2\mu\right)}\frac{\kappa_k\kappa_i F_i}{\left(\kappa_i\kappa_i\right)^2} \tag{6.11}$$

Per completare la procedura dobbiamo antitrasformare l'Eq. (6.11) ottenendo, quindi, gli spostamenti effettivi. A tal fine sono particolarmente utili le trasformate di funzioni a simmetria sferica descritte in Appendice H. Pertanto, nell'Eq. (6.11) introduciamo le seguenti identificazioni

$$\frac{1}{\kappa_i\kappa_i} = \frac{1}{\kappa^2} \quad e \quad \frac{1}{\left(\kappa_i\kappa_i\right)^2} = \frac{1}{\kappa^4} \tag{6.12}$$

in modo che l'Eq. (6.11) possa essere più semplicemente riscritta nella forma

$$U_k\left(\boldsymbol{\kappa}\right) = \frac{F_k}{\mu\kappa^2} - \frac{\lambda + \mu}{\mu\left(\lambda + 2\mu\right)}\frac{\kappa_k\kappa_i F_i}{\kappa^4} \tag{6.13}$$

Si possono ora adottare le seguenti regole di trasformazione (descritte, ancora una volta, in Appendice H)

$$\frac{1}{\kappa^2} \rightarrow \frac{1}{4\pi r} \quad e \quad \frac{1}{\kappa^4} \rightarrow -\frac{r}{8\pi} \quad e \quad \kappa_k\kappa_i \rightarrow \left(-i\frac{\partial}{\partial x_k}\right)\left(-i\frac{\partial}{\partial x_i}\right) \tag{6.14}$$

Otteniamo allora la prima versione della soluzione negli spostamenti effettivi nello spazio diretto:

$$u_k\left(\mathbf{r}\right) = \frac{1}{4\pi\mu}\left[\frac{F_k}{r} - \frac{\lambda + \mu}{2\left(\lambda + 2\mu\right)}\frac{\partial^2 r}{\partial x_k\partial x_i}F_i\right] \tag{6.15}$$

Per gli sviluppi futuri è conveniente calcolare anche le derivate parziali

$$\frac{\partial r}{\partial x_i} = \frac{x_i}{r} \tag{6.16}$$

$$\frac{\partial^2 r}{\partial x_k \partial x_l} = \frac{\delta_{ik}}{r} - \frac{x_i x_k}{r^3} \tag{6.17}$$

Usando quest'ultima derivata parziale mista nell'Eq. (6.15) si ottiene il risultato fondamentale nella forma seguente

$$u_k\left(\mathbf{r}\right) = G_{ki}\left(\mathbf{r}\right) F_i \tag{6.18}$$

dove $G_{ki}\left(\mathbf{r}\right)$ rappresenta la *funzione di Green per la teoria dell'elasticità*, detta anche matrice di Kelvin-Somigliana

$$\boxed{G_{ki}\left(\mathbf{r}\right) = \frac{1}{8\pi\mu(\lambda+2\mu)r}\left[\left(\lambda+3\mu\right)\delta_{ki} + \left(\lambda+\mu\right)\frac{x_k x_i}{r^2}\right]} \tag{6.19}$$

Questa relazione è scrivibile anche in funzione del modulo di Young E e del coefficiente di Poisson ν

$$\boxed{G_{ki}\left(\mathbf{r}\right) = \frac{1}{8\pi E r}\frac{1+\nu}{1-\nu}\left[\left(3-4\nu\right)\delta_{ki} + \frac{x_k x_i}{r^2}\right]} \tag{6.20}$$

Talvolta, la matrice di Kelvin-Somigliana è utile nella forma in cui compaiono il modulo di taglio μ ed il coefficiente di Poisson ν

$$\boxed{G_{ki}\left(\mathbf{r}\right) = \frac{1}{16\pi\mu r}\frac{1}{1-\nu}\left[\left(3-4\nu\right)\delta_{ki} + \frac{x_k x_i}{r^2}\right]} \tag{6.21}$$

Il principio di sovrapposizione (valido in generale per equazioni differenziali lineari alle derivate parziali) permette di estendere questo risultato ad un qualunque campo di forze volumetrico distribuito nel mezzo infinito. Un tale campo, infatti, è sempre rappresentabile in termini di un integrale di convoluzione tra il campo di forze assegnato $\mathbf{b}$ e la funzione di Green

$$u_k\left(\mathbf{r}\right) = \int_{\Re^3} b_i\left(\boldsymbol{\eta}\right) G_{ki}\left(\mathbf{r}-\boldsymbol{\eta}\right)\mathrm{d}\boldsymbol{\eta} \tag{6.22}$$

Ricordiamo, per completezza, che il calcolo svolto in questa Sezione potrebbe essere facilmente generalizzato al caso di campi variabili nel tempo o al regime sinusoidale stazionario [32]. Ciononostante, per le applicazioni che seguono è sufficiente conoscere la soluzione statica.

6.3 Definizione di autodeformazione e di inclusione

Una certa regione di spazio si dice soggetta ad un'autodeformazione (in inglese `eigenstrain`) quando l'equazione costitutiva del mezzo elastico ivi presente è scrivibile nella forma seguente

$$T_{ij} = \mathcal{C}_{ijkh} \left(\epsilon_{kh} - \epsilon_{kh}^* \right) \qquad (6.23)$$

dove ϵ_{kh}^* rappresenta l'effettiva autodeformazione nella regione di interesse. Tale relazione costitutiva ha un immediato significato fisico: *anche nel caso in cui lo sforzo sia nullo, si ha comunque una certa deformazione nota a priori; essa è rappresentata proprio dal tensore di deformazione* ϵ_{kh}^* *che è, dunque, una data funzione del posto.* Equazioni costitutive di questo tipo generalmente non sono usate per descrivere materiali effettivamente esistenti, bensì per costruire modelli di situazioni particolari (quali, ad esempio, le strutture eterogenee). Questo aspetto verrà discusso estesamente nel seguito.

Un caso tipico di effettiva presenza di un'autodeformazione descritta da un'equazione tipo Eq. (6.23) è quello citato alla Sez. 3.4, relativamente alle deformazioni indotte dalle variazioni di temperatura. In questo caso specifico è evidente che vale la relazione esplicita $\epsilon_{kh}^* = \frac{1}{3}\alpha\Delta T\delta_{kh}$ [32, 38]: fisicamente, dunque, l'autodeformazione descrive il campo di deformazione associato alla dilatazione termica. Esso esiste indipendentemente dalla applicazione di sforzi e dalla eventuale variazione locale delle proprietà elastiche.

Supponiamo che il campo ϵ_{kh}^* sia noto in tutto lo spazio (eventualmente può essere nullo in qualche zona) e che non vi siano forze volumetriche applicate. In queste condizioni possiamo studiare i soli effetti dell'autodeformazione. Usando le equazioni fondamentali si ha subito

$$\frac{\partial \mathcal{C}_{ijkh} \left(\epsilon_{kh} - \epsilon_{kh}^* \right)}{\partial x_i} = 0 \qquad (6.24)$$

e, quindi, ricordando le simmetrie del tensore elastico

$$\mathcal{C}_{ijkh} \frac{\partial^2 u_k}{\partial x_i \partial x_h} - \mathcal{C}_{ijkh} \frac{\partial \epsilon_{kh}^*}{\partial x_i} = 0 \qquad (6.25)$$

Questo significa che un'autodeformazione distribuita nello spazio corrisponde ad una forza di volume equivalente pari a

$$b_j^* \left(\mathbf{r} \right) = -\mathcal{C}_{ijkh} \frac{\partial \epsilon_{kh}^* \left(\mathbf{r} \right)}{\partial x_i} \qquad (6.26)$$

Utilizzando la funzione di Green, possiamo descrivere gli effetti complessivi della presenza di un'autodeformazione tramite il seguente integrale di convoluzione (si veda Eq. (6.22))

$$\begin{aligned}
u_i \left(\mathbf{r} \right) &= \int_{\Re^3} b_j^* \left(\boldsymbol{\eta} \right) G_{ij} \left(\mathbf{r} - \boldsymbol{\eta} \right) \mathrm{d}\boldsymbol{\eta} \\
&= -\int_{\Re^3} \mathcal{C}_{sjkh} \frac{\partial \epsilon_{kh}^* \left(\boldsymbol{\eta} \right)}{\partial \eta_s} G_{ij} \left(\mathbf{r} - \boldsymbol{\eta} \right) \mathrm{d}\boldsymbol{\eta} \\
&= \int_{\Re^3} \mathcal{C}_{sjkh} \epsilon_{kh}^* \left(\boldsymbol{\eta} \right) \frac{\partial G_{ij} \left(\mathbf{r} - \boldsymbol{\eta} \right)}{\partial \eta_s} \mathrm{d}\boldsymbol{\eta} \\
&= -\int_{\Re^3} \mathcal{C}_{sjkh} \epsilon_{kh}^* \left(\boldsymbol{\eta} \right) \frac{\partial G_{ij} \left(\mathbf{r} - \boldsymbol{\eta} \right)}{\partial x_s} \mathrm{d}\boldsymbol{\eta} \qquad (6.27)
\end{aligned}$$

È opportuno specificare alcuni dettagli tecnici del calcolo riportato in Eq. (6.27). Nell'ultimo passaggio è stata usata la proprietà

$$\frac{\partial G_{ij}\left(\mathbf{r}-\boldsymbol{\eta}\right)}{\partial \eta_s} = -\frac{\partial G_{ij}\left(\mathbf{r}-\boldsymbol{\eta}\right)}{\partial x_s} \tag{6.28}$$

Nel secondo passaggio è stata usata una proprietà degli integrali tripli, che discende dal teorema della divergenza (o di Gauss)

$$\int_{\mathsf{V}} \frac{\partial f}{\partial x_j}\mathrm{d}\mathbf{r} = \oint_{\mathsf{S}} f n_j \mathrm{d}S \tag{6.29}$$

applicato ad un dominio V avente frontiera S e normale esterna (n_1, n_2, n_3) e per un generico campo scalare f [36]. Se poniamo f come il prodotto di due funzioni $f = \Psi\Phi$ si ottiene subito

$$\int_{\mathsf{V}} \Psi \frac{\partial \Phi}{\partial x_j}\mathrm{d}\mathbf{r} = -\int_{\mathsf{V}} \Phi \frac{\partial \Psi}{\partial x_j}\mathrm{d}\mathbf{r} + \oint_{\mathsf{S}} \Psi\Phi n_j \mathrm{d}S \tag{6.30}$$

La precedente va interpretata come una formula di integrazione per parti valida per gli integrali tripli. Nel caso in cui il dominio V tenda all'intero spazio $\Re^3$ e nell'ipotesi in cui il prodotto $\Psi\Phi$ tenda a zero all'infinito in modo sufficientemente veloce, si ottiene la seguente importante relazione che abbiamo utilizzato in Eq. (6.27)

$$\int_{\Re^3} \Psi \frac{\partial \Phi}{\partial x_j}\mathrm{d}\mathbf{r} = -\int_{\Re^3} \Phi \frac{\partial \Psi}{\partial x_j}\mathrm{d}\mathbf{r} \tag{6.31}$$

La quantità ϵ_{kh}^* può essere diversa da zero e uniforme (costante nello spazio) solo *in una regione chiusa e limitata*: in tale caso si parla di *inclusione omogenea* (in inglese **homogeneous eigenstrain**). Il caso delle inclusioni omogenee è il più importante per le applicazioni che seguiranno. Considerando allora il caso in cui sia presente una inclusione omogenea nella regione chiusa e limitata V si ottiene subito dall'Eq. (6.27) il seguente risultato particolare

$$\boxed{u_i\left(\mathbf{r}\right) = -\mathcal{C}_{sjkh}\epsilon_{kh}^* \int_{\mathsf{V}} \frac{\partial G_{ij}}{\partial x_s}\left(\mathbf{r}-\boldsymbol{\eta}\right)\mathrm{d}\boldsymbol{\eta}} \tag{6.32}$$

avendo estratto dall'integrale le grandezze costanti. Si osservi che l'integrale in Eq. (6.32) dipende solo dalla geometria dell'inclusione (cioè dal suo dominio V) e non dall'autodeformazione ϵ_{kh}^* applicata al suo interno (purchè essa sia costante). Una volta fissata la forma del dominio e nota la funzione di Green è possibile, almeno in linea di principio, calcolare l'integrale e valutare gli effetti dell'inclusione in tutto lo spazio. Si noti che nell'Eq. (6.32) la variabile $\mathbf{r}$ varia in tutto lo spazio $\Re^3$ mentre la variablie $\boldsymbol{\eta}$ varia solo all'interno del dominio di integrazione V.

6.4 Il nucleo della teoria di Eshelby

La parte centrale della teoria di Eshelby riguarda lo sviluppo degli integrali come quello indicato in Eq. (6.32), sotto le ipotesi che il volume dell'inclusione sia di forma ellissoidale ed il mezzo circostante sia lineare, elastico, omogeneo ed isotropo. La scelta di una forma ellittica per la generica inclusione non è arbitraria o di pura convenienza matematica (che, pure, esiste come discusso nella prossima Sezione). Una inclusione ellittica, infatti, corrisponde – con opportune condizioni di limite – a numerosi casi realistici di interesse applicativo, quando si passi a studiare le corrispondenti disomogeneità. Per esempio:

- un ellissoide con tre semi-assi uguali corrisponde ad una sfera: questa geometria consente di studiare particelle sferiche disperse in una data matrice;
- un ellissoide con due semi-assi uguali ed il terzo molto maggiore di essi corrisponde ad un cilindro: questa geometria definisce il caso di una fibra inserita in una matrice;
- un ellissoide con un semi-asse molto minore degli altri due e vuoto (cioè descritto da un mezzo fittizio con $\mathcal{C}_{ijkh} = 0$ per ogni i, j, k, h) corrisponde ad una cricca ellittica di Griffith;

Il problema verrà affrontato con l'introduzione di due funzioni scalari dette potenziale armonico e potenziale biarmonico.

6.4.1 Teoria per inclusioni omogenee ellissoidali

L'integrale in Eq. (6.32) è calcolabile in modo esatto nel caso in cui il dominio V in cui è presente l'autodeformazione omogenea (costante) sia di forma ellissoidale (si veda la Fig. 6.1)

$$V = \left\{ \mathbf{r} \in \Re^3 : \frac{x_1^2}{a_1^2} + \frac{x_2^2}{a_2^2} + \frac{x_3^2}{a_3^2} = 1 \right\} \tag{6.33}$$

Come primo passo moltiplichiamo il tensore di elasticità dato in Eq. (6.2) per la derivata della funzione di Green data in Eq. (6.21) (poniamo ovunque $\mathbf{z} = \mathbf{r} - \boldsymbol{\eta}$ e $z = |\mathbf{z}|$ per abbreviare le formule)

$$\mathcal{C}_{sjkh} \frac{\partial G_{ij}(\mathbf{r} - \boldsymbol{\eta})}{\partial x_s} = [\lambda \delta_{sj} \delta_{kh} + \mu (\delta_{sk} \delta_{jh} + \delta_{sh} \delta_{jk})]$$

$$\times \frac{1}{16\pi\mu(1-\nu)} \frac{\partial}{\partial x_s} \frac{1}{z} \left[(3 - 4\nu) \delta_{ij} + \frac{z_i z_j}{z^2} \right] \tag{6.34}$$

Visto che

$$\frac{\partial^2 z}{\partial x_i \partial x_j} = \frac{\delta_{ij}}{z} - \frac{z_i z_j}{z^3} \text{ cioè } \frac{z_i z_j}{z^3} = \frac{\delta_{ij}}{z} - \frac{\partial^2 z}{\partial x_i \partial x_j} \tag{6.35}$$

allora

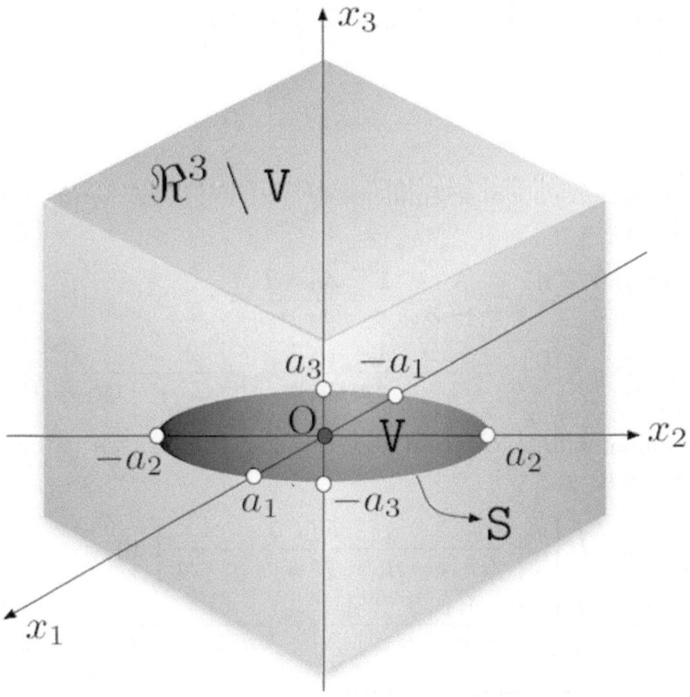

Fig. 6.1. Schema di una inclusione ellissoidale

$$\mathcal{C}_{sjkh}\frac{\partial G_{ij}\left(\mathbf{r}-\boldsymbol{\eta}\right)}{\partial x_s} = \left[\lambda\delta_{sj}\delta_{kh} + \mu\left(\delta_{sk}\delta_{jh} + \delta_{sh}\delta_{jk}\right)\right]$$

$$\times\frac{1}{16\pi\mu\left(1-\nu\right)}\frac{\partial}{\partial x_s}\left[4\left(1-\nu\right)\frac{\delta_{ij}}{z} - \frac{\partial^2 z}{\partial x_i\partial x_j}\right] \quad (6.36)$$

È conveniente esprimere il risultato in funzione del modulo di taglio μ e del coefficiente di Poisson ν (si ricordi che $\lambda = \frac{2\mu\nu}{1-2\nu}$). Sviluppando l'espressione precedente si ottiene

$$\mathcal{C}_{sjkh}\frac{\partial G_{ij}\left(\mathbf{r}-\boldsymbol{\eta}\right)}{\partial x_s} = \frac{2\nu}{1-2\nu}\frac{\delta_{kh}}{4\pi}\frac{\partial}{\partial x_i}\frac{1}{z}$$

$$+\frac{\delta_{ih}}{4\pi}\frac{\partial}{\partial x_k}\frac{1}{z} + \frac{\delta_{ik}}{4\pi}\frac{\partial}{\partial x_h}\frac{1}{z}$$

$$-\frac{2\nu}{1-2\nu}\frac{\delta_{kh}}{16\pi\left(1-\nu\right)}\frac{\partial^3 z}{\partial x_j\partial x_j\partial x_i}$$

$$-\frac{1}{16\pi\left(1-\nu\right)}\frac{\partial^3 z}{\partial x_i\partial x_k\partial x_h}$$

$$-\frac{1}{16\pi\left(1-\nu\right)}\frac{\partial^3 z}{\partial x_i\partial x_k\partial x_h} \quad (6.37)$$

Se consideriamo l'Eq. (6.35), poniamo $i = j$ e sommiamo sull'unico indice j rimasto ottenendo

$$\frac{\partial^2 z}{\partial x_j \partial x_j} = \frac{3}{z} - \frac{z_j z_j}{z^3} = \frac{3}{z} - \frac{z^2}{z^3} = \frac{2}{z} \tag{6.38}$$

Questa proprietà consente di semplificare l'Eq. (6.37) in una forma importante e utile per il seguito

$$\mathcal{C}_{sjkh} \frac{\partial G_{ij}(\mathbf{r} - \boldsymbol{\eta})}{\partial x_s} = \frac{\delta_{ih}}{4\pi} \frac{\partial}{\partial x_k} \frac{1}{z} + \frac{\delta_{ik}}{4\pi} \frac{\partial}{\partial x_h} \frac{1}{z}$$
$$+ \frac{\nu}{1-\nu} \frac{\delta_{kh}}{4\pi} \frac{\partial}{\partial x_i} \frac{1}{z} - \frac{1}{8\pi(1-\nu)} \frac{\partial^3 z}{\partial x_i \partial x_k \partial x_h} \tag{6.39}$$

L'integrale fondamentale espresso dall'Eq. (6.32) è trasformato, grazie a questo risultato, in

$$u_i(\mathbf{r}) = -\epsilon_{kh}^* \int_{\mathrm{V}} \left[\frac{\delta_{ih}}{4\pi} \frac{\partial}{\partial x_k} \frac{1}{|\mathbf{r} - \boldsymbol{\eta}|} + \frac{\delta_{ik}}{4\pi} \frac{\partial}{\partial x_h} \frac{1}{|\mathbf{r} - \boldsymbol{\eta}|} \right] \mathrm{d}\boldsymbol{\eta} \tag{6.40}$$
$$-\epsilon_{kh}^* \int_{\mathrm{V}} \left[\frac{\nu}{1-\nu} \frac{\delta_{kh}}{4\pi} \frac{\partial}{\partial x_i} \frac{1}{|\mathbf{r} - \boldsymbol{\eta}|} - \frac{1}{8\pi(1-\nu)} \frac{\partial^3 |\mathbf{r} - \boldsymbol{\eta}|}{\partial x_i \partial x_k \partial x_h} \right] \mathrm{d}\boldsymbol{\eta}$$

A questo punto è importante introdurre la nozione di *potenziale biarmonico* $\Psi(\mathbf{r})$ e di *potenziale armonico* $\Phi(\mathbf{r})$ per un dominio ellissoidale V secondo le

$$\boxed{\Phi(\mathbf{r}) = \int_{\mathrm{V}} \frac{1}{|\mathbf{r} - \boldsymbol{\eta}|} \mathrm{d}\boldsymbol{\eta}} \tag{6.41}$$

$$\boxed{\Psi(\mathbf{r}) = \int_{\mathrm{V}} |\mathbf{r} - \boldsymbol{\eta}| \mathrm{d}\boldsymbol{\eta}} \tag{6.42}$$

Questi integrali compaiono nell'Eq. (6.40) che definisce il vettore spostamento generato da una inclusione (si noti che per adesso la forma dell'inclusione è completamente arbitraria e l'ipotesi di forma ellissoidale verrà usata solo nel seguito). Per mezzo di questi potenziali, che verranno studiati nel dettaglio in seguito, è possibile scrivere il vettore deformazione indotto da una inclusione in modo compatto

$$\boxed{u_i(\mathbf{r}) = \epsilon_{kh}^* \left[\frac{1}{8\pi(1-\nu)} \Psi_{,ikh} - \frac{\delta_{ih}}{4\pi} \Phi_{,k} - \frac{\delta_{ik}}{4\pi} \Phi_{,h} - \frac{\nu}{1-\nu} \frac{\delta_{kh}}{4\pi} \Phi_{,i} \right]} \tag{6.43}$$

In Eq. (6.43) abbiamo introdotto una comoda notazione di ampio uso in meccanica dei solidi. Secondo questa convenzione $f_{,i}$ rappresenta la derivata parziale $\frac{\partial f}{\partial x_i}$.

E' importante notare che l'Eq. (6.43) è valida per ogni punto dello spazio e, quindi, vale sia per i punti interni all'inclusione, sia per quelli esterni (infatti, le definizioni dei potenziali armonico e biarmonico valgono per ogni vettore $\mathbf{r}$ appartenente ad $\Re^3$). Invece, il vettore $\boldsymbol{\eta}$ rappresenta la variabile di integrazione nelle Eq. (6.41) e (6.42) e, quindi, può assumere solo valori interni all'inclusione stessa. Come vedremo nel seguito, i potenziali armonico e biarmonico assumono espressioni analitiche differenti a seconda che consideriamo punti interni od esterni al dominio V in esame. È importante sottolineare che i potenziali $\Psi(\mathbf{r})$ e $\Phi(\mathbf{r})$ dipendono esclusivamente dalla geometria dell'inclusione e non dalle sue proprietà fisiche. In particolare, il potenziale armonico è quello generato da una densità di massa uniforme, oppure da una densità di carica uniforme (in unità arbitrarie) distribuite in un volume corrispondente alla regione V: è, dunque, evidente che esso sia univocamente determinato dalla forma ed estensione del volume occupato dalla massa o carica.

Oltre allo spostamento generato dall'inclusione è importante determinare il *tensore delle deformazioni generato dall'inclusione stessa*. Applicando la relazione di congruenza all'Eq. (6.43) si ottiene la formula

$$\epsilon_{ij}(\mathbf{r}) = \epsilon_{kh}^* \left[\frac{1}{8\pi(1-\nu)} \Psi_{,ijkh} - \frac{\nu}{1-\nu} \frac{\delta_{kh}}{4\pi} \Phi_{,ij} \right]$$
$$- \epsilon_{kh}^* \frac{1}{8\pi} \left(\delta_{ih}\Phi_{,jk} + \delta_{ik}\Phi_{,jh} + \delta_{jh}\Phi_{,ik} + \delta_{jk}\Phi_{,ih} \right) \qquad (6.44)$$

Introducendo la definizione di *tensore di Eshelby* $\mathcal{S}_{ijkh}$ nel seguente modo

$$\boxed{\begin{array}{l} \mathcal{S}_{ijkh}(\mathbf{r}) = \frac{1}{8\pi(1-\nu)} \Psi_{,ijkh} - \frac{\nu}{1-\nu} \frac{\delta_{kh}}{4\pi} \Phi_{,ij} \\ -\frac{1}{8\pi} \left(\delta_{ih}\Phi_{,jk} + \delta_{ik}\Phi_{,jh} + \delta_{jh}\Phi_{,ik} + \delta_{jk}\Phi_{,ih} \right) \end{array}} \qquad (6.45)$$

possiamo scrivere in modo compatto

$$\epsilon_{ij}(\mathbf{r}) = \mathcal{S}_{ijkh}(\mathbf{r}) \epsilon_{kh}^* \qquad (6.46)$$

sia all'interno che all'esterno dell'inclusione.

Riassumendo, possiamo dire che *il problema dell'inclusione è risolto quando siamo in grado di determinare i potenziali armonico e biarmonico* che devono essere inseriti in Eq. (6.45). Tale calcolo può essere svolto analiticamente in modo esatto quando la forma dell'inclusione è ellissoidale, come faremo esplicitamente nella prossima Sezione. In tali ipotesi, dimostreremo anche che il tensore di Eshelby risulta costante all'interno dell'inclusione (non dipende da $\mathbf{r}$), mentre assume valori variabili al suo esterno. Per tale ragione spesso vengono utilizzate le seguenti convenzioni per il tensore di Eshelby

$$\mathcal{S}_{ijkh}(\mathbf{r}) = \begin{cases} \mathcal{S}_{ijkh} & \text{se } \mathbf{r} \in V \\ \mathcal{S}_{ijkh}^{\infty}(\mathbf{r}) & \text{se } \mathbf{r} \notin V \end{cases} \qquad (6.47)$$

Esse sottolineano il differente comportamento tra la zona interna e quella esterna. L'Eq. (6.46) viene, quindi, talvolta scritta nella forma

$$\epsilon_{ij}(\mathbf{r}) = \begin{cases} \mathcal{S}_{ijkh} \epsilon_{kh}^* & \text{se } \mathbf{r} \in V \\ \mathcal{S}_{ijkh}^{\infty}(\mathbf{r}) \epsilon_{kh}^* & \text{se } \mathbf{r} \notin V \end{cases} \qquad (6.48)$$

Il tensore di Eshelby interno (all'inclusione) viene indicato con $\mathcal{S}_{ijkh}$ ed il tensore di Eshelby esterno con $\mathcal{S}_{ijkh}^{\infty}(\mathbf{r})$. Nonostante queste differenti notazioni, sottolineiamo ancora una volta che le Eq. (6.45) e (6.46) sono valide per tutti i punti dello spazio.

6.4.2 Potenziali armonico e biarmonico

In questa Sezione determiniamo le forme esplicite analitiche dei potenziali armonico e biarmonico introdotti nelle Eq. (6.41) e (6.42). Ci proponiamo il calcolo di questi integrali sotto l'ipotesi di un dominio ellissoidale che abbiamo definito come in Eq. (6.33).

Innanzitutto, dobbiamo spiegare perché a tali integrali sono stati attribuiti i nomi di potenziale armonico e potenziale biarmonico: la ragione risiede nel fatto che essi sono soluzioni di particolari equazioni differenziali alle derivate parziali. Per quanto riguarda il potenziale armonico, ricordiamo che la funzione di Green per l'equazione di Poisson $\nabla^2\phi(\mathbf{r}) = -4\pi\delta(\mathbf{r})$ è data da $\phi(\mathbf{r}) = \frac{1}{|\mathbf{r}|}$ (si pensi, per esempio, al potenziale Coulombiano generato da una carica elettrica puntiforme, oppure al potenziale gravitazionale generato da una massa puntiforme). Questo significa che la più generale equazione di Poisson $\nabla^2\phi(\mathbf{r}) = -4\pi g(\mathbf{r})$ (con $g(\mathbf{r})$ funzione arbitraria del posto) è risolta dall'integrale di convoluzione $\phi(\mathbf{r}) = \int_{\Re^3}\frac{g(\boldsymbol{\eta})}{|\mathbf{r}-\boldsymbol{\eta}|}d\boldsymbol{\eta}$ [36]. Se adesso consideriamo $g(\mathbf{r}) = 1$ per ogni punto interno a V e $g(\mathbf{r}) = 0$ per ogni punto esterno, verifichiamo immediatamente che il potenziale armonico è soluzione del seguente problema differenziale

$$\nabla^2\Phi(\mathbf{r}) = \begin{cases} -4\pi & \text{se } \mathbf{r}\in\mathsf{V} \\ 0 & \text{se } \mathbf{r}\notin\mathsf{V} \end{cases} \tag{6.49}$$

Tale relazione può essere posta in forma esplicita

$$\frac{\partial^2\Phi(\mathbf{r})}{\partial x_1^2} + \frac{\partial^2\Phi(\mathbf{r})}{\partial x_2^2} + \frac{\partial^2\Phi(\mathbf{r})}{\partial x_3^2} = \begin{cases} -4\pi & \text{se } \mathbf{r}\in\mathsf{V} \\ 0 & \text{se } \mathbf{r}\notin\mathsf{V} \end{cases} \tag{6.50}$$

Quindi, il primo risultato importante ci conferma che $\Phi(\mathbf{r})$ rappresenta il potenziale (Newtoniano o Coulombiano) generato da una densità uniforme in V e nulla all'esterno di V.

Passiamo quindi a considerare il potenziale biarmonico $\Psi(\mathbf{r})$. Partendo dall'integrale definito in Eq. (6.42) possiamo calcolarne il laplaciano

$$\nabla^2\Psi(\mathbf{r}) = \nabla^2\int_{\mathsf{V}}|\mathbf{r}-\boldsymbol{\eta}|d\boldsymbol{\eta} = \int_{\mathsf{V}}\frac{\partial}{\partial x_i}\frac{\partial}{\partial x_i}|\mathbf{r}-\boldsymbol{\eta}|d\boldsymbol{\eta}$$

$$= \int_{\mathsf{V}}\frac{\partial}{\partial x_i}\frac{x_i-\eta_i}{|\mathbf{r}-\boldsymbol{\eta}|}d\boldsymbol{\eta} = \int_{\mathsf{V}}\frac{2}{|\mathbf{r}-\boldsymbol{\eta}|}d\boldsymbol{\eta} = 2\Phi(\mathbf{r}) \tag{6.51}$$

Questo dimostra che il laplaciano del potenziale biarmonico è il doppio del potenziale armonico. Tale proprietà ci consente di trovare l'equazione differenziale risolta dal potenziale biarmonico. Infatti, possiamo calcolare il laplaciano del laplaciano di $\Psi(\mathbf{r})$ ottenendo

$$\nabla^2 \nabla^2 \Psi(\mathbf{r}) = 2\nabla^2 \Phi(\mathbf{r}) = \begin{cases} -8\pi \; se \; \mathbf{r} \in V \\ 0 \; se \; \mathbf{r} \notin V \end{cases} \tag{6.52}$$

avendo usato le Eq. (6.49) e (6.51). L'operatore formato con il laplaciano del laplaciano si chiama *operatore biarmonico* e compare molto spesso in questioni legate alla teoria dell'elasticità (si veda per esempio l'esercizio 2.16). Esplicitando tale operatore nell'Eq. (6.52) si ottiene

$$\frac{\partial^4 \Psi(\mathbf{r})}{\partial x_1^4} + \frac{\partial^4 \Psi(\mathbf{r})}{\partial x_2^4} + \frac{\partial^4 \Psi(\mathbf{r})}{\partial x_3^4} + \frac{\partial^4 \Psi(\mathbf{r})}{\partial x_1^2 \partial x_2^2} + \frac{\partial^4 \Psi(\mathbf{r})}{\partial x_2^2 \partial x_3^2} + \frac{\partial^4 \Psi(\mathbf{r})}{\partial x_3^2 \partial x_1^2}$$

$$= \begin{cases} -8\pi & \text{se } \mathbf{r} \in V \\ 0 & \text{se } \mathbf{r} \notin V \end{cases} \tag{6.53}$$

Quindi possiamo dire che il potenziale biarmonico è generato anch'esso da una densità costante nel dominio V. Diciamo infine che talvolta il nuovo operatore biarmonico viene indicato con il simbolo ∇^4 e quindi la proprietà fondamentale data in Eq. (6.52) si scrive nella seguente forma compatta

$$\nabla^4 \Psi(\mathbf{r}) = \begin{cases} -8\pi & \text{se } \mathbf{r} \in V \\ 0 & \text{se } \mathbf{r} \notin V \end{cases} \tag{6.54}$$

A questo punto siamo pronti per trovare alcune forme esplicite per $\Psi(\mathbf{r})$ e $\Phi(\mathbf{r})$ particolarmente utili per le applicazioni in elasticità. Tali forme esplicite saranno ricavate utilizzando le seguenti definizioni

$$f(x_1, x_2, x_3, s) = \frac{x_1^2}{a_1^2 + s} + \frac{x_2^2}{a_2^2 + s} + \frac{x_3^2}{a_3^2 + s} \tag{6.55}$$

$$R(s) = \sqrt{(a_1^2 + s)(a_2^2 + s)(a_3^2 + s)} \tag{6.56}$$

$$\eta(x_1, x_2, x_3) \quad \text{tale che} \quad \frac{x_1^2}{a_1^2 + \eta} + \frac{x_2^2}{a_2^2 + \eta} + \frac{x_3^2}{a_3^2 + \eta} = 1 \tag{6.57}$$

dove a_1, a_2 e a_3 sono i semi-assi dell'inclusione ellissoidale. La variabile s può assumere qualunque valore reale non negativo. Si sottolinea che nell'ultima equazione η deve essere la più grande soluzione positiva. Tramite queste tre definizioni possiamo enunciare due teoremi fondamentali [32].

Teorema 6.1. *Il potenziale armonico $\Phi(\mathbf{r})$ si può esprimere con il seguente integrale*

$$\boxed{\Phi(\mathbf{r}) = \pi a_1 a_2 a_3 \int_0^{+\infty} \frac{1 - f(x_1, x_2, x_3, s)}{R(s)} \mathrm{d}s} \tag{6.58}$$

per valori interni ($\mathbf{r} \in V$) all'inclusione e dal seguente

$$\boxed{\Phi(\mathbf{r}) = \pi a_1 a_2 a_3 \int_{\eta(\mathbf{r})}^{+\infty} \frac{1 - f(x_1, x_2, x_3, s)}{R(s)} \mathrm{d}s} \tag{6.59}$$

per valori esterni ($\mathbf{r} \notin V$) all'inclusione (si noti che la differenza tra gli integrali sta nel fatto che cambia solo un estremo di integrazione)

Il secondo teorema riguarda la derivata arbitraria del potenziale biarmonico (si noti che nella definizione del tensore di Eshelby e nella relazione che fornisce lo spostamento generato da un'inclusione arbitraria compaiono solo derivate di ordine superiore del potenziale biarmonico quindi esse sono tutte calcolabili a partire dalla derivata prima, data dal seguente teorema).

Teorema 6.2. *La derivata del potenziale biarmonico* $\Psi(\mathbf{r})$ *rispetto ad* x_i *si può esprimere con il seguente integrale*

$$\Psi_{,i}(\mathbf{r}) = \pi a_1 a_2 a_3 x_i \int_0^{+\infty} \frac{1 - f(x_1, x_2, x_3, s)}{R(s)} \frac{s}{a_i^2 + s} \mathrm{d}s \tag{6.60}$$

per valori interni $(\mathbf{r} \in V)$ *all'inclusione e dal seguente*

$$\Psi_{,i}(\mathbf{r}) = \pi a_1 a_2 a_3 x_i \int_{\eta(\mathbf{r})}^{+\infty} \frac{1 - f(x_1, x_2, x_3, s)}{R(s)} \frac{s}{a_i^2 + s} \mathrm{d}s \tag{6.61}$$

per valori esterni $(\mathbf{r} \notin V)$ *all'inclusione (si noti ancora una volta che la differenza tra gli integrali sta nel fatto che cambia solo un estremo di integrazione)*

Le dimostrazioni dei due Teoremi sono riportate in Appendice I. Le espressioni fornite da tali teoremi consentono di determinare il tensore di Eshelby (o altre grandezze derivate da esso) in forma chiusa o, almeno, in una forma relativamente comoda per le applicazioni.

6.4.3 Il tensore di Eshelby interno

Siamo finalmente in grado di dimostrare una proprietà fondamentale: *il tensore di Eshelby all'interno di una inclusione omogenea ed ellissoidale è costante e, quindi, il tensore delle deformazioni generato da un'inclusione di questo tipo è costante all'interno della stessa.* La verifica di quanto affermato è banale se consideriamo le espressioni dei potenziali all'interno delle inclusioni fornite dai teoremi della precedente Sezione.

Consideriamo l'espressione fondamentale, che fornisce il tensore di Eshelby in ogni punto dello spazio, data in Eq. (6.45), e cerchiamo di esplicitare le derivate dei potenziali che compaiono in tale relazione. Dal Teorema 6.1 possiamo calcolare immediatamente la derivata seconda mista del potenziale armonico all'interno dell'inclusione

$$\Phi_{,ij} = -2\pi a_1 a_2 a_3 \delta_{ij} \int_0^{+\infty} \frac{\mathrm{d}s}{(a_i^2 + s)R(s)} \tag{6.62}$$

Allo stesso modo, partendo dal Teorema 6.2, possiamo calcolare la derivata quarta mista del potenziale biarmonico

$$\Psi_{,ijkh} = -2\pi a_1 a_2 a_3 \int_0^{+\infty} \left[\frac{\delta_{ij}\delta_{kh}}{a_k^2 + s} + \frac{\delta_{ik}\delta_{jh}}{a_h^2 + s} + \frac{\delta_{ih}\delta_{jk}}{a_j^2 + s} \right] \frac{s\,\mathrm{d}s}{(a_i^2 + s)R(s)} \tag{6.63}$$

Le espressioni date in Eq. (6.62) e (6.63) sono palesemente costanti nello spazio e questo dimostra che anche il tensore di Eshelby interno è costante. L'espressione completa all'interno dell'inclusione può allora essere messa nella seguente forma che sembra assai complessa, ma che rende evidente come $\mathcal{S}_{ijkh}$ sia costante

$$
\begin{aligned}
\mathcal{S}_{ijkh} = & - \frac{a_1 a_2 a_3}{4(1-\nu)} \int_0^{+\infty} \left[\frac{\delta_{ij}\delta_{kh}}{a_k^2 + s} + \frac{\delta_{ik}\delta_{jh}}{a_h^2 + s} + \frac{\delta_{ih}\delta_{jk}}{a_j^2 + s} \right] \frac{s\,ds}{(a_i^2 + s)R(s)} \\
& + a_1 a_2 a_3 \frac{\nu}{1-\nu} \frac{\delta_{kh}\delta_{ij}}{2} \int_0^{+\infty} \frac{ds}{(a_i^2 + s)R(s)} \\
& + \frac{a_1 a_2 a_3}{4} \delta_{ih}\delta_{jk} \left[\int_0^{+\infty} \frac{ds}{(a_k^2 + s)R(s)} + \int_0^{+\infty} \frac{ds}{(a_h^2 + s)R(s)} \right] \\
& + \frac{a_1 a_2 a_3}{4} \delta_{jh}\delta_{ik} \left[\int_0^{+\infty} \frac{ds}{(a_i^2 + s)R(s)} + \int_0^{+\infty} \frac{ds}{(a_j^2 + s)R(s)} \right]
\end{aligned}
\tag{6.64}
$$

Inoltre tutti gli integrali presenti possono essere ridotti ad integrali ellittici [32]: questa riduzione è un argomento meno importante dal punto di vista concettuale e viene trattata in Appendice J.

Per le applicazioni pratiche è spesso utile scrivere il tensore di Eshelby nella notazione di Voigt. Esso, quindi, viene rappresentato come una matrice a sei righe e sei colonne che mette in relazione l'autodeformazione con il tensore di deformazione interno ad una data inclusione. La forma generale è la seguente

$$
\tilde{S} = \begin{bmatrix}
\mathcal{S}_{1111} & \mathcal{S}_{1122} & \mathcal{S}_{1133} & 0 & 0 & 0 \\
\mathcal{S}_{2211} & \mathcal{S}_{2222} & \mathcal{S}_{2233} & 0 & 0 & 0 \\
\mathcal{S}_{3311} & \mathcal{S}_{3322} & \mathcal{S}_{3333} & 0 & 0 & 0 \\
0 & 0 & 0 & 2\mathcal{S}_{1212} & 0 & 0 \\
0 & 0 & 0 & 0 & 2\mathcal{S}_{2323} & 0 \\
0 & 0 & 0 & 0 & 0 & 2\mathcal{S}_{1313}
\end{bmatrix}
\tag{6.65}
$$

Nella precedente relazione ciascun elemento è dato direttamente dalla forma generica riportata in Eq. (6.64) la quale, inoltre, consente di dimostrare che è sempre verificata la seguente relazione

$$
\mathcal{S}_{1111} + \mathcal{S}_{2222} + \mathcal{S}_{3333} + 2\mathcal{S}_{1212} + 2\mathcal{S}_{2323} + 2\mathcal{S}_{1313} = 3
\tag{6.66}
$$

Lasciamo tale verifica come esercizio e ricordiamo che l'Eq. (6.66) si scrive anche nella forma compatta in notazione di Voigt

$$
\boxed{\mathrm{Tr}\left(\tilde{S}\right) = 3}
\tag{6.67}
$$

Nella Sezione che segue calcoliamo esplicitamente il tensore di Eshelby interno per un'inclusione sferica, dove i calcoli sono assai semplificati.

6.4.4 Il caso della sfera

Consideriamo il caso speciale in cui i tre semiassi dell'ellissoide coincidano tra loro, assumendo il significato di raggio della sfera (che indichiamo con a). I due Teoremi 6.1 e 6.2 sono applicabili in modo molto semplice perchè le grandezze in gioco si semplificano notevolmente. Dall'Eq. (6.55) otteniamo subito

$$f\left(x_1, x_2, x_3, s\right) = \frac{x_1^2}{a^2 + s} + \frac{x_2^2}{a^2 + s} + \frac{x_3^2}{a^2 + s} = \frac{r^2}{a^2 + s} \qquad (6.68)$$

dove r è il modulo del vettore posizione. Dall'Eq. (6.56) si ha

$$R\left(s\right) = \sqrt{\left(a^2 + s\right)\left(a^2 + s\right)\left(a^2 + s\right)} = \left(a^2 + s\right)^{3/2} \qquad (6.69)$$

ed infine dall'Eq. (6.57), che definisce η, otteniamo

$$\frac{x_1^2}{a^2 + \eta} + \frac{x_2^2}{a^2 + \eta} + \frac{x_3^2}{a^2 + \eta} = 1 \text{ cioè } \eta = r^2 - a^2 \qquad (6.70)$$

Allora il potenziale armonico all'interno della sfera si sviluppa (tramite l'Eq. (6.58)) come segue

$$\Phi\left(\mathbf{r}\right) = \pi a^3 \int_0^{+\infty} \frac{1 - \frac{r^2}{a^2 + s}}{\left(a^2 + s\right)^{3/2}} \mathrm{d}s = \pi a^3 \int_0^{+\infty} \frac{a^2 + s - r^2}{\left(a^2 + s\right)^{5/2}} \mathrm{d}s \qquad (6.71)$$

Tale integrale diventa elementare utilizzando il cambio di variabile $a^2 + s = y$ ed il risultato si trova con semplicità

$$\Phi\left(\mathbf{r}\right) = \Phi\left(r\right) = 2\pi a^2 - \frac{2}{3}\pi r^2 \qquad (6.72)$$

Allo stesso modo si calcola la derivata prima (internamente alla sfera) del potenziale biarmonico (vedi Eq. (6.60))

$$\Psi_{,i}\left(\mathbf{r}\right) = \pi a^3 x_i \int_0^{+\infty} s \frac{1 - \frac{r^2}{a^2 + s}}{\left(a^2 + s\right)^{5/2}} \mathrm{d}s = \pi a^3 x_i \int_0^{+\infty} s \frac{a^2 + s - r^2}{\left(a^2 + s\right)^{7/2}} \mathrm{d}s \qquad (6.73)$$

Anche questo integrale diventa elementare utilizzando il cambio di variabile $a^2 + s = y$ ed il risultato si trova con altrettanta semplicità del precedente

$$\Psi_{,i}\left(\mathbf{r}\right) = \Psi_{,i}\left(r\right) = \frac{4}{15}\pi x_i \left(5a^2 - r^2\right) \qquad (6.74)$$

Infine, le relative derivate si trovano rapidamente

$$\Phi_{,ij} = -\frac{4}{3}\pi \delta_{ij} \qquad (6.75)$$

$$\Psi_{,ijkh} = -\frac{8}{15}\pi \left(\delta_{ik}\delta_{jh} + \delta_{ih}\delta_{jk} + \delta_{kh}\delta_{ij}\right) \qquad (6.76)$$

dove si è fatto uso dell'Eq.(6.16). Queste quantità ovviamente rappresentano tensori costanti. Sostituendo le Eq. (6.75) e (6.76) nella relazione fondamentale Eq. (6.45), che definisce il tensore di Eshelby, si trova il risultato esplicito valido per la sfera

$$\mathcal{S}_{ijkh} = \frac{1}{15(1-\nu)}\left[(\delta_{ik}\delta_{jh} + \delta_{ih}\delta_{jk})(4-5\nu) + \delta_{kh}\delta_{ij}(5\nu-1)\right] \tag{6.77}$$

In notazione di Voigt questo risultato assume la forma

$$\tilde{\mathcal{S}} = \begin{bmatrix} \frac{1}{15}\frac{7-5\nu}{1-\nu} & \frac{1}{15}\frac{5\nu-1}{1-\nu} & \frac{1}{15}\frac{5\nu-1}{1-\nu} & 0 & 0 & 0 \\ \frac{1}{15}\frac{5\nu-1}{1-\nu} & \frac{1}{15}\frac{7-5\nu}{1-\nu} & \frac{1}{15}\frac{5\nu-1}{1-\nu} & 0 & 0 & 0 \\ \frac{1}{15}\frac{5\nu-1}{1-\nu} & \frac{1}{15}\frac{5\nu-1}{1-\nu} & \frac{1}{15}\frac{7-5\nu}{1-\nu} & 0 & 0 & 0 \\ 0 & 0 & 0 & \frac{2}{15}\frac{4-5\nu}{1-\nu} & 0 & 0 \\ 0 & 0 & 0 & 0 & \frac{2}{15}\frac{4-5\nu}{1-\nu} & 0 \\ 0 & 0 & 0 & 0 & 0 & \frac{2}{15}\frac{4-5\nu}{1-\nu} \end{bmatrix} \tag{6.78}$$

Questa formula sarà particolarmente utile per la soluzione degli esercizi presentati al termine di questo Capitolo.

6.5 Il principio di equivalenza di Eshelby

Come anticipato nell'introduzione, il fine ultimo della teoria di Eshelby è quello di risolvere il problema di una disomogeneità elastica, inserita in un mezzo omogeneo che occupa lo spazio intero (si veda Fig. 6.2). Più dettagliatamente,

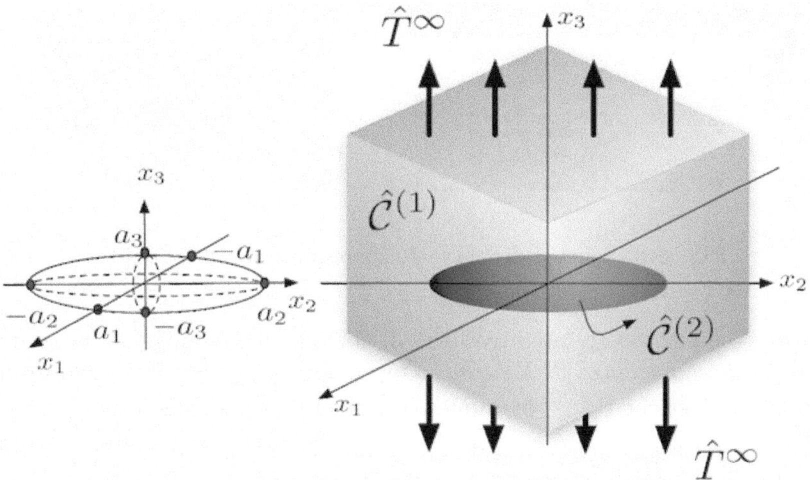

Fig. 6.2. Schema di una disomogeneità ellissoidale

il problema concettuale si pone in questi termini: allorquando siano applicate forze all'infinito che inducono uno stato di sforzo ed uno stato di deformazione uniformi in un mezzo omogeneo (cioè, senza disomogeneità), si vogliono studiare le perturbazioni ai campi elastici dovute all'inserimento di una disomogeneità ellissoidale avente comportamento elastico differente da quello del mezzo [17, 18].

È importante sottolineare ancora una volta la differenza tra il concetto di *inclusione* descritto in precedenza e quello di *disomogeneità* appena introdotto. Consideriamo un mezzo infinito avente tensore di elasticità $\mathcal{C}^{(1)}_{ijkh}$; consideriamo una inclusione ellissoidale V in esso inserita e descritta localmente dalla relazione costitutiva $T_{ij} = \mathcal{C}^{(1)}_{ijkh} (\epsilon_{kh} - \epsilon^*_{kh})$. In tali condizioni, supponendo di conoscere i tensori di Eshelby interno ed esterno, possiamo determinare il tensore delle deformazioni generato dall'inclusione in ogni punto dello spazio, come riassunto in Eq. 6.48. Lo schema generale di una inclusione uniforme ellissoidale è rappresentato graficamente in Fig. 6.3, dove sono anche riportate le relazioni fondamentali.

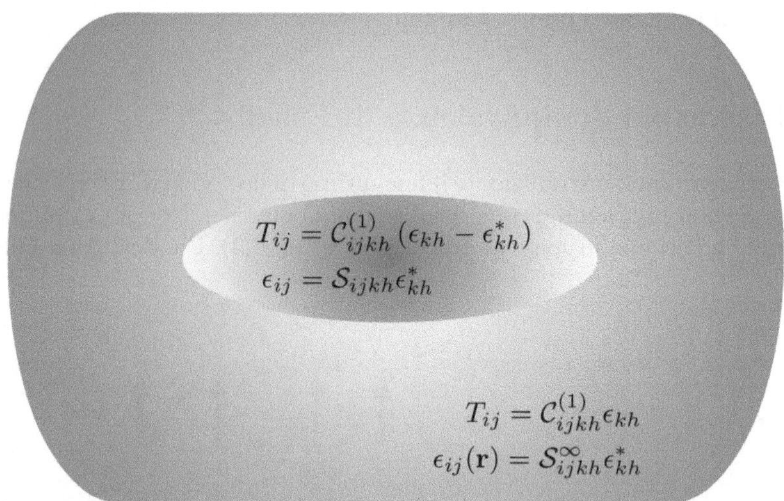

Fig. 6.3. Schema di una inclusione uniforme ellissoidale

A questo punto possiamo introdurre la nozione di disomogeneità e, quindi, il *concetto di equivalenza di Eshelby*. Supponiamo di avere un mezzo infinito con costanti elastiche $\mathcal{C}^{(1)}_{ijkh}$ ovunque, tranne che in una porzione ellissoidale dove le proprietà elastiche sono descritte dal diverso tensore $\mathcal{C}^{(2)}_{ijkh}$. Supponiamo che, in assenza di forze esterne, il sistema sia in equilibrio senza alcuna deformazione o sforzo interno. A questo punto applichiamo un sistema di sforzi remoti (ovvero, con sorgenti poste a distanza infinita dalla disomogeneità), in modo tale che il valore asintotico del campo di deformazione sia ϵ_{ij}^{∞} ed il corrispondente campo di sforzo sia T_{ij}^{∞}. Assumiamo, inoltre, che tali tensori siano uniformi nello spazio, ovvero che le matrici che li rappresentano siano costanti. Naturalmente, queste due quantità soddisfano la relazione $T_{ij}^{\infty} = \mathcal{C}_{ijkh}^{(1)} \epsilon_{kh}^{\infty}$ in quanto le regioni lontane non risentono degli effetti dovuti alla disomogeneità. *Il principio di equivalenza di Eshelby afferma che la situazione appena descritta può essere modellizzata come una sovrapposizione di due situazioni più semplici secondo lo schema di Fig. 6.4.*

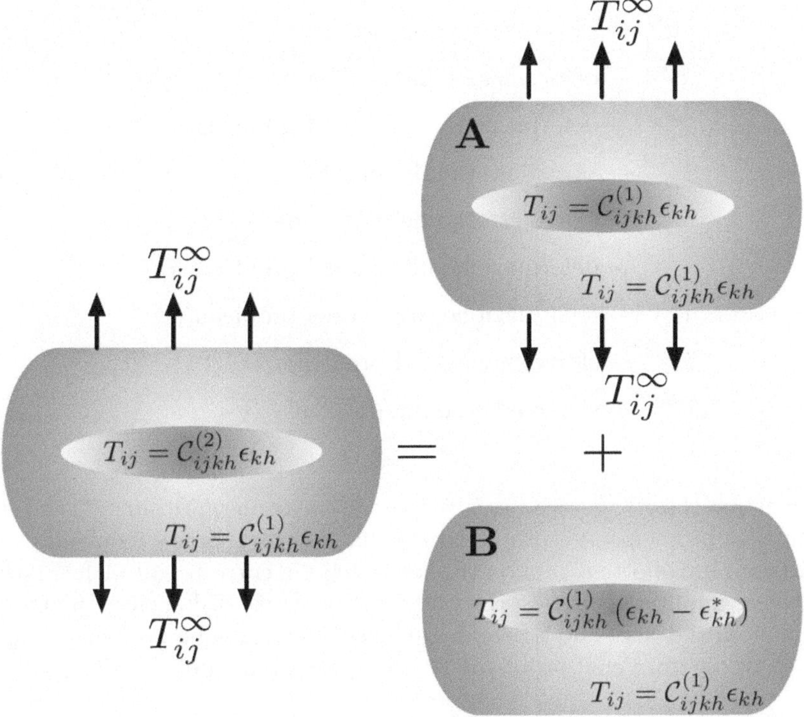

Fig. 6.4. Schema di una disomogeneità ellissoidale ed illustrazione del principio di equivalenza di Eshelby

La prima situazione, indicata con A, è quella di un mezzo uniforme di costanti $\mathcal{C}_{ijkh}^{(1)}$ (senza inclusioni o disomogeneità) deformato uniformemente mediante strain ϵ_{ij}^{∞} e stress T_{ij}^{∞}. Questa è una situazione semplicissima che non crea alcun problema. La seconda situazione, indicata con B, è rappresentata da una inclusione inserita in un mezzo ovunque caratterizzato dal tensore $\mathcal{C}_{ijkh}^{(1)}$, ma avente l'autodeformazione ϵ_{kh}^{*}. La situazione B è inoltre priva di carichi remoti. In altre parole, la situazione B è completamente descritta da quanto appreso finora tramite il concetto di autodeformazione e di inclusione.

Resta chiaramente incognita la grandezza ϵ_{kh}^* che deve essere trovata imponendo la totale equivalenza tra il problema di partenza e la sovrapposizione dei due problemi $A + B$.

Consideriamo le seguenti convenzioni per le grandezze meccaniche nei diversi problemi

$$\epsilon_{ij}^d \rightarrow \text{deformazione interna totale } (d=\text{dentro})$$
$$\epsilon_{ij}^f \rightarrow \text{deformazione esterna totale } (f=\text{fuori})$$
$$T_{ij}^d \rightarrow \text{sforzo interno totale}$$
$$T_{ij}^f \rightarrow \text{sforzo esterno totale}$$
$$\epsilon_{ij}^{A,d} \rightarrow \text{deformazione interna del problema } A$$
$$\epsilon_{ij}^{A,f} \rightarrow \text{deformazione esterna del problema } A$$
$$T_{ij}^{A,d} \rightarrow \text{sforzo interno del problema } A$$
$$T_{ij}^{A,f} \rightarrow \text{sforzo esterno del problema } A$$
$$\epsilon_{ij}^{B,d} \rightarrow \text{deformazione interna del problema } B$$
$$\epsilon_{ij}^{B,f} \rightarrow \text{deformazione esterna del problema } B$$
$$T_{ij}^{B,d} \rightarrow \text{sforzo interno del problema } B$$
$$T_{ij}^{B,f} \rightarrow \text{sforzo esterno del problema } B$$

Sottolineiamo che gli aggettivi *interno* ed *esterno* sono riferiti in ogni caso (caso completo, problema A e problema B) alla superficie limite S dell'ellissoide. Le notazioni introdotte saranno utili per trovare la corretta autodeformazione e descrivere analiticamente il principio di equivalenza di Eshelby. Infatti, con tali notazioni si descrivono le grandezze meccaniche nei due problemi in modo molto conveniente. Per il problema A si ha evidentemente

$$\begin{aligned}
\epsilon_{ij}^{A,d} &= \epsilon_{ij}^\infty \\
\epsilon_{ij}^{A,f} &= \epsilon_{ij}^\infty \\
T_{ij}^{A,d} &= T_{ij}^\infty \\
T_{ij}^{A,f} &= T_{ij}^\infty
\end{aligned} \tag{6.79}$$

Per il problema B dobbiamo tenere in considerazione la teoria per le inclusioni ellissoidali che abbiamo sviluppato nelle precedenti Sezioni; dunque

$$\begin{aligned}
\epsilon_{ij}^{B,d} &= \mathcal{S}_{ijkh}\epsilon_{kh}^* \\
\epsilon_{ij}^{B,f}(\mathbf{r}) &= \mathcal{S}_{ijkh}^\infty(\mathbf{r})\epsilon_{kh}^* \\
T_{ij}^{B,d} &= \mathcal{C}_{ijkh}^{(1)}\left(\epsilon_{kh}^{B,d} - \epsilon_{kh}^*\right) \\
T_{ij}^{B,f}(\mathbf{r}) &= \mathcal{C}_{ijkh}^{(1)}\mathcal{S}_{khnm}^\infty(\mathbf{r})\epsilon_{nm}^*
\end{aligned} \tag{6.80}$$

Le condizioni al contorno del problema completo sono

$$
\begin{aligned}
u^d(\mathbf{r}) &= u^f(\mathbf{r}) & \text{se}\ \ &\mathbf{r} \in \mathsf{S} \\
\hat{T}^d(\mathbf{r})\mathbf{n} &= \hat{T}^f(\mathbf{r})\mathbf{n} & \text{se}\ \ &\mathbf{r} \in \mathsf{S} \\
T^d_{ij} &= \mathcal{C}^{(2)}_{ijkh}\,\epsilon^d_{kh} & \text{in}\ \ &\mathsf{V} \\
T^f_{ij} &= \mathcal{C}^{(1)}_{ijkh}\,\epsilon^f_{kh} & \text{in}\ \ &\mathfrak{R}^3 - \mathsf{V} \\
\epsilon^f_{ij}(\mathbf{r}) &\to \epsilon^\infty_{ij} & \text{se}\ \ &|\mathbf{r}| \to \infty \\
T^f_{ij}(\mathbf{r}) &\to T^\infty_{ij} & \text{se}\ \ &|\mathbf{r}| \to \infty
\end{aligned}
\tag{6.81}
$$

dove $u^d(\mathbf{r})$ rappresenta il vettore spostamento totale interno all'inclusione e $u^f(\mathbf{r})$ rappresenta il vettore spostamento totale esterno (ricordiamo che S è il contorno della disomogeneità/inclusione). I due vettori spostamento devono raccordarsi con continuità all'interfaccia S perché essa è considerata per ipotesi ideale[1]. In particolare, la seconda relazione indica che l'interfaccia trasmette in modo perfetto gli sforzi interni al mezzo.

A questo punto è semplice trovare l'autodeformazione che assicura l'equivalenza all'interno del dominio V. Infatti, la sovrapposizione di sforzo e deformazione tra i problemi A e B conduce alle seguenti relazioni (che valgono sia nel formalismo tensoriale generale, sia nel contesto della notazione di Voigt; omettiamo, quindi, i simboli grafici altrove adottati per distinguere le due notazioni)

$$
\begin{aligned}
\epsilon^d &= \epsilon^{A,d} + \epsilon^{B,d} = \epsilon^\infty + \mathcal{S}\epsilon^* \\
T^d &= T^{A,d} + T^{B,d} = \mathcal{C}^{(1)}\epsilon^\infty + \mathcal{C}^{(1)}\left(\epsilon^{B,d} - \epsilon^*\right) \\
&= \mathcal{C}^{(1)}\epsilon^\infty + \mathcal{C}^{(1)}\left(\mathcal{S}\epsilon^* - \epsilon^*\right)
\end{aligned}
\tag{6.82}
$$

Adesso, osservando che all'interno della disomogeneità deve essere $T^d = \mathcal{C}^{(2)}\epsilon^d$, otteniamo la relazione fondamentale che definisce l'autodeformazione associata all'inclusione del problema B

$$
\underbrace{\mathcal{C}^{(1)}\epsilon^\infty + \mathcal{C}^{(1)}\left(\mathcal{S}\epsilon^* - \epsilon^*\right)}_{T^d} = \mathcal{C}^{(2)}\underbrace{\left(\epsilon^\infty + \mathcal{S}\epsilon^*\right)}_{\epsilon^d}
\tag{6.83}
$$

da cui

$$
\mathcal{C}^{(1)}\epsilon^\infty + \mathcal{C}^{(1)}\mathcal{S}\epsilon^* - \mathcal{C}^{(1)}\epsilon^* = \mathcal{C}^{(2)}\epsilon^\infty + \mathcal{C}^{(2)}\mathcal{S}\epsilon^*
\tag{6.84}
$$

Allora

$$
\left(\mathcal{C}^{(2)} - \mathcal{C}^{(1)}\right)\epsilon^\infty = -\left[\left(\mathcal{C}^{(2)} - \mathcal{C}^{(1)}\right)\mathcal{S} + \mathcal{C}^{(1)}\right]\epsilon^*
\tag{6.85}
$$

da cui, invertendo il tensore in parentesi quadra, si ottiene

$$
\epsilon^* = -\left[\left(\mathcal{C}^{(2)} - \mathcal{C}^{(1)}\right)\mathcal{S} + \mathcal{C}^{(1)}\right]^{-1}\left(\mathcal{C}^{(2)} - \mathcal{C}^{(1)}\right)\epsilon^\infty
\tag{6.86}
$$

---

[1] In questa accezione, "ideale" significa che l'interfaccia non introduce alcuna impedenza elastica; in una descrizione atomistica dello stesso problema, potremmo dire che l'interfaccia è caratterizzata da continuità reticolare perfetta.

Questo risultato può essere posto in una forma più comoda (nonchè più compatta) per le applicazioni[2]

$$
\begin{aligned}
\epsilon^* &= - \left[\left(\mathcal{C}^{(2)} - \mathcal{C}^{(1)}\right)\mathcal{S} + \mathcal{C}^{(1)}\right]^{-1} \left[\left(\mathcal{C}^{(2)} - \mathcal{C}^{(1)}\right)^{-1}\right]^{-1} \epsilon^\infty \\
&= - \left[\left(\mathcal{C}^{(2)} - \mathcal{C}^{(1)}\right)^{-1}\left(\mathcal{C}^{(2)} - \mathcal{C}^{(1)}\right)\mathcal{S} + \left(\mathcal{C}^{(2)} - \mathcal{C}^{(1)}\right)^{-1}\mathcal{C}^{(1)}\right]^{-1} \epsilon^\infty \\
&= - \left[\mathcal{S} + \left(\mathcal{C}^{(2)} - \mathcal{C}^{(1)}\right)^{-1}\left(\left(\mathcal{C}^{(1)}\right)^{-1}\right)^{-1}\right]^{-1} \epsilon^\infty \\
&= - \left[\mathcal{S} + \left(\left(\mathcal{C}^{(1)}\right)^{-1}\mathcal{C}^{(2)} - I\right)^{-1}\right]^{-1} \epsilon^\infty \\
&= \left[\left(I - \left(\mathcal{C}^{(1)}\right)^{-1}\mathcal{C}^{(2)}\right)^{-1} - \mathcal{S}\right]^{-1} \epsilon^\infty
\end{aligned}
\tag{6.87}
$$

Dalle Eq. (6.82) e (6.83) si ottiene anche una relazione utile per calcolare la deformazione ϵ^d

$$
\mathcal{C}^{(2)}\epsilon^d = \mathcal{C}^{(1)}\left(\epsilon^d - \epsilon^*\right)
\tag{6.88}
$$

da cui

$$
\epsilon^d = \left(I - \left(\mathcal{C}^{(1)}\right)^{-1}\mathcal{C}^{(2)}\right)^{-1}\epsilon^*
\tag{6.89}
$$

Infine, sostituendo l'Eq. (6.87) nell'Eq. (6.89), si ha ancora

$$
\epsilon^d = \left[I - \mathcal{S}\left(I - \left(\mathcal{C}^{(1)}\right)^{-1}\mathcal{C}^{(2)}\right)\right]^{-1}\epsilon^\infty
\tag{6.90}
$$

Questo risultato conduce immediatamente ad un'espressione per lo sforzo totale T^d

$$
T^d = \mathcal{C}^{(2)}\left[I - \mathcal{S}\left(I - \left(\mathcal{C}^{(1)}\right)^{-1}\mathcal{C}^{(2)}\right)\right]^{-1}\epsilon^\infty
\tag{6.91}
$$

che, dunque, risolve in modo completo il problema interno.

Passiamo ora al problema esterno. Consideriamo ancora la sovrapposizione tra i due sotto problemi A e B

$$
\epsilon^f_{ij}(\mathbf{r}) = \epsilon^{A,f}_{ij}(\mathbf{r}) + \epsilon^{B,f}_{ij}(\mathbf{r}) = \epsilon^\infty_{ij} + \mathcal{S}^\infty_{ijkh}(\mathbf{r})\epsilon^*_{kh}
$$
$$
T^f_{ij}(\mathbf{r}) = T^{A,f}_{ij}(\mathbf{r}) + T^{B,f}_{ij}(\mathbf{r}) = \mathcal{C}^{(1)}_{ijkh}\left[\epsilon^\infty_{kh} + \mathcal{S}^\infty_{khnm}(\mathbf{r})\epsilon^*_{nm}\right]
\tag{6.92}
$$

Questo conclude l'analisi perché l'autodeformazione che compare nelle precedenti è data dall'Eq. (6.87).

---

[2] Abbiamo utilizzato sistematicamente la ben nota relazione $(AB)^{-\bullet} = B^{-\bullet}A^{-\bullet}$ riguardante l'inversione del prodotto di due operatori lineari.

I risultati riassunti nelle Eq. (6.87), (6.90), (6.91) e (6.92) trovano importanti applicazioni nella caratterizzazione macroscopica dei materiali eterogenei [14, 29, 32]. La caratterizzazione dal punto di vista fisico (elastico, elettromagnetico, termico ecc.) di mezzi eterogenei è un argomento largamente studiato nella letteratura tecnica e scientifica sin dal XIX secolo. Infatti, in un grandissimo numero di sistemi fisici naturali o artificiali (fino ad arrivare ai dispositivi più tecnologicamente avanzati) sono presenti materiali assemblati in modo assai complesso e, spesso, anche casuale. Al fine di analizzare nel modo più semplice sistemi con tali caratteristiche, è molto comodo sostituire una parte di mezzo eterogeneo con un mezzo omogeneo equivalente (tale che non comporti variazioni nel comportamento globale del sistema fisico). Storicamente la permettività elettrica di misture eterogenee fu il primo esempio di parametro fisico studiato con queste metodologie. Esso fu calcolato da diversi autori, tra cui lo stesso James Clerk Maxwell (1831 - 1879) che presentò uno studio accurato della questione nel suo famoso "Trattato sull'elettricità ed il magnetismo". A lui è attribuita la prima relazione che fornisce la permettività equivalente per misture di sfere (caso tridimensionale) o cilindri (caso bidimensionale) [29].

Successivamente, è stata sviluppata una grande quantità di relazioni e teorie finalizzate alla descrizione di particolari miscele di materiali. In generale, il problema può essere posto nel seguente modo: un'arbitraria porzione di spazio è costituita da differenti mezzi aventi una differente proprietà fisica (per esempio la permettività elettrica, la permeabilità magnetica, le conducibilità elettrica, la diffusività termica, i coefficienti di viscosità, i coefficienti di elasticità e così via). Conoscendo tale proprietà per le parti omogenee che costituiscono la miscela e le caratteristiche geometriche delle disomogeneità (forma e distribuzione di tali parti, frazione volumetrica di ciascuna componente), si tratta di trovare il valore di tale proprietà per un mezzo omogeneo equivalente a quello eterogeneo iniziale. In generale, si deve pensare ad una effettiva sostituzione del mezzo originale con il mezzo equivalente ed a una invarianza del comportamento fisico all'esterno del mezzo in questione. Spesso i parametri equivalenti ad un certo tipo di materiale eterogeneo sono osservabili sperimentalmente solo ad un scala spaziale molto maggiore della scala microscopica alla quale è osservabile la struttura fine del materiale composito. Conseguentemente, la sostituzione formale del mezzo originale con quello equivalente ha senso solo se si è interessati al comportamento macroscopico del sistema e, quindi, si vogliano trascurare tutti gli effetti locali dovuti all'effettiva polistruttura del mezzo.

Un altro esempio paradigmatico (che ha avuto una importanza storica estremamente rilevante) è dato dallo studio della viscosità effettiva di un mezzo fluido incomprimibile, contenente sferette rigide disperse al suo interno [14]. Questo problema è stato affrontato e risolto al prim'ordine da Albert Einstein nel 1906 nell'ambito della ricerca delle dimensioni reali delle molecole[3]. Vista l'importanza concettuale di questo caso, i calcoli relativi sono presentati nell'esercizio 6.10 di questo Capitolo.

La teoria del tensore di Eshelby (e, più precisamente, i risultati appena ottenuti sulle disomogeneità) abilitano a svolgere analisi approfondite circa le proprietà elastiche effettive di materiali eterogenei e, in particolare, di dispersioni di particelle ellissoidali in matrici elastiche omogenee [29]. Alcuni semplici casi verranno trattati sotto forma di esercizio nel seguito.

6.6 Energia elastica di una disomogeneità

In questa Sezione vogliamo determinare l'energia potenziale elastica associata ad una disomogeneità (regione V) inserita in un mezzo lineare omogeneo isotropo, soggetto a carichi remoti applicati dall'esterno.

6.6.1 Mezzo infinitamente esteso

Supponiamo che il carico applicato a distanza infinita generi un campo di deformazioni $\hat{\epsilon}^\infty$ ed un campo di sforzi $\hat{T}^\infty$, legati tra loro dalla relazione costitutiva del mezzo esterno $\hat{T}^\infty = \hat{\mathcal{C}}^{(1)}\hat{\epsilon}^\infty$. Questi sono i campo presenti in tutto il mezzo in assenza di disomogeneità. Supponiamo, inoltre, che non siano presenti forze di volume in alcun punto del mezzo. Quando la disomogeneità è presente, tutti i campi elastici subiranno perturbazioni sia all'interno che all'esterno della regione inserita: il campo di deformazioni $\hat{\epsilon}$ ed il campo di sforzi $\hat{T}$ rappresentino, quindi, i *campi effettivi in presenza della disomogeneità*. Si ha perciò che $\hat{T} = \hat{\mathcal{C}}^{(1)}\hat{\epsilon}$ in $\Re^3 - V$, mentre $\hat{T} = \hat{\mathcal{C}}^{(2)}\hat{\epsilon}$ in V. L'energia potenziale elastica inizialmente accumulata nel mezzo è

$$E_p^\infty = \frac{1}{2} \int_{\Re^3} T_{ij}^\infty \epsilon_{ij}^\infty \mathrm{d}V \tag{6.93}$$

come derivato immediatamente dall'Eq. (3.26). L'inserimento della disomogeneità comporta che tale energia assuma il nuovo valore

$$E_p = \frac{1}{2} \int_{\Re^3} T_{ij} \epsilon_{ij} \mathrm{d}V \tag{6.94}$$

Noi siamo interessati alla variazione di energia subita dal sistema in seguito all'inserimento della disomogeneità e, pertanto, calcoliamo

$$\Delta E_p^{macro} = E_p - E_p^\infty = \frac{1}{2} \int_{\Re^3} \left[T_{ij}\epsilon_{ij} - T_{ij}^\infty \epsilon_{ij}^\infty \right] \mathrm{d}V \tag{6.95}$$

---

[3] Si vedano i suoi articoli "A new determination of molecular dimensions", 1906, *Annalen der Physik* 4, 19, p.289-306 e "Corrections", 1911, *ibid.*, 34, p.591-592.

Abbiamo indicato esplicitamente il termine *macro* per ricordare che ci riferiamo a contributi energetici legati ai campi elastici macroscopici e, quindi, non sono inclusi in questa analisi i processi termici (ovvero, si intenda che la temperatura è nulla). L'Eq. (6.95) può essere scritta nella seguente forma particolarmente comoda

$$\Delta E_p^{macro} = \frac{1}{2} \int_{\Re^3} \left[\epsilon_{ij} \left(T_{ij} - T_{ij}^\infty \right) + T_{ij}^\infty \left(\epsilon_{ij} - \epsilon_{ij}^\infty \right) \right] \mathrm{d}V \qquad (6.96)$$

Come primo passo dimostriamo che la prima parte dell'integrale è sempre nulla. Calcoliamo, dunque, questa parte separando le regioni di integrazione interna ed esterna alla disomogeneità

$$\frac{1}{2} \int_{\Re^3} \left[\epsilon_{ij} \left(T_{ij} - T_{ij}^\infty \right) \right] \mathrm{d}V \qquad (6.97)$$
$$= \frac{1}{2} \int_{\Re^3 - \mathrm{V}} \left[\epsilon_{ij} \left(T_{ij} - T_{ij}^\infty \right) \right] \mathrm{d}V + \frac{1}{2} \int_{\mathrm{V}} \left[\epsilon_{ij} \left(T_{ij} - T_{ij}^\infty \right) \right] \mathrm{d}V$$

La simmetria dei tensori delle deformazioni e degli sforzi consente di scrivere

$$\frac{1}{2} \int_{\Re^3} \left[\epsilon_{ij} \left(T_{ij} - T_{ij}^\infty \right) \right] \mathrm{d}V \qquad (6.98)$$
$$= \frac{1}{2} \int_{\Re^3 - \mathrm{V}} \left[\frac{\partial u_i}{\partial x_j} \left(T_{ij} - T_{ij}^\infty \right) \right] \mathrm{d}V + \frac{1}{2} \int_{\mathrm{V}} \left[\frac{\partial u_i}{\partial x_j} \left(T_{ij} - T_{ij}^\infty \right) \right] \mathrm{d}V$$

dove vale che

$$\frac{\partial}{\partial x_j} \left[u_i \left(T_{ij} - T_{ij}^\infty \right) \right] = \frac{\partial u_i}{\partial x_j} \left(T_{ij} - T_{ij}^\infty \right) + u_i \frac{\partial}{\partial x_j} \left(T_{ij} - T_{ij}^\infty \right) \qquad (6.99)$$

Nella precedente equazione i termini $\frac{\partial}{\partial x_j} T_{ij}$ e $\frac{\partial}{\partial x_j} T_{ij}^\infty$ sono certamente nulli per l'assenza di forze volumetriche. Allora l'integrale che stiamo studiando diventa

$$\frac{1}{2} \int_{\Re^3} \left[\epsilon_{ij} \left(T_{ij} - T_{ij}^\infty \right) \right] \mathrm{d}V \qquad (6.100)$$
$$= \frac{1}{2} \int_{\Re^3 - \mathrm{V}} \frac{\partial}{\partial x_j} \left[u_i \left(T_{ij} - T_{ij}^\infty \right) \right] \mathrm{d}V + \frac{1}{2} \int_{\mathrm{V}} \frac{\partial}{\partial x_j} \left[u_i \left(T_{ij} - T_{ij}^\infty \right) \right] \mathrm{d}V$$

Con riferimento alla Fig. 6.5 ed utilizzando il teorema della divergenza, otteniamo la relazione finale

$$\frac{1}{2} \int_{\Re^3} \left[\epsilon_{ij} \left(T_{ij} - T_{ij}^\infty \right) \right] \mathrm{d}V \qquad (6.101)$$
$$= \frac{1}{2} \int_{\mathrm{S}} u_i^d \left(T_{ij}^d - T_{ij}^{\infty,d} \right) n_j \mathrm{d}S + \frac{1}{2} \int_{\mathrm{S}} u_i^f \left(T_{ij}^f - T_{ij}^{\infty,f} \right) (-n_j) \mathrm{d}S$$
$$+ \frac{1}{2} \lim_{\mathrm{S}_e \to \infty} \int_{\mathrm{S}_e} u_i^f \left(T_{ij}^f - T_{ij}^{\infty,f} \right) m_j \mathrm{d}S = 0$$

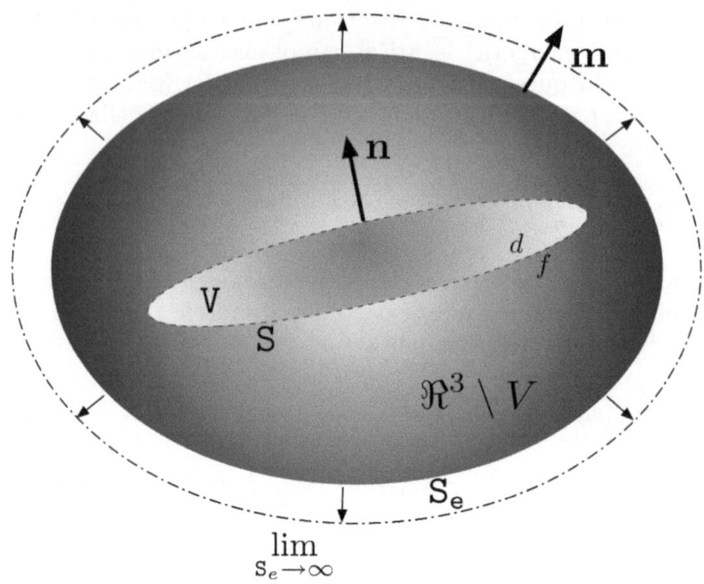

Fig. 6.5. Convenzioni adottate per lo svolgimento dell'integrale descritto nel testo.

che conclude la verifica. In quest'ultimo passaggio abbiamo considerato la continuità di $T_{ij}n_j$, di $T_{ij}^\infty n_j$ e di u_i. Inoltre, abbiamo osservato che vale il limite $T_{ij}^f - T_{ij}^{\infty,f} \to 0$ quando ci allontaniamo indefinitamente dalla regione della disomogeneità.

Riprendendo l'Eq. (6.96), abbiamo dimostrato che la variazione di energia potenziale elastica a seguito dell'inserimento della disomogeneità è espressa in forma semplificata come

$$\Delta E_p^{macro} = \frac{1}{2} \int_{\Re^3} T_{ij}^\infty \left(\epsilon_{ij} - \epsilon_{ij}^\infty \right) \mathrm{d}V \qquad (6.102)$$

Anche tale integrale può essere scomposto nella parte interna ed in quella esterna

$$\Delta E_p^{macro} = \frac{1}{2} \int_{\Re^3 - V} T_{ij}^\infty \left(\epsilon_{ij} - \epsilon_{ij}^\infty \right) \mathrm{d}V + \frac{1}{2} \int_V T_{ij}^\infty \left(\epsilon_{ij} - \epsilon_{ij}^\infty \right) \mathrm{d}V \qquad (6.103)$$

L'integrale sulla regione esterna $\Re^3 - V$ può essere riscritto osservando che

$$
\begin{aligned}
T_{ij}^\infty \left(\epsilon_{ij} - \epsilon_{ij}^\infty \right) &= \mathcal{C}_{ijnm}^{(1)} \epsilon_{nm}^\infty \left(\epsilon_{ij} - \epsilon_{ij}^\infty \right) \\
&= \epsilon_{nm}^\infty \mathcal{C}_{nmij}^{(1)} \left(\epsilon_{ij} - \epsilon_{ij}^\infty \right) = \epsilon_{nm}^\infty \left(T_{nm} - T_{nm}^\infty \right) \qquad (6.104)
\end{aligned}
$$

da cui

$$\Delta E_p^{macro} = \frac{1}{2} \int_{\Re^3 - \mathsf{V}} \epsilon_{ij}^\infty \left(T_{ij} - T_{ij}^\infty \right) \mathrm{d}V + \frac{1}{2} \int_{\mathsf{V}} T_{ij}^\infty \left(\epsilon_{ij} - \epsilon_{ij}^\infty \right) \mathrm{d}V \quad (6.105)$$

In modo assolutamente analogo alla discussione che ha portato all'Eq. (6.101), si verfica che

$$\frac{1}{2} \int_{\Re^3} \left[\epsilon_{ij}^\infty \left(T_{ij} - T_{ij}^\infty \right) \right] \mathrm{d}V = 0 \qquad (6.106)$$

(per la verifica è sufficiente sostituire ϵ_{ij} con ϵ_{ij}^∞ nell'Eq. (6.101)). Segue immediatamente che

$$\frac{1}{2} \int_{\Re^3 - \mathsf{V}} \left[\epsilon_{ij}^\infty \left(T_{ij} - T_{ij}^\infty \right) \right] \mathrm{d}V = -\frac{1}{2} \int_{\mathsf{V}} \left[\epsilon_{ij}^\infty \left(T_{ij} - T_{ij}^\infty \right) \right] \mathrm{d}V \qquad (6.107)$$

e, quindi, sostituendo l'Eq. (6.107) nell'Eq. (6.105) si ottiene

$$\Delta E_p^{macro} = \frac{1}{2} \int_{\mathsf{V}} T_{ij}^\infty \left(\epsilon_{ij} - \epsilon_{ij}^\infty \right) \mathrm{d}V - \frac{1}{2} \int_{\mathsf{V}} \epsilon_{ij}^\infty \left(T_{ij} - T_{ij}^\infty \right) \mathrm{d}V \qquad (6.108)$$

che, opportunamente manipolata, conduce al risultato

$$\boxed{\Delta E_p^{macro} = \frac{1}{2} \int_{\mathsf{V}} \left(T_{ij}^\infty \epsilon_{ij} - \epsilon_{ij}^\infty T_{ij} \right) \mathrm{d}V} \qquad (6.109)$$

Questa forma della variazione di energia è fondamentale perché consente di trovare la quantità richiesta svolgendo l'integrale solo sulla regione V della disomogeneità. Ricordiamo che i tensori $\hat{\epsilon}$ e $\hat{T}$ rappresentano i campi effettivi all'interno della regione inclusa.

Ricaviamo, ora, una forma che risulta molto utile in certe applicazioni pratiche, dove particelle ellissoidali sono incluse in un mezzo normale. Sviluppando l'Eq. (6.109) otteniamo

$$\begin{aligned}
\Delta E_p^{macro} &= \frac{1}{2} \int_{\mathsf{V}} \left(T_{ij}^\infty \epsilon_{ij} - \epsilon_{ij}^\infty T_{ij} \right) \mathrm{d}V \\
&= \frac{1}{2} \int_{\mathsf{V}} \left(T_{ij}^\infty \epsilon_{ij} - \mathcal{D}_{ijkh}^{(1)} T_{kh}^\infty \mathcal{C}_{ijnm}^{(2)} \epsilon_{nm} \right) \mathrm{d}V \\
&= \frac{1}{2} \int_{\mathsf{V}} T_{kh}^\infty \left(\epsilon_{kh} - \mathcal{D}_{ijkh}^{(1)} \mathcal{C}_{ijnm}^{(2)} \epsilon_{nm} \right) \mathrm{d}V \\
&= \frac{1}{2} \int_{\mathsf{V}} \mathrm{Tr} \left\{ \hat{T}^\infty \left[\left(\hat{I} - \left(\hat{\mathcal{C}}^{(1)} \right)^{-1} \hat{\mathcal{C}}^{(2)} \right) \hat{\epsilon} \right] \right\} \mathrm{d}V \\
&= \frac{1}{2} \int_{\mathsf{V}} \mathrm{Tr} \left\{ \hat{T}^\infty \hat{\epsilon}^* \right\} \mathrm{d}V \qquad (6.110)
\end{aligned}$$

avendo ricordato la proprietà data in Eq. (6.89) che permette di calcolare l'autodeformazione: $\hat{\epsilon}^* = \left(\hat{I} - \left(\hat{\mathcal{C}}^{(1)} \right)^{-1} \hat{\mathcal{C}}^{(2)} \right) \hat{\epsilon}$. Ricordando l'Eq. (6.87) si ottiene una relazione importante

$$\Delta E_p^{macro} = \tfrac{1}{2} \int_V \mathrm{Tr}\left\{ \hat{T}^\infty \hat{\epsilon}^* \right\} \mathrm{d}V$$
$$= \tfrac{1}{2} \int_V \mathrm{Tr}\left\{ \hat{T}^\infty \left[\left(\hat{I} - \left(\hat{\mathcal{C}}^{(1)} \right)^{-1} \hat{\mathcal{C}}^{(2)} \right)^{-1} - \hat{\mathcal{S}} \right]^{-1} \hat{\epsilon}^\infty \right\} \mathrm{d}V \qquad (6.111)$$

che esprime la *variazione di energia potenziale elastica dovuta all'inserimento di una disomogeneità ellissoidale in un mezzo normale*, espressa in termini del campo remoto applicato alla struttura, il tensore di Eshelby dell'inclusione e i tensori elastici dei mezzi che formano il sistema fisico in esame. Inoltre, visto che i campi interni sono uniformi, si ha la relazione più semplice

$$\Delta E_p^{macro} = \tfrac{1}{2}\mathrm{VTr}\left\{ \hat{T}^\infty \hat{\epsilon}^* \right\}$$
$$= \tfrac{1}{2}\mathrm{VTr}\left\{ \hat{T}^\infty \left[\left(\hat{I} - \left(\hat{\mathcal{C}}^{(1)} \right)^{-1} \hat{\mathcal{C}}^{(2)} \right)^{-1} - \hat{\mathcal{S}} \right]^{-1} \hat{\epsilon}^\infty \right\} \qquad (6.112)$$

Infine, per una inclusione vuota (situazione formale che corrisponde al caso di una porosità del materiale), le precedenti relazioni si semplificano nella seguente

$$\Delta E_p^{macro} = \tfrac{1}{2}\mathrm{VTr}\left\{ \hat{T}^\infty \hat{\epsilon}^* \right\}$$
$$= \tfrac{1}{2}\mathrm{VTr}\left\{ \hat{T}^\infty \left[\hat{I} - \hat{\mathcal{S}} \right]^{-1} \hat{\epsilon}^\infty \right\} \qquad (6.113)$$

che è molto utile, in particolare, per applicazioni alla teoria della frattura lineare elastica [32, 9].

6.6.2 Mezzo di volume finito: energia di interazione

Quando un mezzo occupa una regione finita D dello spazio e contiene una disomogeneità che occupa un volume V (con frontiera S), si definisce un'*energia potenziale di interazione* che dipende anche dall'energia potenziale associata alle forze f_i applicate alla superficie esterna Σ del volume D. Nel caso elementare in cui la disomogeneità è assente dal corpo, l'energia potenziale elastica totale si definisce come

$$W^\infty = \frac{1}{2} \int_D T_{ij}^\infty \epsilon_{ij}^\infty \mathrm{d}V - \int_\Sigma f_i u_i^\infty \mathrm{d}S \qquad (6.114)$$

dove T_{ij}^∞, ϵ_{ij}^∞ e u_i^∞ sone le grandezze elastiche che soddisfano il problema statico (senza forze volumetriche) per il corpo in questione, soggetto alle azioni esterne descritte dalle forze f_i. Quando includiamo la disomogeneità, le grandezze elastiche si modificano e l'energia diventa

$$W = \frac{1}{2} \int_D T_{ij} \epsilon_{ij} \mathrm{d}V - \int_\Sigma f_i u_i \mathrm{d}S \qquad (6.115)$$

Adesso le grandezze T_{ij}, ϵ_{ij} e u_i rappresentano le grandezze elastiche effettive dopo l'inclusione della disomogeneità (mentre le forze f_i applicate restano invariate per ipotesi). Si definisce energia di interazione la differenza tra le due quantità appena definite

$$W_i = W - W^\infty = \frac{1}{2} \int_D \left[T_{ij}\epsilon_{ij} - T_{ij}^\infty \epsilon_{ij}^\infty \right] \mathrm{d}V - \underbrace{\int_\Sigma f_i \left[u_i - u_i^\infty \right] \mathrm{d}S}_{} \qquad (6.116)$$

$$\underbrace{\qquad\qquad\qquad\qquad}_{\Delta E_p^{macro}} \qquad \underbrace{\qquad\qquad}_{\Delta E_{est}}$$

dove i termini ΔE_p^{macro} e ΔE_{est} (tali che $W_i = \Delta E_p^{macro} + \Delta E_{est}$) sono stati già utilizzati nel Cap. 5 per descrivere il criterio di Griffith. Il primo termine dell'Eq. (6.116) può essere sviluppato esattamente come nella Sezione precedente e, quindi, si ottiene una prima semplificazione

$$W_i = \frac{1}{2} \int_V \mathrm{Tr} \left\{ \hat{T}^\infty \hat{\epsilon}^* \right\} \mathrm{d}V - \int_\Sigma f_i \left[u_i - u_i^\infty \right] \mathrm{d}S \qquad (6.117)$$

Al fine di semplificare anche il secondo termine, osserviamo che $f_i = T_{ij} n_j = T_{ij}^\infty n_j$ perché entrambi i problemi (senza e con disomogeneità inclusa) hanno le stesse condizioni al contorno. Allora possiamo calcolare che

$$\int_\Sigma f_i \left[u_i - u_i^\infty \right] \mathrm{d}S = \int_\Sigma T_{ij}^\infty n_j \left[u_i - u_i^\infty \right] \mathrm{d}S \qquad (6.118)$$

$$= \int_D \frac{\partial}{\partial x_j} \left[T_{ij}^\infty \left(u_i - u_i^\infty \right) \right] \mathrm{d}V$$

$$= \int_D \left[\frac{\partial T_{ij}^\infty}{\partial x_j} \left(u_i - u_i^\infty \right) + T_{ij}^\infty \left(\epsilon_{ij} - \epsilon_{ij}^\infty \right) \right] \mathrm{d}V$$

Inoltre, $\frac{\partial T_{ij}^\infty}{\partial x_j} = 0$ per la condizione di equilibrio ed allora si ha

$$\int_\Sigma f_i \left[u_i - u_i^\infty \right] \mathrm{d}S = \int_D T_{ij}^\infty \left(\epsilon_{ij} - \epsilon_{ij}^\infty \right) \mathrm{d}V \qquad (6.119)$$

$$= \int_D T_{ij}^\infty \left(\epsilon_{ij} - \epsilon_{ij}^\infty - \epsilon_{ij}^* \right) \mathrm{d}V$$

$$+ \int_D T_{ij}^\infty \epsilon_{ij}^* \mathrm{d}V$$

$$= \int_D C_{ijkh}^{(1)} \epsilon_{kh}^\infty \left(\epsilon_{ij} - \epsilon_{ij}^\infty - \epsilon_{ij}^* \right) \mathrm{d}V$$

$$+ \int_D T_{ij}^\infty \epsilon_{ij}^* \mathrm{d}V$$

dove l'autodeformazione ϵ_{ij}^*, che abbiamo sommato e sottratto, è chiaramente diversa da zero solo all'interno della parte inclusa (cioè solo all'interno della regione V). È facile verificare tramite la definizione di autodeformazione e tramite il principio di equivalenza di Eshelby che il primo integrale è nullo[4]. Allora

$$
\int_D \mathcal{C}^{(1)}_{ijkh} \epsilon^\infty_{kh} \left(\epsilon_{ij} - \epsilon^\infty_{ij} - \epsilon^*_{ij} \right) \mathrm{d}V = \int_D \epsilon^\infty_{kh} \left(T_{kh} - T^\infty_{kh} \right) \mathrm{d}V
$$

$$
= \int_D \frac{\partial u^\infty_k}{\partial x_h} \left(T_{kh} - T^\infty_{kh} \right) \mathrm{d}V \qquad (6.120)
$$

$$
= - \int_D u^\infty_k \frac{\partial}{\partial x_h} \left(T_{kh} - T^\infty_{kh} \right) \mathrm{d}V
$$

$$
+ \int_\Sigma u^\infty_k \left(T_{kh} - T^\infty_{kh} \right) n_h \, dS = 0
$$

dove il primo termine è nullo per l'equilibrio ed il secondo per le condizioni al contorno accennate poco sopra. Quindi, si ha semplicemente

$$
\int_\Sigma f_i \left[u_i - u^\infty_i \right] \mathrm{d}S = \int_V \mathrm{Tr} \left\{ \hat{T}^\infty \hat{\epsilon}^* \right\} \mathrm{d}V \qquad (6.121)
$$

Sostituendo l'Eq. (6.121) nell'Eq. (6.117) otteniamo il risultato finale nella forma

$$
\boxed{W_i = -\tfrac{1}{2} \int_V \mathrm{Tr} \left\{ \hat{T}^\infty \hat{\epsilon}^* \right\} \mathrm{d}V} \qquad (6.122)
$$

Quando le grandezze elastiche sono uniformi all'interno della disomogeneità tale relazione si semplifica ulteriormente

$$
\boxed{W_i = -\tfrac{1}{2} V \mathrm{Tr} \left\{ \hat{T}^\infty \hat{\epsilon}^* \right\}} \qquad (6.123)
$$

La relazione finale ottenuta può anche essere posta nella forma $W_i = -\Delta E^{macro}_p$ secondo le notazioni introdotte in Eq. (6.116). Inoltre dalla relazione $W_i = \Delta E^{macro}_p + \Delta E_{est}$ si ottiene la relazione $\Delta E_{est} = -2\Delta E^{macro}_p$ che ha una certa importanza in alcune situazioni. In particolare, abbiamo usato questo risultato nell'Eq. (5.6) per ottenere, nell'ambito del modello di Griffith, i criteri di stabilità di cricche sottoposte a carichi. In questo caso, la disomogeneità di Eshelby è vuota e, perciò, corrisponde alla cricca di Griffith.

---

[4] Infatti dall'Eq. (6.82) si ha che all'interno di V valgono le relazioni $\hat{\epsilon} = \hat{\epsilon}^\infty + \hat{S}\hat{\epsilon}^*$ e $\hat{T} = \hat{\mathcal{C}}^{..} \, \hat{\epsilon}^\infty + \hat{\mathcal{C}}^{..} \, (S\hat{\epsilon}^* - \hat{\epsilon}^*)$ da cui $\hat{T} - \hat{T}^\infty = \hat{\mathcal{C}}^{..} \, (\hat{\epsilon} - \hat{\epsilon}^\infty - \hat{\epsilon}^*)$, mentre all'esterno di V si ha semplicemente $\hat{\epsilon}^* = 0$ e quindi $\hat{T} - \hat{T}^\infty = \hat{\mathcal{C}}^{..} \, (\hat{\epsilon} - \hat{\epsilon}^\infty)$. Queste considerazioni sono sufficienti a dimostrare quanto affermato.

6.7 Esercizi del Capitolo 6

Esercizio 6.1. a) Dimostrare che vale la relazione

$$\nabla^2 (\psi\phi) = \psi\nabla^2\phi + \phi\nabla^2\psi + 2\boldsymbol{\nabla}\psi \cdot \boldsymbol{\nabla}\phi$$

b) Utilizzando il risultato del punto (a), mostrare che le funzioni di due variabli

$$F_1(x_1, x_2) = x_1 H(x_1, x_2)$$
$$F_2(x_1, x_2) = x_2 H(x_1, x_2)$$
$$F_3(x_1, x_2) = (x_1^2 + x_2^2)H(x_1, x_2)$$

sono funzioni biarmoniche (cioè tali che $\nabla^4 F_i = 0$) quando $H(x_1, x_2)$ è una funzione armonica (cioè tale che $\nabla^2 H = 0$).

Soluzione 6.1. Dimostriamo la relazione del punto (a) come segue

$$\begin{aligned}
\nabla^2 (\psi\phi) &= \frac{\partial}{\partial x_i}\frac{\partial}{\partial x_i}(\psi\phi) \\
&= \frac{\partial}{\partial x_i}\left(\frac{\partial\psi}{\partial x_i}\phi + \frac{\partial\phi}{\partial x_i}\psi\right) \\
&= \frac{\partial}{\partial x_i}\left(\frac{\partial\psi}{\partial x_i}\phi\right) + \frac{\partial}{\partial x_i}\left(\frac{\partial\phi}{\partial x_i}\psi\right) \\
&= \frac{\partial^2\psi}{\partial x_i^2}\phi + \frac{\partial\psi}{\partial x_i}\frac{\partial\phi}{\partial x_i} + \frac{\partial^2\phi}{\partial x_i^2}\psi + \frac{\partial\phi}{\partial x_i}\frac{\partial\psi}{\partial x_i} \\
&= \psi\nabla^2\phi + \phi\nabla^2\psi + 2\boldsymbol{\nabla}\psi \cdot \boldsymbol{\nabla}\phi
\end{aligned}$$

Per quanto riguarda il punto (b) si ha

$$\begin{aligned}
\nabla^4 F_1(x_1, x_2) &= \nabla^2\nabla^2\left[x_1 H(x_1, x_2)\right] \\
&= \nabla^2\left[H\nabla^2 x_1 + x_1\nabla^2 H + 2\boldsymbol{\nabla}x_1 \cdot \boldsymbol{\nabla}H\right] \\
&= \nabla^2\left[2\frac{\partial H}{\partial x_1}\right] \\
&= 2\frac{\partial}{\partial x_1}\nabla^2 H = 0
\end{aligned}$$

Analogamente, per F_2 otteniamo

$$\begin{aligned}
\nabla^4 F_2(x_1, x_2) &= \nabla^2\nabla^2\left[x_2 H(x_1, x_2)\right] \\
&= \nabla^2\left[H\nabla^2 x_2 + x_2\nabla^2 H + 2\boldsymbol{\nabla}x_2 \cdot \boldsymbol{\nabla}H\right] \\
&= \nabla^2\left[2\frac{\partial H}{\partial x_2}\right] \\
&= 2\frac{\partial}{\partial x_2}\nabla^2 H = 0
\end{aligned}$$

e, infine, per la funzione F_3 vale che

$$
\begin{aligned}
\nabla^4 F_3(x_1, x_2) &= \nabla^2 \nabla^2 \left[(x_1^2 + x_2^2) H(x_1, x_2) \right] \\
&= \nabla^2 \left[4H + (x_1^2 + x_2^2)\nabla^2 H + 2\boldsymbol{\nabla}(x_1^2 + x_2^2) \cdot \boldsymbol{\nabla} H \right] \\
&= \nabla^2 \left[4H + 4x_1 \frac{\partial H}{\partial x_1} + 4x_2 \frac{\partial H}{\partial x_2} \right] \\
&= 4x_1 \nabla^2 \frac{\partial H}{\partial x_1} + 4 \frac{\partial H}{\partial x_1} \nabla^2 x_1 + 8 \boldsymbol{\nabla} x_1 \cdot \boldsymbol{\nabla} \frac{\partial H}{\partial x_1} + \\
&\quad + 4x_2 \nabla^2 \frac{\partial H}{\partial x_2} + 4 \frac{\partial H}{\partial x_2} \nabla^2 x_2 + 8 \boldsymbol{\nabla} x_2 \cdot \boldsymbol{\nabla} \frac{\partial H}{\partial x_2} \\
&= 8 \left(\frac{\partial^2 H}{\partial x_1^2} + \frac{\partial^2 H}{\partial x_2^2} \right) = 0
\end{aligned}
$$

Esercizio 6.2. Risolvere con la metodologia delle trasformate di Fourier l'equazione di Poisson $\nabla^2 \phi(\mathbf{r}) = -4\pi \delta(\mathbf{r})$, ricavandone la funzione di Green.

Soluzione 6.2. L'equazione di Poisson $\nabla^2 \phi(\mathbf{r}) = -4\pi \delta(\mathbf{r})$ si scrive esplicitamente nella forma $\frac{\partial}{\partial x_j} \frac{\partial}{\partial x_j} \phi(\mathbf{r}) = -4\pi \delta(\mathbf{r})$, che è più comoda per applicare la trasformata di Fourier. Infatti, l'operatore $\frac{\partial}{\partial x_j}$ si trasforma nell'operatore moltiplicativo $i\kappa_j$ mentre la funzione Delta ha trasformata unitaria. Ne segue che: $(i\kappa_j)^2 \Phi(\boldsymbol{\kappa}) = -4\pi$, dove $\Phi(\boldsymbol{\kappa})$ è la trasformata di $\phi(\mathbf{r})$. La relazione $(i\kappa_j)^2 \Phi(\boldsymbol{\kappa}) = -4\pi$ si riscrive nella forma $\kappa^2 \Phi(\boldsymbol{\kappa}) = 4\pi$, dove κ è il modulo del vettore $\boldsymbol{\kappa}$. Si vede, inoltre, che $\Phi(\boldsymbol{\kappa})$ dipende solo da κ, essendo verificata la relazione

$$
\Phi(\kappa) = \frac{4\pi}{\kappa^2}
$$

Per quanto specificato nell'Appendice H l'antitrasformata è immediata e si ottiene

$$
\phi(\mathbf{r}) = \frac{1}{|\mathbf{r}|}
$$

che rappresenta la funzione di Green del problema proposto. In fisica tale funzione è ben nota come potenziale elettrico della carica puntiforme o come potenziale gravitazionale della massa puntiforme (a meno, ovviamente, delle costanti moltiplicative).

Esercizio 6.3. Risolvere con la metodologia delle trasformate di Fourier la generica equazione di D'Alembert con una funzione di sorgente $g(\mathbf{r}, t)$ ed incognita $f(\mathbf{r}, t)$

$$
\nabla^2 f - \frac{1}{v^2} \frac{\partial^2 f}{\partial t^2} = g
$$

ottenendo la cosiddetta *formula dei potenziali ritardati*

$$g(\mathbf{r},t) = -\frac{1}{4\pi} \int \int \int_{\Re^3} \frac{g\left(\mathbf{p},t-\frac{|\mathbf{r}-\mathbf{p}|}{v}\right)}{|\mathbf{r}-\mathbf{p}|}\mathrm{d}\mathbf{p}$$

introdotta nel Cap. 4 (esercizio 4.3).

Soluzione 6.3. Per cominciare trasformiamo la funzione $f(\mathbf{r},t)$ rispetto al tempo, definendo che

$$F\left(\mathbf{r},\omega\right) = \int_{-\infty}^{+\infty} f(\mathbf{r},t)e^{-i\omega t}\mathrm{d}t$$

la cui antitrasformata è

$$f(\mathbf{r},t) = \frac{1}{2\pi} \int_{-\infty}^{+\infty} F\left(\mathbf{r},\omega\right)e^{i\omega t}\mathrm{d}\omega$$

Formule analoghe valgono per la funzione di sorgente $g(\mathbf{r},t)$ che si trasforma in $G\left(\mathbf{r},\omega\right)$. L'equazione di D'Alembert si trasforma, quindi, nella seguente equazione di Helmholtz

$$\nabla^2 F + \frac{\omega^2}{v^2}F = G$$

Introduciamo ora la trasformata rispetto allo spazio

$$\Phi\left(\boldsymbol{\kappa},\omega\right) = \int_{\Re^3} F\left(\mathbf{r},\omega\right)e^{-i\boldsymbol{\kappa}\cdot\mathbf{r}}\mathrm{d}\mathbf{r}$$

la cui antitrasformata è

$$F\left(\mathbf{r},\omega\right) = \frac{1}{(2\pi)^3} \int_{\Re^3} \Phi\left(\boldsymbol{\kappa},\omega\right)e^{i\boldsymbol{\kappa}\cdot\mathbf{r}}\mathrm{d}\boldsymbol{\kappa}$$

Le stesse considerazioni si applicano alla funzione $G\left(\mathbf{r},\omega\right)$ che si trasforma in $\Gamma\left(\boldsymbol{\kappa},\omega\right)$. A seguito di questa seconda trasformazione l'equazione appare nella forma

$$-\kappa^2\Phi\left(\boldsymbol{\kappa},\omega\right) + \frac{\omega^2}{v^2}\Phi\left(\boldsymbol{\kappa},\omega\right) = \Gamma\left(\boldsymbol{\kappa},\omega\right)$$

che è puramente algebrica e la cui soluzione è la seguente

$$\Phi\left(\boldsymbol{\kappa},\omega\right) = \frac{v^2}{\omega^2 - v^2\kappa^2}\Gamma\left(\boldsymbol{\kappa},\omega\right)$$

Per antitrasformare, usiamo la seguente regola introdotta nell' Appendice H

$$F\left(r\right) = \frac{e^{-ar}}{4\pi r} \longrightarrow \Phi\left(\kappa\right) = \frac{1}{a^2 + \kappa^2}$$

Ponendo $a = i\frac{\omega}{v}$, la relazione diventa

$$F(r) = \frac{e^{-i\frac{\omega}{v}r}}{4\pi r} \longrightarrow \Phi(\kappa) = \frac{1}{\left(i\frac{\omega}{v}\right)^2 + \kappa^2} = -\frac{v^2}{\omega^2 - v^2\kappa^2}$$

ed allora, secondo il teorema di convoluzione, si ha

$$F(\mathbf{r}, \omega) = -\frac{1}{4\pi} \int_{\Re^3} G(\mathbf{p}, \omega) \frac{e^{-i\frac{\omega}{v}|\mathbf{r}-\mathbf{p}|}}{|\mathbf{r} - \mathbf{p}|} d\mathbf{p}$$

Resta ora da svolgere l'ultima antitrasformazione per tornare alla variabile temporale iniziale

$$f(\mathbf{r}, t) = \frac{1}{2\pi} \int_{-\infty}^{+\infty} F(\mathbf{r}, \omega) e^{i\omega t} d\omega$$

$$= -\frac{1}{8\pi^2} \int_{-\infty}^{+\infty} \int_{\Re^3} G(\mathbf{p}, \omega) \frac{e^{-i\frac{\omega}{v}|\mathbf{r}-\mathbf{p}|}}{|\mathbf{r} - \mathbf{p}|} e^{i\omega t} d\mathbf{p} d\omega$$

$$= -\frac{1}{8\pi^2} \int_{-\infty}^{+\infty} \int_{\Re^3} \int_{-\infty}^{+\infty} g(\mathbf{p}, \tau) e^{-i\omega\tau} \frac{e^{-i\frac{\omega}{v}|\mathbf{r}-\mathbf{p}|}}{|\mathbf{r} - \mathbf{p}|} e^{i\omega t} d\tau d\mathbf{p} d\omega$$

$$= -\frac{1}{4\pi} \int_{-\infty}^{+\infty} \int_{\Re^3} g(\mathbf{p}, \tau) \frac{\delta\left(\tau - t + \frac{|\mathbf{r}-\mathbf{p}|}{v}\right)}{|\mathbf{r} - \mathbf{p}|} d\mathbf{p} d\tau$$

$$= -\frac{1}{4\pi} \int_{\Re^3} \frac{g\left(\mathbf{p}, t - \frac{|\mathbf{r}-\mathbf{p}|}{v}\right)}{|\mathbf{r} - \mathbf{p}|} d\mathbf{p}$$

che corrisponde a quanto richiesto. Si osservi che nei passaggi precedenti è stata utilizzata la proprietà $2\pi\delta(t) = \int_{-\infty}^{+\infty} e^{-i\omega t} dt$ che si può ottenere facilmente ragionando sulla trasformata di Fourier della funzione impulsiva.

Esercizio 6.4. Verificare la relazione $\mathrm{Tr}\left(\tilde{S}\right) = 3$ valida per la traccia del tensore di Eshelby, svolgendo esplicitamente i calcoli per il caso della sfera e del cilindro.

Soluzione 6.4. Dalla relazione che esprime il tensore di Eshelby per la sfera in notazione compatta (si veda Eq. (6.78)) si prelevano i termini sulla diagonale principale e si sommano come segue

$$\mathrm{Tr}\left(\tilde{S}\right) = \frac{1}{15}\frac{7 - 5\nu}{1 - \nu} + \frac{1}{15}\frac{7 - 5\nu}{1 - \nu} + \frac{1}{15}\frac{7 - 5\nu}{1 - \nu}$$

$$+ \frac{2}{15}\frac{4 - 5\nu}{1 - \nu} + \frac{2}{15}\frac{4 - 5\nu}{1 - \nu} + \frac{2}{15}\frac{4 - 5\nu}{1 - \nu}$$

$$= \frac{3}{15}\frac{7 - 5\nu}{1 - \nu} + \frac{6}{15}\frac{4 - 5\nu}{1 - \nu}$$

$$= \frac{1}{15}\frac{21 - 15\nu + 24 - 30\nu}{1 - \nu}$$

$$= \frac{1}{15} \frac{45 - 45\nu}{1 - \nu} = 3$$

Analogamente per il cilindro si ha (si veda Eq. (J.14))

$$\begin{aligned}
\mathrm{Tr}\left(\tilde{\mathcal{S}}\right) &= \frac{1}{8}\frac{5 - 4\nu}{1 - \nu} + \frac{1}{8}\frac{5 - 4\nu}{1 - \nu} + \frac{1}{2} + \frac{1}{4}\frac{3 - 4\nu}{1 - \nu} + \frac{1}{2} \\
&= \frac{1}{8}\frac{10 - 8\nu + 8(1 - \nu) + 2(3 - 4\nu)}{1 - \nu} \\
&= \frac{1}{8}\frac{10 - 8\nu + 8 - 8\nu + 6 - 8\nu}{1 - \nu} \\
&= \frac{1}{8}\frac{24 - 24\nu}{1 - \nu} = 3
\end{aligned}$$

Esercizio 6.5. Dimostrare che l'azione del tensore di Eshelby $\hat{\mathcal{S}}$ per la sfera su una data autodeformazione $\hat{\epsilon}^*$ si può esprimere con la seguente notevole relazione

$$\hat{\mathcal{S}}\hat{\epsilon}^* = \frac{6}{5}\frac{K + 2\mu}{3K + 4\mu}\hat{\epsilon}^* + \frac{1}{5}\frac{3K - 4\mu}{3K + 4\mu}\mathrm{Tr}\left(\hat{\epsilon}^*\right)\hat{I}$$

che evidenzia come la relazione tra $\hat{\epsilon}^*$ e $\hat{\mathcal{S}}\hat{\epsilon}^*$ sia lineare ed isotropa (infatti vi sono due coefficienti costanti che la definiscono).

Soluzione 6.5. Partiamo dalla relazione esplicita per il tensore di Eshelby della sfera (si veda Eq. (6.77))

$$\mathcal{S}_{ijkh} = \frac{1}{15(1 - \nu)}\left[(\delta_{ik}\delta_{jh} + \delta_{ih}\delta_{jk})(4 - 5\nu) + \delta_{kh}\delta_{ij}(5\nu - 1)\right]$$

e valutiamo l'effetto di $\mathcal{S}_{ijkh}$ sulla generica autodeformazione ϵ^*_{kh}

$$\begin{aligned}
\mathcal{S}_{ijkh}\epsilon^*_{kh} &= \frac{1}{15(1 - \nu)}\left[(\delta_{ik}\delta_{jh} + \delta_{ih}\delta_{jk})(4 - 5\nu) + \delta_{kh}\delta_{ij}(5\nu - 1)\right]\epsilon^*_{kh} \\
&= \frac{1}{15(1 - \nu)}\left[(\epsilon^*_{ij} + \epsilon^*_{ji})(4 - 5\nu) + \epsilon^*_{kk}\delta_{ij}(5\nu - 1)\right] \\
&= \frac{2(4 - 5\nu)}{15(1 - \nu)}\epsilon^*_{ij} + \frac{5\nu - 1}{15(1 - \nu)}\epsilon^*_{kk}\delta_{ij}
\end{aligned}$$

da cui segue che

$$\hat{\mathcal{S}}\hat{\epsilon}^* = \frac{2(4 - 5\nu)}{15(1 - \nu)}\hat{\epsilon}^* + \frac{5\nu - 1}{15(1 - \nu)}\mathrm{Tr}\left(\hat{\epsilon}^*\right)\hat{I}$$

Il coefficiente di Poisson si esprime mediante il modulo di taglio ed il modulo di compressibilità con la relazione $\nu = \frac{3K - 2\mu}{2(3K + \mu)}$, la quale consente di ottenere le espressioni

$$\frac{2(4-5\nu)}{15(1-\nu)} = \frac{6}{5}\frac{K+2\mu}{3K+4\mu}$$

$$\frac{5\nu-1}{15(1-\nu)} = \frac{1}{5}\frac{3K-4\mu}{3K+4\mu}$$

Segue il risultato importante

$$\boxed{\hat{S}\hat{\epsilon}^* = \frac{6}{5}\frac{K+2\mu}{3K+4\mu}\hat{\epsilon}^* + \frac{1}{5}\frac{3K-4\mu}{3K+4\mu}\mathrm{Tr}\left(\hat{\epsilon}^*\right)\hat{I}}$$

che corrisponde a quanto richiesto. Tale risultato troverà notevoli applicazioni negli esempi che seguono.

Esercizio 6.6. Data una disomogeneità sferica (di costanti elastiche K_2, μ_2) in un mezzo (di costanti elastiche K_1, μ_1), trovare il campo di deformazioni interno $\hat{\epsilon}^d$ in funzione del campo di deformazioni applicato all'infinito $\hat{\epsilon}^\infty$ (si veda la Fig.6.6).

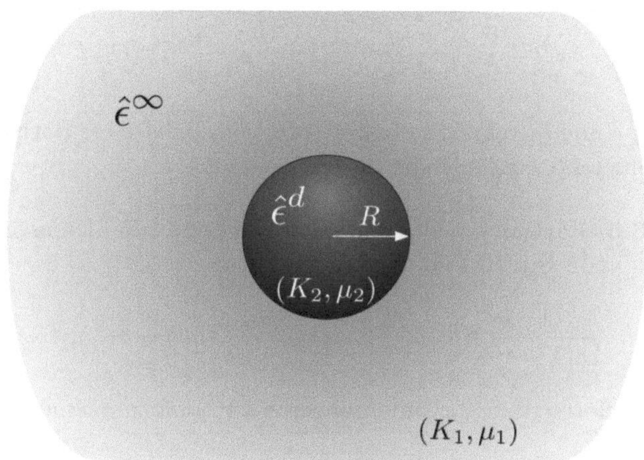

Fig. 6.6. Disomogeneità sferica soggetta al campo di deformazioni $\hat{\epsilon}^\infty$.

Soluzione 6.6. Ricordiamo la relazione fondamentale che lega il campo di deformazione esterno con il campo di deformazione interno (si veda l'Eq. (6.90))

$$\hat{\epsilon}^d = \left[\hat{I} - \hat{S}\left(\hat{I} - \left(\hat{C}^{(1)}\right)^{-1}\hat{C}^{(2)}\right)\right]^{-1}\hat{\epsilon}^\infty$$

Essa può essere riscritta come

$$\hat{\epsilon}^d - \hat{S}\hat{\epsilon}^d + \hat{S}\left(\hat{C}^{(1)}\right)^{-1}\hat{C}^{(2)}\hat{\epsilon}^d = \hat{\epsilon}^\infty$$

Il termine $\hat{\mathcal{C}}^2\hat{\epsilon}^d$ corrisponde al tensore degli sforzi interno dato dall'espressione

$$\hat{T}^d = \hat{\mathcal{C}}^{(2)}\hat{\epsilon}^d = 2\mu_2\hat{\epsilon}^d + \left(K_2 - \frac{2}{3}\mu_2\right)\hat{I}\mathrm{Tr}(\hat{\epsilon}^d)$$

Analogamente, il termine $\left(\hat{\mathcal{C}}^{(1)}\right)^{-1}\hat{\mathcal{C}}^{(2)}\hat{\epsilon}^d = \left(\hat{\mathcal{C}}^{(1)}\right)^{-1}\hat{T}^d$ si scrive per mezzo dell'equazione costitutiva valida nel mezzo esterno

$$\left(\hat{\mathcal{C}}^{(1)}\right)^{-1}\hat{T}^d = \frac{1}{2\mu_1}\hat{T}^d - \frac{3K_1 - 2\mu_1}{18K_1\mu_1}\hat{I}\mathrm{Tr}(\hat{T}^d)$$

Componendo le due precedenti espressioni si ha

$$\begin{aligned}
\left(\hat{\mathcal{C}}^{(1)}\right)^{-1}\hat{\mathcal{C}}^{(2)}\hat{\epsilon}^d = \left(\hat{\mathcal{C}}^{(1)}\right)^{-1}\hat{T}^d &= \frac{1}{2\mu_1}\left[2\mu_2\hat{\epsilon}^d + \left(K_2 - \frac{2}{3}\mu_2\right)\hat{I}\mathrm{Tr}(\hat{\epsilon}^d)\right] \\
&\quad - \frac{3K_1 - 2\mu_1}{18K_1\mu_1}\hat{I}\mathrm{Tr}\left[2\mu_2\hat{\epsilon}^d + \left(K_2 - \frac{2}{3}\mu_2\right)\hat{I}\mathrm{Tr}(\hat{\epsilon}^d)\right] \\
&= \frac{\mu_2}{\mu_1}\hat{\epsilon}^d + \frac{1}{2\mu_1}\left(K_2 - \frac{2}{3}\mu_2\right)\hat{I}\mathrm{Tr}(\hat{\epsilon}^d) \\
&\quad - \frac{\mu_2}{\mu_1}\frac{3K_1 - 2\mu_1}{9K_1}\hat{I}\mathrm{Tr}(\hat{\epsilon}^d) - \frac{3K_1 - 2\mu_1}{6K_1\mu_1}\left(K_2 - \frac{2}{3}\mu_2\right)\hat{I}\mathrm{Tr}(\hat{\epsilon}^d) \\
&= \frac{\mu_2}{\mu_1}\hat{\epsilon}^d + \frac{1}{3}\left(\frac{K_2}{K_1} - \frac{\mu_2}{\mu_1}\right)\hat{I}\mathrm{Tr}(\hat{\epsilon}^d)
\end{aligned}$$

che è un primo risultato importante. L'equazione nell'incognita $\hat{\epsilon}^d$ diventa allora

$$\hat{\epsilon}^d - \hat{\mathcal{S}}\hat{\epsilon}^d + \hat{\mathcal{S}}\left[\frac{\mu_2}{\mu_1}\hat{\epsilon}^d + \frac{1}{3}\left(\frac{K_2}{K_1} - \frac{\mu_2}{\mu_1}\right)\hat{I}\mathrm{Tr}(\hat{\epsilon}^d)\right] = \hat{\epsilon}^\infty$$

cioè

$$\hat{\epsilon}^d + \left(\frac{\mu_2}{\mu_1} - 1\right)\hat{\mathcal{S}}\hat{\epsilon}^d + \frac{1}{3}\left(\frac{K_2}{K_1} - \frac{\mu_2}{\mu_1}\right)\hat{\mathcal{S}}\hat{I}\mathrm{Tr}(\hat{\epsilon}^d) = \hat{\epsilon}^\infty$$

Sappiamo anche che (si veda l'esercizio precedente)

$$\hat{\mathcal{S}}\hat{\epsilon}^d = \frac{6}{5}\frac{K_1 + 2\mu_1}{3K_1 + 4\mu_1}\hat{\epsilon}^d + \frac{1}{5}\frac{3K_1 - 4\mu_1}{3K_1 + 4\mu_1}\mathrm{Tr}\left(\hat{\epsilon}^d\right)\hat{I}$$

da cui

$$\hat{\mathcal{S}}\hat{I} = \left(\frac{6}{5}\frac{K_1 + 2\mu_1}{3K_1 + 4\mu_1} + \frac{3}{5}\frac{3K_1 - 4\mu_1}{3K_1 + 4\mu_1}\right)\hat{I} = \frac{3K_1}{3K_1 + 4\mu_1}\hat{I}$$

L'equazione che descrive il comportamento di $\hat{\epsilon}^d$ diventa allora

$$\hat{\epsilon}^d + \left(\frac{\mu_2}{\mu_1} - 1\right)\frac{6}{5}\frac{K_1+2\mu_1}{3K_1+4\mu_1}\hat{\epsilon}^d + \left(\frac{\mu_2}{\mu_1} - 1\right)\frac{1}{5}\frac{3K_1-4\mu_1}{3K_1+4\mu_1}\mathrm{Tr}\left(\hat{\epsilon}^d\right)\hat{I}$$

$$+\frac{1}{3}\left(\frac{K_2}{K_1} - \frac{\mu_2}{\mu_1}\right)\frac{3K_1}{3K_1+4\mu_1}\mathrm{Tr}(\hat{\epsilon}^d)\hat{I} = \hat{\epsilon}^\infty$$

o, più semplicemente

$$L\hat{\epsilon}^d + M\mathrm{Tr}(\hat{\epsilon}^d)\hat{I} = \hat{\epsilon}^\infty$$

dove i coefficienti M ed N sono definiti come segue

$$L = 1 + \frac{6}{5}\frac{K_1+2\mu_1}{3K_1+4\mu_1}\left(\frac{\mu_2}{\mu_1} - 1\right)$$

$$M = \frac{1}{5\left(3K_1+4\mu_1\right)}\left[5K_2 - K_1\left(3+2\frac{\mu_2}{\mu_1}\right) - 4\left(\mu_2 - \mu_1\right)\right]$$

L'inversione dell'equazione precedente rispetto ad $\hat{\epsilon}^d$ fornisce immediatamente

$$\hat{\epsilon}^d = \frac{1}{L}\hat{\epsilon}^\infty - \frac{M}{L(L+3M)}\mathrm{Tr}(\hat{\epsilon}^\infty)\hat{I}$$

e, sostituendo i valori di M ed N appena definiti, si ottiene la relazione finale

$$\hat{\epsilon}^d = \frac{5(3K_1+4\mu_1)}{9K_1+8\mu_1+6\mu_2\left(2+\frac{K_1}{\mu_1}\right)}\hat{\epsilon}^\infty$$

$$-\frac{5K_2 - K_1\left(3+2\frac{\mu_2}{\mu_1}\right) - 4\left(\mu_2-\mu_1\right)}{9K_1+8\mu_1+6\mu_2\left(2+\frac{K_1}{\mu_1}\right)}\frac{3K_1+4\mu_1}{3K_2+4\mu_1}\mathrm{Tr}(\hat{\epsilon}^\infty)\hat{I}$$

che può anche essere scritta nella forma seguente

$$\boxed{\hat{\epsilon}^d = \frac{5(3K_1+4\mu_1)}{9K_1+8\mu_1+6\mu_2\left(2+\frac{K_1}{\mu_1}\right)}\left[\hat{\epsilon}^\infty - \frac{5K_2-K_1\left(3+2\frac{\mu_2}{\mu_1}\right)-4(\mu_2-\mu_1)}{5(3K_2+4\mu_1)}\mathrm{Tr}(\hat{\epsilon}^\infty)\hat{I}\right]}$$

Tale formula rappresenta il tensore delle deformazioni (uniforme) all'interno di una sfera, in funzione del campo di deformazioni esterno (asintoticamente uniforme) dato. Si osservi che in tale calcolo non è mai intervenuto il raggio della sfera.

Esercizio 6.7. Si consideri una dispersione di sfere aventi moduli K_2, μ_2 in un mezzo di costanti elastiche K_1, μ_1. La frazione volumetrica di sfere nel mezzo complessivo sia c (volume totale delle sfere diviso per il volume totale del mezzo; ovviamente $0 < c < 1$). Tale frazione volumetrica c sia sufficientemente piccola da rendere trascurabili le interazioni tra le sferette disperse (si veda la Fig. 6.7). Quindi, dato un campo di deformazioni remoto $\hat{\epsilon}^\infty$, il campo interno a ciascuna sfera $\hat{\epsilon}^d$ può essere considerato uguale a quello calcolato nel precedente esercizio. Il tensore delle deformazioni medio (nel volume del corpo eterogeneo) può essere approssimato con la relazione $\langle \hat{\epsilon} \rangle = c\hat{\epsilon}^d + (1-c)\hat{\epsilon}^\infty$. Dopo aver sviluppato il calcolo del tensore degli sforzi medio, si calcolino le costanti elastiche macroscopiche efficaci (o equivalenti) del materiale composito considerato.

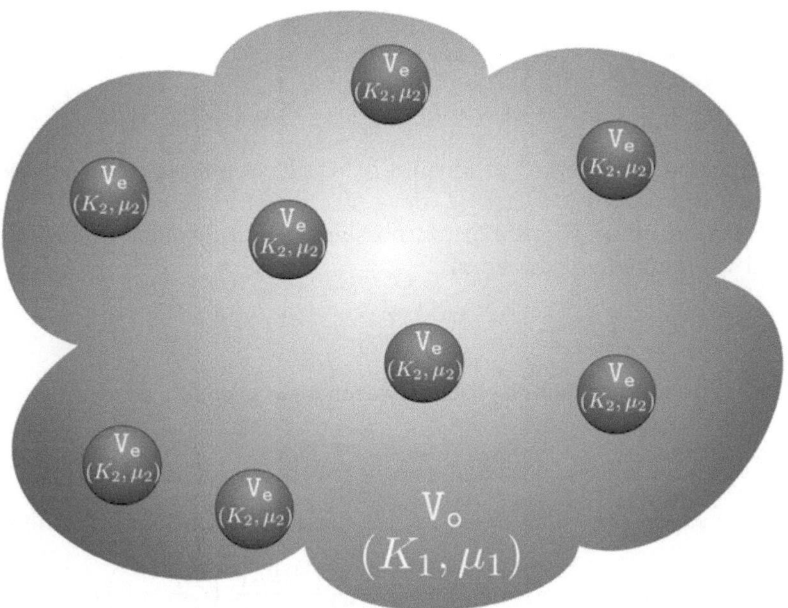

Fig. 6.7. Schema di una mistura di sfere.

Soluzione 6.7. Definiamo V come il volume totale del mezzo polistrutturato, V_e il volume corrispondente alle sferette ($\hat{\mathcal{C}}^{(2)}$) e V_o il volume della matrice ($\hat{\mathcal{C}}^{(1)}$) che ospita le disomogeneità. Dunque: $V = V_o \cup V_e$. Il valore medio del tensore degli sforzi sull'intero volume V può essere valutato come segue

$$
\begin{aligned}
\langle \hat{T} \rangle &= \frac{1}{V}\int_V \hat{T}\mathrm{d}\mathbf{r} = \frac{1}{V}\hat{\mathcal{C}}^{(1)}\int_{V_o}\hat{\epsilon}\mathrm{d}\mathbf{r} + \frac{1}{V}\hat{\mathcal{C}}^{(2)}\int_{V_e}\hat{\epsilon}\mathrm{d}\mathbf{r} \\
&= \frac{1}{V}\hat{\mathcal{C}}^{(1)}\int_{V_o}\hat{\epsilon}\mathrm{d}\mathbf{r} + \frac{1}{V}\hat{\mathcal{C}}^{(2)}\int_{V_e}\hat{\epsilon}\mathrm{d}\mathbf{r} + \frac{1}{V}\hat{\mathcal{C}}^{(1)}\int_{V_e}\hat{\epsilon}\mathrm{d}\mathbf{r} - \frac{1}{V}\hat{\mathcal{C}}^{(1)}\int_{V_e}\hat{\epsilon}\mathrm{d}\mathbf{r} \\
&= \frac{1}{V}\hat{\mathcal{C}}^{(1)}\int_V \hat{\epsilon}\mathrm{d}\mathbf{r} + \frac{V_e}{V}\left(\hat{\mathcal{C}}^{(2)} - \hat{\mathcal{C}}^{(1)}\right)\frac{1}{V_e}\int_{V_e}\hat{\epsilon}\mathrm{d}\mathbf{r} \\
&= \hat{\mathcal{C}}^{(1)}\langle \hat{\epsilon} \rangle + c\left(\hat{\mathcal{C}}^{(2)} - \hat{\mathcal{C}}^{(1)}\right)\langle \hat{\epsilon}^d \rangle
\end{aligned}
$$

dove $\langle \hat{\epsilon}^d \rangle$ è il valore medio del tensore delle deformazioni nel volume V_e, cioè all'interno delle sferette. Nell'ipotesi di bassa concentrazioni (cioè di piccoli valori di c) si considera: $\langle \hat{\epsilon}^d \rangle = \hat{\epsilon}^d$, dove $\hat{\epsilon}^d$ è quello calcolato nell'esercizio precedente. Quindi, il campo di deformazione interno sarà dato dall'equazione $L\hat{\epsilon}^d + M\mathrm{Tr}(\hat{\epsilon}^d)\hat{I} = \hat{\epsilon}^\infty$, dove L ed M sono stati introdotti sempre nell'esercizio precedente. Considerando che assumiamo vera la relazione $\langle \hat{\epsilon} \rangle = c\hat{\epsilon}^d + (1 - c)\hat{\epsilon}^\infty$, si ottiene

$$\langle \hat{\epsilon} \rangle = c\hat{\epsilon}^d + (1 - c)\left[L\hat{\epsilon}^d + M\mathrm{Tr}(\hat{\epsilon}^d)\hat{I} \right]$$
$$= \left[c + (1 - c)L \right]\hat{\epsilon}^d + (1 - c)M\mathrm{Tr}(\hat{\epsilon}^d)\hat{I}$$

Questa equazione fornisce $\hat{\epsilon}^d$ in termini di $\langle \hat{\epsilon} \rangle$. Essa può anche essere scritta nella forma: $\langle \hat{\epsilon} \rangle = L'\hat{\epsilon}^d + M'\mathrm{Tr}(\hat{\epsilon}^d)\hat{I}$, dove $L' = c + (1-c)L$ ed $M' = (1-c)M$. Una volta trovato $\hat{\epsilon}^d$ in termini di $\langle \hat{\epsilon} \rangle$, possiamo sostituirlo nella relazione che esprime il valore medio degli sforzi

$$\left\langle \hat{T} \right\rangle = \hat{\mathcal{C}}^{(1)} \langle \hat{\epsilon} \rangle + c \left(\hat{\mathcal{C}}^{(2)} - \hat{\mathcal{C}}^1 \right) \langle \hat{\epsilon}^d \rangle$$

ricavando, quindi, la relazione costitutiva macroscopica efficace

$$\left\langle \hat{T} \right\rangle = \hat{\mathcal{C}}^{eff} \langle \hat{\epsilon} \rangle$$

I coefficienti sopra introdotti L' ed M' si scrivono esplicitamente come segue

$$L' = c + (1 - c)\, L = c + (1 - c)\left[1 + \frac{6}{5}\frac{K_1 + 2\mu_1}{3K_1 + 4\mu_1}\left(\frac{\mu_2}{\mu_1} - 1 \right) \right]$$
$$M' = (1 - c)M = \frac{1 - c}{5\left(3K_1 + 4\mu_1\right)}\left[5K_2 - K_1\left(3 + 2\frac{\mu_2}{\mu_1} \right) - 4\left(\mu_2 - \mu_1\right) \right]$$

Alcuni semplici passaggi consentono di affermare che il tensore elastico efficace $\hat{\mathcal{C}}^{eff}$ corrisponde ai seguenti moduli equivalenti

$$\mu_{eff} = \mu_1 + c\frac{\mu_2 - \mu_1}{L'}$$
$$K_{eff} = K_1 + c\frac{K_2 - K_1}{L' + 3M'}$$

Le forme esplicite sono

$$\mu_{eff} = \mu_1 + c\frac{\mu_2 - \mu_1}{c + (1 - c)\left[1 + \frac{6}{5}\left(\frac{\mu_2}{\mu_1} - 1 \right)\frac{K_1 + 2\mu_1}{3K_1 + 4\mu_1} \right]}$$
$$= \mu_1 \frac{\left[(1 - c)\mu_1 + c\mu_2\right]\left(9K_1 + 8\mu_1\right) + 6\mu_2\left(K_1 + 2\mu_1\right)}{\mu_1\left(9K_1 + 8\mu_1\right) + 6\left[(1 - c)\mu_2 + c\mu_1\right]\left(K_1 + 2\mu_1\right)}$$
$$= \mu_1 + \frac{5\mu_1\left(4\mu_1 + 3K_1\right)\left(\mu_2 - \mu_1\right)}{\mu_1\left(9K_1 + 8\mu_1\right) + 6\mu_2\left(K_1 + 2\mu_1\right)}c + O\left(c^2\right)$$

$$K_{eff} = K_1 + c\frac{(K_2 - K_1)\,(3K_1 + 4\mu_1)}{3K_2 + 4\mu_1 - 3c(K_2 - K_1)}$$

$$= \frac{K_1\,(4\mu_1 + 3K_2) + 4c\mu_1\,(K_2 - K_1)}{4\mu_1 + 3K_2 - 3c\,(K_2 - K_1)}$$

$$= K_1 + \frac{4\mu_1 + 3K_1}{4\mu_1 + 3K_2}\,(K_2 - K_1)\,c + O\left(c^2\right)$$

Ciascuno dei moduli μ_{eff} e K_{eff} è scritto in tre differenti forme: nella prima viene resa esplicita la differenza tra il modulo efficace ed il modulo della matrice; nella seconda viene riportata una singola frazione algebrica; nella terza si evidenzia lo sviluppo al primo ordine nella densità volumetrica. Tali relazioni rappresentano la soluzione completa al più semplice problema di caratterizzazione di un materiale composito dal punto di vista elastico [14]. Si ricorda che il primo esempio storico di formula per misture di sfere riguarda il problema delle costanti dielettriche e fu risolto da Maxwell[5]. Attualmente, la teoria dei materiali eterogenei è divenuta una vera e propria sotto-disciplina della nanomeccanica e della teoria dell'elasticità.

Esercizio 6.8. Si consideri una dispersione di pori (sfere vuote con moduli $K_2 = 0$ e $\mu_2 = 0$) in un mezzo di costanti elastiche K_1 e μ_1. Per mezzo delle relazioni trovate nell'esercizio precedente, si determinino il modulo di Young ed il coefficiente di Poisson effettivi di tale mezzo poroso.

Soluzione 6.8. Per risolvere il problema prima bisogna utilizzare le relazioni $K_2 = 0$ e $\mu_2 = 0$ nelle formule finali dell'esempio precedente e, successivamente, bisogna convertire i moduli elastici per mezzo delle relazioni

$$\begin{cases} E = \frac{9k\mu}{\mu + 3k} \\ \nu = \frac{3k - 2\mu}{2(\mu + 3k)} \end{cases} \quad \Leftrightarrow \quad \begin{cases} \mu = \frac{E}{2(1+\nu)} \\ k = \frac{E}{3(1-2\nu)} \end{cases}$$

Il calcolo conduce alle seguenti formule finali (i moduli E e ν si riferiscono alla matrice che ospita i pori, i moduli E_{eff} e ν_{eff} si riferiscono al mezzo poroso)

$$\nu_{eff} = \frac{5\nu^2 c - 3c + 2c\nu - 14\nu + 10\nu^2}{15\nu^2 c - 13c + 2c\nu - 14 + 10\nu}$$

$$= \nu - \frac{3}{2}\frac{(1 - 5\nu)\left(1 - \nu^2\right)}{5\nu - 7}c + O\left(c^2\right)$$

In tale caso la mistura è composta da sferette di costante dielettrica $\epsilon_\bullet$ immerse in un mezzo di costante dielettrica $\epsilon_\cdot$. Indicando la frazione volumetrica con c si ha la permettività effettiva ϵ_{eff} seguente

$$\epsilon_{eff} = \epsilon_\cdot \frac{(2\epsilon_\cdot + \epsilon_\bullet) - 2c\,(\epsilon_\cdot - \epsilon_\bullet)}{(2\epsilon_\cdot + \epsilon_\bullet) + c\,(\epsilon_\cdot - \epsilon_\bullet)}$$

Questa è la prima relazione che ha aperto la strada ai molteplici sviluppi della teoria dei materiali compositi [29].

$$E_{eff} = \frac{2\left(1 - c\right)\left(5\nu - 7\right)E}{15\nu^2 c - 13c + 2c\nu - 14 + 10\nu}$$

$$= E - \frac{3}{2}\frac{E\left(5\nu + 9\right)\left(\nu - 1\right)}{5\nu - 7}c + O\left(c^2\right)$$

Si noti che il coefficiente di Poisson del mezzo poroso dipende esclusivamente dal coefficiente di Poisson della matrice e dalla frazione volumetrica di pori (detta anche porosità).

Esercizio 6.9. Si consideri una dispersione di sfere rigide (cioè aventi moduli $K_2 \to \infty$ e $\mu_2 \to \infty$) in un mezzo di costanti elastiche K_1 e μ_1. Per mezzo delle relazioni trovate in precedenza si determinino il modulo di Young ed il coefficiente di Poisson effettivi di tale mezzo composito.

Soluzione 6.9. Il calcolo si conduce in modo formalmente identico all'esercizio precedente ed i passaggi conducono alle relazioni

$$\nu_{eff} = \frac{c\left(10\nu^2 - 11\nu + 3\right) + \left(8\nu - 10\nu^2\right)}{30\nu^2 c + 13c - 41c\nu + 8 - 10\nu}$$

$$= \nu + \frac{3}{2}\frac{\left(1 - 5\nu\right)\left(1 - 2\nu\right)\left(\nu - 1\right)}{5\nu - 4}c + O\left(c^2\right)$$

$$E_{eff} = E\frac{2\left(7 - 19\nu + 10\nu^2\right)c^2 + \left(23 - 50\nu + 35\nu^2\right)c + \left(8 - 2\nu - 10\nu^2\right)}{\left(-13 + 28\nu + 11\nu^2 - 30\nu^3\right)c^2 + \left(5 - 26\nu - \nu^2 + 30\nu^3\right)c + \left(8 - 2\nu - 10\nu^2\right)}$$

$$= E + 3E\frac{\left(\nu - 1\right)\left(5\nu^2 - \nu + 3\right)}{\left(\nu + 1\right)\left(5\nu - 4\right)}c + O\left(c^2\right)$$

Nelle precedenti i moduli E e ν si riferiscono alla matrice che ospita le sfere rigide, mentre i moduli E_{eff} e ν_{eff} si riferiscono al mezzo composito complessivo. Si noti che anche in questo caso il coefficiente di Poisson del mezzo composito non dipende dal modulo di Young della matrice.

Esercizio 6.10. (*Relazione di Einstein*). Si consideri una dispersione di sfere rigide (cioè aventi moduli $K_2 \to \infty$ e $\mu_2 \to \infty$) in un mezzo incomprimibile (ovvero: può cambiare forma, ma non volume) di costanti elastiche $K_1 \to \infty$ e μ_1 dato. Si determini in particolare il modulo di taglio efficace del materiale composito (si sviluppi la trattazione al prim'ordine nella frazione volumetrica).

Soluzione 6.10. Nel caso $K_2 \to \infty$ e $\mu_2 \to \infty$ (sferette rigide), dalle formule fondamentali delle misture di sfere si ottiene

$$\mu_{eff} = \mu_1 + c\frac{5\mu_1\left(3K_1 + 4\mu_1\right)}{6\left(1 - c\right)\left(K_1 + 2\mu_1\right)}$$

$$K_{eff} = K_1 + c\frac{3K_1 + 4\mu_1}{3\left(1 - c\right)}$$

Se, poi, la matrice è incomprimibile ($K_1 \to \infty$), il modulo di comprimibilità efficace K_{eff} diverge ed il modulo di taglio diventa

$$\mu_{eff} = \mu_1 + c\frac{5\mu_1}{2\left(1 - c\right)} = \mu_1 \left(1 + \frac{5}{2}c\right) + O\left(c^2\right)$$

Tale celebre relazione è stata ricavata per la prima volta da Einstein, in uno studio sulla viscosità delle miscele; in esso appariva nella forma

$$\eta_{eff} = \eta \left(1 + \frac{5}{2}c\right)$$

dove η rappresenta la viscosità di un fluido incomprimibile. Quando nel fluido vengono introdotte delle sferette rigide in quantità tale da ottenere una frazione volumetrica c, la viscosità aumenta al valore η_{eff} che rappresenta, quindi, la viscosità efficace della miscela [14, 29]. Ricordiamo che queste relazioni valgono soltanto nell'ipotesi di piccoli valori di frazione volumetrica di mezzo disperso.

Esercizio 6.11. Si consideri una dispersione di ellissoidi uguali ed orientati parallelamente tra loro ed aventi tensore elastico $\hat{\mathcal{C}}^{(2)}$, in un mezzo avente tensore elastico $\hat{\mathcal{C}}^{(1)}$. Sia nota la frazione volumetrica c ($c \ll 1$) ed il tensore di Eshelby $\hat{\mathcal{S}}$ del generico ellissoide (si veda la Fig. 6.8). Il mezzo composito complessivo risulterà anisotropo a causa dell'orientazione regolare delle disomogeneità non simmetriche. Trovare la relazione che fornisce $\hat{\mathcal{C}}^{eff}$ per tale materiale composito.

Soluzione 6.11. Definiamo V come il volume totale della dispersione, V_e il volume corrispondente agli ellissoidi ($\hat{\mathcal{C}}^{(2)}$) e V_o il volume della matrice ($\hat{\mathcal{C}}^{(1)}$) che ospita le disomogeneità. Dunque: $\mathsf{V} = \mathsf{V}_o \cup \mathsf{V}_e$. Il valore medio del tensore degli sforzi sull'intero volume V può essere valutato in modo simile a quanto già fatto per la miscela di sfere

$$\left\langle \hat{T} \right\rangle = \frac{1}{\mathsf{V}} \int_{\mathsf{V}} \hat{T} \mathrm{d}\mathbf{r}$$

$$= \frac{1}{\mathsf{V}}\hat{\mathcal{C}}^{(1)} \int_{\mathsf{V}_o} \hat{\epsilon}\mathrm{d}\mathbf{r} + \frac{1}{\mathsf{V}}\hat{\mathcal{C}}^{(2)} \int_{\mathsf{V}_e} \hat{\epsilon}\mathrm{d}\mathbf{r}$$

$$= \hat{\mathcal{C}}^{(1)} \left\langle \hat{\epsilon} \right\rangle + c\left(\hat{\mathcal{C}}^{(2)} - \hat{\mathcal{C}}^{(1)}\right) \left\langle \hat{\epsilon}^d \right\rangle$$

L'ipotesi di piccola frazione volumetrica consente di affermare che, approssimativamente, gli ellissoidi non interagiscono tra loro e, quindi: $\left\langle \hat{\epsilon}^d \right\rangle = \hat{\epsilon}^d$, dove $\hat{\epsilon}^d$ è il tensore delle deformazioni di un singolo ellissoide esposto al campo uniforme $\hat{\epsilon}^\infty$. Possiamo scrivere perciò il sistema di equazioni

$$\left\langle \hat{T} \right\rangle = \hat{\mathcal{C}}^{(1)} \left\langle \hat{\epsilon} \right\rangle + c\left(\hat{\mathcal{C}}^{(2)} - \hat{\mathcal{C}}^{(1)}\right) \hat{\epsilon}^d$$

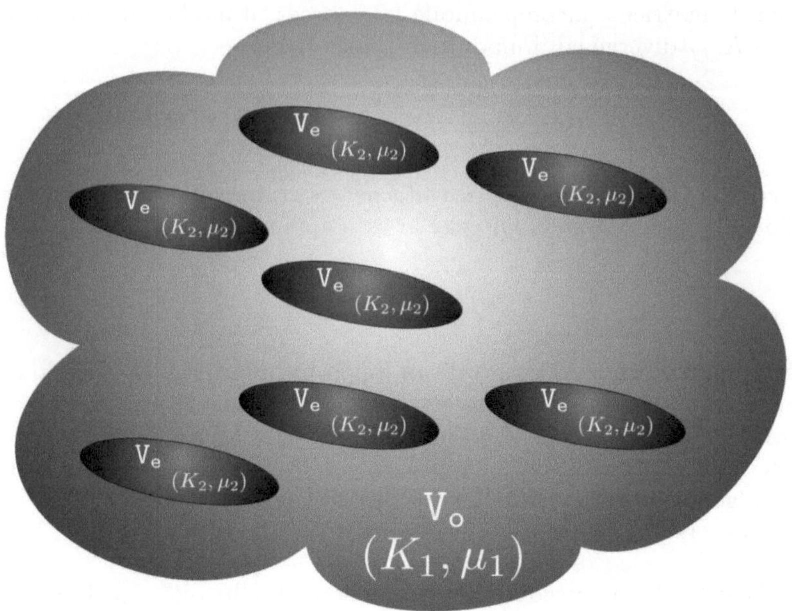

Fig. 6.8. Schema di una mistura di ellissoidi paralleli.

$$\hat{\epsilon}^d = \left[\hat{I} - \hat{S}\left(\hat{I} - \left(\hat{\mathcal{C}}^{(1)}\right)^{-1}\hat{\mathcal{C}}^{(2)}\right)\right]^{-1}\hat{\epsilon}^{\infty} = \hat{\mathcal{A}}\hat{\epsilon}^{\infty}$$

$$\langle\hat{\epsilon}\rangle = c\hat{\epsilon}^d + (1-c)\hat{\epsilon}^{\infty}$$

L'operatore $\hat{\mathcal{A}}$ è semplicemente definito dalla seconda equazione appena scritta. Sostituendo proprio questa seconda equazione nella prima e nella terza otteniamo

$$\left\langle\hat{T}\right\rangle = \hat{\mathcal{C}}^{(1)}\langle\hat{\epsilon}\rangle + c\left(\hat{\mathcal{C}}^{(2)} - \hat{\mathcal{C}}^{(1)}\right)\hat{\mathcal{A}}\hat{\epsilon}^{\infty}$$

$$\langle\hat{\epsilon}\rangle = c\hat{\mathcal{A}}\hat{\epsilon}^{\infty} + (1-c)\hat{\epsilon}^{\infty} = \left[(1-c)\hat{I} + c\hat{\mathcal{A}}\right]\hat{\epsilon}^{\infty}$$

Invertendo l'ultima relazione scritta

$$\hat{\epsilon}^{\infty} = \left[(1-c)\hat{I} + c\hat{\mathcal{A}}\right]^{-1}\langle\hat{\epsilon}\rangle$$

si ottiene

$$\left\langle\hat{T}\right\rangle = \hat{\mathcal{C}}^{(1)}\langle\hat{\epsilon}\rangle + c\left(\hat{\mathcal{C}}^{(2)} - \hat{\mathcal{C}}^{(1)}\right)\hat{\mathcal{A}}\left[(1-c)\hat{I} + c\hat{\mathcal{A}}\right]^{-1}\langle\hat{\epsilon}\rangle$$

$$= \left\{\hat{\mathcal{C}}^{(1)} + c\left(\hat{\mathcal{C}}^{(2)} - \hat{\mathcal{C}}^{(1)}\right)\hat{\mathcal{A}}\left[(1-c)\hat{I} + c\hat{\mathcal{A}}\right]^{-1}\right\}\langle\hat{\epsilon}\rangle$$

Infine, si identifica il tensore elastico effettivo

$$\hat{\mathcal{C}}^{eff} = \hat{\mathcal{C}}^{(1)} + c \left(\hat{\mathcal{C}}^{(2)} - \hat{\mathcal{C}}^{(1)} \right) \hat{A} \left[(1-c)\hat{I} + c\hat{A} \right]^{-1}$$

Ovviamente, tali relazioni possono essere utilizzate nella notazione compatta di Voigt, risultando particolarmente utili nelle applicazioni pratiche. Si noti che la formula finale ottenuta fornisce risultati esatti sia per $c = 0$ ($\hat{\mathcal{C}}^{eff} = \hat{\mathcal{C}}^{(1)}$) sia per $c = 1$ ($\hat{\mathcal{C}}^{eff} = \hat{\mathcal{C}}^{(2)}$), nonostante la procedura utilizzata sia valida solo per piccoli valori della frazione volumetrica c. La geometria degli ellissoidi dispersi nella matrice è contenuta implicitamente nel tensore di Eshelby che, a sua volta, dipende direttamente dalle lunghezze dei semiassi.

Un caso particolarmente importante di applicazione di questo risultato è quello dei mezzi fibrosi: ciascun ellissoide degenera in un cilindro, il cui tensore di Eshelby è stato introdotto nell'Appendice J. Si tratta quindi di analizzare una dispersione di cilindri paralleli tra loro. I calcoli espliciti, noiosi ma semplici, li lasciamo come ulteriore esercizio al Lettore: il tensore elastico efficace risultante corrisponde ad un materiale trasverso isotropo (uniassico) con asse principale parallelo alla direzione di orientazione delle fibre. Di conseguenza, tale calcolo potrebbe condurre alla completa determinazione dei cinque parametri di Hill che descrivono il mezzo dal punto di vista macroscopico.

Esercizio 6.12. Si consideri un mezzo elastico tridimensionale, lineare, omogeneo ed isotropo di costanti elastiche note. Determinare il campo di spostamenti completo generato da una forza **F** uniformemente distribuita sul volume di una sfera di raggio R, centrata nell'origine degli assi. Studiare, inoltre, la forma assunta dalla superficie di tale sfera a causa dell'applicazione della forza.

Soluzione 6.12. Al fine di trovare gli effetti di una certa distribuzione di forze su un volume illimitato dobbiamo utilizzare la funzione di Green, che conviene porre nella seguente forma

$$G_{ki}\left(\mathbf{r} \right) = \frac{1}{8\pi E} \frac{1+\nu}{1-\nu} \left[4(1-\nu)\frac{\delta_{ki}}{r} - \frac{\partial^2 r}{\partial x_k \partial x_i} \right]$$

Questa espressione deriva dall'Eq. (6.15), pur di cambiare i parametri λ e μ in E e ν (qui, e nel seguito dell'esercizio, r indica il modulo del vettore posizione **r**). Il campo di spostamenti si ottiene a partire dall'integrale di convoluzione già descritto nell'Eq. (6.22)

$$u_k\left(\mathbf{r} \right) = \int_{\Re^3} b_i\left(\boldsymbol{\eta} \right) G_{ki}\left(\mathbf{r} - \boldsymbol{\eta} \right) \mathrm{d}\boldsymbol{\eta} = b_i \int_{\mathbf{V}} G_{ki}\left(\mathbf{r} - \boldsymbol{\eta} \right) \mathrm{d}\boldsymbol{\eta}$$

dove, nel secondo passaggio, abbiamo considerato costante la forza volumetrica e limitato il suo dominio di applicazione a **V**. In questo caso specifico, **V** è una sfera di raggio R centrata nell'origine degli assi. Ne segue che vale la relazione: $\mathbf{b} = \frac{3}{4\pi R^3}\mathbf{F}$ la quale esprime la densità in termini della forza. Componendo le due equazioni appena citate si ottiene

$$u_k\left(\mathbf{r}\right) = b_i \int_V \frac{1}{8\pi E}\frac{1+\nu}{1-\nu}\left[4(1-\nu)\frac{\delta_{ki}}{|\mathbf{r}-\boldsymbol{\eta}|} - \frac{\partial^2|\mathbf{r}-\boldsymbol{\eta}|}{\partial x_k \partial x_i}\right]\mathrm{d}\boldsymbol{\eta}$$

$$= \frac{b_i}{8\pi E}\frac{1+\nu}{1-\nu}\left[4(1-\nu)\delta_{ki}\int_V \frac{\mathrm{d}\boldsymbol{\eta}}{|\mathbf{r}-\boldsymbol{\eta}|} - \frac{\partial^2}{\partial x_k \partial x_i}\int_V |\mathbf{r}-\boldsymbol{\eta}|\mathrm{d}\boldsymbol{\eta}\right]$$

A questo punto possiamo riconoscere i potenziali armonico e biarmonico (si vedano le Eq. (6.41) e (6.42)) e riscrivere conseguentemente gli spostamenti come

$$u_k\left(\mathbf{r}\right) = \frac{b_i}{8\pi E}\frac{1+\nu}{1-\nu}\left[4(1-\nu)\delta_{ki}\Phi\left(\mathbf{r}\right) - \frac{\partial^2}{\partial x_k \partial x_i}\Psi\left(\mathbf{r}\right)\right]$$

$$= \frac{b_i}{8\pi E}\frac{1+\nu}{1-\nu}\left[4(1-\nu)\delta_{ki}\Phi\left(\mathbf{r}\right) - \Psi_{,ki}\left(\mathbf{r}\right)\right]$$

Per la sfera il potenziale $\Phi\left(\mathbf{r}\right)$ e la derivata del potenziale $\Psi\left(\mathbf{r}\right)$ sono esprimibili in forma chiusa

$$
\begin{aligned}
\Phi\left(\mathbf{r}\right) &= 2\pi R^2 - \tfrac{2}{3}\pi r^2 & &\text{se } r < R\\
\Phi\left(\mathbf{r}\right) &= \tfrac{4}{3}\pi\frac{R^3}{r} & &\text{se } r > R\\
\Psi_{,i}\left(\mathbf{r}\right) &= -\tfrac{4}{15}\pi r^2 x_i + \tfrac{4}{3}\pi R^2 x_i & &\text{se } r < R\\
\Psi_{,i}\left(\mathbf{r}\right) &= -\tfrac{4}{15}\pi\frac{R^5}{r^3} x_i + \tfrac{4}{3}\pi\frac{R^3}{r} x_i & &\text{se } r > R
\end{aligned}
$$

Può essere utile, in certe applicazioni, ricavare anche le espressioni potenziale biarmonico

$$
\begin{aligned}
\Psi\left(\mathbf{r}\right) &= -\tfrac{1}{15}\pi r^4 + \tfrac{2}{3}\pi R^2 r^2 + \pi R^4 & &\text{se } r < R\\
\Psi\left(\mathbf{r}\right) &= \tfrac{4}{15}\pi\frac{R^5}{r} + \tfrac{4}{3}\pi R^3 r & &\text{se } r > R
\end{aligned}
$$

Derivando le precedenti espressioni otteniamo

$$
\begin{aligned}
\Psi_{,ki}\left(\mathbf{r}\right) &= \tfrac{4}{3}\pi R^2\left[\delta_{ki}\left(1 - \tfrac{1}{5}\frac{r^2}{R^2}\right) - \tfrac{2}{5}\frac{x_k x_i}{R^2}\right] & &\text{se } r < R\\
\Psi_{,ki}\left(\mathbf{r}\right) &= \tfrac{4}{3}\pi\frac{R^3}{r}\left[\delta_{ki}\left(1 - \tfrac{1}{5}\frac{R^2}{r^2}\right) - \frac{x_k x_i}{r^2}\left(1 - \tfrac{3}{5}\frac{R^2}{r^2}\right)\right] & &\text{se } r > R
\end{aligned}
$$

Utilizzando queste formule si ottengono i risultati completi. All'interno della sfera il campo di spostamenti vale

$$\mathbf{u} = \frac{3}{8\pi ER}\frac{1+\nu}{1-\nu}\left\{\left[2(1-\nu)\left(1 - \tfrac{1}{3}\frac{r^2}{R^2}\right) - \tfrac{1}{3}\left(1 - \tfrac{1}{5}\frac{r^2}{R^2}\right)\right]\mathbf{F} + \tfrac{2}{15}\frac{1}{R^2}\mathbf{r}\left(\mathbf{r}\cdot\mathbf{F}\right)\right\}$$

mentre all'esterno si trova la seguente relazione

$$\mathbf{u} = \frac{1}{8\pi ER}\frac{1+\nu}{1-\nu}\left\{\left[4(1-\nu) - \left(1 - \tfrac{1}{5}\frac{R^2}{r^2}\right)\right]\mathbf{F} + \frac{1}{r^2}\left(1 - \tfrac{3}{5}\frac{R^2}{r^2}\right)\mathbf{r}\left(\mathbf{r}\cdot\mathbf{F}\right)\right\}$$

Studiamo ciò che accade sulla superficie ponendo: $\mathbf{r} = \mathbf{n}R$, dove n è un generico versore (si noti che questo consente di verificare la continuità per $\mathbf{r} = \mathbf{n}R$ delle due funzioni interna ed esterna appena trovate)

$$\mathbf{u}\,(\mathbf{n}R) = \frac{1}{20\pi ER}\frac{1+\nu}{1-\nu}\left\{2(4-5\nu)\mathbf{F}+\mathbf{n}\,(\mathbf{n}\cdot\mathbf{F})\right\}$$
$$= \alpha\mathbf{F}+\beta\mathbf{n}\,(\mathbf{n}\cdot\mathbf{F})$$

dove

$$\alpha = \frac{4-5\nu}{10\pi ER}\frac{1+\nu}{1-\nu}$$
$$\beta = \frac{1}{20\pi ER}\frac{1+\nu}{1-\nu}$$

La rappresentazione della superficie deformata è data da

$$\mathbf{R} = \mathbf{r}+\mathbf{u}\,(\mathbf{r}) = \mathbf{n}R+\mathbf{u}\,(\mathbf{n}R) = R\mathbf{n}+\alpha\mathbf{F}+\beta\mathbf{n}\,(\mathbf{n}\cdot\mathbf{F})$$

Il generico versore può essere espresso in coordinate sferiche come segue

$$\begin{cases} n_1 = \sin\varphi\cos\vartheta \\ n_2 = \sin\varphi\sin\vartheta \\ n_3 = \cos\varphi \end{cases}$$

da cui, considerando per semplicità la forza $\mathbf{F}$ orientata verso la direzione x_3 ($\mathbf{F} = (0,0,F)$), si ottiene facilmente la relazione $r = R + F\beta\cos\vartheta$ dove $r = |\,(R_1, R_2, R_3 - \alpha F)\,|$. Questa curva è detta *lumaca di Pascal* centrata nel punto $(R_1, R_2, R_3 - \alpha F)$.

In generale le curve del tipo $r = a + b\cos\vartheta$ si chiamano *lumache di Pascal* (oppure *limacon*, dal latino *limax* significa chiocciola) e sono state scoperte da Étienne Pascal, padre di Blaise Pascal. Se $b > a$ la lumaca è convessa, se $2a > b > a$ ha una cuspide interna, se $b = a$ la lumaca degenera in un cardioide e se $b < a$ si ha un *loop* interno. In Fig. 6.9 e Fig. 6.10 si possono trovare alcuni esempi corrispondenti alle equazioni polari $r = 1.8 + \cos(\vartheta)$, $r = 1.3 + \cos(\vartheta)$, $r = 1 + \cos(\vartheta)$ e $r = 0.5 + \cos(\vartheta)$.

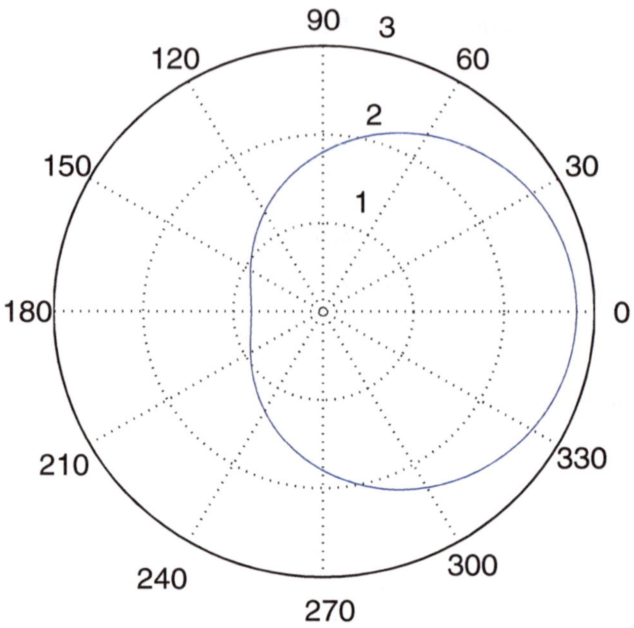

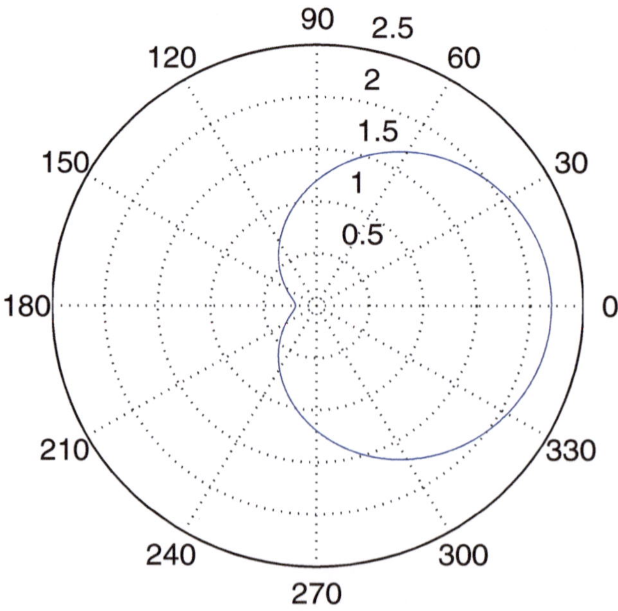

Fig. 6.9. Esempi di lumaca di Pascal ($r = 1.8 + \cos(\vartheta)$ e $r = 1.3 + \cos(\vartheta)$).

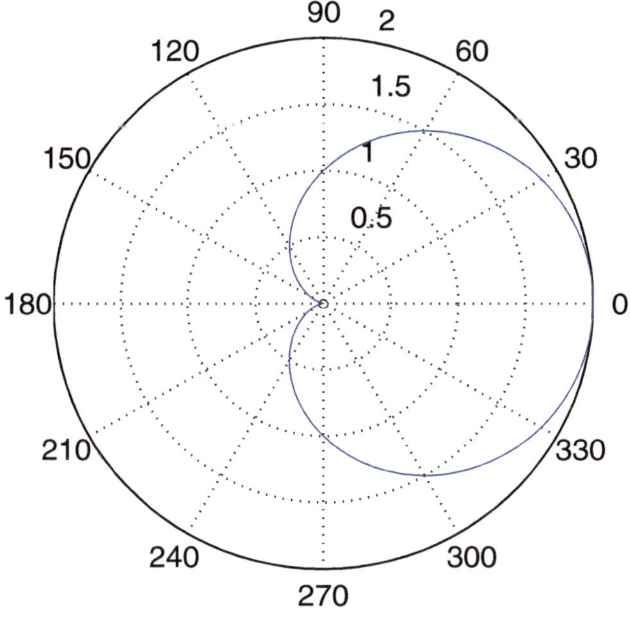

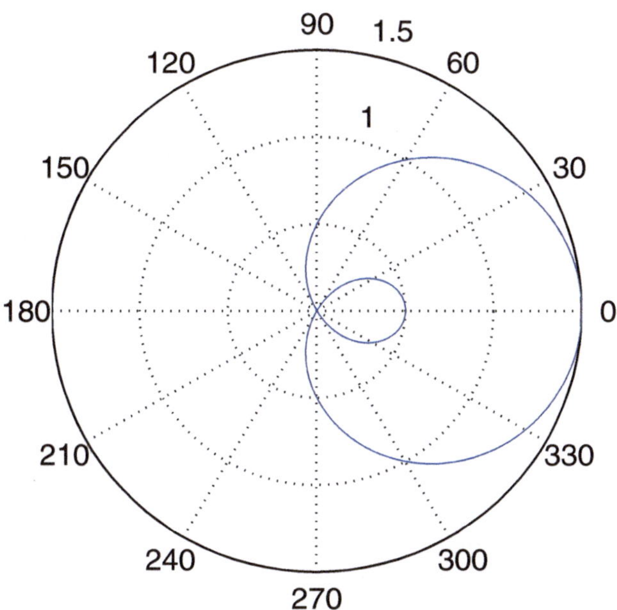

Fig. 6.10. Esempi di lumaca di Pascal ($r = 1 + \cos(\vartheta)$ e $r = 0.5 + \cos(\vartheta)$).

Applicazioni della teoria di Eshelby

In questo Capitolo, utilizzando le metodologie fisico-matematiche descritte nel Cap. 6, si dimostreranno rigorosamente un certo numero di risultati relativi alla meccanica della frattura lineare elastica, già descritta fenomenologicamente nel Cap. 5. In particolare, sarà svolta l'analisi completa del comportamento dei campi elastici in corrispondenza di una cricca di data forma geometrica. Questo problema, tra le altre cose, consente di affrontare rigorosamente il problema dell'intensificazione degli sforzi in corrispondenza degli apici di cricca.

I campi elastici in prossimità di difetti (come cricche o dislocazioni) hanno un comportamento notevolmente complesso, per descrivere compiutamente il quale viene introdotto il metodo della densità degli stati. Esso consente di valutare quantitativamente le fluttuazioni di questi campi nelle regioni di interesse.

7.1 Applicazione alla teoria della frattura

In questa Sezione vogliamo presentare un metodo per ottenere il comportamento completo dei campi elastici in una regione contenente una singola cricca. Questo sviluppo è basato sulla teoria di Eshelby, introdotta e discussa nel Capitolo precedente.

Consideriamo le due configurazioni geometriche paradigmatiche fondamentali: la cricca di Griffith (`slit crack`) (vedere Fig. 7.1) e la cricca circolare (`circular crack`) (vedere Fig. 7.2). Queste due differenti geometrie, sebbene particolarmente semplici, contengono tutte le caratteristiche principali di interesse della meccanica della frattura lineare elastica (in inglese, `linear elastic fracture mechanics`, LEFM). L'idea è quella di ottenere la soluzione analitica completa in termini di spostamento, con un metodo di validità del tutto generale. Esso è basato sulla teoria di Eshelby dove uno dei semiassi dell'ellissoide è trattato nel limite tendente a zero.

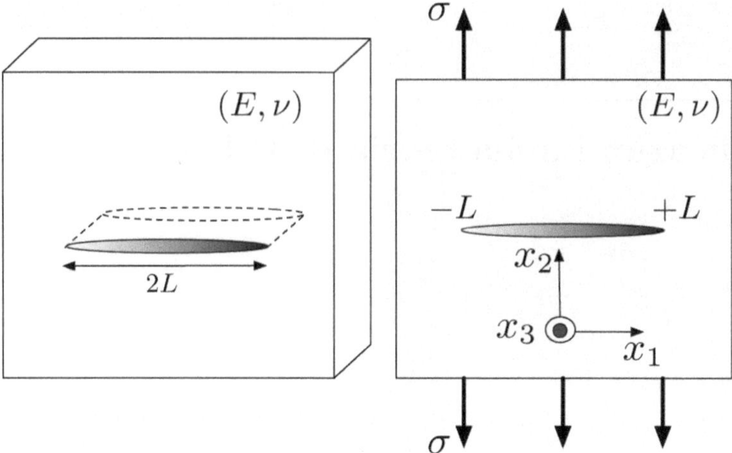

Fig. 7.1. Geometria di una cricca di Griffith

Consideriamo un ellissoide con semiassi a_1, a_2 e a_3 allineati rispettivamente lungo gli assi cartesiani x_1, x_2 ed x_3 di un dato sistema di riferimento. Quando uno degli assi principali (diciamo a_3) tende all'infinito e l'asse minore a_2 tende a zero, l'ellissoide si trasforma in una cricca di Griffith (vedere Fig. 7.1). Inoltre, quando due assi diventano uguali fra loro ($a_1 = a_2$) e l'asse minore a_3 tende a zero, l'ellissoide degenera in una cricca circolare (vedere Fig. 7.2).

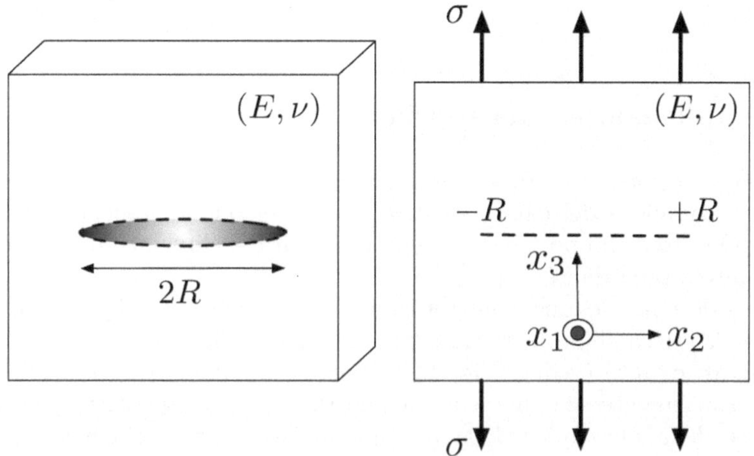

Fig. 7.2. Geometria di una cricca circolare

Supponiamo che le forze applicate all'infinito generino, in assenza della cricca, un campo di sforzi uniforme nell'intero spazio. I campi relativi sono: lo spostamento $u_i^\infty\left(\mathbf{r}\right)$, il tensore delle deformazioni $\epsilon_{ij}^\infty = \frac{1}{2}\left(\frac{\partial u_i^\infty}{\partial x_j} + \frac{\partial u_j^\infty}{\partial x_i}\right)$ ed il tensore degli sforzi $T_{ij}^\infty = \mathcal{C}_{ijkh}^{(1)}\epsilon_{kh}^\infty$. Come noto dal Cap. 6, ϵ_{ij}^∞ e T_{ij}^∞ sono costanti. L'introduzione di una cricca genera una perturbazione nei campi elastici. In accordo con la teoria di Eshelby, definiamo lo spostamento totale come

$$u_i = u_i^\infty + u_i^* \tag{7.1}$$

dove u_i^∞ è il campo generato dalle forze esterne e u_i^* è lo spostamento corrispondente all'autodeformazione equivalente

$$\tilde{\epsilon}^* = \left[\left(\tilde{I} - \left(\tilde{\mathcal{C}}^{(1)}\right)^{-1}\tilde{\mathcal{C}}^{(2)}\right)^{-1} - \tilde{\mathcal{S}}\right]^{-1}\tilde{\epsilon}^\infty \tag{7.2}$$

Per il caso in questione porremo $\tilde{\mathcal{C}}^{(2)} = 0$, in modo che il "mezzo" interno alla cricca risulti, evidentemente, essere il vuoto. La perturbazione allo spostamento u_i^*, secondo la teoria di Eshelby, si esprime mediante il potenziale armonico Φ ed il potenziale biarmonico Ψ

$$u_i^*\left(\mathbf{r}\right) = \epsilon_{kh}^*\left[\frac{1}{8\pi\left(1-\nu\right)}\Psi_{,ikh} - \frac{\delta_{ih}}{4\pi}\Phi_{,k} - \frac{\delta_{ik}}{4\pi}\Phi_{,h} - \frac{\nu}{1-\nu}\frac{\delta_{kh}}{4\pi}\Phi_{,i}\right] \tag{7.3}$$

Nel seguito dovremo applicare tale formula nel limite di un asse dell'ellissoide tendente a zero; questo condurrà a risultati particolarmente interessanti.

7.2 Analisi della cricca di Griffith

Per cominciare, applichiamo la procedura descritta poco sopra al caso della cricca di Griffith. Definiamo la semi-apertura della cricca come $a_1 = L$. Consideriamo, dunque, un ellissoide vuoto con a_3 tendente all'infinito ed (a_1, a_2) finiti e diversi da zero. In altre parole, il vuoto avrà la forma di un cilindro ellittico con un fattore di forma $e = a_2/a_1 = a_2/L$. L'effettiva forma della cricca sottile sarà ottenuta al termine del ragionamento nel limite $a_2 \to 0$ o, equivalentemente, $e \to 0$. Iniziamo a calcolare le derivate dei potenziali elastici $\Phi_{,i}$ e $\Psi_{,ijk}$ che appaiono in Eq. (7.3). Dall'Eq. (6.59) otteniamo la derivata prima del potenziale armonico

$$\Phi_{,i}\left(\mathbf{r}\right) = -\pi a_1 a_2 a_3 \int\limits_{\eta(\mathbf{r})}^{+\infty} \frac{2x_i}{a_i^2 + s}\frac{\mathrm{d}s}{R\left(s\right)} \tag{7.4}$$

Analogamente, dall'Eq. (6.61) otteniamo la derivata terza del potenziale biarmonico

$$\Psi_{,ijk}(\mathbf{r}) = -\delta_{ij} \int\limits_{\eta(\mathbf{r})}^{+\infty} \frac{2\pi a_1 a_2 a_3 x_k}{(a_k^2 + s)(a_j^2 + s)} \frac{sds}{R(s)} \tag{7.5}$$

$$-\delta_{ki} \int\limits_{\eta(\mathbf{r})}^{+\infty} \frac{2\pi a_1 a_2 a_3 x_j}{(a_j^2 + s)(a_i^2 + s)} \frac{sds}{R(s)}$$

$$-\delta_{jk} \int\limits_{\eta(\mathbf{r})}^{+\infty} \frac{2\pi a_1 a_2 a_3 x_i}{(a_i^2 + s)(a_k^2 + s)} \frac{sds}{R(s)}$$

$$+\frac{4\pi a_1 a_2 a_3 \eta x_i x_j x_k}{(a_i^2 + \eta)(a_j^2 + \eta)(a_k^2 + \eta) R(\eta)} \frac{1}{\sum_p \frac{x_p^2}{(a_p^2 + \eta)}}$$

Nel nostro caso specifico dove $a_1 = L$, $a_2 = ea_1$ e $a_3 \to \infty$ otteniamo l'insieme di formule

$$\Phi_{,1}(\mathbf{r}) = -4 \frac{\pi e x_1 \left[L^2 + \eta - \sqrt{(L^2 + \eta)(e^2 L^2 + \eta)} \right]}{(1 - e^2)(L^2 + \eta)} \tag{7.6}$$

$$\Phi_{,2}(\mathbf{r}) = 4 \frac{\pi e x_2 \left[e^2 L^2 + \eta - \sqrt{(L^2 + \eta)(e^2 L^2 + \eta)} \right]}{(1 - e^2)(e^2 L^2 + \eta)} \tag{7.7}$$

$$\Phi_{,3}(\mathbf{r}) = 0 \tag{7.8}$$

$$\Psi_{,111}(\mathbf{r}) = 4 \frac{\pi e x_1 \left[(3e^2 - 1) + (\eta - 3e^2\eta - 2e^2 L^2) \sqrt{\frac{e^2 L^2 + \eta}{(L^2 + \eta)^3}} \right]}{(1 - e^2)^2} \tag{7.9}$$

$$+\frac{4\pi L^2 e x_1^3 \eta \sqrt{\left(\frac{e^2 L^2 + \eta}{L^2 + \eta} \right)^3}}{2 x_1^2 e^2 L^2 \eta + 2 x_2^2 L^2 \eta + x_2^2 \eta^2 + x_1^2 L^4 e^4 + x_1^2 \eta^2 + x_2^2 L^4}$$

$$\Psi_{,112}(\mathbf{r}) = -4 \frac{\pi e x_2 \left[(1 + e^2) - (\eta + e^2\eta + 2e^2 L^2) \sqrt{\frac{1}{(L^2 + \eta)(e^2 L^2 + \eta)}} \right]}{(1 - e^2)^2} \tag{7.10}$$

$$+\frac{4\pi L^2 e x_1^2 x_2 \eta \sqrt{\frac{e^2 L^2 + \eta}{L^2 + \eta}}}{2 x_1^2 e^2 L^2 \eta + 2 x_2^2 L^2 \eta + x_2^2 \eta^2 + x_1^2 L^4 e^4 + x_1^2 \eta^2 + x_2^2 L^4}$$

$$\Psi_{,222}(\mathbf{r}) = -4 \frac{\pi e x_2 \left[(e^2 - 3) + (2e^2 L^2 - e^2\eta + 3\eta) \sqrt{\frac{L^2 + \eta}{(e^2 L^2 + \eta)^3}} \right]}{(1 - e^2)^2} \tag{7.11}$$

$$+\frac{4\pi L^2 e x_2^3 \eta \sqrt{\left(\frac{L^2 + \eta}{e^2 L^2 + \eta} \right)^3}}{2 x_1^2 e^2 L^2 \eta + 2 x_2^2 L^2 \eta + x_2^2 \eta^2 + x_1^2 L^4 e^4 + x_1^2 \eta^2 + x_2^2 L^4}$$

$$\Psi_{,122}\left(\mathbf{r}\right) = -4\,\frac{\pi\,e\,x_1\left[\left(e^2+1\right) - \left(\eta + e^2\eta + 2e^2L^2\right)\sqrt{\frac{1}{(L^2+\eta)(e^2L^2+\eta)}}\right]}{\left(1-e^2\right)^2}\tag{7.12}$$

$$+\frac{4\pi\,L^2 e\,x_1 x_2{}^2\eta\sqrt{\frac{L^2+\eta}{e^2L^2+\eta}}}{2\,x_1{}^2 e^2 L^2\eta + x_1{}^2 e^4 L^4 + x_1{}^2\eta^2 + x_2{}^2 L^4 + x_2{}^2\eta^2 + 2\,x_2{}^2 L^2\eta}$$

$$\Psi_{,121}\left(\mathbf{r}\right) = \Psi_{,211}\left(\mathbf{r}\right) = \Psi_{,112}\left(\mathbf{r}\right)\tag{7.13}$$

$$\Psi_{,212}\left(\mathbf{r}\right) = \Psi_{,221}\left(\mathbf{r}\right) = \Psi_{,122}\left(\mathbf{r}\right)\tag{7.14}$$

Gli elementi $\Psi_{,ijk}$ non esplicitati sono tutti nulli. Inoltre, la quantità $\eta\left(\mathbf{r}\right)$ assume la forma chiusa

$$\eta = \frac{1}{2}\left(x_1^2 + x_2^2 - L^2 - e^2 L^2\right) +\tag{7.15}$$

$$+\frac{1}{2}\sqrt{\left(x_1^2 + x_2^2 + L^2\right)^2 - 4L^2 x_1^2 + 2e^2 L^2\left(x_1^2 - x_2^2\right) + e^2 L^4\left(e^2 - 2\right)}$$

E' importante sottolineare che tutte le relazioni, Eq. (7.6-7.14), tendono a zero quando e tende a zero. Questo è un punto fondamentale per gli sviluppi seguenti.

Ora, supponiamo che siano applicate le forze esterne e che il mezzo fessurato raggiunga una configurazione di equilibrio. La teoria di Eshelby viene specializzata per una disomogeneità vuota (per la quale: $\mathcal{C}^{(2)}_{ijkh} = 0$), ottenendo

$$\tilde{\epsilon}^{*} = \left[\tilde{I} - \tilde{\mathcal{S}}\right]^{-1}\tilde{\epsilon}^{\infty}\tag{7.16}$$

direttamente dall'Eq. (7.2). Poichè $\hat{\mathcal{C}}^{(2)} = 0$ nella fessura, i soli moduli elastici che intervengono sono quelli della matrice omogenea: tale mezzo sarà descritto mediante il modulo di Young E ed il coefficiente di Poisson ν. Per quanto riguarda il tensore di Eshelby $\tilde{\mathcal{S}}$ utilizzato in Eq. (7.16), esso dipende dal fattore di forma $e = a_2/a_1$ e dal coefficiente di Poisson ν della matrice. Più precisamente, ricordiamo che $\tilde{\mathcal{S}}$ per cilindri ellittici è dato dalle Eq. (J.15) e (J.16)[1]. Inoltre, è importante osservare che il tensore $\left[\tilde{I} - \tilde{\mathcal{S}}\right]^{-1}$, che appare in Eq. (7.16), è singolare quando $e \to 0$; questa affermazione è immediatamente verificata dal calcolo esplicito della matrice inversa

$$\left[\tilde{I} - \tilde{\mathcal{S}}\right]^{-1} = \begin{bmatrix} (I-M)^{-1} & 0 \\ 0 & (I-N)^{-1} \end{bmatrix}\tag{7.17}$$

dove $\tilde{I}$ è la matrice identità 6x6 e I è la matrice identità 3x3. Il calcolo conduce, infatti, alle seguenti sottomatrici

---

[1] Si deve porre attenzione al fatto che in Eq. (J.15) e (J.16) ci si riferisce ad un cilindro ellittico allineato all'asse $x_{\cdot}$, mentre nella discussione che stiamo sviluppando l'allineamento è lungo l'asse $x_{\cdot}$.

$$(I - M)^{-1} =$$

$$= \begin{bmatrix} \frac{(1+2e-2\nu e-2\nu)(1-\nu)}{(1-2\nu)} & \frac{(2\nu e+2\nu-1)(1-\nu)}{(1-2\nu)} & \frac{(2e-2\nu e+2\nu-1)\nu}{(1-2\nu)} \\ \frac{(2\nu e+2\nu-e)(1-\nu)}{e(1-2\nu)} & \frac{(e-2\nu e-2\nu+2)(1-\nu)}{e(1-2\nu)} & \frac{(2\nu e-2\nu+2-e)\nu}{e(1-2\nu)} \\ 0 & 0 & 1 \end{bmatrix} \tag{7.18}$$

$$(I - N)^{-1} = \begin{bmatrix} \frac{(1+e)^2(1-\nu)}{e} & 0 & 0 \\ 0 & \frac{1+e}{e} & 0 \\ 0 & 0 & e+1 \end{bmatrix} \tag{7.19}$$

Resta evidente dalle Eq. (7.17), (7.18) e (7.19) che l'autodeformazione data dall'Eq. (7.16) è singolare quando $e \to 0$ (alcuni elementi divergono all'infinito quando $e \to 0$).

Per completare la procedura dobbiamo definire il carico esterno applicato; esso può essere descritto dal tensore delle deformazioni ϵ_{ij}^∞ o, equivalentemente, dal tensore degli sforzi $T_{ij}^\infty = C_{ijkh}^{(1)} \epsilon_{kh}^\infty$. Ci limiteremo ad analizzare i casi di sforzo piano e deformazione piana in modo I (tensione pura).

Riassumiamo l'intera procedura: dalle Eq. (7.1) e (7.3), nel limite di fattore di forma infinitesimo, troviamo l'espressione per lo spostamento totale

$$u_i(\mathbf{r}) = u_i^\infty(\mathbf{r}) + \lim_{e \to 0} u_i^*(\mathbf{r}) =$$

$$= u_i^\infty(\mathbf{r}) + \lim_{e \to 0} \frac{\Psi_{,ikh}\epsilon_{kh}^*}{8\pi(1-\nu)} - \lim_{e \to 0} \frac{\epsilon_{ik}^*\Phi_{,k}}{2\pi} - \lim_{e \to 0} \frac{\nu\epsilon_{kk}^*\Phi_{,i}}{4\pi(1-\nu)} \tag{7.20}$$

In questa relazione usiamo le quantità calcolate per $\Phi_{,i}$ e $\Psi_{,ijk}$ e l'autodeformazione equivalente $\tilde{\epsilon}^* = \left[\tilde{I} - \tilde{S}\right]^{-1} \tilde{\epsilon}^\infty$. I prodotti in Eq. (7.20) fra le funzioni $\Phi_{,i}$ o $\Psi_{,ikh}$ e gli elementi ϵ_{kh}^* si presentano in forma indeterminata perché le derivate dei potenziali tendono a zero e l'autodeformazione tende ad infinito quando $e \to 0$. Tale indeterminazione sarà facilmente rimossa considerando specifiche condizioni al contorno ed i risultati saranno, quindi, ottenuti in forma chiusa.

7.2.1 Condizione di sforzo piano

Come noto, il termine sforzo piano significa che lo sforzo applicato è monoassiale e descritto dalla struttura seguente

$$\tilde{T}^\infty = \begin{bmatrix} 0 & \sigma & 0 & 0 & 0 & 0 \end{bmatrix}^T \tag{7.21}$$

La quantità σ rappresenta lo sforzo di tensione applicato (modo I) alla direzione x_2 nel caso di Fig. 7.1. Il corrispondente tensore delle deformazioni si trova semplicemente

$$\tilde{\epsilon}^\infty = \begin{bmatrix} -\frac{\nu\sigma}{E} & \frac{\sigma}{E} & -\frac{\nu\sigma}{E} & 0 & 0 & 0 \end{bmatrix}^T \tag{7.22}$$

Adesso, utilizzando l'Eq. (7.16) e la forma esplicita del tensore $\left[\tilde{I} - \tilde{\mathcal{S}}\right]^{-1}$ possiamo ottenere l'autodeformazione equivalente

$$\tilde{\epsilon}^* = \left[\frac{(2\nu^2-1)\sigma}{E} \quad \frac{(2-2\nu^2+e)\sigma}{eE} \quad -\frac{\nu\sigma}{E} \; 0 \; 0 \; 0 \right]^T \tag{7.23}$$

Allora, utilizzando l'Eq. (7.20) possiamo calcolare lo spostamento totale per una cricca di Griffith, esposta a trazione in modo I sotto l'ipotesi di sforzo piano

$$u_x = -\frac{\sigma x(1+\nu)}{E} \left[\frac{1-2\nu^2}{1+\nu} - \frac{\beta}{\alpha}\sqrt{\frac{\eta}{L^2+\eta}} \right] \tag{7.24}$$

$$u_y = \frac{\sigma y(1+\nu)}{E} \left[\frac{\nu(1+2\nu)}{1+\nu} + \frac{\beta}{\alpha}\sqrt{\frac{L^2+\eta}{\eta}} \right] \tag{7.25}$$

$$u_z = -\frac{\sigma\nu z}{E} \tag{7.26}$$

Al fine di presentare i risultati notevoli in forma direttamente confrontabile con le discussioni del Cap. 5, abbiamo fatto uso della terna di variabili (x,y,z) al posto della terna (x_1,x_2,x_3). Risulta, quindi, che: la cricca è allineata lungo l'asse z e le due superfici della cricca giacciono sul piano (z,x).

I parametri α, β ed η sono riportati di seguito. In particolare l'espressione per η deriva dall'Eq. (7.15) con $e \to 0$

$$\begin{cases} \alpha = x^2\eta^2 + y^2\left(L^2+\eta\right)^2 \\ \beta = (1-2\nu)\left(x^2+y^2\right)\eta^2 + 2\left(1-\nu\right)y^2L^4 + (3-4\nu)\,y^2L^2\eta \\ \eta = \frac{1}{2}\left(x^2+y^2-L^2\right) + \frac{1}{2}\sqrt{\left(x^2+y^2+L^2\right)^2 - 4L^2x^2} \end{cases} \tag{7.27}$$

Questo risultato può essere usato in molti modi diversi, al fine di studiare il comportamento complessivo della cricca. Per esempio, sarebbe immediato il calcolo del tensore delle deformazioni o del tensore degli sforzi nello spazio intero, calcolo perseguito differenziando gli spostamenti ed utilizzando l'equazione costitutiva. Questo sviluppo è molto lungo, ma non difficile: lo lasciamo come esercizio per il Lettore. Merita, invece, un'attenzione particolare lo studio del campo di spostamento sulla superficie della cricca. Consideriamo, per esempio, la superficie superiore. Si verifica facilmente che

$$\eta \to \frac{L^2}{L^2-x^2}y^2 \quad \text{e} \quad \frac{\beta}{\alpha} \to 2\left(1-\nu\right) \quad \text{se} \quad y \to 0^+, \; |x| < L \tag{7.28}$$

Usando tali condizioni limite nei risultati principali (si vedano le Eq. (7.24), (7.25) e (7.26)), otteniamo lo spostamento della superficie superiore della fessura di Griffith

$$u_x = -\frac{\sigma x}{E}\left(1-2\nu^2\right) \tag{7.29}$$

$$u_y = \frac{2\sigma}{E}\left(1-\nu^2\right)\sqrt{L^2-x^2} \tag{7.30}$$

Questi risultati sono identici a quelli ottenuti con argomenti più elementari [26]. Ricordiamo che la quantità $2u_y$ è detta `crack opening displacement` (COD). Inoltre, si può ancora affermare che il segmento $y = 0, -L < x < L$ nel piano (x, y) si trasforma, sotto l'azione delle forze applicate, in un'ellisse; infatti dall'Eq. (7.29) e dalla Eq. (7.30) si trova facilmente l'equazione dell'ellisse in forma normale

$$\frac{x^2}{\left[1 + \frac{\sigma}{E}(2\nu^2 - 1)\right]^2 L^2} + \frac{y^2}{\frac{4\sigma^2(1-\nu^2)^2 L^2}{E^2}} = 1 \qquad (7.31)$$

Infine, si può calcolare la componente T_{yy} del tensore degli sforzi che, come

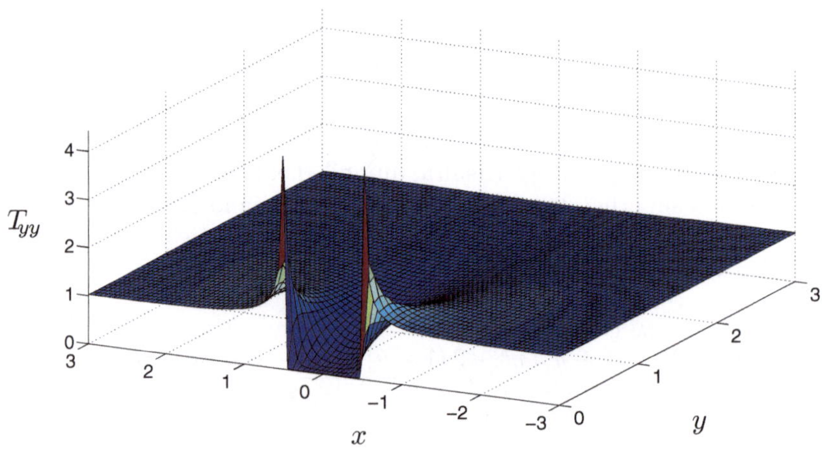

Fig. 7.3. Sforzo di trazione nella direzione y per una cricca di Griffith. Abbiamo assunto i seguenti valori: $E = 1$, $\sigma = 1$, $\nu = 0.33$ e $L = 0.5$ in unità arbitrarie. La regione in considerazione è descritta dalle limitazioni $-3 < x < 3$ e $0 < y < 3$. I risultati sono riferiti alla condizione di sforzo piano.

discusso nella Sez. 5.4, è quella che governa l'apertura dell'apice di cricca. Dunque si ottiene:

$$T_{yy} = \frac{E\nu}{(1 - 2\nu)(1 + \nu)}\left(\frac{\partial u_x}{\partial x} + \frac{\partial u_z}{\partial z}\right) + \frac{E(1 - \nu)}{(1 - 2\nu)(1 + \nu)}\frac{\partial u_y}{\partial y} \qquad (7.32)$$

L'andamento di questo campo di sforzo nel piano (x, y) è rappresentato in Fig. 7.3. L'espressione generale Eq. (7.32) può essere applicata al piano $y = 0$, ottenendo il già noto risultato di Inglis anticipato in Eq. (5.34)

$$T_{yy} = \frac{|x|\,\sigma}{\sqrt{x^2 - L^2}} \quad \text{se} \quad y \to 0, |x| > L \qquad (7.33)$$

L'espressione esplicita per $T_{yy}(x,0)$ consente di ricavare il fattore di intensificazione degli sforzi (o, in inglese, **stress intensity factor**), introdotto per la prima volta da Irwin nel 1957 [9, 3]. Sull'asse x la distanza dall'apice della cricca è data da $x - L$. Quando uno sforzo di trazione σ è applicato lungo l'asse y, il comportamento singolare del campo di stress all'apice di cricca è descritto bene dal parametro

$$K_I = \lim_{x \to L} T_{yy}(x,0)\sqrt{2\pi(x - L)} = \sigma\sqrt{L\pi} \tag{7.34}$$

Il paramtro K_I è indipendente dai moduli elastici e quindi rappresenta un risultato universale. Ricordiamo infine che il caso paradigmatico analizzato in questa Sezione è proprio quello utilizzato da Griffith nella sua famosa teoria (1920) sull'instabilità di una cricca [8, 3, 9].

7.2.2 Condizione di deformazione piana

Consideriamo adesso il caso in cui la trazione sia sviluppata sotto l'ipotesi di deformazione piana. Questo significa che il tensore delle deformazioni indotto dagli sforzi applicati è dato dall'espressione

$$\tilde{\epsilon}^\infty = \begin{bmatrix} 0 & \delta & 0 & 0 & 0 & 0 \end{bmatrix}^T \tag{7.35}$$

dove δ è la deformazione uniforme lungo l'asse $x_2 = y$. Questo comporta un tensore degli sforzi della forma

$$\tilde{T}^\infty = \begin{bmatrix} \frac{\nu E\delta}{(1-2\nu)(1+\nu)} & \frac{(1-\nu)E\delta}{(1-2\nu)(1+\nu)} & \frac{\nu E\delta}{(1-2\nu)(1+\nu)} & 0 & 0 & 0 \end{bmatrix}^T \tag{7.36}$$

Per conformità con il caso precedente possiamo definire la quantità σ che rappresenta lo sforzo di trazione lungo l'asse y (cioè l'elemento $\hat{T}_{22}^\infty$)

$$\sigma = \frac{(1 - \nu)E\delta}{(1 - 2\nu)(1 + \nu)} \quad \Rightarrow \quad \delta = \frac{(1 - 2\nu)(1 + \nu)\sigma}{(1 - \nu)E} \tag{7.37}$$

Sostituendo l'Eq. (7.37) nell'Eq. (7.35), otteniamo il tensore di deformazione remoto in funzione del parametro σ

$$\tilde{\epsilon}^\infty = \begin{bmatrix} 0 & \frac{(1-2\nu)(1+\nu)\sigma}{(1-\nu)E} & 0 & 0 & 0 & 0 \end{bmatrix}^T \tag{7.38}$$

Grazie a questo risultato ed utilizzando l'Eq. (7.16) nonchè la forma esplicita del tensore $\left[\tilde{I} - \tilde{S}\right]^{-1}$, possiamo determinare l'autodeformazione equivalente

$$\tilde{\epsilon}^* = \begin{bmatrix} \frac{(2\nu+2\nu e-1)(1+\nu)\sigma}{E} & \frac{(2+e-2\nu-2\nu e)(1+\nu)\sigma}{eE} & 0 & 0 & 0 & 0 \end{bmatrix}^T \tag{7.39}$$

Usando ancora l'Eq. (7.20) troviamo (con calcoli piuttosto lunghi, ma elementari) il secondo risultato esplicito che descrive lo spostamento totale di una cricca di Griffith posta a trazione (modo I) in condizioni di deformazione piana

$$u_x = -\frac{\sigma x(1+\nu)}{E}\left[(1-2\nu) - \frac{\beta}{\alpha}\sqrt{\frac{\eta}{L^2+\eta}}\,\right] \tag{7.40}$$

$$u_y = \frac{\sigma y(1+\nu)}{E}\left[\frac{\nu(1-2\nu)}{1-\nu} + \frac{\beta}{\alpha}\sqrt{\frac{L^2+\eta}{\eta}}\,\right] \tag{7.41}$$

$$u_z = 0 \tag{7.42}$$

I parametri α, β e η sono già stati definiti in Eq. (7.27). Come descritto nella Sezione precedente lo spostamento della superficie superiore della cricca può essere determinato mediante l'Eq. (7.28), ottenendo

$$u_x = -\frac{\sigma x}{E}\left(1-2\nu\right)\left(1+\nu\right) \tag{7.43}$$

$$u_y = \frac{2\sigma}{E}\left(1-\nu^2\right)\sqrt{L^2-x^2} \tag{7.44}$$

Tali relazioni, come accadeva anche in condizioni di sforzo piano, comportano una deformazione ellittica delle superfici della cricca

$$\frac{x^2}{\left[1+\frac{\sigma}{E}(2\nu-1)(1+\nu)\right]^2 L^2} + \frac{y^2}{\frac{4\sigma^2(1-\nu^2)^2 L^2}{E^2}} = 1 \tag{7.45}$$

Infine, è importante ricordare che il risultato di Inglis dato in Eq. (7.33) ed il conseguente calcolo del fattore di intensificazione svolto in Eq. (7.34) continuano ad essere validi anche nel presente caso di deformazione piana.

7.3 Analisi della cricca circolare

In questa Sezione sviluppiamo la teoria per il caso della cricca circolare (si veda la Fig. 7.2). Vista la forte similitudine con il caso di fessura sottile di Griffith, i dettagli del calcolo saranno in parte omessi e, invece, verranno riportati solamente i punti fondamentali.

Per cominciare consideriamo un ellissoide di rotazione ($a_1 = a_2 = R$) con l'asse principale allineato all'asse x_3 del sistema di riferimento; definiamo il fattore di forma come $e = a_3/a_1 = a_3/a_2$. Adotteremo solo successivamente il limite $e \to 0$ per definire l'effettiva geometria della cricca circolare. Per ora consideriamo e come una quantità finita e calcoliamo analiticamente le derivate dei potenziali elastici date in Eq. (7.4) e (7.5) con le ipotesi $a_1 = a_2 = R$ e $a_3 = eR$. Per brevità non riportiamo qui la lista di tali espressioni che sono molto complicate e non particolarmente utili in altre applicazioni. Il metodo proposto prosegue con l'uso dell'Eq. (7.20) dove l'autodeformazione è determinata dall'Eq. (7.16). Per valutare l'autodeformazione equivalente dobbiamo utilizzare il tensore di Eshelby interno per ellissoidi di rotazione; l'esatta struttura di tale tensore è data in Appendice J. Come noto, la relazione fra il tensore delle deformazioni remoto e l'autodeformazione è data da $\tilde{\epsilon}^* = \left[\tilde{I} - \tilde{S}\right]^{-1} \tilde{\epsilon}^\infty$. Essendo interessati al caso $e \ll 1$, prendiamo in considerazione solo i termini al primo ordine in $1/e$ nel calcolo del tensore inverso

$$\left[\tilde{I} - \tilde{S}\right]^{-1} \underset{e\to 0}{\sim} \begin{bmatrix} 0 & 0 & 0 & 0 & 0 & 0 \\ 0 & 0 & 0 & 0 & 0 & 0 \\ \frac{4\nu(1-\nu)}{\pi(1-2\nu)e} & \frac{4\nu(1-\nu)}{\pi(1-2\nu)e} & \frac{4(1-\nu)^2}{\pi(1-2\nu)e} & 0 & 0 & 0 \\ 0 & 0 & 0 & 0 & 0 & 0 \\ 0 & 0 & 0 & 0 & \frac{4(1-\nu)}{\pi(2-\nu)e} & 0 \\ 0 & 0 & 0 & 0 & 0 & \frac{4(1-\nu)}{\pi(2-\nu)e} \end{bmatrix} \tag{7.46}$$

A questo punto bisogna imporre il campo di sforzi remoto (o, equivalentemente, il tensore delle deformazioni remoto $\tilde{\epsilon}^\infty$) per trovare i risultati finali. Come prima, occorre distinguere tra il caso di sforzi piani e quello di deformazioni piane.

7.3.1 Condizione di sforzo piano

Lo sforzo di trazione sia perpendicolare alla superficie della cricca. Questo significa che solo la componente $T_{33} = \sigma$ è diversa da zero. Tale carico corrisponde al tensore di deformazione

$$\tilde{\epsilon}^\infty = \begin{bmatrix} -\frac{\nu\sigma}{E} & -\frac{\nu\sigma}{E} & \frac{\sigma}{E} & 0 & 0 & 0 \end{bmatrix}^T \tag{7.47}$$

da cui, usando l'Eq. (7.16), otteniamo la forma asintotica dell'autodeformazione nella notazione di Voigt

$$\tilde{\epsilon}^* \underset{e\to 0}{\sim} \begin{bmatrix} 0 & 0 & \frac{4\sigma(1-\nu^2)}{\pi E e} & 0 & 0 & 0 \end{bmatrix}^T \tag{7.48}$$

Infine, usando nuovamente l'Eq. (7.20), troviamo il risultato esplicito per lo spostamento totale di una cricca circolare esposta a trazione (in modo I) con condizioni di sforzo piano

$$u_\rho = -\frac{\sigma\rho(1+\nu)}{2E} \left[(1-2\nu)\left(\frac{(1+2\nu)(1-\nu)}{(1-2\nu)(1+\nu)} - \frac{2}{\pi}\arctan\frac{\sqrt{\eta}}{R}\right) - \frac{2}{\pi}\frac{\beta}{\alpha}\frac{R\sqrt{\eta}}{R^2+\eta} \right] \tag{7.49}$$

$$u_z = \frac{\sigma z(1+\nu)}{E} \left[(1-2\nu)\left(\frac{\nu(1+2\nu)}{(1+\nu)(1-2\nu)} + \frac{2}{\pi}\arctan\frac{\sqrt{\eta}}{R}\right) + \frac{2}{\pi}\frac{\beta - z^2 R^2(R^2+\eta)}{\alpha}\frac{R}{\sqrt{\eta}} \right] \tag{7.50}$$

dove la variabile $u_\rho = \sqrt{u_x^2 + u_y^2}$ rappresenta lo spostamento radiale essendo $\rho = \sqrt{x^2 + y^2}$ il raggio variabile e u_z lo spostamento assiale. Come in Sez. 7.2 abbiamo cambiato convenzione $(x_1, x_2, x_3) \rightarrow (x, y, z)$, per gli stessi motivi di convenienza. In Eq. (7.49) e (7.50) sono state introdotte le quantità

$$
\begin{cases}
\alpha = \rho^2 \eta^2 + z^2 \left(R^2 + \eta\right)^2 \\[2mm]
\beta = (1 - 2\nu)\, \rho^2 \eta^2 + (1 - 2\nu)\, z^2 \eta^2 + \\
\quad + 4\,(1 - \nu)\, \eta z^2 R^2 + (3 - 2\nu)\, z^2 R^4 \\[2mm]
\eta = \tfrac{1}{2}\left(z^2 + \rho^2 - R^2\right) + \tfrac{1}{2}\sqrt{\left(z^2 + \rho^2 + R^2\right)^2 - 4R^2\rho^2}
\end{cases}
\tag{7.51}
$$

Sulla superficie superiore della cricca possono essere calcolati i seguenti limiti

$$
\eta \rightarrow \frac{R^2}{R^2 - \rho^2} z^2 \quad \text{e} \quad \frac{\beta}{\alpha} \rightarrow 3 - 2\nu \quad \text{se} \quad z \rightarrow 0^+,\, \rho < R
\tag{7.52}
$$

e, quindi, lo spostamento di tale superficie si esprime come segue

$$
u_\rho = -\frac{\sigma\rho}{2E}\,(1 + 2\nu)\,(1 - \nu)
\tag{7.53}
$$

$$
u_z = \frac{4}{\pi}\frac{\sigma}{E}\left(1 - \nu^2\right)\sqrt{R^2 - \rho^2}
\tag{7.54}
$$

Inoltre, lo sforzo lungo la direzione z può essere calcolato per mezzo della definizione di tensore delle deformazioni e della relazione costitutiva della matrice

$$
T_{zz} = \frac{E\nu}{(1 - 2\nu)\,(1 + \nu)}\frac{1}{\rho}\frac{\partial(\rho u_\rho)}{\partial\rho} + \frac{E\,(1 - \nu)}{(1 - 2\nu)\,(1 + \nu)}\frac{\partial u_z}{\partial z}
\tag{7.55}
$$

L'andamento di questo campo di sforzo nel piano (z, ρ) è rappresentato in Fig. 7.4. Specializzando l'Eq. (7.55) al piano $z = 0$ (per raggi esterni alla cricca: $\rho > R$), si ottiene

$$
T_{zz} = \frac{2\sigma}{\pi}\left[\frac{R}{\sqrt{\rho^2 - R^2}} + \arctan\frac{\sqrt{\rho^2 - R^2}}{R}\right] \quad \text{se} \quad z \rightarrow o,\, \rho > R
\tag{7.56}
$$

L'Eq. (7.56) presenta forti analogie con la corrispondente formula di Inglis (vedere Eq. (7.33)), per il caso della cricca di Griffith. È quindi possibile procedere in analogia a quel caso e calcolare immediatamente il fattore di intensificazione dello sforzo. Considerata la geometria della cricca circolare, la distanza di un punto generico dal bordo della cricca stessa è data da $\rho - R$, dove ρ è il raggio variabile ed R è il raggio della cricca. Di conseguenza, il fattore di intensificazione è dato dalla seguente relazione

$$
K_I = \lim_{\rho \rightarrow R,\, z \rightarrow 0} \sqrt{2\pi(\rho - R)}\, T_{zz} = \frac{2\sqrt{R}}{\sqrt{\pi}}\sigma
\tag{7.57}
$$

che, analogamente ai casi precedenti, rappresenta un risultato di carattere universale.

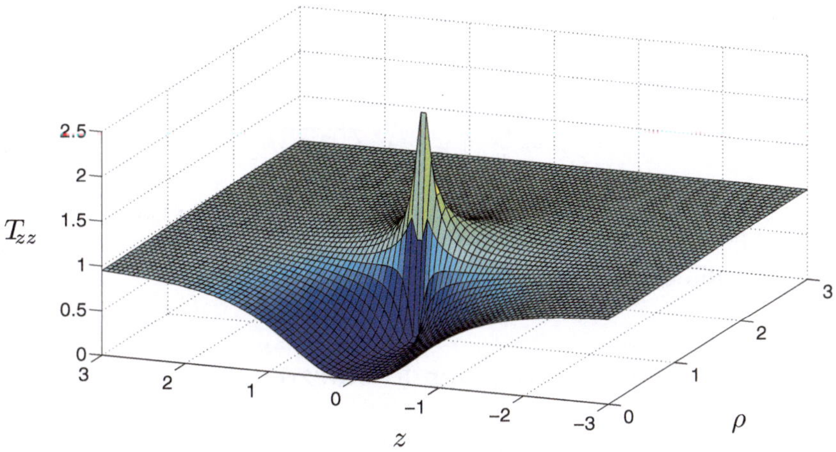

Fig. 7.4. Campo di sforzo nella direzione di applicazione della trazione per la cricca circolare. I seguenti valori sono stati assunti nel calcolo: $E = 1$, $\sigma = 1$, $\nu = 0.33$ ed $R = 1$ in unità arbitrarie. La regione sotto osservazione è descritta da $-3 < z < 3$ e $0 < \rho < 3$. I risultati concernono la condizione di sforzo piano.

7.3.2 Condizione di deformazione piana

Per concludere l'analisi matematica del comportamento di fratture sottoposte a sforzi di trazione, consideriamo come ultimo caso quello di una cricca circolare in condizioni di deformazione piana. Analogamente alle situazioni descritte in precedenza possiamo imporre il seguente tensore delle deformazioni remoto

$$\tilde{\epsilon}^{\infty} = \begin{bmatrix} 0 & 0 & \frac{(1-2\nu)(1+\nu)\sigma}{(1-\nu)E} & 0 & 0 & 0 \end{bmatrix}^{T} \tag{7.58}$$

Utilizzando questa definizione di $\tilde{\epsilon}^{\infty}$ in Eq. (7.16), possiamo ottenere il valore asintotico dell'autodeformazione equivalente in notazione di Voigt

$$\tilde{\epsilon}^{*} \underset{e \to 0}{\widetilde{}} \begin{bmatrix} 0 & 0 & \frac{4\sigma(1-\nu^{2})}{\pi E e} & 0 & 0 & 0 \end{bmatrix}^{T} \tag{7.59}$$

Il risultato finale è il seguente

$$\boxed{u_{\rho} = -\frac{\sigma\rho(1+\nu)}{2E}\left[(1-2\nu)\left(1 - \frac{2}{\pi}\arctan\frac{\sqrt{\eta}}{r}\right) - \frac{2}{\pi}\frac{\beta}{\alpha}\frac{R\sqrt{\eta}}{R^{2}+\eta}\right]} \tag{7.60}$$

$$\boxed{\begin{aligned} u_{z} = \frac{\sigma z(1+\nu)}{E}&\left[(1-2\nu)\left(\frac{\nu}{1-\nu} + \frac{2}{\pi}\arctan\frac{\sqrt{\eta}}{r}\right)\right. \\ &\left. + \frac{2}{\pi}\frac{\beta - z^{2}R^{2}\left(R^{2}+\eta\right)}{\alpha}\frac{R}{\sqrt{\eta}}\right] \end{aligned}} \tag{7.61}$$

dove α, β ed η sono già stati definiti in Eq. (7.51). I limiti dello spostamento sulla superficie superiore della cricca sono data dalle seguenti

$$u_\rho = -\frac{\sigma\rho}{2E}\left(1 - 2\nu\right)\left(1 + \nu\right) \tag{7.62}$$

$$u_z = \frac{4}{\pi}\frac{\sigma}{E}\left(1 - \nu^2\right)\sqrt{R^2 - \rho^2} \tag{7.63}$$

Concludendo, ricordiamo che i risultati per lo sforzo, dato in Eq. (7.56), e per il fattore di intensificazione, dato in Eq. (7.57), continuano ad essere validi nel presente caso di deformazione piana.

7.4 La densità degli stati per lo sforzo

La densità degli stati per lo sforzo è uno strumento analitico introdotto per caratterizzare le fluttuazioni del campo ad esso associato in una data regione di interesse [4]. Supponiamo di avere una grandezza fisica scalare (che nel nostro caso coincide con una particolare componente del tensore degli sforzi $T_{ij}(\mathbf{r})$) e consideriamo la regione Ω che, a seconda dei casi, può essere un sottoinsieme piano ($\Omega \subset \Re^2$) o un sottoinsieme tridimensionale ($\Omega \subset \Re^3$) dell'intero spazio. Se suddividiamo la regione Ω in cellette arbitrariamente piccole possiamo associare ad ogni celletta il valore medio della funzione all'interno della celletta stessa. Poi, possiamo contare le celle al cui interno la funzione scalare ha valore compreso tra τ e $\tau + d\tau$ e normalizzare opportunamente tale conteggio. Ne risulta una funzione che rappresenta la densità con cui sono attribuiti i valori della funzione scalare ai punti della regione Ω. Nel limite di cellette di misura infinitesima, tale ragionamento converge alla seguente definizione rigorosa di densità degli stati

$$\boxed{g\left(\tau\right) = \frac{1}{\mathrm{mis}(\Omega)} \int_\Omega \delta\left(\tau - T_{ij}(\mathbf{r})\right) \mathrm{d}\mathbf{r}} \tag{7.64}$$

dove $\mathrm{mis}\left(\Omega\right)$ indica la misura dell'insieme Ω (cioè l'area o il volume), $\delta(x)$ è la funzione delta di Dirac[2] ed $\mathbf{r}$ è il vettore posizione all'interno della regione di interesse.

---

[2] Al fine di utilizzare correttamente la funzione delta di Dirac, ne ricordiamo le tre proprietà fondamentali

$$\delta\left(x\right) = 0 \ \forall x \neq 0$$

$$\int_{-\infty}^{\infty} \delta\left(x\right) \mathrm{d}x = 1$$

$$\int_{-\infty}^{\infty} f\left(x\right) \delta\left(x - x_*\right) \mathrm{d}x = f\left(x_*\right)$$

Supponiamo che la funzione scalare $T_{ij}(\mathbf{r})$ assuma il valore minimo τ_{min} ed il valore massimo τ_{max} in Ω. Allora, è possibile dimostrare alcune proprietà fondamentali della densità degli stati.

Teorema 7.1. *La seguente condizione di normalizzazione è sempre verificata*

$$\boxed{\int_{\tau_{min}}^{\tau_{max}} g\left(\tau\right) \mathrm{d}\tau = 1} \tag{7.65}$$

Dimostrazione. La proprietà si dimostra semplicemente con il seguente sviluppo

$$\begin{aligned}
\int_{\tau_{min}}^{\tau_{max}} g\left(\tau\right) \mathrm{d}\tau &= \int_{\tau_{min}}^{\tau_{max}} \left[\frac{1}{\mathrm{mis}\left(\Omega\right)} \int_{\Omega} \delta\left(\tau - T_{ij}(\mathbf{r})\right) \mathrm{d}\mathbf{r}\right] \mathrm{d}\tau \\
&= \frac{1}{\mathrm{mis}\left(\Omega\right)} \int_{\Omega} \int_{\tau_{min}}^{\tau_{max}} \delta\left(\tau - T_{ij}(\mathbf{r})\right) \mathrm{d}\tau \mathrm{d}\mathbf{r} \\
&= \frac{1}{\mathrm{mis}\left(\Omega\right)} \int_{\Omega} \mathrm{d}\mathbf{r} = 1
\end{aligned}$$

$\square$

Teorema 7.2. *Il valore medio della grandezza scalare sul dominio Ω si esprime con la seguente relazione*

$$\boxed{\int_{\tau_{min}}^{\tau_{max}} \tau g\left(\tau\right) \mathrm{d}\tau = \frac{1}{\mathrm{mis}(\Omega)} \int_{\Omega} T_{ij}(\mathbf{r}) \mathrm{d}\mathbf{r}} \tag{7.66}$$

Dimostrazione. Analogamente a prima, tale proprietà si dimostra con i seguenti passaggi

$$\begin{aligned}
\int_{\tau_{min}}^{\tau_{max}} \tau g\left(\tau\right) \mathrm{d}\tau &= \int_{\tau_{min}}^{\tau_{max}} \tau \left[\frac{1}{\mathrm{mis}\left(\Omega\right)} \int_{\Omega} \delta\left(\tau - T_{ij}(\mathbf{r})\right) \mathrm{d}\mathbf{r}\right] \mathrm{d}\tau \\
&= \frac{1}{\mathrm{mis}\left(\Omega\right)} \int_{\Omega} \int_{\tau_{min}}^{\tau_{max}} \tau \delta\left(\tau - T_{ij}(\mathbf{r})\right) \mathrm{d}\tau \mathrm{d}\mathbf{r} \\
&= \frac{1}{\mathrm{mis}\left(\Omega\right)} \int_{\Omega} T_{ij}(\mathbf{r}) \mathrm{d}\mathbf{r}
\end{aligned}$$

$\square$

Queste due proprietà suggeriscono che la densità degli stati $g\left(\tau\right)$ possa essere interpretata come una *densità di probabilità classica della teoria delle variabili aleatorie*. Esiste, poi, una terza proprietà che evidenzia una più profonda connessione tra la funzione scalare $T_{ij}(\mathbf{r})$ e la corrispondente densità $g\left(\tau\right)$. Al fine di introdurre quest'ultima proprietà, è utile la seguente proposizione preliminare.

Lemma 7.3. *Supponiamo che le funzioni $f(x,y,z)$ e $h(x,y,z)$ siano campi scalari sufficientemente regolari nello spazio tridimensionale e che la relazione $h(x,y,z) = 0$ rappresenti una superficie chiusa regolare. Allora sussiste la seguente proprietà*

$$\int_{\Re^3} f(x,y,z)\,\delta(h(x,y,z))\,\mathrm{d}\mathbf{r} = \int_{\{h=0\}} \frac{f(x,y,z)}{\|\nabla h(x,y,z)\|}\,\mathrm{d}S \tag{7.67}$$

Dimostrazione. Per cominciare rappresentiamo la funzione delta mediante una tipica *funzione a finestra* nel seguente modo

$$\delta(x) = \lim_{\triangle \to 0} \delta_\triangle(x) \tag{7.68}$$

dove

$$\delta_\triangle(x) = \frac{1}{\triangle}\left[\mathbf{1}(x) - \mathbf{1}(x - \triangle)\right] \tag{7.69}$$

Abbiamo qui utilizzato la funzione a gradino unitario di Heaviside $\mathbf{1}(x)$ che assume il valore zero per $x < 0$ ed il valore uno per $x > 0$. Mediante tale rappresentazione della funzione delta possiamo svolgere il seguente passaggio

$$\int_{\Re^3} f(x,y,z)\,\delta(h(x,y,z))\,\mathrm{d}\mathbf{r}$$
$$= \lim_{\triangle \to 0} \int_{\Re^3} f(x,y,z)\,\frac{1}{\triangle}\left\{\mathbf{1}[h(\mathbf{r})] - \mathbf{1}[h(\mathbf{r}) - \triangle]\right\}\mathrm{d}\mathbf{r}$$
$$= \lim_{\triangle \to 0} \int_{\{h(\mathbf{r})>0\} \bigcap \{h(\mathbf{r})<\triangle\}} f(x,y,z)\,\frac{1}{\triangle}\mathrm{d}\mathbf{r} \tag{7.70}$$

Quindi abbiamo riportato l'integrale di volume iniziale, in tutto lo spazio tridimensionale, ad essere svolto esclusivamente nella regione compresa tra le due superfici chiuse $h(\mathbf{r}) = 0$ e $h(\mathbf{r}) = \triangle$ che si suppongono regolari.

Definiamo il versore normale uscente alla superficie $h(\mathbf{r}) = 0$ e lo indichiamo con $\mathbf{n}$. Si veda la Fig. 7.5 per tale costruzione. Per definizione di gradiente abbiamo subito che il vettore $\nabla h(x,y,z)$ è parallelo ad $\mathbf{n}$. Consideriamo, ora, un punto arbitrario sulla superficie $h(\mathbf{r}) = 0$ e una piccola area $\mathrm{d}S$ centrata in esso. Costruiamo, quindi, il cilindro di base $\mathrm{d}S$ che connette le due superfici $h(\mathbf{r}) = 0$ e $h(\mathbf{r}) = \triangle$ (mantenendosi parallelo ad $\mathbf{n}$). Allora, l'elemento di volume $\mathrm{d}\mathbf{r}$ in Eq. (7.70) è dato da $H\mathrm{d}S$ dove H è l'altezza del cilindro elementare. La funzione $h(\mathbf{r})$, passando dalla superficie interna a quella esterna, viene incrementata di $\triangle$ in una distanza H e, quindi, si ha la relazione

$$\triangle = \frac{\partial h}{\partial n}H \tag{7.71}$$

valida naturalmente per piccoli valori di $\triangle$ e H.

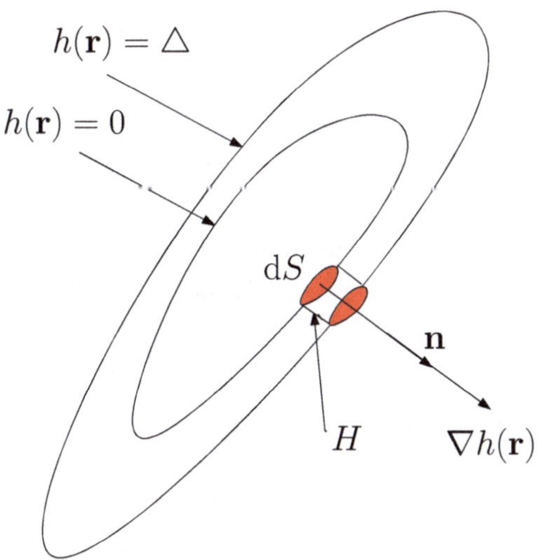

Fig. 7.5. Rappresentazione delle superfici $h(\mathbf{r}) = 0$ e $h(\mathbf{r}) = \triangle$. Si noti la costruzione del volume cilindrico elementare tra esse.

Queste considerazioni comportano

$$
\lim_{\triangle \to 0} \int_{\{h(\mathbf{r})>0\} \bigcap \{h(\mathbf{r})<\triangle\}} f(x,y,z) \frac{1}{\triangle} \mathrm{d}\mathbf{r}
$$

$$
= \int_{\{h=0\}} f \frac{1}{\triangle} H \mathrm{d}S
$$

$$
= \int_{\{h=0\}} f \frac{1}{\triangle} \frac{\triangle}{\frac{\partial h}{\partial n}} \mathrm{d}S
$$

$$
= \int_{\{h=0\}} \frac{f}{\frac{\partial h}{\partial n}} \mathrm{d}S
$$

$$
= \int_{\{h=0\}} \frac{f}{\|\nabla h\|} \mathrm{d}S
$$

avendo ricordato che la derivata direzionale di una funzione lungo la normale esterna è data dal prodotto scalare tra il gradiente e la normale stessa. Essendo, poi, essi paralleli tra loro si giunge alla relazione finale che dimostra quanto richiesto nell'enunciato iniziale.

Tale proposizione è utile per enunciare la terza proprietà importante della densità degli stati.

Teorema 7.4. *La densità degli stati può essere espressa con il seguente integrale sulla curva o superficie di livello del campo scalare in studio*

$$g\left(\tau\right) = \frac{1}{\mathrm{mis}(\Omega)} \int_{\{T_{ij}(\mathbf{r})=\tau\} \bigcap \Omega} \frac{1}{\|\boldsymbol{\nabla} T_{ij}(\mathbf{r})\|} \mathrm{d}S \qquad (7.72)$$

Dimostrazione. È una semplice applicazione della proposizione precedente, ottenuta ponendo $f = 1$ e restingendo il dominio alla regione di interesse Ω. Quando $\Omega \subset \Re^2$ l'insieme $\{T_{ij}(\mathbf{r}) = \tau\}$ rappresenta una linea di livello della componente T_{ij} e l'operazione indicata è un integrale di linea ($\mathrm{d}S$ è l'elemento di lunghezza sulla curva). Invece, se $\Omega \subset \Re^3$ l'insieme $\{T_{ij}(\mathbf{r}) = \tau\}$ rappresenta una superficie di livello della componente T_{ij} e l'operazione va interpretata come un integrale di superficie ($\mathrm{d}S$ assume il ruolo di elemento di area). $\qquad \square$

L'Eq. (7.72) implica che la densità degli stati calcolata per un certo valore τ è data dall'integrale dell'inverso del modulo del gradiente di T_{ij} sul luogo geometrico $T_{ij}(\mathbf{r}) = \tau$. L'implicazione evidente dell'Eq. (7.72) è che nei punti in cui la funzione $T_{ij}(\mathbf{r})$ ha valori estremali, l'integrando nell'espressione precedente diverge. Tale fenomeno genera delle singolarità nella funzione densità, dette *singolarità di Van Hove*. Ne paragrafi seguenti vedremo alcune applicazioni di questo concetto a distribuzioni di sforzo generato dalla presenza di cricche in mezzi normali.

Un'ultima proprietà della densità degli stati può essere particolarmente utile in certe applicazioni numeriche. Nella teoria delle variabile aleatorie si definisce spesso la trasformata di Fourier di una densità di probabilità. Essa viene spesso indicata con il nome di *funzione caratteristica* ed ha un ruolo centrale in diverse questioni della teoria dei processi stocastici. Tale concetto può essere applicato anche alla densità degli stati. Infatti, si definiscono trasformata e antitrasformata della densità come segue

$$G\left(\omega\right) = \int_{-\infty}^{+\infty} g\left(\tau\right) e^{-i\omega\tau} \mathrm{d}\tau \qquad (7.73)$$

$$g\left(\tau\right) = \frac{1}{2\pi} \int_{-\infty}^{+\infty} G\left(\omega\right) e^{i\omega\tau} \mathrm{d}\omega \qquad (7.74)$$

Ne segue la seguente proprietà.

Teorema 7.5. *La funzione caratteristica della densità degli stati si esprime con la seguente relazione*

$$G\left(\omega\right) = \frac{1}{\mathrm{mis}(\Omega)} \int_{\Omega} e^{-i\omega T_{ij}(\mathbf{r})} \mathrm{d}\mathbf{r} \qquad (7.75)$$

Dimostrazione. La proprietà si dimostra con i seguenti passaggi elementari

$$\begin{aligned}
G\left(\omega\right) &= \int_{-\infty}^{+\infty} g\left(\tau\right) e^{-i\omega\tau} \mathrm{d}\tau \\
&= \int_{-\infty}^{+\infty} e^{-i\omega\tau} \left[\frac{1}{\mathrm{mis}\left(\Omega\right)} \int_{\Omega} \delta\left(\tau - T_{ij}(\mathbf{r})\right) \mathrm{d}\mathbf{r}\right] \mathrm{d}\tau \\
&= \frac{1}{\mathrm{mis}\left(\Omega\right)} \int_{\Omega} \int_{-\infty}^{+\infty} e^{-i\omega\tau} \delta\left(\tau - T_{ij}(\mathbf{r})\right) \mathrm{d}\tau \mathrm{d}\mathbf{r} \\
&= \frac{1}{\mathrm{mis}\left(\Omega\right)} \int_{\Omega} e^{-i\omega T_{ij}(\mathbf{r})} \mathrm{d}\mathbf{r}
\end{aligned}$$

$\square$

Tale proprietà può essere utile in varie applicazioni numeriche perchè il calcolo diretto della densità tramite la definizione data in Eq. (7.64) non è sempre possibile a causa della presenza della funzione delta che in realtà svolge il conteggio delle cellette. Invece, il calcolo numerico dell'integrale che appare in Eq. (7.75) è realizzabile per la regolarità della funzione integranda. Una volta valutata numericamente $G\left(\omega\right)$, tramite tecniche di antitrasformazione numerica, si può risalire alla densità (si pensi alle trasformazioni veloci tipo FFT, Fast Fourier Transforms).

7.4.1 Densità degli stati per una cricca di Griffith

Consideriamo una cricca di Griffith come descritta in Fig. 7.1 ed applichiamo uno sforzo tensile alla struttura. Il campo di sforzi risultante nella direzione y di applicazione del carico ($T_{22} = T_{yy}$) può essere calcolato mediante l'Eq. (7.32). Per esempio, in caso di condizioni di sforzo piano, il risultato è riportato in Fig. 7.3. Nell'esempio numerico e nei calcoli di questa Sezione, abbiamo assunto i valori: $E = 1$, $\sigma = 1$, $\nu = 0.33$ ed $L = 0.5$, in unità arbitrarie.

Al fine di illustrare il ruolo giocato dal dominio Ω nel computo di $g(\tau)$, abbiamo considerato due diversi casi. Nel primo, la regione Ω è definita dalle condizioni $-3 < x < 3$ e $0 < y < 3$. Nel secondo caso, valgono le condizioni: $x^2 + y^2 < 9$ e $0 < y < 3$.

Naturalmente la forma molto complicata della distribuzione degli sforzi non permette una determinazione analitica, in forma chiusa, della densità relativa. In altri termini gli integrali definiti nell'Eq. (7.64) o in Eq. (7.72) non sono calcolabili elementarmente. Quindi, si procede per via numerica al fine di determinare $g(\tau)$. Il calcolo consente di ottenere la densità per la componente $T_{22} = T_{yy}$ del tensore degli sforzi: il risultato è rappresentato in Fig. 7.6. Le curve della densità degli stati per lo sforzo sono identiche nel caso di deformazioni piane ed in quello di sforzi piani. Si osservi, inoltre, che la regione descritta da $-3 < x < 3$ e $0 < y < 3$ genera la densità con tre picchi mentre la regione semicircolare descritta da $x^2 + y^2 < 9$ e $0 < y < 3$ genera la densità con due picchi. I tre picchi del primo caso appaiono in corrispondenza dei valori $\tau = 0.960$, $\tau = 1.009$ e $\tau = 1.019$; i due picchi del secondo caso corrispondono a $\tau = 0.960$ e $\tau = 1.024$.

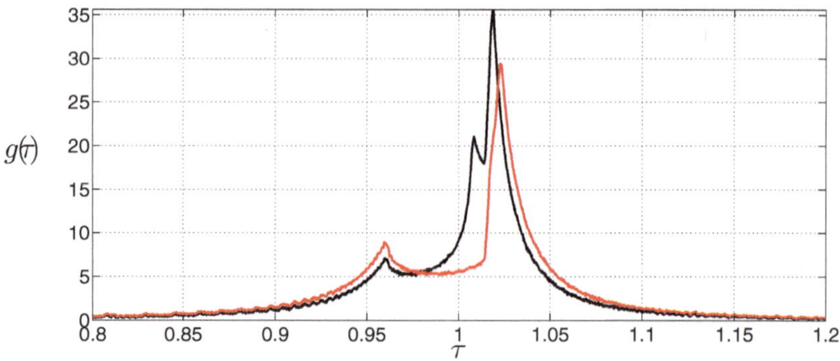

Fig. 7.6. Densità degli stati per lo sforzo tensionale in una cricca di Griffith. La regione descritta da $-3 < x < 3$ ed $0 < y < 3$ comporta il risultato con tre singolarità e quella limitata da $x^{\bullet} + y^{\bullet} < 9$ ed $0 < y < 3$ il risultato con due picchi. Si ricorda che i risultati sono identici per entrambe le condizioni al contorno di sforzi piani e deformazioni piane.

Questa situazione piuttosto complessa può essere interpretata tramite l'osservazione delle linee di livello corrispondenti ai picchi; esse sono mostrate in Fig. 7.7. L'analisi deve tenere in considerazione il significato dell'Eq. (7.72): il valore assunto dalla funzione $g(\tau)$ per un dato valore τ è fornito dall'integrazione sulla curva di livello $T_{yy} = \tau$, pesata con una quantità inversamente proporzionale al modulo del gradiente di T_{yy} (cioè una quantità che cresce indefinitamente quando la funzione è molto "piatta"). Il lobo centrale che viene mostrato in Fig. 7.7 corrisponde ai picchi (comuni alle due regioni prescelte) che appaiono in corrispondenza del valore $\tau = 0.960$ (vedere Fig. 7.6). Questa curva di livello consente la generazione di singolarità di Van Hove perché si tratta della linea di livello più lunga in una zona particolarmente piana della funzione T_{yy}; essa è infatti tangente alla frontiera, sia per la regione rettangolare, sia per la regione semi-circolare. Inoltre, i due tratti della linea di livello interrotta, rappresentati in Fig. 7.7, corrispondono al valore $\tau = 1.009$. Questa curva di livello ha carattere estremale solo per la regione rettangolare e, quindi, la singolarità di Van Hove appare solo in questo caso. Infine, gli ultimi picchi (il secondo per la regione semi-circolare ed il terzo per quella rettangolare, si veda Fig. 7.6) sono collocati in punti molto vicini. Le corrispondenti curve di livello in Fig. 7.7 sono quelle con doppio lobo e sono interpretabili come segue: la linea che interseca l'arco $x^2 + y^2 = 9$ può produrre una singolarità nel dominio rettangolare, ma non in quello semi-circolare dove perde il carattere estremale a seguito del taglio. Viceversa, la linea che non interseca l'arco ha carattere estremale per la regione semi-circolare e non per quella rettangolare.

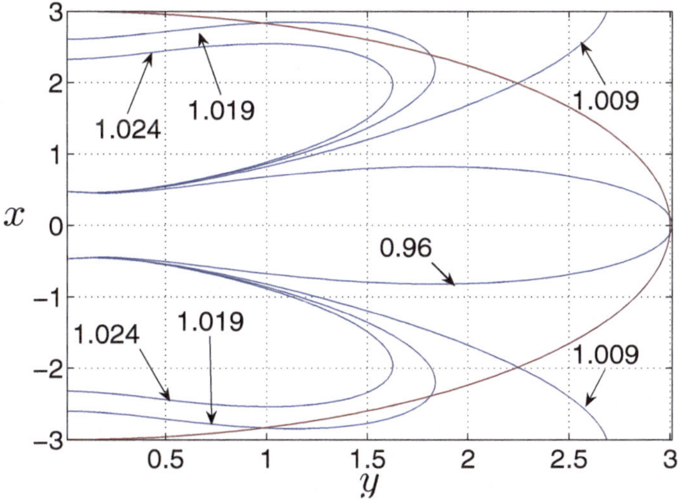

Fig. 7.7. Linee di livello della funzione $T.$ $.= T_{yy}$ calcolate in corrispondenza dei picchi mostrati nella densità degli stati di Fig. 7.6. Le linee corrispondono ai valori $\tau = 0.960$, $\tau = 1.009$, $\tau = 1.019$ e $\tau = 1.024$. La frontiera $x^{\cdot} + y^{\cdot} = 9$ è inoltre rappresentata in figura.

Tali considerazioni rappresentano un'interpretazione piuttosto completa del comportamento complesso della densità degli stati per la componente tensile dello sforzo in una cricca di Griffith sottoposta a trazione.

7.4.2 Densità degli stati per una cricca circolare

Consideriamo una cricca avente raggio $R = 1$ soggetta ad uno sforzo di trazione $\sigma = 1$. In condizioni di sforzo piano l'andamento dello sforzo $T_{33} = T_{zz}$ è rappresentato in Fig. 7.4. Sono stati assunti i valori $E = 1$ and $\nu = 0.33$ per i moduli della matrice elastica che ospita la cricca. Anche in questo caso abbiamo tenuto in considerazione due possibili regioni Ω differenti: la prima è descritta dalle limitazioni $-3 < z < 3$ e $0 < \rho < 3$ e la seconda da $\rho^2 + z^2 < 9$ e $0 < \rho < 3$. Le curve della densità degli stati per lo sforzo sono identiche nel caso di deformazioni piane ed in quello di sforzi piani.

I risultati per la densità relativa alla componente $T_{33} = T_{zz}$ del tensore degli sforzi sono rappresentati in Fig. 7.8. Si può osservare subito che la regione descritta da $-3 < z < 3$ e $0 < \rho < 3$ genera una densità con tre singolarità mentre la regione descritta da $\rho^2 + z^2 < 9$ e $0 < \rho < 3$ genera una densità con due singolarità. I tre picchi della prima funzione appaiono in corrispondenza dei valori $\tau = 0.950$, $\tau = 1.002$ e $\tau = 1.014$; inoltre, i due picchi della seconda densità corrispondono ai valori $\tau = 0.950$ e $\tau = 1.016$.

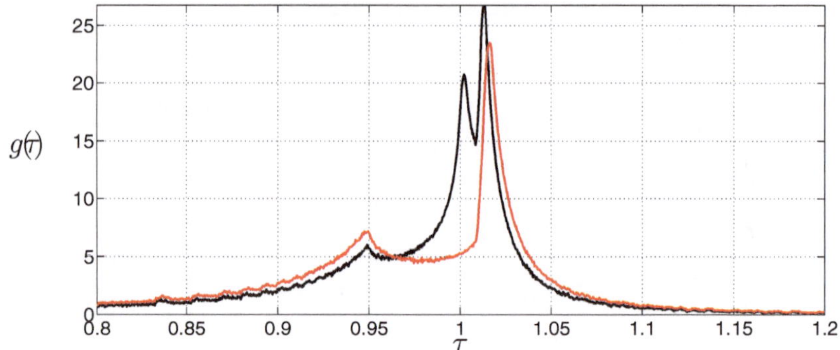

Fig. 7.8. Densità degli stati per lo sforzo di trazione in una cricca circolare. La regione considerata è descritta da $-3 < z < 3$ e $0 < \rho < 3$ per quanto riguarda la linea con tre picchi e da $\rho^{\bullet} + z^{\bullet} < 9$ e $0 < \rho < 3$ per la linea con due picchi. I risultati sono identici per entrambe le possibili condizioni di sforzo piano e deformazione piana.

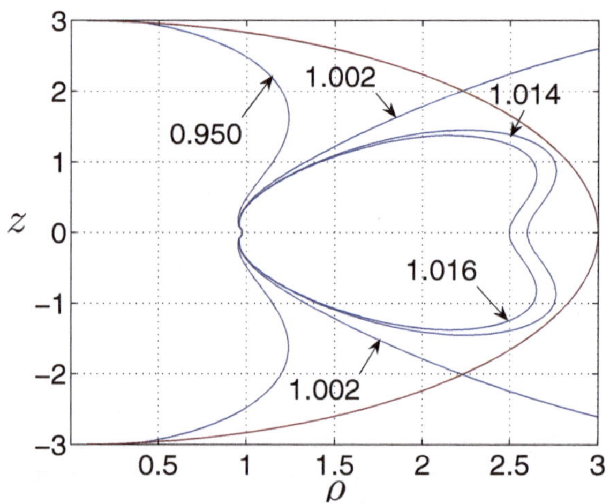

Fig. 7.9. Curve di livello della funzione $T_{\bullet\bullet} = T_{zz}$ calcolate in corrispondenza dei picchi mostrati in Fig. 7.8. Le curve corrispondono ai valori $\tau = 0.950$, $\tau = 1.002$, $\tau = 1.014$ e $\tau = 1.016$. Inoltre, la frontiera $\rho^{\bullet} + z^{\bullet} = 9$ è stata rappresentata.

L'analisi di queste situazioni si svolge per mezzo delle curve di livello mostrate in Fig. 7.9. Le considerazioni sono analoghe a quelle svolte nella Sezione precedente e vengono lasciate al Lettore come esercizio.

7.5 Esercizi del Capitolo 7

Esercizio 7.1. Si determini l'energia elastica totale associata alla presenza di una cricca di Griffith in un mezzo omogeneo lineare ed isotropo, soggetto ad un carico uniforme arbitrario. Per risolvere il problema si consideri la forma generale dell'energia per cavità ellissoidali data in Eq. (6.113) e si utilizzino le Eq. (7.18) e (7.19) del presente Capitolo.

Soluzione 7.1. Dalle Eq. (6.113), (7.18) e (7.19) si ottiene semplicemente

$$\tilde{\epsilon}^* = \left[\tilde{I} - \tilde{\mathcal{S}}\right]^{-1} \tilde{\epsilon}^\infty = \begin{bmatrix} 0 \\ (\epsilon_{11}^\infty + \epsilon_{33}^\infty)\frac{2\nu(1-\nu)}{e(1-2\nu)} + \epsilon_{22}^\infty\frac{2(1-\nu)^2}{e(1-2\nu)} \\ 0 \\ \frac{1-\nu}{e}\epsilon_{12}^\infty \\ \frac{1}{e}\epsilon_{23}^\infty \\ 0 \end{bmatrix}$$

da cui si ricavano le seguenti componenti per l'autodeformazione

$$\epsilon_{22}^* = (\epsilon_{11}^\infty + \epsilon_{33}^\infty)\frac{2\nu(1-\nu)}{e(1-2\nu)} + \epsilon_{22}^\infty\frac{2(1-\nu)^2}{e(1-2\nu)}$$

$$\epsilon_{12}^* = \frac{1-\nu}{e}\epsilon_{12}^\infty$$

$$\epsilon_{23}^* = \frac{1}{e}\epsilon_{23}^\infty$$

L'energia per unità di lunghezza associata alla cricca di Griffith si esprime, quindi, tramite la relazione

$$\Delta E_p^{macro} = \frac{1}{2}\pi L^2 e \, \mathrm{Tr}\left(\hat{T}^\infty \hat{\epsilon}^*\right)$$

dove

$$\mathrm{Tr}\left(\hat{T}^\infty \hat{\epsilon}^*\right) = T_{22}^\infty \epsilon_{22}^* + 2T_{12}^\infty \epsilon_{12}^* + 2T_{23}^\infty \epsilon_{23}^*$$

L'utilizzo delle equazioni costitutive per il mezzo che ospita la cricca consente di ottenere il risultato finale nella forma particolarmente utile

$$\Delta E_p^{macro} = \frac{\pi L^2}{E}\left[(T_{22}^\infty)^2\,(1-\nu^2) + (T_{12}^\infty)^2\,(1-\nu^2) + (T_{23}^\infty)^2\,(1+\nu)\right]$$

Si ricordi che tale variazione energetica, dovuta alla comparsa della cricca nel materiale omogeneo, risulta essere una energia per unità di lunghezza, in quanto la cricca di Griffith ha una dimensione infinita.

Esercizio 7.2. Si determini l'energia elastica totale associata alla presenza di una cricca circolare in un mezzo omogeneo lineare ed isotropo, soggetto ad un carico uniforme arbitrario. Per risolvere il problema si consideri la forma generale dell'energia per cavità ellissoidali data in Eq. (6.113) e si utilizzi l'Eq. (7.46) del presente Capitolo.

Soluzione 7.2. Dalle Eq. (6.113) e (7.46) si ottiene semplicemente

$$\tilde{\epsilon}^* = \left[\tilde{I} - \tilde{S}\right]^{-1} \tilde{\epsilon}^\infty = \begin{bmatrix} 0 \\ 0 \\ (\epsilon_{11}^\infty + \epsilon_{22}^\infty)\frac{4\nu(1-\nu)}{e\pi(1-2\nu)} + \epsilon_{33}^\infty\frac{4(1-\nu)^2}{e\pi(1-2\nu)} \\ 0 \\ \frac{4(1-\nu)}{e\pi(2-\nu)}\epsilon_{23}^\infty \\ \frac{4(1-\nu)}{e\pi(2-\nu)}\epsilon_{13}^\infty \end{bmatrix}$$

da cui si ricavano le seguenti componenti per l'autodeformazione

$$\epsilon_{33}^* = (\epsilon_{11}^\infty + \epsilon_{22}^\infty)\frac{4\nu(1-\nu)}{e\pi(1-2\nu)} + \epsilon_{33}^\infty\frac{4(1-\nu)^2}{e\pi(1-2\nu)}$$

$$\epsilon_{23}^* = \frac{4(1-\nu)}{e\pi(2-\nu)}\epsilon_{23}^\infty$$

$$\epsilon_{13}^* = \frac{4(1-\nu)}{e\pi(2-\nu)}\epsilon_{13}^\infty$$

L'energia della cricca circolare si esprime, quindi, tramite la relazione

$$\Delta E_p^{macro} = \frac{1}{2}\left(\frac{4}{3}\pi R^3 e\right)\text{Tr}\left(\hat{T}^\infty\hat{\epsilon}^*\right)$$

dove

$$\text{Tr}\left(\hat{T}^\infty\hat{\epsilon}^*\right) = T_{33}^\infty\epsilon_{33}^* + 2T_{23}^\infty\epsilon_{23}^* + 2T_{13}^\infty\epsilon_{13}^*$$

L'utilizzo delle equazioni costitutive per il mezzo che ospita la cricca consente di ottenere il risultato finale nella forma particolarmente utile

$$\Delta E_p^{macro} = \frac{8R^3}{3E}\left[(T_{33}^\infty)^2(1-\nu^2) + (T_{23}^\infty)^2\frac{2(1-\nu^2)}{2-\nu} + (T_{13}^\infty)^2\frac{2(1-\nu^2)}{2-\nu}\right]$$

che rappresenta la variazione totale di energia elastica dovuta all'inserimento della frattura circolare nel mezzo inizialmente omogeneo.

Esercizio 7.3. Si determini l'energia potenziale di interazione per una cricca di Griffith inserita in un dato corpo, la cui frontiera è soggetta ad azioni esterne arbitrarie.

Soluzione 7.3. Utilizzando la formula fondamentale dell'energia di interazione, Eq. (6.123), si ottiene immediatamente dalla soluzione dell'esercizio 7.1 il risultato

$$W_i = -\frac{\pi L^2}{E} \left[(T_{22}^\infty)^2 \left(1 - \nu^2\right) + (T_{12}^\infty)^2 \left(1 - \nu^2\right) + (T_{23}^\infty)^2 \left(1 + \nu\right) \right]$$

Esercizio 7.4. Si determini l'energia potenziale di interazione per una cricca circolare inserita in un dato corpo, la cui frontiera è soggetta ad azioni esterne arbitrarie.

Soluzione 7.4. Utilizzando la formula fondamentale dell'energia di interazione, Eq. (6.123), si ottiene immediatamente dalla soluzione dell'esercizio 7.2 il risultato

$$W_i = -\frac{8R^3}{3E} \left[(T_{33}^\infty)^2 \left(1 - \nu^2\right) + (T_{23}^\infty)^2 \frac{2(1 - \nu^2)}{2 - \nu} + (T_{13}^\infty)^2 \frac{2(1 - \nu^2)}{2 - \nu} \right]$$

Esercizio 7.5. Si determinino le condizioni di stabilità per una cricca di Griffith a partire dalla relazione $\frac{\partial}{\partial L}\left(W_i + 4L\gamma_s\right) = 0$, dove γ_s rappresenta l'energia di superficie per unità di area definita in Eq. (5.9).

Soluzione 7.5. Si consideri inizialmente la soluzione dell'esercizio 7.3, ove sia differente da zero solo lo sforzo T_{22}^∞ (modo I)

$$W_i = -\frac{\pi L^2}{E} (T_{22}^\infty)^2 \left(1 - \nu^2\right)$$

La condizione di stazionarietà dell'energia totale di interazione diventa

$$\frac{\partial}{\partial L}\left(-\frac{\pi L^2}{E} (T_{22}^\infty)^2 \left(1 - \nu^2\right) + 4L\gamma_s \right) = 0$$

Con semplici calcoli si ottiene il criterio di stabilità seguente

$$T_{22}^\infty = \sqrt{\frac{2\gamma_s E}{\pi L(1 - \nu^2)}} = \sqrt{\frac{4\gamma_s \mu}{\pi L(1 - \nu)}}$$

Se, invece, consideriamo diverso da zero solo lo sforzo T_{23}^∞, l'energia di interazione assume la forma (modo II)

$$W_i = -\frac{\pi L^2}{E} (T_{23}^\infty)^2 \left(1 + \nu\right)$$

ed allora, con il medesimo criterio di stazionarietà, si ottiene

$$T_{23}^\infty = \sqrt{\frac{2\gamma_s E}{\pi L(1 + \nu)}} = \sqrt{\frac{4\gamma_s \mu}{\pi L}}$$

Infine, se consideriamo diverso da zero solo lo sforzo T_{12}^∞, l'energia di interazione assume la forma (modo III)

$$W_i = -\frac{\pi L^2}{E} \left(T_{12}^\infty\right)^2 \left(1 - \nu^2\right)$$

in modo che, con il medesimo criterio di stazionarietà, si ottiene

$$T_{12}^\infty = \sqrt{\frac{2\gamma_s E}{\pi L(1 - \nu^2)}} = \sqrt{\frac{4\gamma_s \mu}{\pi L(1 - \nu)}}$$

Esercizio 7.6. Si determinino le condizioni di stabilità di Griffith per una cricca circolare a partire dalla relazione $\frac{\partial}{\partial R}\left(W_i + 2\pi R^2 \gamma_s\right) = 0$, dove γ_s rappresenta l'energia di superficie per unità di area definita in Eq. (5.9).

Soluzione 7.6. Si consideri inizialmente la soluzione dell'esercizio 7.4, ove sia differente da zero solo lo sforzo T_{33}^∞

$$W_i = -\frac{8R^3}{3E} \left(T_{33}^\infty\right)^2 \left(1 - \nu^2\right)$$

La condizione di stazionarietà dell'energia totale di interazione diventa

$$\frac{\partial}{\partial R}\left(-\frac{8R^3}{3E}(T_{33}^\infty)^2(1 - \nu^2) + 2\pi R^2 \gamma_s\right) = 0$$

e, con semplici calcoli, si ottiene il criterio di stabilità seguente

$$T_{33}^\infty = \sqrt{\frac{\pi \gamma_s E}{2R(1 - \nu^2)}} = \sqrt{\frac{\pi \gamma_s \mu}{R(1 - \nu)}}$$

Se, invece, consideriamo diverso da zero solo lo sforzo T_{13}^∞, l'energia di interazione assume la forma

$$W_i = -\frac{8R^3}{3E} \left(T_{13}^\infty\right)^2 \frac{2(1 - \nu^2)}{2 - \nu}$$

ed allora, con il medesimo criterio di stazionarietà, si ottiene

$$T_{12}^\infty = \sqrt{\frac{\pi \gamma_s E(2 - \nu)}{4R(1 - \nu^2)}} = \sqrt{\frac{\pi \gamma_s \mu(2 - \nu)}{2R(1 - \nu)}}$$

Esercizio 7.7. Si determini la densità degli stati bidimensionale per la funzione $f(x, y) = (x^2 + y^2)^{n/2} = \rho^n$ nel dominio circolare $\rho < R$. Si adottino le coordinate polari $x = \rho \cos \vartheta$ ed $y = \rho \sin \vartheta$.

Soluzione 7.7. Per definizione di densità degli stati di una funzione nel piano si ha

$$g(\tau) = \frac{1}{\pi R^2} \int \int_{\rho < R} \delta\left[\tau - (x^2 + y^2)^{n/2}\right] \mathrm{d}x\mathrm{d}y$$

$$= \frac{1}{\pi R^2} \int_0^R \int_0^{2\pi} \delta\left(\tau - \rho^n\right) \rho\mathrm{d}\vartheta\mathrm{d}\rho$$

$$= \frac{2}{R^2} \int_0^R \delta\left(\tau - \rho^n\right) \rho\mathrm{d}\rho$$

Inoltre, vale la seguente proprietà della funzione delta

$$\int_a^b h(x)\delta\left(g(x)\right) \mathrm{d}x = \frac{h(x_0)}{|g'(x_0)|}$$

dove x_0 è l'unica soluzione di $g(x) = 0$ nell'intervallo (a, b). Si ha quindi

$$g(\tau) = \frac{2}{R^2} \int_0^R \delta\left(\tau - \rho^n\right) \rho\mathrm{d}\rho$$

$$= \frac{2}{R^2} \frac{\sqrt[n]{\tau}}{n\left(\sqrt[n]{\tau}\right)^{n-1}} = \frac{2}{nR^2} \frac{1}{\tau^{\frac{n-2}{n}}}$$

per tutti i valori di τ compresi nell'intervallo $(0, R^n)$. È evidente che il punto critico di f nell'origine degli assi produce una singolarità nella corrispondente densità per i valori di n tali che $n > 2$. Lasciamo come ulteriore esercizio la verifica della normalizzazione della densità appena trovata

$$\int_0^{R^n} \frac{2}{nR^2} \frac{1}{\tau^{\frac{n-2}{n}}} \mathrm{d}\tau = 1$$

Si noti che la densità risulta essere uniforme per $n = 2$.

Esercizio 7.8. Si determini la densità degli stati tridimensionale per la funzione $f(x, y) = (x^2 + y^2 + z^2)^{n/2} = \rho^n$ nel dominio sferico $\rho < R$. Si adottino le coordinate polari sferiche per comodità di calcolo.

Soluzione 7.8. Per definizione di densità degli stati di una funzione nello spazio si ha

$$g(\tau) = \frac{3}{4\pi R^3} \int \int \int_{\rho < R} \delta\left(\tau - (x^2 + y^2 + z^2)^{n/2}\right) \mathrm{d}x\mathrm{d}y\mathrm{d}z$$

$$= \frac{3}{R^3} \int_0^R \delta\left(\tau - \rho^n\right) \rho^2\mathrm{d}\rho = \frac{3}{nR^3} \frac{1}{\tau^{\frac{n-3}{n}}}$$

per tutti i valori di τ compresi nell'intervallo $(0, R^n)$. È evidente che il punto critico di f nell'origine degli assi produce una singolarità nella corrispondente densità per i valori di n tali che $n > 3$. Lasciamo come ulteriore esercizio la verifica della normalizzazione della densità appena trovata

$$\int_0^{R^n} \frac{3}{nR^3}\,\frac{1}{\tau^{\frac{n-3}{n}}}\,\mathrm{d}\tau = 1$$

Si noti che la densità risulta essere uniforme per $n = 3$.

Esercizio 7.9. Si determini la densità degli stati bidimensionale per la funzione $f(x, y) = xy$ nel dominio quadrato $[0, 1] \times [0, 1]$.

Soluzione 7.9. Dalla definizione otteniamo

$$
\begin{aligned}
g(\tau) &= \int_0^1 \int_0^1 \delta\,(\tau - xy)\,\mathrm{d}x\mathrm{d}y \\
&= \int_0^1 \int_0^1 \delta\left[y\left(\frac{\tau}{y} - x\right)\right]\mathrm{d}x\mathrm{d}y \\
&= \int_0^1 \int_0^1 \frac{1}{|y|}\delta\left(\frac{\tau}{y} - x\right)\mathrm{d}x\mathrm{d}y \\
&= \int_0^1 \frac{1}{|y|}\left[\int_0^1 \delta\left(\frac{\tau}{y} - x\right)\mathrm{d}x\right]\mathrm{d}y
\end{aligned}
$$

L'integrale in parentesi quadre vale 1 per tutti i valori di y tali che $0 < \frac{\tau}{y} < 1$, cioè per $\tau > 0$ e $\tau < y$. Quindi

$$g(\tau) = \int_\tau^1 \frac{1}{|y|}\mathrm{d}y = -\log\tau$$

per i valori di τ nell'intervallo $[0, 1]$. È evidente la singolarità per $\tau = 0$ derivante dal punto di sella nel punto $(0, 0)$ della funzione $f = xy$.

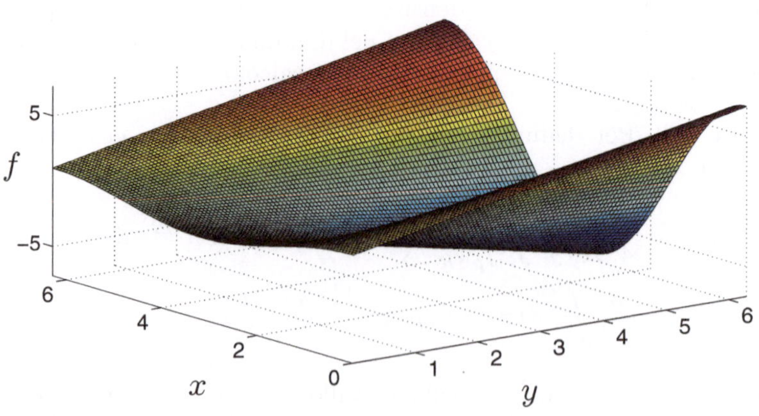

Fig. 7.10. Grafico della funzione utilizzata nell'esercizio 7.10.

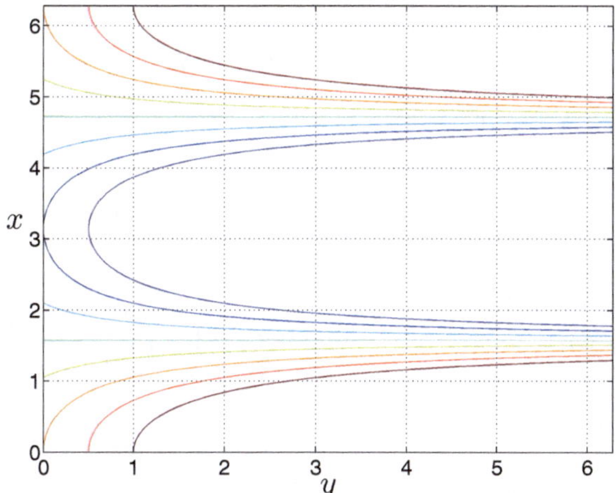

Fig. 7.11. Curve di livello della funzione utilizzata nell'esercizio 7.10.

Esercizio 7.10. Si determini la densità degli stati bidimensionale per la funzione $f(x,y) = (y+1)\cos x$ nel dominio quadrato $[0, 2\pi] \times [0, 2\pi]$. La funzione è rappresentata in Fig. 7.10 e le sue curve di livello in Fig. 7.11 per comodità del Lettore.

Soluzione 7.10. Dalla definizione otteniamo

$$g(\tau) = \frac{1}{4\pi^2} \int_0^{2\pi} \int_0^{2\pi} \delta\left(\tau - (y+1)\cos x\right) \mathrm{d}x\mathrm{d}y$$

$$= \frac{1}{4\pi^2} \int_0^{2\pi} \int_0^{2\pi} \delta\left[\cos x \left(\frac{\tau}{\cos x} - y - 1\right)\right] \mathrm{d}x\mathrm{d}y$$

$$= \frac{1}{4\pi^2} \int_0^{2\pi} \int_0^{2\pi} \frac{1}{|\cos x|} \delta\left(\frac{\tau}{\cos x} - y - 1\right) \mathrm{d}x\mathrm{d}y$$

$$= \frac{1}{4\pi^2} \int_0^{2\pi} \frac{1}{|\cos x|} \chi(x, \tau) \mathrm{d}x$$

dove $\chi(x, \tau)$ vale 1 se $0 < \frac{\tau}{\cos x} - 1 < 2\pi$ e 0 altrove.
Tale disequazione si risolve diversamente nei seguenti quattro casi:

- se $-2\pi - 1 < \tau < -1$ si deve integrare in

$$\arccos \frac{\tau}{2\pi + 1} < x < 2\pi - \arccos \frac{\tau}{2\pi + 1}$$

- se $-1 < \tau < 0$ si deve integrare in

$$2\pi - \arccos \tau < x < 2\pi - \arccos \frac{\tau}{2\pi + 1}$$

- se $0 < \tau < 1$ si deve integrare in

$$\arccos\tau < x < \arccos\frac{\tau}{2\pi+1} \cup 2\pi - \arccos\frac{\tau}{2\pi+1} < x < 2\pi - \arccos\tau$$

- se $1 < \tau < 2\pi + 1$ si deve integrare in

$$0 < x < \arccos\frac{\tau}{2\pi+1} \cup 2\pi - \arccos\frac{\tau}{2\pi+1} < x < 2\pi$$

Ricordando quindi che

$$\int\frac{1}{\cos x}\,\mathrm{d}x = \log\left(\sec c + \tan x\right) + C = \log\left(\frac{1+\sin x}{\cos x}\right) + C$$

si ottiene il risultato finale

$$g(\tau) = \frac{1}{4\pi^2}\log\left[\frac{2\pi+1+\sqrt{(2\pi+1)^2-\tau^2}}{2\pi+1-\sqrt{(2\pi+1)^2-\tau^2}} \cdot \frac{1-\sqrt{1-\tau^2}}{1+\sqrt{1-\tau^2}}\right]$$

per $-1 < \tau < 1$ cioè $|\tau| < 1$ e

$$g(\tau) = \frac{1}{4\pi^2}\log\left[\frac{2\pi+1+\sqrt{(2\pi+1)^2-\tau^2}}{2\pi+1-\sqrt{(2\pi+1)^2-\tau^2}}\right]$$

per $1 < |\tau| < 2\pi + 1$.

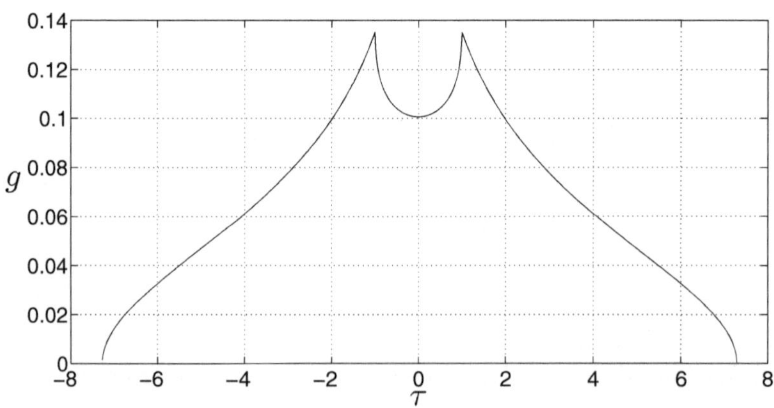

Fig. 7.12. Grafico della densità degli stati descritta nell'esercizio 7.10.

Il risultato finale è rappresentato in Fig. 7.12 dove sono evidenti due singolarità del tipo di Van Hove simili a quelle descritte nel testo, per la densità degli stati degli sforzi.

A

Decomposizione polare di Cauchy

In questa Appendice dimostreremo innanzitutto un teorema generale di analisi tensoriale. Seguirà poi una discussione sulla sua applicazione al caso delle piccole deformazioni.

A.1 Teorema di decomposizione

Teorema A.1. *Ogni tensore invertibile (descrivente una deformazione) è decomponibile univocamente in ciascuno dei seguenti prodotti di tensori*

$$\hat{F} = \hat{R}\,\hat{U} = \hat{V}\hat{R} \tag{A.1}$$

dove $\hat{R}$ è un tensore di rotazione per cui $\hat{R}\hat{R}^T = \hat{R}^T\hat{R} = \hat{I}$ (cioè la matrice inversa di una matrice di rotazione è pari alla sua trasposta) mentre $\hat{U}$ e $\hat{V}$ sono tensori simmetrici definiti positivi.

Dimostrazione. Si costruisce il tensore $\hat{F}^T\hat{F}$ che è simmetrico, infatti $\left(\hat{F}^T\hat{F}\right)^T = \hat{F}^T\hat{F}^{TT} = \hat{F}^T\hat{F}$, e definito positivo per la seguente relazione

$$\mathbf{w}^T\hat{F}^T\hat{F}\mathbf{w} = \left(\hat{F}\mathbf{w}\right)^T\left(\hat{F}\mathbf{w}\right) = \|\hat{F}\mathbf{w}\| \ \forall \ \mathbf{w} \tag{A.2}$$

La norma è infatti sempre positiva per $\mathbf{w} \neq 0$ e nulla solo per $\mathbf{w} = 0$ (si ricordi che $\hat{F}$ è invertibile). Se $\hat{F}^T\hat{F}$ è simmetrico e definito positivo, allora è diagonalizzabile nel campo dei reali; per cui si può scrivere $\hat{F}^T\hat{F} = \hat{Q}^{-1}\hat{\triangle}\hat{Q}$ con $\hat{Q}$ invertibile e $\hat{\triangle}$ diagonale. Si definisce

$$\hat{U} = \sqrt{\hat{F}^T\hat{F}} \tag{A.3}$$

La radice indicata si definisce e calcola come segue

$$\hat{U} = \sqrt{\hat{F}^T\hat{F}} = \sqrt{\hat{Q}^{-1}\hat{\triangle}\hat{Q}} = \hat{Q}^{-1}\sqrt{\hat{\triangle}}\hat{Q} \tag{A.4}$$

infatti

$$\left(\hat{Q}^{-1}\sqrt{\hat{\triangle}}\hat{Q}\right)^2 = \hat{Q}^{-1}\sqrt{\hat{\triangle}}\hat{Q}\hat{Q}^{-1}\sqrt{\hat{\triangle}}\hat{Q} = \hat{Q}^{-1}\sqrt{\hat{\triangle}}\sqrt{\hat{\triangle}}\hat{Q} = \hat{Q}^{-1}\hat{\triangle}\hat{Q} \quad (A.5)$$

avendo posto $\sqrt{\hat{\triangle}} = \mathrm{diag}(\sqrt{\lambda_i})$ se $\hat{\triangle} = \mathrm{diag}(\lambda_i)$ (il simbolo diag indica esplicitamente gli elementi diagonali di una matrice diagonale). Si pone infine $\hat{R} = \hat{F}\hat{U}^{-1}$ e se ne verifica l'ortogonalità

$$\hat{R}^T\hat{R} = \left(\hat{U}^{-1}\right)^T \hat{F}^T\hat{F}\hat{U}^{-1} = \left(\hat{U}^{-1}\right)^T \hat{U}^2\hat{U}^{-1} = \hat{U}^{-1}\hat{U}\hat{U}\hat{U}^{-1} = \hat{I} \quad (A.6)$$

Questo conclude la prima decomposizione polare. Resta da provare l'unicità della decomposizione destra $\hat{F} = \hat{R}\,\hat{U}$. Supponiamo che esistano due diverse decomposizioni $\hat{F} = \hat{R}\,\hat{U} = \hat{R}^*\hat{U}^*$. Di conseguenza: $\hat{F}^T\hat{F} = \hat{U}^2 = \hat{U}^{*2}$ da cui $\hat{U} = \hat{U}^*$ e, quindi, $\hat{R} = \hat{R}^*$. Ciò prova l'unicità della decomposizione destra. Analogamente si pone $\hat{V} = \sqrt{\hat{F}\hat{F}^T}$, si dimostra che è simmetrico definito positivo e si definisce $\hat{R}' = \hat{V}^{-1}\hat{F}$ verificandone l'ortogonalità.

Per concludere la dimostrazione dobbiamo provare che $\hat{R}' = \hat{R}$. Siccome $\hat{R}'\left(\hat{R}'\right)^T = \hat{I}$ possiamo scrivere $\hat{F} = \hat{V}\hat{R}' = \hat{R}'\left(\hat{R}'\right)^T \hat{V}\hat{R}'$. L'unicità della decomposizione destra ($\hat{F} = \hat{R}\hat{U}$) implica che $\hat{R}' = \hat{R}$ e che $\hat{U} = \hat{R}^T\hat{V}\hat{R}$ (il che afferma anche che $\hat{U}$ e $\hat{V}$ sono rappresentati da matrici equivalenti). Questo conclude la dimostrazione del teorema. $\qquad\square$

A.2 Applicazione al concetto di piccole deformazioni

Nel Cap.1 abbiamo definito il tensore delle deformazioni infinitesime ed il tensore delle rotazioni locali come segue

$$\hat{\epsilon} = \frac{1}{2}\left(\hat{J} + \hat{J}^T\right) \tag{A.7}$$

$$\hat{\Omega} = \frac{1}{2}\left(\hat{J} - \hat{J}^T\right) \tag{A.8}$$

Quindi, abbiamo osservato che $\hat{\epsilon} = 0$ nel caso di pura rotazione locale. Questo fatto ci ha fatto elevare $\hat{\epsilon}$ a tensore fondamentale della teoria dell'elasticità. Visto che abbiamo introdotto il teorema di decomposizione $\hat{F} = \hat{R}\,\hat{U} = \hat{V}\hat{R}$ possiamo ora fare vedere che $\hat{\epsilon}$ dipende solo da $\hat{U}$ o $\hat{V}$ nel caso di deformazioni infinitesime (o piccole).

In tali ipotesi si ha, come già descritto nel testo, la relazione semplificatrice $\hat{J}^T\hat{J} \cong 0$ (qui lo zero indica lo zero tensoriale o matriciale quando sia fissata una base per le rappresentazioni) oppure $\hat{J}\hat{J}^T \cong 0$ da cui

$$\hat{J}^T\hat{J} = \left(\hat{F} - \hat{I}\right)^T\left(\hat{F} - \hat{I}\right)$$

$$
= \left(\hat{R}\,\hat{U} - \hat{I}\right)^{T} \left(\hat{R}\,\hat{U} - \hat{I}\right)
$$

$$
= \left(\hat{U}^{T}\hat{R}^{T} - \hat{I}\right) \left(\hat{R}\,\hat{U} - \hat{I}\right)
$$

$$
= \hat{U}^{T}\hat{R}^{T}\hat{R}\hat{U} - \hat{R}\hat{U} - \hat{U}^{T}\hat{R}^{T} + \hat{I}
$$

$$
= \hat{U}^{2} - \hat{R}\hat{U} - \hat{U}\hat{R}^{-1} + \hat{I} \cong 0 \tag{A.9}
$$

Inoltre vale il seguente sviluppo

$$
\begin{aligned}
\hat{\epsilon} &= \frac{1}{2}\left(\hat{J} + \hat{J}^{T}\right) \\
&= \frac{1}{2}\left[\left(\hat{F} - \hat{I}\right) + \left(\hat{F} - \hat{I}\right)^{T}\right] \\
&= \frac{1}{2}\left[\left(\hat{R}\,\hat{U} - \hat{I}\right) + \left(\hat{R}\,\hat{U} - \hat{I}\right)^{T}\right] \\
&= \frac{1}{2}\left(\hat{R}\hat{U} + \hat{U}\hat{R}^{-1} - 2\hat{I}\right)
\end{aligned} \tag{A.10}
$$

Dalla Eq. (A.9) si ottiene subito la relazione $\hat{R}\hat{U} + \hat{U}\hat{R}^{-1} \cong \hat{U}^{2} + \hat{I}$ che sostituita nella Eq. (A.10) ci consente di ottenere la formula cercata

$$
\hat{\epsilon} \cong \frac{1}{2}\left(\hat{U}^{2} - \hat{I}\right) \tag{A.11}
$$

Analogamente, sfruttando l'altra decomposizione $\hat{F} = \hat{V}\hat{R}$ avremmo ottenuto con passaggi simili

$$
\hat{\epsilon} \cong \frac{1}{2}\left(\hat{V}^{2} - \hat{I}\right) \tag{A.12}
$$

Le Eq. (A.11) e (A.12) mostrano che $\hat{\epsilon}$ dipende unicamente e direttamente dai tensori di dilatazione/contrazione come richiesto. Inoltre si vede che, nel caso di pura rotazione locale, vale l'uguaglianza $\hat{U} = \hat{V} = \hat{I}$ (infatti $\hat{F} = \hat{R}\,\hat{U} = \hat{V}\hat{R}$). Quando tali valori sono posti nell'Eq. (A.11) o nell'Eq. (A.12), comportano che $\hat{\epsilon} = 0$, come necessario quando si ha solo la componente di rotazione.

B

Condizioni di congruenza

Abbiamo definito il tensore delle deformazioni mediante l'Eq. (1.14) che consente di calcolare ϵ_{ij} quando sia noto lo spostamento u_i. Supponiamo invece di conoscere $\hat{\epsilon}$ e di voler risalire a **u**: è sempre possibile? La risposta generale è negativa: esistono, infatti, condizioni particolari che devono essere soddisfatte dalle componenti del tensore delle deformazioni affinchè ciò risulti effettivamente possibile.

Supponiamo che ϵ_{ij} sia noto e che esistano gli u_i che lo generano: allora devono anche esistere dei coefficienti Ω_{ij} (si vedano le Eq. (1.11) e (1.12)) tali che

$$\frac{\partial u_i}{\partial x_j} = \epsilon_{ij} + \Omega_{ij} \tag{B.1}$$

Affinché la precedente equazione sia risolvibile rispetto agli u_i deve essere verificata la condizione di irrotazionalità: per un generico campo vettoriale **V** se $\nabla \times \mathbf{V} = 0$ (cioè se $\frac{\partial V_k}{\partial x_h} = \frac{\partial V_h}{\partial x_k}$), allora deve esistere una funzione scalare $\mathcal{V}$ tale che $\mathbf{V} = \nabla \mathcal{V}$ (cioè tale che $V_j = \frac{\partial \mathcal{V}}{\partial x_j}$). Nel nostro caso, dunque, si deve avere

$$\frac{\partial \left(\epsilon_{ik} + \Omega_{ik} \right)}{\partial x_h} = \frac{\partial \left(\epsilon_{ih} + \Omega_{ih} \right)}{\partial x_k} \tag{B.2}$$

ovvero

$$\frac{\partial \epsilon_{ik}}{\partial x_h} - \frac{\partial \epsilon_{ih}}{\partial x_k} = \frac{\partial \Omega_{ih}}{\partial x_k} - \frac{\partial \Omega_{ik}}{\partial x_h} \tag{B.3}$$

Un semplice calcolo fornisce la seguente uguaglianza

$$\frac{\partial \Omega_{ih}}{\partial x_k} - \frac{\partial \Omega_{ik}}{\partial x_h} = \frac{1}{2} \frac{\partial}{\partial x_k} \left(\frac{\partial u_i}{\partial x_h} - \frac{\partial u_h}{\partial x_i} \right) - \frac{1}{2} \frac{\partial}{\partial x_h} \left(\frac{\partial u_i}{\partial x_k} - \frac{\partial u_k}{\partial x_i} \right)$$
$$= \frac{\partial \Omega_{hk}}{\partial x_i} \tag{B.4}$$

tramite la quale è possibile riscrivere l'Eq. (B.3) nella forma

$$\frac{\partial \epsilon_{ik}}{\partial x_h} - \frac{\partial \epsilon_{ih}}{\partial x_k} = \frac{\partial \Omega_{kh}}{\partial x_i} \tag{B.5}$$

Visto che le Ω_{kh} sono anch'esse incognite, si deve usare ancora la condizione di irrotazionalità che comporta

$$\frac{\partial}{\partial x_j}\left(\frac{\partial \epsilon_{ik}}{\partial x_h} - \frac{\partial \epsilon_{ih}}{\partial x_k}\right) = \frac{\partial}{\partial x_i}\left(\frac{\partial \epsilon_{jk}}{\partial x_h} - \frac{\partial \epsilon_{jh}}{\partial x_k}\right) \tag{B.6}$$

dalla quale discende direttamente la condizione di congruenza data nel Cap.1 e che riportiamo di seguito per comodità

$$\frac{\partial^2 \epsilon_{ij}}{\partial x_h \partial x_k} + \frac{\partial^2 \epsilon_{hk}}{\partial x_i \partial x_j} - \frac{\partial^2 \epsilon_{ik}}{\partial x_j \partial x_h} - \frac{\partial^2 \epsilon_{jh}}{\partial x_i \partial x_k} = 0 \tag{B.7}$$

Tra tutte queste equazioni, solo le sei seguenti sono tra loro indipendenti

$$\frac{\partial^2 \epsilon_{22}}{\partial x_3^2} + \frac{\partial^2 \epsilon_{33}}{\partial x_2^2} - 2\frac{\partial^2 \epsilon_{23}}{\partial x_2 \partial x_3} = 0$$

$$\frac{\partial^2 \epsilon_{33}}{\partial x_1^2} + \frac{\partial^2 \epsilon_{11}}{\partial x_3^2} - 2\frac{\partial^2 \epsilon_{31}}{\partial x_3 \partial x_1} = 0$$

$$\frac{\partial^2 \epsilon_{11}}{\partial x_2^2} + \frac{\partial^2 \epsilon_{22}}{\partial x_1^2} - 2\frac{\partial^2 \epsilon_{12}}{\partial x_1 \partial x_2} = 0$$

$$\frac{\partial^2 \epsilon_{11}}{\partial x_2 \partial x_3} + \frac{\partial^2 \epsilon_{23}}{\partial x_1^2} - \frac{\partial^2 \epsilon_{12}}{\partial x_1 \partial x_3} - \frac{\partial^2 \epsilon_{13}}{\partial x_1 \partial x_2} = 0$$

$$\frac{\partial^2 \epsilon_{22}}{\partial x_1 \partial x_3} + \frac{\partial^2 \epsilon_{13}}{\partial x_2^2} - \frac{\partial^2 \epsilon_{21}}{\partial x_2 \partial x_3} - \frac{\partial^2 \epsilon_{23}}{\partial x_2 \partial x_1} = 0$$

$$\frac{\partial^2 \epsilon_{33}}{\partial x_1 \partial x_2} + \frac{\partial^2 \epsilon_{12}}{\partial x_3^2} - \frac{\partial^2 \epsilon_{31}}{\partial x_3 \partial x_2} - \frac{\partial^2 \epsilon_{32}}{\partial x_3 \partial x_1} = 0 \tag{B.8}$$

La dimostrazione che abbiamo riportato è dovuta a Beltrami che per primo la presentò nel 1889. Le equazioni sono spesso dette di Saint-Venant. Questo risultato fornisce anche una procedura operativa per il calcolo degli spostamenti, una volta noto il tensore delle deformazioni. Basta, infatti, seguire il seguente schema

1. si verifica che l'Eq. (B.6) (o le Eq. (B.8)) sia soddisfatta;
2. si trovano Ω_{12}, Ω_{13} e Ω_{23} (cosa che equivale a conoscere l'intero $\hat{\Omega}$) integrando l'Eq. (B.5) (in altre parole: si deve cercare il potenziale di un campo irrotazionale);
3. si sommano $\hat{\epsilon}$ e $\hat{\Omega}$ ottenendo il gradiente esatto che fornisce $\hat{J}$;
4. si integra nuovamente $\hat{J}$ trovando il campo vettoriale $\mathbf{u}(\mathbf{x})$ (cercando ancora una volta i potenziali di campi irrotazionali).

C

Teorema di Cauchy

Consideriamo un punto generico P dentro un mezzo materiale. Ad esso associamo un tetraedro infinitesimo (idealmente isolato all'interno del mezzo) individuato da tre piani paralleli ai piani coordinati passanti per il punto considerato e da un quarto piano avente per versore normale $\mathbf{n}$ e distante $\mathrm{d}h$ da P. La costruzione geometrica è indicata in Fig.C.1 dove sono pure riportati tutti gli oggetti geometrici di cui faremo uso per la dimostrazione del teorema di Cauchy.

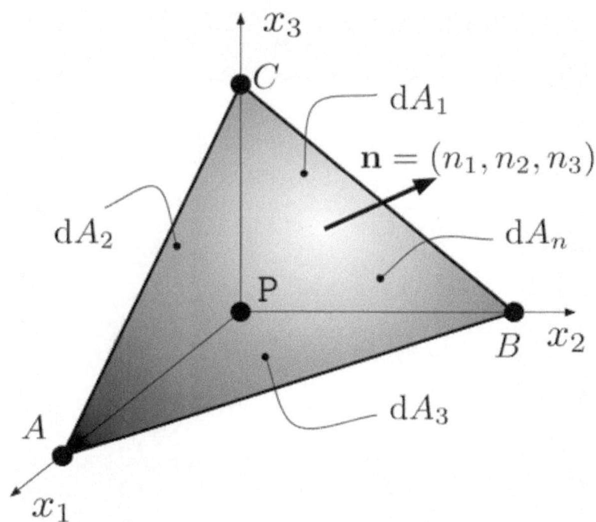

Fig. C.1. Costruzione del tetraedro di Cauchy, assegnato al punto P.

Le quattro facce del tetraedro hanno aree $\mathrm{d}A_1$, $\mathrm{d}A_2$, $\mathrm{d}A_3$ e $\mathrm{d}A_n$ ed i relativi versori normali uscenti sono $-\mathbf{e}_1$, $-\mathbf{e}_2$, $-\mathbf{e}_3$ ed $\mathbf{n}$ (ricordiamo che $\mathbf{e}_i$ è il versore dell'asse cartesiano i-esimo). Siano $\mathbf{f}_1$, $\mathbf{f}_2$, $\mathbf{f}_3$ ed $\mathbf{f}$ le forze di superficie agenti su ciascuna faccia e sia $\mathbf{b}$ la forza di volume interna.

Per la seconda equazione della dinamica dovrà risultare

$$\mathbf{f}\mathrm{d}A_n - \mathbf{f}_1\mathrm{d}A_1 - \mathbf{f}_2\mathrm{d}A_2 - \mathbf{f}_3\mathrm{d}A_3 + \mathbf{b}\,\mathrm{d}V = \rho\mathbf{a}\mathrm{d}V \tag{C.1}$$

dove $\mathbf{a}$ è l'accelerazione del tetraedro di massa $\rho\mathrm{d}V$. Poiché tuttavia vale che $\mathrm{d}A_i = n_i\mathrm{d}A_n$, $\forall\, i = 1,2,3$, possiamo riscrivere l'Eq. (C.1) come segue

$$\mathbf{f} - \mathbf{f}_1 n_1 - \mathbf{f}_2 n_2 - \mathbf{f}_3 n_3 + \frac{1}{3}\,\mathbf{b}\,\mathrm{d}h = \frac{1}{3}\,\rho\,\mathbf{a}\,\mathrm{d}h \tag{C.2}$$

avendo diviso tutti i termini per $\mathrm{d}A_n$ ed avendo fatto uso del fatto che $\mathrm{d}V = \frac{1}{3}\mathrm{d}A_n\mathrm{d}h$. Nel limite $\mathrm{d}h \to 0$ dalla Eq. (C.2) otteniamo subito che

$$\mathbf{f} = \mathbf{f}_1 n_1 + \mathbf{f}_2 n_2 + \mathbf{f}_3 n_3 \tag{C.3}$$

Questo risultato dimostra che il vettore $\mathbf{f}$ su di un generico piano (passante per un punto P dato) è perfettamente determinato dalla conoscenza di tre vettori tensione agenti su tre elementi piani mutuamente ortogonali. In componenti ciò significa che

$$f_i = T_{ij}n_j \tag{C.4}$$

In altre parole: esiste un $\hat{T}$ tale che

$$\mathbf{f} = \hat{T}\mathbf{n} \tag{C.5}$$

dove $\hat{T} = (\mathbf{f}_1, \mathbf{f}_2, \mathbf{f}_3)$.

D

Equazioni della meccanica del continuo

Consideriamo una porzione V di materiale e indichiamo con $\mathbf{P}$ la sua quantità di moto totale, con $\mathbf{F}$ la forza totale applicata, con $\mathbf{L}$ il suo momento della quantità di moto ed, infine, con $\mathbf{M}$ il momento totale delle forze applicate. Come noto valgono le seguenti equazioni cardinali della meccanica

$$\frac{\mathrm{d}\mathbf{P}}{\mathrm{d}t} = \mathbf{F} \tag{D.1}$$

$$\frac{\mathrm{d}\mathbf{L}}{\mathrm{d}t} = \mathbf{M} \tag{D.2}$$

che rappresentano i fondamenti della meccanica razionale di un sistema di punti materiali.

D.1 Bilancio della quantità di moto

Sviluppiamo la prima equazione cardinale, applicandola alla materia contenuta nella regione V, delimitata dalla superficie S

$$\frac{\mathrm{d}}{\mathrm{d}t} \int_V \rho \frac{\partial u_j}{\partial t} \mathrm{d}V = \int_S T_{ji} n_i \mathrm{d}S + \int_V b_j \mathrm{d}V \tag{D.3}$$

dove si è fatto esplicito uso della scomposizione delle forze in contributi di superficie e di volume, come descritto in apertura di Sez. 1.5. Inoltre, si intende che u_j è la componente j-esima del vettore spostamento, funzione del punto materiale selezionato. Localmente la densità di massa vale ρ. Ricordando il teorema della divergenza nella forma

$$\int_V \frac{\partial \Phi}{\partial x_i} \mathrm{d}V = \int_S \Phi n_i \mathrm{d}S \tag{D.4}$$

possiamo ulteriormente sviluppare la prima equazione cardinale

$$\frac{\mathrm{d}}{\mathrm{d}t} \int_{\mathrm{V}} \rho \frac{\partial u_j}{\partial t} \mathrm{d}V = \int_{\mathrm{V}} \frac{\partial T_{ji}}{\partial x_i} \mathrm{d}V + \int_{\mathrm{V}} b_j \mathrm{d}V \tag{D.5}$$

Tenuto poi in considerazione che

$$\frac{\mathrm{d}}{\mathrm{d}t} \int_{\mathrm{V}} \rho \frac{\partial u_j}{\partial t} \mathrm{d}V = \int_{\mathrm{V}} \rho \frac{\partial^2 u_j}{\partial t^2} \mathrm{d}V \tag{D.6}$$

otteniamo subito che

$$\int_{\mathrm{V}} \left[\rho \frac{\partial^2 u_j}{\partial t^2} - \frac{\partial T_{ji}}{\partial x_i} - b_j \right] \mathrm{d}V = 0 \tag{D.7}$$

Questa conclusione, per l'arbitrarietà della scelta del volume V, consente immediatamente di scrivere la Eq. (1.53) (prima equazione cardinale).

D.2 Bilancio del momento della quantità di moto

Passiamo, ora, ad esplicitare la seconda equazione cardinale nella regione V di interesse (si intende che il polo rispetto al quale si calcolano i momenti è l'origine degli assi cartesiani)

$$\frac{\mathrm{d}}{\mathrm{d}t} \int_{\mathrm{V}} \mathbf{x} \times \frac{\partial \mathbf{u}}{\partial t} \rho \mathrm{d}V = \int_{\mathrm{S}} \mathbf{x} \times \left(\hat{T} \mathbf{n} \right) \mathrm{d}S + \int_{\mathrm{V}} \mathbf{x} \times \mathbf{b} \ \mathrm{d}V \tag{D.8}$$

Visto che $(\mathbf{a} \times \mathbf{b})_j = a_n b_m \eta_{nmj}$ (n.b. η_{nmj} è il simbolo di permutazione di Levi-Civita), si ha $\mathbf{a} \times \mathbf{b} = a_n b_m \eta_{nmj} \mathbf{e}_j$ dove $\{\mathbf{e}_1, \mathbf{e}_2, \mathbf{e}_3\}$ è la base ortonormale adottata nel sistema di riferimento cartesiano in uso. Usando ancora una volta il teorema della divergenza, l'integrale di superficie in Eq. (D.8) diventa

$$\begin{aligned}
\int_{\mathrm{S}} \mathbf{x} \times \left(\hat{T} \mathbf{n} \right) \mathrm{d}S &= \int_{\mathrm{S}} x_h T_{kp} \eta_{hkj} n_p \mathbf{e}_j \mathrm{d}S \\
&= \int_{\mathrm{V}} \frac{\partial x_h T_{kp}}{\partial x_p} \eta_{hkj} \mathbf{e}_j \mathrm{d}V \\
&= \int_{\mathrm{V}} \left[\delta_{hp} T_{kp} + x_h \frac{\partial T_{kp}}{\partial x_p} \right] \eta_{hkj} \mathbf{e}_j \mathrm{d}V \\
&= \int_{\mathrm{V}} \left[T_{kh} + x_h \frac{\partial T_{kp}}{\partial x_p} \right] \eta_{hkj} \mathbf{e}_j \mathrm{d}V
\end{aligned} \tag{D.9}$$

Il primo membro dell'Eq. (D.8) si trasforma come segue

$$\frac{\mathrm{d}}{\mathrm{d}t} \int_{\mathrm{V}} \mathbf{x} \times \frac{\partial \mathbf{u}}{\partial t} \rho \mathrm{d}V = \int_{\mathrm{V}} \mathbf{x} \times \frac{\partial^2 \mathbf{u}}{\partial t^2} \rho \mathrm{d}V = \int_{\mathrm{V}} x_h \frac{\partial^2 u_k}{\partial t^2} \eta_{hkj} \mathbf{e}_j \rho \mathrm{d}V \tag{D.10}$$

in modo che l'equazione di bilancio nella sua forma completa diventa

$$\int_V \left[x_h \frac{\partial^2 u_k}{\partial t^2} \rho - T_{kh} - x_h \frac{\partial T_{kp}}{\partial x_p} - x_h b_k \right] \eta_{hkj} \mathbf{e}_j \mathrm{d}V = 0 \qquad (\text{D.11})$$

cioè

$$\int_V \left\{ x_h \left[\frac{\partial^2 u_k}{\partial t^2} \rho - \frac{\partial T_{kp}}{\partial x_p} - b_k \right] - T_{kh} \right\} \eta_{hkj} \mathbf{e}_j \mathrm{d}V = 0 \qquad (\text{D.12})$$

Poiché il termine tra parentesi quadre è nullo in virtù della prima equazione cardinale, otteniamo che

$$\int_V T_{kh} \eta_{hkj} \mathbf{e}_j \mathrm{d}V = 0 \qquad (\text{D.13})$$

ovvero, visto che il dominio di integrazione è arbitrario

$$T_{kh} \eta_{hkj} = 0 \qquad (\text{D.14})$$

che comporta evidentemente

$$T_{12} = T_{21} \qquad T_{13} = T_{31} \qquad T_{23} = T_{32} \qquad (\text{D.15})$$

come riassunto in forma compatta nella Eq. (1.54) (seconda equazione cardinale).

Invarianti di un'applicazione lineare

Data un'applicazione lineare nello spazio tridimensionale, definiamo gli auto-valori, il polinomio caratteristico nonchè le loro caratteristiche di invarianza e la forma degli invarianti classici [40, 13].

Fissata una base di riferimento nello spazio tridimensionale (cioè nello spazio fisico), l'applicazione lineare è descritta da una matrice A con tre righe e tre colonne. In tale rappresentazione gli autovalori ed autovettori sono definiti dalla relazione $A\mathbf{u} = \lambda\mathbf{u}$. In altre parole, $\mathbf{u}$ si dice autovettore di A se è vero che $A\mathbf{u} = \lambda\mathbf{u}$ per un certo valore di λ detto autovalore. Affinché ciò possa verificarsi deve essere $A\mathbf{u} - \lambda\mathbf{u} = 0$ e cioè $(A - \lambda I)\mathbf{u} = 0$. Ma questo è un sistema omogeneo che ha soluzioni non banali soltanto se il determinante della matrice che lo definisce è nullo. Tale determinante è detto polinomio caratteristico dell'applicazione lineare

$$P_A\left(\lambda\right) = \det\left[A - \lambda I\right]$$

Ne segue che gli autovalori sono zeri del polinomio caratteristico e sono, quindi, soluzioni dell'equazione algebrica $P_A\left(\lambda\right) = 0$.

Verifichiamo che il polinomio caratteristico (e quindi gli autovalori) è in-variante rispetto alla base utilizzata per la rappresentazione. Se cambiamo la base, la matrice associata all'applicazione lineare cambierà nel seguente modo

$$A' = M^{-1}AM$$

dove M è la matrice di passaggio tra le due differenti basi. Calcoliamo il polinomio caratteristico della nuova matrice A'

$$
\begin{aligned}
P_{A'}\left(\lambda\right) &= \det\left[A' - \lambda I\right] = \det\left[M^{-1}AM - \lambda I\right] \\
&= \det\left[M^{-1}AM - \lambda M^{-1}M\right] = \det\left[M^{-1}\left(A - \lambda I\right)M\right] \\
&= \det\left[M^{-1}\right]\det\left[A - \lambda I\right]\det\left[M\right] = \det\left[A - \lambda I\right] = P_A\left(\lambda\right)
\end{aligned}
$$

avendo utilizzato le proprietà $M^{-1}M = I$, $\det\left[AB\right] = \det\left[A\right]\det\left[B\right]$ (teorema di Binet) e $\det\left[M^{-1}\right]\det\left[M\right] = 1$. Abbiamo trovato l'invarianza degli autovalori e del polinomio caratteristico che assumono, quindi, un carattere universale per l'applicazione lineare data. Calcoliamo esplicitamente il polinomio caratteristico lavorando nella prima base di rappresentazione introdotta

$$P_A\left(\lambda\right) = \det\left[A - \lambda I\right] = \det \begin{bmatrix} a_{11} - \lambda & a_{12} & a_{13} \\ a_{21} & a_{22} - \lambda & a_{23} \\ a_{31} & a_{32} & a_{33} - \lambda \end{bmatrix}$$

Svolgendo i calcoli di sviluppo del determinante è facile riconoscere che il risultato si può scrivere come segue

$$P_A\left(\lambda\right) = \det(A) - \lambda\frac{1}{2}\left\{[\mathrm{Tr}(A)]^2 - \mathrm{Tr}\left(A^2\right)\right\} + \lambda^2\mathrm{Tr}(A) - \lambda^3$$

Essendo invariante il polinomio caratteristico, lo sono anche i suoi coefficienti. Pertanto, si scrivono gli invarianti classici come segue

$$I_1 = \mathrm{Tr}(A)$$
$$I_2 = \frac{1}{2}\left\{[\mathrm{Tr}(A)]^2 - \mathrm{Tr}\left(A^2\right)\right\}$$
$$I_3 = \det(A)$$

Spesso è utile introdurre altri tre invarianti, direttamente connessi ai precedenti, ma più semplici. A tal fine ricordiamo il teorema di Cayley-Hamilton che afferma: ogni matrice A annulla il proprio polinomio caratteristico, cioè $P_A\left(A\right) = 0$. Si osservi che in questo contesto il polinomio caratteristico va considerato come una funzione di matrice. Esplicitamente questo comporta che

$$\det(A)I - A\frac{1}{2}\left\{[\mathrm{Tr}(A)]^2 - \mathrm{Tr}\left(A^2\right)\right\} + A^2\mathrm{Tr}(A) - A^3 = 0$$

Calcolando la traccia della precedente si ottiene

$$3\det(A) - \frac{1}{2}\mathrm{Tr}(A)\left\{[\mathrm{Tr}(A)]^2 - \mathrm{Tr}\left(A^2\right)\right\} + \mathrm{Tr}\left(A^2\right)\mathrm{Tr}(A) - \mathrm{Tr}\left(A^3\right) = 0$$

da cui, dopo alcuni passaggi

$$\det(A) = \frac{1}{6}[\mathrm{Tr}\left(A\right)]^3 - \frac{1}{2}\mathrm{Tr}\left(A^2\right)\mathrm{Tr}(A) + \frac{1}{3}\mathrm{Tr}\left(A^3\right)$$

che è una formula importante perché esprime il determinante esclusivamente in termini dell'operatore traccia.

Ciò significa che i tre invarianti classici possono essere scritti in termini delle tre quantità $\mathrm{Tr}(A)$, $\mathrm{Tr}\left(A^2\right)$ e $\mathrm{Tr}\left(A^3\right)$ che assumono il ruolo di invarianti alternativi ai precedenti. Tutte queste considerazioni possono essere applicate sia al tensore degli sforzi che al tensore delle piccole deformazioni. Gli invarianti descritti sono utili per caratterizzare al meglio alcune proprietà meccaniche dei materiali.

F

Cenni sulle dislocazioni

Una dislocazione è un difetto reticolare di linea presente in una struttura cristallina. Ci sono due tipi principali di dislocazione:

- dislocazione a spigolo (nota anche col termine inglese `edge dislocation` o col termine dislocazione a cuneo) rappresentata in Fig. F.1;
- dislocazione a vite (note anche col termine inglese `screw dislocation`) rappresentata in Fig. F.2.

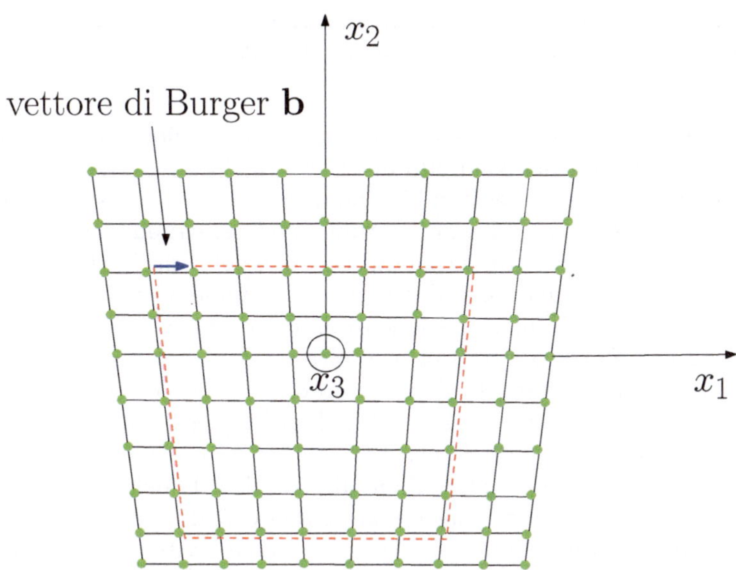

Fig. F.1. Dislocazione a spigolo (`edge dislocation`) e vettore di Burger $\mathbf{b}$ perpendicolare alla dislocazione (giacente nel piano del circuito).

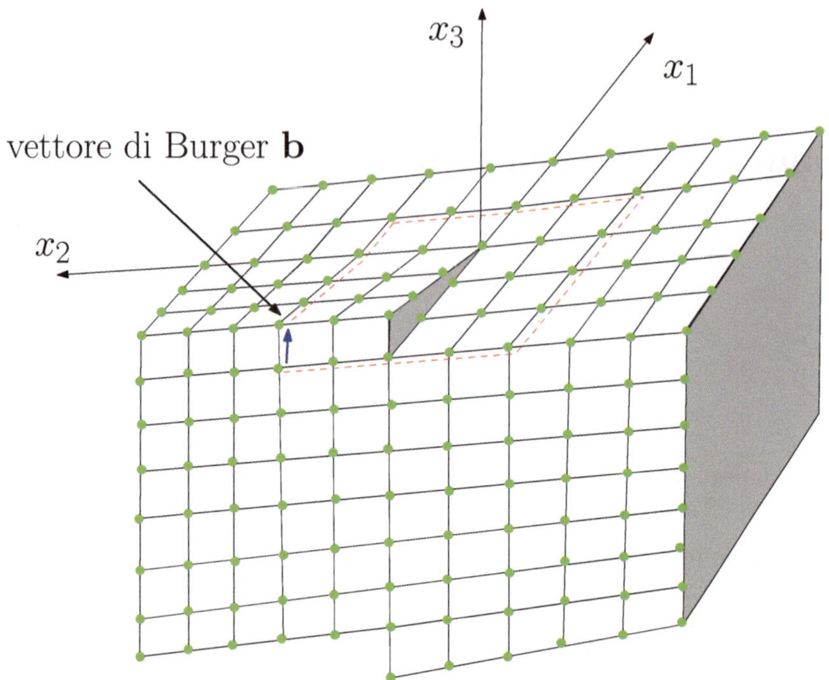

Fig. F.2. Dislocazione a vite (`screw dislocation`) e vettore di Burger **b** parallelo alla dislocazione (perpendicolare al piano del circuito).

Tale distinzione è prevalentemente formale: le dislocazioni presenti nei solidi cristallini reali raramente sono puramente a spigolo o puramente a vite, presentando invece aspetti di entrambi. Una dislocazione di questo tipo è quindi chiamata dislocazione mista (o, col termine inglese, `mixed dislocation`).

Le dislocazioni sono date da una distorsione del reticolo che si può caratterizzare nel seguente modo: si descriva un cammino su un piano cristallino in modo da avanzare in una direzione di un certo numero di passi, poi si gira a destra ad angolo retto e si avanza di altrettanti passi, poi ancora a destra eccetera, per quattro volte; se il cammino è molto piccolo (pochi passi reticolari per lato, 6 passi in Fig. F.1 e 4 in Fig. F.2) ed inoltre si chiude su se stesso, vuol dire che nell'areola percorsa non vi sono dislocazioni; altrimenti la quantità necessaria a chiudere il circuito fornisce la definizione del *vettore di Burger della dislocazione* concatenata col circuito. Se il vettore di Burger **b** è parallelo alla dislocazione si ha la dislocazione a vite; se è perpendicolare si ha la dislocazione a spigolo [32]. Come accennato nel Cap. 2, la presenza di dislocazioni influenza notevolmente molte proprietà dei materiali reali.

Dal punto di vista matematico le deformazioni indotte nei solidi dalle dislocazioni possono essere ottenute in modo relativamente semplice con il metodo delle autodeformazioni (`eigenstrain`) descritto nella Sez. 6.3. Infatti, definita un'autodeformazione che descrive la dislocazione in termini di vettore di Burger, si può calcolare il relativo campo di spostamenti tramite l'Eq. (6.27). Riportiamo brevemente i risultati fondamentali per i due tipi di dislocazioni introdotte.

F.1 Dilocazione a spigolo

Per descrivere le dislocazioni a spigolo (con le convenzioni utilizzate in Fig. F.1) bisogna adottare un'autodeformazione data da

$$\epsilon_{12}^*(\mathbf{r}) = \epsilon_{21}^*(\mathbf{r}) = \frac{1}{2}b\delta\left(x_2\right)\mathbf{1}\left(-x_1\right) \tag{F.1}$$

dove b rappresenta il modulo del vettore di Burger e $\delta(x)$ è la funzione delta di Dirac. Inoltre, abbiamo utilizzato la funzione a gradino unitario di Heaviside $\mathbf{1}\left(x\right)$ che assume il valore zero per $x < 0$ ed il valore uno per $x > 0$. Tutti gli altri elementi del tensore ϵ_{kh}^* sono nulli. La conoscenza dell'autodeformazione consente di ottenere gli spostamenti nello spazio come segue

$$u_1(\mathbf{r}) = \frac{b}{2\pi}\arctan\left(\frac{x_2}{x_1}\right) + \frac{b}{4\pi}\frac{1}{1-\nu}\frac{x_1 x_2}{x_1^2 + x_2^2} \tag{F.2}$$

$$u_2(\mathbf{r}) = \frac{b(2\nu - 1)}{8\pi(1-\nu)}\log\left(x_1^2 + x_2^2\right) + \frac{b}{4\pi}\frac{1}{1-\nu}\frac{x_2^2}{x_1^2 + x_2^2} \tag{F.3}$$

$$u_3(\mathbf{r}) = 0 \tag{F.4}$$

Questo risultato fu ottenuto da Koheler (1941) [32].

F.2 Dislocazione a vite

Per descrivere le dislocazioni a vite (con le convenzioni utilizzate in Fig. F.2) bisogna adottare un'autodeformazione data da

$$\epsilon_{32}^*(\mathbf{r}) = \epsilon_{23}^*(\mathbf{r}) = \frac{1}{2}b\delta\left(x_2\right)\mathbf{1}\left(-x_1\right) \tag{F.5}$$

con le stesse notazioni utilizzate poco sopra. Tutti gli altri elementi del tensore ϵ_{kh}^* sono nulli. La conoscenza dell'autodeformazione consente di ottenere gli spostamenti nello spazio come segue

$$u_1(\mathbf{r}) = 0 \tag{F.6}$$

$$u_2(\mathbf{r}) = 0 \tag{F.7}$$

$$u_3(\mathbf{r}) = \frac{b}{2\pi}\arctan\frac{x_2}{x_1} \tag{F.8}$$

Questo risultato fu ottenuto da Burger (1939) [32].

G

Cenni sul problema di Saint-Venant

In questa Appendice riportiamo alcune considerazioni sulla posizione dei problemi elastici relativi alle travi.

Il celebre problema di Saint-Venant (1797 - 1886) consiste nel determinare la soluzione del problema di equilibrio elastico per un cilindro, per semplicità retto, detto trave [6]. Matematico e ingegnere all'École des Ponts et Chaussées, Saint-Venant ottenne i più significativi risultati nello studio della resistenza dei materiali e della teoria dell'elasticità, di cui è considerato uno dei fondatori. Gli studi sulla trave, insieme alle condizioni di congruenza che da lui presero nome (si veda l'Appendice B), hanno posto le basi della scienza delle costruzioni.

Il problema della trave elastica, avente numerose applicazioni, è uno dei cardini centrali di questa disciplina. Per semplificare questo formidabile problema teorico si considerano le seguenti ipotesi. Per la trave si suppone che:

- sia un corpo continuo dotato di tre dimensioni;
- la forma geometrica sia quella di un cilindro di direttrice generica sufficientemente allungata;
- sia con asse rettilineo;
- sia costituita di materiale omogeneo, isotropo, linearmente elastico (mezzo normale);
- sia un corpo libero da vincoli esterni;
- abbia sezione trasversale qualsiasi, ma compatta e non dispersa.

Inoltre si accettano le seguenti ipotesi per le forze esterne attive:

- forze applicate esclusivamente sulle superfici di base con distribuzione arbitraria;
- forze superficiali nulle sulla superficie laterale che, quindi, risulta completamente scarica da ogni tipologia di sforzo;
- forze volumetriche ovunque nulle nel volume della trave;
- sistema equilibrato (cioè risultante delle forze e dei momenti nulla).

Sotto queste ipotesi si devono determinare gli stati di tensione, di deformazione, nonchè il campo di spostamento della trave. Saint-Venant ha per primo fornito una soluzione (approssimata) del problema, assumendo le azioni applicate solo sulle basi e definite solo dalle forze e dai momenti applicati.

Il sistema di equazioni differenziali che descrive il problema di Saint-Venant presenta grosse difficoltà analitiche se affrontato in piena generalità. Come propose lo stesso Saint-Venant si può ricorrere al così detto metodo semi-inverso [5]. Il metodo consiste nel fissare a priori in modo arbitrario alcune caratteristiche della soluzione (precisamente: sono poste nulle tre componenti dello stato di tensione in ogni punto della trave, ovvero si annullano le componenti che azzerano automaticamente lo sforzo applicato sulle superfici laterali). Successivamente, tramite le equazioni del problema elastico, si determinano le altre componenti di tensione. Infine le condizioni al contorno definiscono le forze da applicare sulle basi per ottenere quella soluzione.

Il problema di Saint-Venant viene risolto assumendo le azioni sulle basi definite solo dalla risultante e dal momento risultante; in altri termini non si considerano i valori locali delle forze applicate sulle basi. Ciò fornisce una soluzione più semplice, ma approssimata. L'approssimazione di tali soluzioni è tuttavia legata alla validità di un principio ideato dallo stesso Saint-Venant. Tale principio afferma che *sostituendo ad un dato sistema di forze applicate*

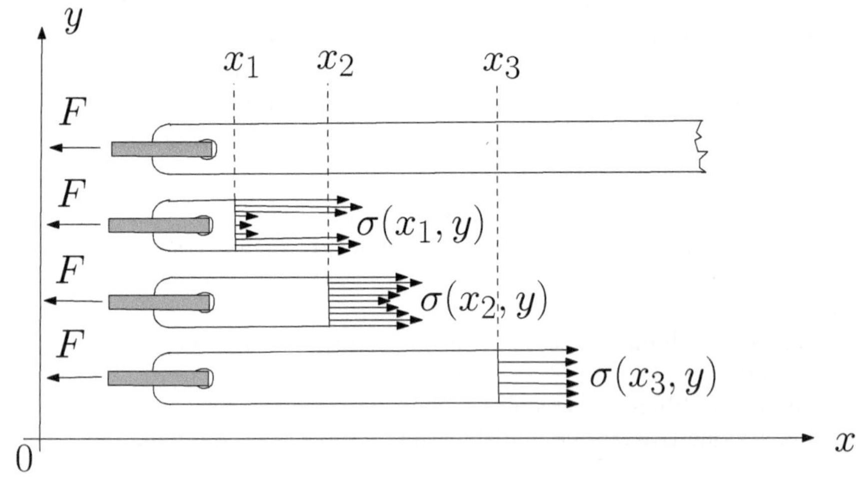

Fig. G.1. Rappresentazione grafica del principio di Saint-Venant.

alle basi del cilindro un differente sistema staticamente equivalente al primo, gli effetti della sostituzione non si sentono nei punti del solido situati a sufficiente distanza dalle basi. Ciò equivale a dire che la soluzione nella parte centrale della trave è invariante rispetto al cambiamento del sistema di forze applicate (perchè staticamente equivalenti). In pratica, dunque, il principio sancisce che la differenza tra le soluzioni, al variare della distribuzione delle forze di superficie applicate all'estremità della trave (a parità di risultante e momento risultante) sia apprezzabile solo in prossimità delle estremità stesse delle travi [28, 35]. Una raffigurazione del principio di Saint-Venant è riportato in Fig. G.1 dove si illustra chiaramente che gli effetti di un carico, avente una distribuzione complessa nella sezione, si uniformano dopo una certa distanza dal punto di applicazione. Si vede infatti che oltre una certa distanza lo sforzo risulta distribuito uniformemente sulla sezione. Questa è la ragione per cui, tra le ipotesi del problema di Saint-Venant, si trova che la geometria del corpo solido debba essere sufficientemente allungata (in modo tale che la maggior parte della lunghezza della trave sia soggetta a grandezze costanti nella sezione).

Le predette azioni agenti sulle basi definiscono le quattro modalità fondamentali della sollecitazione, e precisamente:

- compressione o trazione mediante sforzo normale (si veda come caso paradigmatico quello descritto nell'esempio 2.5.4);
- torsione mediante momento torcente (si veda come caso paradigmatico quello descritto nell'esempio 2.5.3 e nell'esercizio 2.8);
- flessione mediante momento flettente (si veda come caso paradigmatico quello descritto nell'esempio 1.3.3 e nell'esercizio 2.9);
- flessione mediante sforzo di taglio (forza netta trasversale).

Quest'ultimo caso è estremamente più complesso dei precedenti e non viene trattato in questa sede [6, 35].

H

Le trasformate di Fourier

Al fine di risolvere l'Eq. (6.5) rispetto alle componenti dello spostamento (u_1, u_2, u_3), si introducono le trasformate di Fourier

$$U_k\left(\boldsymbol{\kappa}\right) = \int_{\Re^3} u_k\left(\mathbf{r}\right) e^{-i\boldsymbol{\kappa}\cdot\mathbf{r}} \mathrm{d}\mathbf{r} \tag{H.1}$$

dove $k = 1, 2, 3$. Tali relazioni sono invertibili mediante le seguenti antitrasformate di Fourier che ricordiamo per completezza

$$u_k\left(\mathbf{r}\right) = \frac{1}{\left(2\pi\right)^3} \int_{\Re^3} U_k\left(\boldsymbol{\kappa}\right) e^{i\boldsymbol{\kappa}\cdot\mathbf{r}} \mathrm{d}\boldsymbol{\kappa} \tag{H.2}$$

Il vettore $\boldsymbol{\kappa}$ rappresenta la variabile tridimensionale nel dominio trasformato. Ricordiamo, poi, che se $(f\left(\mathbf{r}\right), F\left(\boldsymbol{\kappa}\right))$ e $(g\left(\mathbf{r}\right), G\left(\boldsymbol{\kappa}\right))$ rappresentano due coppie di funzioni in relazione secondo la trasformata di Fourier, valgono una serie di proprietà molto utili nelle applicazioni pratiche; le riassumiamo qui di seguito (le semplici verifiche sono lasciate come esercizio e possono essere trovate in ogni testo sull'analisi di Fourier, per esempio in [34, 39])

$$f\left(\mathbf{r}\right) \longrightarrow F\left(\boldsymbol{\kappa}\right)$$

$$g\left(\mathbf{r}\right) \longrightarrow G\left(\boldsymbol{\kappa}\right)$$

$$\left(\alpha f + \beta g\right)\left(\mathbf{r}\right) \longrightarrow \left(\alpha F + \beta G\right)\left(\boldsymbol{\kappa}\right)$$

$$\frac{\partial f\left(\mathbf{r}\right)}{\partial x_k} \longrightarrow i\kappa_k F\left(\boldsymbol{\kappa}\right)$$

$$x_k f\left(\mathbf{r}\right) \longrightarrow i\frac{\partial F\left(\boldsymbol{\kappa}\right)}{\partial \kappa_k}$$

$$f\left(\mathbf{r} - \mathbf{r}_0\right) \longrightarrow e^{-i\boldsymbol{\kappa}\cdot\mathbf{r}_0} F\left(\boldsymbol{\kappa}\right)$$

$$e^{i\boldsymbol{\kappa}_0\cdot\mathbf{r}} f\left(\mathbf{r}\right) \longrightarrow F\left(\boldsymbol{\kappa} - \boldsymbol{\kappa}_0\right)$$

$$\delta\left(\mathbf{r}\right) \qquad\qquad \longrightarrow 1$$

$$\int_{\Re^3} f\left(\boldsymbol{\eta}\right) g\left(\mathbf{r} - \boldsymbol{\eta}\right) \mathrm{d}\boldsymbol{\eta} \longrightarrow F\left(\boldsymbol{\kappa}\right) G\left(\boldsymbol{\kappa}\right)$$

(H.3)

Spesso, le trasformate tridimensionali di funzioni a simmetria sferica sono estremamente utili nella teoria della funzione di Green per l'elasticità. Ricordiamo che una funzione nel dominio originale si dice a simmetria sferica quando dipende solo dal modulo r del vettore posizione $\mathbf{r} = (x_1, x_2, x_3)$. È semplice dimostrare che la trasformata di Fourier di una funzione a simmetria sferica è anch'essa a simmetria sferica nel dominio trasformato [39]. Ciò significa che se partiamo da una funzione $f\left(r\right)$ e la trasformiamo otteniamo una funzione $F\left(\kappa\right)$ dove κ è il modulo del vettore $\boldsymbol{\kappa} = (\kappa_1, \kappa_2, \kappa_3)$. Queste due funzioni sono ricavabili univocamente una dall'altra mediante le operazioni di trasformazione seguente (dimostrate nel seguito dell'Appendice)

$$f\left(r\right) = \frac{1}{2\pi^2} \int_0^{+\infty} F\left(\kappa\right) \frac{\kappa}{r} \sin\left(\kappa r\right) \mathrm{d}\kappa \tag{H.4}$$

$$F\left(\kappa\right) = 4\pi \int_0^{+\infty} f\left(r\right) \frac{r}{\kappa} \sin\left(\kappa r\right) \mathrm{d}r \tag{H.5}$$

Tramite le Eq. (H.4) e (H.5) si possono facilmente calcolare una serie di trasformate di semplici funzioni a simmetria sferica [39]

$$
\begin{aligned}
f\left(r\right) = \tfrac{1}{r^2} &\qquad\longrightarrow F\left(\kappa\right) = \tfrac{2\pi^2}{\kappa} \\[2mm]
f\left(r\right) = \tfrac{1}{r} &\qquad\longrightarrow F\left(\kappa\right) = \tfrac{4\pi}{\kappa^2} \\[2mm]
f\left(r\right) = r &\qquad\longrightarrow F\left(\kappa\right) = -\tfrac{8\pi}{\kappa^4} \\[2mm]
f\left(r\right) = e^{-ar} &\qquad\longrightarrow F\left(\kappa\right) = \tfrac{8a\pi}{(a^2+\kappa^2)^2} \\[2mm]
f\left(r\right) = \tfrac{e^{-ar}}{4\pi r} &\qquad\longrightarrow F\left(\kappa\right) = \tfrac{1}{a^2+\kappa^2} \\[2mm]
f\left(r\right) = 1 \text{ se } r < R &\longrightarrow F\left(\kappa\right) = \tfrac{4\pi}{\kappa^3}\left[\sin\left(\kappa R\right) - \kappa R \cos\left(\kappa R\right)\right]
\end{aligned}
\tag{H.6}
$$

Queste informazioni sulle trasformate di Fourier sono sufficienti a risolvere il problema della funzione di Green per le equazioni della teoria dell'elasticità.

H.1 Trasformate di Fourier a simmetria cilindrica

Consideriamo la definizione di trasformata di Fourier per funzioni di due variabili reali

$$F(\kappa_1, \kappa_2) = \int_{-\infty}^{+\infty} \int_{-\infty}^{+\infty} f(x_1, x_2)\, e^{-i\kappa_1 x_1 - i\kappa_2 x_2} \mathrm{d}x_1 \mathrm{d}x_2$$

e supponiamo che la funzione f dipenda solo dal raggio $r = \sqrt{x_1^2 + x_2^2}$ definito nello spazio bidimensionale (x_1, x_2). Definiamo le coordinate polari nello spazio (x_1, x_2) e nello spazio trasformato (κ_1, κ_2)

$$\begin{cases} x_1 = r\cos\vartheta \\ x_2 = r\sin\vartheta \\ \kappa_1 = \kappa\cos\Sigma \\ \kappa_2 = \kappa\sin\Sigma \end{cases}$$

Tali sostituzioni comportano, dopo alcuni semplici passaggi (avendo ricordato che $dx_1 dx_2 = rd\vartheta dr$)

$$F(\kappa, \Sigma) = \int_0^{+\infty} \int_0^{2\pi} f(r)\, e^{-i\kappa r\cos(\vartheta - \Sigma)} rd\vartheta dr$$

Ponendo $\alpha = \vartheta - \Sigma$, otteniamo che $d\alpha = d\vartheta$. Osserviamo, quindi, che la funzione F non dipende esplicitamente da Σ; infatti

$$F(\kappa) = \int_0^{+\infty} \int_0^{2\pi} f(r)\, e^{-i\kappa r\cos\alpha} rd\alpha dr$$

Usando la proprietà nota([1], p. 360)

$$\int_0^{2\pi} e^{-iz\cos\alpha} \mathrm{d}\alpha = 2\pi J_0(z)$$

possiamo ottenere le formule finali per le funzioni a simmetria cilindrica

$$\boxed{\begin{cases} F(\kappa) = 2\pi \int_0^{+\infty} rf(r)\, J_0(r\kappa)\mathrm{d}r \\ f(r) = \frac{1}{2\pi} \int_0^{+\infty} \kappa F(\kappa)\, J_0(r\kappa)\mathrm{d}\kappa \end{cases}}$$

dove J_0 rappresenta la funzione di Bessel di prima specie di ordine zero (tali trasformazioni vengono infatti spesso denominate *trasformata e antitrasformata di Fourier-Bessel*) [34, 39].

H.2 Trasformate di Fourier a simmetria sferica

Consideriamo la definizione di trasformata per funzioni di tre variabili

$$F\left(\kappa_1,\kappa_2,\kappa_3\right) = \int\limits_{-\infty}^{+\infty}\int\limits_{-\infty}^{+\infty}\int\limits_{-\infty}^{+\infty} f\left(x_1,x_2,x_3\right) e^{-i\kappa_1 x_1 - i\kappa_2 x_2 - i\kappa_3 x_3}\mathrm{d}x_1\mathrm{d}x_2\mathrm{d}x_3$$

e supponiamo che la funzione f dipenda solo dal raggio $r = \sqrt{x_1^2 + x_2^2 + x_3^2}$ definito nello spazio (x_1,x_2,x_3). Definiamo le coordinate sferiche nello spazio (x_1,x_2,x_3) e nello spazio trasformato $(\kappa_1,\kappa_2,\kappa_3)$

$$\begin{cases} x_1 = r\sin\varphi\cos\vartheta \\ x_2 = r\sin\varphi\sin\vartheta \\ x_3 = r\cos\varphi \\ \kappa_1 = \kappa\sin\Delta\cos\Sigma \\ \kappa_2 = \kappa\sin\Delta\sin\Sigma \\ \kappa_3 = \kappa\cos\Delta \end{cases}$$

Tali sostituzioni comportano, dopo alcuni semplici passaggi (avendo ricordato che $dx_1 dx_2 dx_3 = r^2\sin\varphi d\varphi d\vartheta dr$)

$$F\left(\kappa,\Delta,\Sigma\right) = \int\limits_{0}^{+\infty}\int\limits_{0}^{2\pi}\int\limits_{0}^{\pi} f\left(r\right) r^2\sin\varphi\, e^{-i\kappa r[\sin\Delta\sin\varphi\cos(\vartheta-\Sigma)+\cos\Delta\cos\varphi]}\mathrm{d}\varphi\mathrm{d}\vartheta\mathrm{d}r$$

Ponendo $\alpha = \vartheta - \Sigma$, otteniamo che

$$F\left(\kappa,\Delta\right) = \int\limits_{0}^{+\infty}\int\limits_{0}^{2\pi}\int\limits_{0}^{\pi} f\left(r\right) r^2\sin\varphi\, e^{-i\kappa r[\sin\Delta\sin\varphi\cos\alpha+\cos\Delta\cos\varphi]}\mathrm{d}\varphi\mathrm{d}\alpha\mathrm{d}r$$

Usando la proprietà nota ([1], p. 360)

$$\int\limits_{0}^{2\pi} e^{-iz\cos\alpha}\mathrm{d}\alpha = 2\pi J_0\left(z\right)$$

(dove J_0 rappresenta la funzione di Bessel di prima specie di ordine zero) otteniamo

$$F\left(\kappa,\Delta\right) = 2\pi \int\limits_{0}^{+\infty}\int\limits_{0}^{\pi} f\left(r\right) r^2\sin\varphi\, e^{-i\kappa r\cos\Delta\cos\varphi} J_0\left(\kappa r\sin\Delta\sin\varphi\right)\mathrm{d}\varphi\mathrm{d}\alpha\mathrm{d}r$$

Ricordiamo un'altra proprietà importante delle funzioni di Bessel ([23], p. 743)

$$\int_0^{\pi/2} (\sin\varphi)^{\nu+1} \cos\left(\beta\cos\varphi\right) J_\nu\left(\alpha\sin\varphi\right) \mathrm{d}\varphi$$
$$= \sqrt{\tfrac{\pi}{2}}\,\alpha^\nu \left(\alpha^2+\beta^2\right)^{-\frac{1}{2}\nu-\frac{1}{4}} J_{\nu+\frac{1}{2}}\left(\sqrt{\alpha^2+\beta^2}\right)$$

dove J_a è la funzione di Bessel di prima specie di ordine a. Possiamo dunque scrivere (ponendo $\nu=0$, $\alpha=\kappa r\sin\Delta$ e $\beta=\kappa r\cos\Delta$)

$$\int_0^{\pi} \sin\varphi\, e^{-i\kappa r\cos\Delta\cos\varphi} J_0\left(\kappa r\sin\Delta\sin\varphi\right) \mathrm{d}\varphi = \sqrt{\frac{2\pi}{\kappa r}}\, J_{\frac{1}{2}}\left(\kappa r\right)$$

Infine, ricordando l'identità valida per le funzioni di Bessel di ordine semi-intero ([1], p. 437):

$$J_{\frac{1}{2}}(z) = \sqrt{\frac{2}{\pi z}}\,\sin z$$

otteniamo le formule finali per le funzioni a simmetria sferica

$$\begin{cases} F\left(\kappa\right) = 4\pi \displaystyle\int_0^{+\infty} f\left(r\right) \frac{r}{\kappa} \sin\left(r\kappa\right)\mathrm{d}r \\[2mm] f\left(r\right) = \frac{1}{2\pi^2} \displaystyle\int_0^{+\infty} F\left(\kappa\right) \frac{\kappa}{r} \sin\left(r\kappa\right)\mathrm{d}\kappa \end{cases}$$

ampiamente utilizzate per risolvere problemi di elasticità [39].

I

Calcolo dei potenziali armonico e biarmonico

In questa appendice dimostriamo i due teoremi fondamentali (Teorema 6.1 e Teorema 6.2) che ci permettono di determinare i potenziali armonico e biarmonico.

I.1 Teorema del potenziale armonico

Dimostrazione (Teorema 6.1). Iniziamo a considerare i punti interni all'inclusione: in tale regione dobbiamo verificare che $\nabla^2 \Phi(\mathbf{r}) = -4\pi$. A tal fine cerchiamo di calcolare il laplaciano dell'integrale definito in Eq. (6.58). Ci servono le seguenti derivate della funzione f definita in Eq. (6.55)

$$\frac{\partial f}{\partial x_i} = \frac{2x_i}{a_i^2 + s} \tag{I.1}$$

$$\frac{\partial^2 f}{\partial x_i^2} = \frac{2}{a_i^2 + s} \tag{I.2}$$

Allora si ha con semplici passaggi

$$\begin{aligned}
\nabla^2 \Phi(\mathbf{r}) &= -2\pi a_1 a_2 a_3 \\
&\times \int_0^{+\infty} \frac{\left(a_1^2 + s\right)\left(a_2^2 + s\right) + \left(a_1^2 + s\right)\left(a_3^2 + s\right) + \left(a_2^2 + s\right)\left(a_3^2 + s\right)}{\left[\left(a_1^2 + s\right)\left(a_2^2 + s\right)\left(a_3^2 + s\right)\right]^{3/2}} \, \mathrm{d}s \\
&= -2\pi a_1 a_2 a_3 \int_0^{+\infty} \frac{\frac{\mathrm{d}}{\mathrm{d}s}\left[\left(a_1^2 + s\right)\left(a_2^2 + s\right)\left(a_3^2 + s\right)\right]}{\left[\left(a_1^2 + s\right)\left(a_2^2 + s\right)\left(a_3^2 + s\right)\right]^{3/2}} \, \mathrm{d}s
\end{aligned} \tag{I.3}$$

Quest'ultimo integrale si risolve immediatamente con la sostituzione $t = \left(a_1^2 + s\right)\left(a_2^2 + s\right)\left(a_3^2 + s\right)$ che conduce al risultato -4π come richiesto.

Per quanto riguarda la regione esterna procediamo come segue: dobbiamo verificare che il laplaciano della funzione definita dall'integrale in Eq.

(6.59) risulti nullo. Come prima cosa cerchiamo di trovare un'espressione per le derivate della funzione η definita in Eq. (6.57). Si ha

$$\eta\left(x_1, x_2, x_3\right) \quad \text{tale che} \quad 1 - f\left(x_1, x_2, x_3, \eta\left(x_1, x_2, x_3\right)\right) = 0 \qquad \text{(I.4)}$$

da cui, utilizzando il teorema del Dini sulle funzioni implicite

$$\frac{\partial f}{\partial x_i} + \frac{\partial f}{\partial s}\frac{\partial \eta}{\partial x_i} = 0 \quad \text{cioè} \quad \frac{\partial \eta}{\partial x_i} = -\frac{\frac{\partial f}{\partial x_i}}{\frac{\partial f}{\partial s}} \qquad \text{(I.5)}$$

La derivata $\frac{\partial f}{\partial x_i}$ è data dall'Eq. (I.1) e la derivata $\frac{\partial f}{\partial s}$ è espressa come

$$\frac{\partial f}{\partial s} = -\sum_i \frac{x_i^2}{\left(a_i^2 + s\right)^2} \qquad \text{(I.6)}$$

Ciò consente di ottenere la seguente proprietà utile nel seguito (j è un indice sommato)

$$\frac{\partial \eta}{\partial x_j}\frac{\partial f}{\partial x_j} = 4 \qquad \text{(I.7)}$$

Sommando rispetto all'indice i nell'Eq. (I.2) otteniamo

$$\nabla^2 f = \sum_i \frac{\partial^2 f}{\partial x_i^2} = \frac{4}{R\left(s\right)}\frac{\mathrm{d}R\left(s\right)}{\mathrm{d}s} \qquad \text{(I.8)}$$

Ora possiamo finalmente iniziare a calcolare la derivata prima del potenziale armonico fuori dall'inclusione. A tal fine dobbiamo usare il teorema di Leibnitz generalizzato, che ricordiamo in una forma generica [36, 31]

$$\frac{\mathrm{d}}{\mathrm{d}x}\int_{f(x)}^{g(x)} F(x,t)\mathrm{d}t = F(x, g(x))\frac{\mathrm{d}g}{\mathrm{d}x} - F(x, f(x))\frac{\mathrm{d}f}{\mathrm{d}x} + \int_{f(x)}^{g(x)} \frac{\partial F(x,t)}{\partial x}\mathrm{d}t \quad \text{(I.9)}$$

Applicando tale regola all'Eq. (6.59) si calcola che

$$\frac{\partial \Phi\left(\mathbf{r}\right)}{\partial x_i} = -\pi a_1 a_2 a_3 \int_{\eta(\mathbf{r})}^{+\infty} \frac{\partial f}{\partial x_i}\frac{\mathrm{d}s}{R\left(s\right)} - \pi a_1 a_2 a_3 \frac{1 - f(x_1, x_2, x_3, \eta)}{R(\eta)}\frac{\partial \eta}{\partial x_i} \quad \text{(I.10)}$$

dove l'ultimo termine è evidentemente nullo per la definizione di η. Possiamo passare alle derivate seconde per calcolare il laplaciano

$$\frac{\partial \Phi\left(\mathbf{r}\right)}{\partial x_i} = -\pi a_1 a_2 a_3 \int_{\eta(\mathbf{r})}^{+\infty} \frac{\partial f}{\partial x_i}\frac{\mathrm{d}s}{R\left(s\right)} \quad \text{da cui}$$

$$\nabla^2 \Phi\left(\mathbf{r}\right) = \frac{\partial}{\partial x_i}\frac{\partial \Phi\left(\mathbf{r}\right)}{\partial x_i}$$

$$= -\pi a_1 a_2 a_3 \frac{\partial}{\partial x_i}\int_{\eta(\mathbf{r})}^{+\infty} \frac{\partial f}{\partial x_i}\frac{\mathrm{d}s}{R\left(s\right)}$$

$$= -\pi a_1 a_2 a_3 \int_{\eta(\mathbf{r})}^{+\infty} \frac{\nabla^2 f}{R(s)}\,\mathrm{d}s + \pi a_1 a_2 a_3 \frac{\partial \eta}{\partial x_i}\frac{\partial f}{\partial x_i}\frac{1}{R(\eta)}$$

$$= \pi a_1 a_2 a_3 \left[\int_{\eta(\mathbf{r})}^{+\infty} -4\frac{\mathrm{d}R(s)}{\mathrm{d}s}\frac{\mathrm{d}s}{R^2(s)} + \frac{4}{R(\eta)}\right] \tag{I.11}$$

avendo utilizzato le Eq. (I.7) e (I.8). A questo punto, l'ultimo integrale che compare nell'equazione si risolve immediatamente con la sostituzione $R(s) = t$ e si conclude ottenendo il laplaciano nullo all'esterno dell'inclusione. Questo completa la dimostrazione del primo teorema. $\qquad\square$

I.2 Teorema del potenziale biarmonico

Dimostrazione (Teorema 6.2). Al fine di dimostrare il teorema possiamo verificare che $\nabla^2 \Psi(\mathbf{r}) = 2\Phi(\mathbf{r})$ partendo dall'Eq. (6.60) all'interno dell'inclusione e dall'Eq. (6.61) all'esterno della medesima. Per il potenziale $\Phi(\mathbf{r})$ possiamo ritenere validi i risultati del Teorema 6.1. Lavoriamo solo sull'Eq. (6.61) del caso esterno, ricordando che si può passare all'interno ponendo $\eta = 0$. Per iniziare, calcoliamo la derivata seconda (senza somma su i per adesso)

$$\Psi_{,ii}(\mathbf{r}) = \pi a_1 a_2 a_3 \int_{\eta(\mathbf{r})}^{+\infty} \frac{1-f}{R}\frac{s}{a_i^2 + s}\,\mathrm{d}s$$

$$-\pi a_1 a_2 a_3 x_i \int_{\eta(\mathbf{r})}^{+\infty} \frac{\partial f}{\partial x_i}\frac{1}{R}\frac{s}{a_i^2 + s}\,\mathrm{d}s \tag{I.12}$$

$$= \pi a_1 a_2 a_3 \left[\int_{\eta(\mathbf{r})}^{+\infty} \frac{1-f}{R}\frac{s}{a_i^2 + s}\,\mathrm{d}s - \int_{\eta(\mathbf{r})}^{+\infty} \frac{2x_i^2}{a_i^2 + s}\frac{1}{R}\frac{s}{a_i^2 + s}\,\mathrm{d}s\right]$$

Sommando sull'indice i si ottiene il laplaciano

$$\nabla^2 \Psi(\mathbf{r}) = \pi a_1 a_2 a_3 \int_{\eta(\mathbf{r})}^{+\infty} \sum_i \frac{s}{a_i^2 + s}\left[1 - f - \frac{2x_i^2}{a_i^2 + s}\right]\frac{\mathrm{d}s}{R} \tag{I.13}$$

Dobbiamo verificare che $\nabla^2 \Psi(\mathbf{r}) = 2\Phi(\mathbf{r})$ cioè che $\nabla^2 \Psi(\mathbf{r}) - 2\Phi(\mathbf{r}) = 0$. Equivalentemente si scrive

$$\int_{\eta(\mathbf{r})}^{+\infty} \left[\sum_i \frac{s}{a_i^2 + s}\left(1 - f - \frac{2x_i^2}{a_i^2 + s}\right)\frac{1}{R} - 2\frac{1-f}{R}\right]\mathrm{d}s = 0 \tag{I.14}$$

Tuttavia, poichè

$$\sum_i \frac{1}{a_i^2 + s} = \frac{2}{R}\frac{\mathrm{d}R}{\mathrm{d}s} = 2\frac{R'}{R} \quad\text{e}\quad \sum_i \frac{x_i^2}{(a_i^2 + s)^2} = -\frac{\partial f}{\partial s} = -f' \tag{I.15}$$

il problema è ricondotto a verificare che è vera la condizione

$$\int_{\eta(\mathbf{r})}^{+\infty} \left[2\frac{R'}{R}s\frac{1-f}{R} + 2s\frac{1}{R}f' - 2\frac{1-f}{R} \right] \mathrm{d}s = 0 \qquad (\text{I.16})$$

Dividendo per due e sommando le varie frazioni si ottiene

$$\int_{\eta(\mathbf{r})}^{+\infty} \frac{R's - R'sf + sRf' - R + Rf}{R^2} \mathrm{d}s = 0 \qquad (\text{I.17})$$

Poichè la frazione integranda si può scrivere come segue

$$\frac{R's - R'sf + sRf' - R + Rf}{R^2} = \frac{\mathrm{d}}{\mathrm{d}s}\left(\frac{s(f-1)}{R} \right) \qquad (\text{I.18})$$

concludiamo che

$$\int_{\eta(\mathbf{r})}^{+\infty} \frac{\mathrm{d}}{\mathrm{d}s}\left(\frac{s(f-1)}{R} \right) \mathrm{d}s = \lim_{s\to\infty} \frac{s(f-1)}{R} - \frac{s(f-1)}{R}\Big|_{s=\eta} = 0 \qquad (\text{I.19})$$

L'ultima relazione è nulla sia per $\eta = 0$ (dentro) sia per $\eta \neq 0$ (fuori) e questo completa la dimostrazione.

Espressioni esplicite per il tensore di Eshelby

In questa Appendice riportiamo tutte le forme note del tensore di Eshelby interno al variare delle possibili geometrie.

J.1 Ellissoide

Per cominciare prendiamo in considerazione un ellissoide con assi principali $a_1 > a_2 > a_3 > 0$ allineati lungo gli assi coordinati $x_1 = x$, $x_2 = y$, $x_3 = z$ del sistema di riferimento adottato. Definiamo due eccentricità come segue: $0 < e = a_3/a_2 < 1$ e $0 < g = a_2/a_1 < 1$. Esse descrivono la forma dell'inclusione. Spesso vengono citati in lingua inglese con l'espressione aspect ratio. Al fine di costruire gli elementi del tensore di Eshelby interno in termini degli integrali ellittici, definiamo preliminarmente i cosiddetti fattori di depolarizzazione (largamente usati nell'elettrostatica degli ellissoidi [29]) che dipendono dai fattori di forma e e g

$$I_3 = \frac{4\pi}{1 - e^2} - \frac{4\pi e}{\left(1 - e^2\right)\sqrt{1 - e^2 g^2}}\mathcal{E}\left(v, q\right) \tag{J.1}$$

$$I_2 = \frac{4\pi e\left(1 - e^2 g^2\right)}{\left(1 - e^2\right)\left(1 - g^2\right)\sqrt{1 - e^2 g^2}}\mathcal{E}\left(v, q\right)$$

$$-\frac{4\pi e g^2}{\left(1 - g^2\right)\sqrt{1 - e^2 g^2}}\mathcal{F}\left(v, q\right) - \frac{4\pi e^2}{1 - e^2} \tag{J.2}$$

$$I_1 = \frac{4\pi e g^2}{\left(1 - g^2\right)\sqrt{1 - e^2 g^2}}\left[\mathcal{F}\left(v, q\right) - \mathcal{E}\left(v, q\right)\right] \tag{J.3}$$

dove le quantità v e q sono definite come segue

$$v = \arcsin\sqrt{1 - e^2 g^2} \tag{J.4}$$

$$q = \sqrt{\frac{1 - g^2}{1 - e^2 g^2}} \tag{J.5}$$

Gli integrali ellittici incompleti di prima e seconda specie usati in Eq. (J.3) sono invece definiti come segue [1, 23]

$$\mathcal{F}(v,q) = \int_0^v \frac{d\alpha}{\sqrt{1 - q^2 \sin^2 \alpha}} = \int_0^{\sin v} \frac{dx}{\sqrt{(1 - x^2)(1 - q^2 x^2)}} \qquad (J.6)$$

$$\mathcal{E}(v,q) = \int_0^v \sqrt{1 - q^2 \sin^2 \alpha}\, d\alpha = \int_0^{\sin v} \frac{\sqrt{1 - q^2 x^2}}{\sqrt{1 - x^2}}\, dx \qquad (J.7)$$

Inoltre, sono necessari i seguenti parametri

$$I_{12} = \frac{I_2 - I_1}{1 - g^2}$$

$$I_{13} = \frac{I_3 - I_1}{1 - e^2 g^2}$$

$$I_{23} = \frac{I_3 - I_2}{g^2 \left(1 - e^2\right)} \qquad (J.8)$$

$$I_{11} = \frac{1}{3} \frac{I_1 \left(e^2 g^4 - 2e^2 g^2 - 2g^2 + 3\right) + I_2 g^2 \left(e^2 g^2 - 1\right) + I_3 e^2 g^2 \left(g^2 - 1\right)}{\left(1 - g^2\right)\left(1 - e^2 g^2\right)}$$

$$I_{22} = \frac{1}{3} \frac{I_1 \left(1 - e^2\right) + I_2 \left(2e^2 g^2 - 3g^2 + 2 - e^2\right) + I_3 e^2 \left(g^2 - 1\right)}{g^2 \left(1 - e^2\right)\left(1 - g^2\right)}$$

$$I_{33} = \frac{1}{3} \frac{I_1 \left(1 - e^2\right) + I_2 \left(1 - e^2 g^2\right) + I_3 \left(1 - 2e^2 g^2 + 3e^4 g^2 - 2e^2\right)}{e^2 g^2 \left(1 - e^2\right)\left(1 - e^2 g^2\right)}$$

A questo punto il tensore di Eshelby descritto nelle Eq. (6.64) e (6.65) si esprime in notazione compatta di Voigt nella forma

$$\tilde{S} = \begin{bmatrix} M & 0 \\ 0 & N \end{bmatrix} \qquad (J.9)$$

dove le sottomatrici sono calcolabili esplicitamente e valgono

$$M = \begin{bmatrix} \dfrac{3I_{11} + (1 - 2\nu)I_1}{8\pi(1-\nu)} & \dfrac{g^2 I_{12} - (1 - 2\nu)I_1}{8\pi(1-\nu)} & \dfrac{e^2 g^2 I_{13} - (1 - 2\nu)I_1}{8\pi(1-\nu)} \\ \dfrac{I_{12} - (1 - 2\nu)I_2}{8\pi(1-\nu)} & \dfrac{3g^2 I_{22} + (1 - 2\nu)I_2}{8\pi(1-\nu)} & \dfrac{e^2 g^2 I_{23} - (1 - 2\nu)I_2}{8\pi(1-\nu)} \\ \dfrac{I_{13} - (1 - 2\nu)I_3}{8\pi(1-\nu)} & \dfrac{g^2 I_{23} - (1 - 2\nu)I_3}{8\pi(1-\nu)} & \dfrac{3e^2 g^2 I_{33} + (1 - 2\nu)I_3}{8\pi(1-\nu)} \end{bmatrix} \qquad (J.10)$$

$$N = \begin{bmatrix} N_{11} & 0 & 0 \\ 0 & N_{22} & 0 \\ 0 & 0 & N_{33} \end{bmatrix} \qquad (J.11)$$

avendo fatto uso delle seguenti abbreviazioni

$$N_{11} = \frac{\left(1+g^2\right)I_{12} + (1-2\nu)\left(I_1 + I_2\right)}{8\pi\left(1-\nu\right)}$$

$$N_{22} = \frac{g^2\left(1+e^2\right)I_{23} + (1-2\nu)\left(I_2 + I_3\right)}{8\pi\left(1-\nu\right)} \qquad (J.12)$$

$$N_{33} = \frac{\left(1+e^2 g^2\right)I_{13} + (1-2\nu)\left(I_1 + I_3\right)}{8\pi\left(1-\nu\right)}$$

J.2 Sfera

Per la sfera abbiamo trovato la seguente forma finale, che riportiamo qui per completezza

$$\tilde{S} = \begin{bmatrix} \frac{1}{15}\frac{7-5\nu}{1-\nu} & \frac{1}{15}\frac{5\nu-1}{1-\nu} & \frac{1}{15}\frac{5\nu-1}{1-\nu} & 0 & 0 & 0 \\ \frac{1}{15}\frac{5\nu-1}{1-\nu} & \frac{1}{15}\frac{7-5\nu}{1-\nu} & \frac{1}{15}\frac{5\nu-1}{1-\nu} & 0 & 0 & 0 \\ \frac{1}{15}\frac{5\nu-1}{1-\nu} & \frac{1}{15}\frac{5\nu-1}{1-\nu} & \frac{1}{15}\frac{7-5\nu}{1-\nu} & 0 & 0 & 0 \\ 0 & 0 & 0 & \frac{2}{15}\frac{4-5\nu}{1-\nu} & 0 & 0 \\ 0 & 0 & 0 & 0 & \frac{2}{15}\frac{4-5\nu}{1-\nu} & 0 \\ 0 & 0 & 0 & 0 & 0 & \frac{2}{15}\frac{4-5\nu}{1-\nu} \end{bmatrix} \qquad (J.13)$$

J.3 Cilindro

Per il cilindro allineato lungo l'asse $x_1 = x$ vale

$$\tilde{S} = \begin{bmatrix} 0 & 0 & 0 & 0 & 0 & 0 \\ \frac{1}{2}\frac{\nu}{1-\nu} & \frac{1}{8}\frac{5-4\nu}{1-\nu} & \frac{1}{8}\frac{4\nu-1}{1-\nu} & 0 & 0 & 0 \\ \frac{1}{2}\frac{\nu}{1-\nu} & \frac{1}{8}\frac{4\nu-1}{1-\nu} & \frac{1}{8}\frac{5-4\nu}{1-\nu} & 0 & 0 & 0 \\ 0 & 0 & 0 & \frac{1}{2} & 0 & 0 \\ 0 & 0 & 0 & 0 & \frac{1}{4}\frac{3-4\nu}{1-\nu} & 0 \\ 0 & 0 & 0 & 0 & 0 & \frac{1}{2} \end{bmatrix} \qquad (J.14)$$

J.4 Cilindro ellittico

Per il cilindro ellittico allineato lungo l'asse $x_1 = x$ e avente rapporto e tra gli assi della base ellittica scriviamo le sottomatrici M ed N con la notazione dell'Eq. (J.9)

$$M = \begin{bmatrix} 0 & 0 & 0 \\ \frac{e\nu}{(1+e)(1-\nu)} & \frac{1}{2(1-\nu)}\left[\frac{e^2+2e}{(1+e)^2} + \frac{e(1-2\nu)}{(1+e)}\right] & \frac{1}{2(1-\nu)}\left[\frac{e^2}{(1+e)^2} - \frac{e(1-2\nu)}{(1+e)}\right] \\ \frac{\nu}{(1+e)(1-\nu)} & \frac{1}{2(1-\nu)}\left[\frac{1}{(1+e)^2} - \frac{(1-2\nu)}{(1+e)}\right] & \frac{1}{2(1-\nu)}\left[\frac{1+2e}{(1+e)^2} + \frac{(1-2\nu)}{(1+e)}\right] \end{bmatrix} \qquad (J.15)$$

$$N = \begin{bmatrix} \frac{e}{1+e} & 0 & 0 \\ 0 & \frac{1}{2(1-\nu)}\left[\frac{1+e^2}{(1+e)^2} + 1 - 2\nu\right] & 0 \\ 0 & 0 & \frac{1}{1+e} \end{bmatrix} \tag{J.16}$$

J.5 Inclusione piatta (a moneta)

Per inclusioni piane ellittiche (in inglese **penny shaped**) allineate con il piano (x_1, x_2) si ottiene

$$\tilde{S} = \begin{bmatrix} 0 & 0 & 0 & 0 & 0 & 0 \\ 0 & 0 & 0 & 0 & 0 & 0 \\ \frac{\nu}{1-\nu} & \frac{\nu}{1-\nu} & 1 & 0 & 0 & 0 \\ 0 & 0 & 0 & 0 & 0 & 0 \\ 0 & 0 & 0 & 0 & 1 & 0 \\ 0 & 0 & 0 & 0 & 0 & 1 \end{bmatrix} \tag{J.17}$$

Si noti che in questo caso il tensore di eshelby interno non dipende dalla forma dell'inclusione piana ma soltanto dal coefficiente di Poisson.

J.6 Ellissoidi di rotazione

Per ellissoidi di rotazione oblati o prolati (allineati con la direzione principale lungo l'asse $x_3 = z$), il tensore di Eshelby si semplifica nel seguente

$$\tilde{S} = \begin{bmatrix} S_{1111} & S_{1122} & S_{1133} & 0 & 0 & 0 \\ S_{1122} & S_{1111} & S_{1133} & 0 & 0 & 0 \\ S_{3311} & S_{3311} & S_{3333} & 0 & 0 & 0 \\ 0 & 0 & 0 & S_{1111} - S_{1122} & 0 & 0 \\ 0 & 0 & 0 & 0 & 2S_{1313} & 0 \\ 0 & 0 & 0 & 0 & 0 & 2S_{1313} \end{bmatrix} \tag{J.18}$$

Gli elementi di tale tensore si calcolano in base ad un fattore di depolarizzazione

$$\mathcal{L} = \frac{e}{2} \int_0^{+\infty} \frac{d\xi}{(\xi + 1)^2 (\xi + e^2)^{1/2}} \tag{J.19}$$

$$= \begin{cases} \frac{e}{4\left(\sqrt{e^2-1}\right)^3}\left[2e\sqrt{e^2-1} + \ln\frac{e-\sqrt{e^2-1}}{e+\sqrt{e^2-1}}\right] & \text{se } e > 1 \\[2ex] \frac{e}{4\left(\sqrt{1-e^2}\right)^3}\left[\pi - 2e\sqrt{1-e^2} - 2\arctan\frac{e}{\sqrt{1-e^2}}\right] & \text{se } e < 1 \end{cases}$$

Il caso con $e < 1$ riguarda ellissoidi *oblati* (l'asse minore è lungo la direzione principale), mentre il caso con $e > 1$ riguarda ellissoidi *prolati* (l'asse maggiore è lungo la direzione principale). Gli elementi del tensore, infine, si scrivono nella seguente forma

$$\mathcal{S}_{1111} = \frac{1}{8}\frac{13\mathcal{L} - 3e^2 - 4e^2\mathcal{L} + 8\mathcal{L}\nu e^2 - 8\mathcal{L}\nu}{(1-e^2)(1-\nu)} \tag{J.20}$$

$$\mathcal{S}_{1122} = -\frac{1}{8}\frac{e^2 + \mathcal{L} - 4e^2\mathcal{L} + 8\mathcal{L}\nu e^2 - 8\mathcal{L}\nu}{(1-e^2)(1-\nu)} \tag{J.21}$$

$$\mathcal{S}_{1133} = -\frac{1}{2}\frac{2e^2\mathcal{L} - e^2 + \mathcal{L} + 2\mathcal{L}\nu e^2 - 2\mathcal{L}\nu}{(1-e^2)(1-\nu)} \tag{J.22}$$

$$\mathcal{S}_{3311} = \frac{1}{2}\frac{e^2 - \mathcal{L} - 2e^2\mathcal{L} - 2\nu e^2 + 2\nu + 4\mathcal{L}\nu e^2 - 4\mathcal{L}\nu}{(1-e^2)(1-\nu)} \tag{J.23}$$

$$\mathcal{S}_{3333} = \frac{1 - 2e^2 + 4e^2\mathcal{L} - \mathcal{L} + \nu e^2 - \nu - 2\mathcal{L}\nu e^2 + 2\mathcal{L}\nu}{(1-e^2)(1-\nu)} \tag{J.24}$$

$$\mathcal{S}_{1313} = -\frac{1}{4}\frac{e^2\mathcal{L} + 2\mathcal{L} - 1 + \mathcal{L}\nu e^2 - \mathcal{L}\nu - \nu e^2 + \nu}{(1-e^2)(1-\nu)} \tag{J.25}$$

J.7 Cricca di Griffith

Facendo riferimento alle notazioni della Sez. 7.2 e della Fig. 7.1 riportiamo la proprietà fondamentale del tensore di Eshelby

$$\left[\tilde{I} - \tilde{\mathcal{S}}\right]^{-1} \underset{e\to 0}{\widetilde{}} \begin{bmatrix} 0 & 0 & 0 & 0 & 0 & 0 \\ \frac{2\nu(1-\nu)}{(1-2\nu)e} & \frac{2(1-\nu)^2}{(1-2\nu)e} & \frac{2\nu(1-\nu)}{(1-2\nu)e} & 0 & 0 & 0 \\ 0 & 0 & 0 & 0 & 0 & 0 \\ 0 & 0 & 0 & \frac{1-\nu}{e} & 0 & 0 \\ 0 & 0 & 0 & 0 & \frac{1}{e} & 0 \\ 0 & 0 & 0 & 0 & 0 & 0 \end{bmatrix} \tag{J.26}$$

J.8 Cricca circolare

Facendo riferimento alle notazioni della Sez. 7.3 e della Fig. 7.2 riportiamo la proprietà fondamentale del tensore di Eshelby

$$\left[\tilde{I} - \tilde{\mathcal{S}}\right]^{-1} \underset{e\to 0}{\widetilde{}} \begin{bmatrix} 0 & 0 & 0 & 0 & 0 & 0 \\ 0 & 0 & 0 & 0 & 0 & 0 \\ \frac{4\nu(1-\nu)}{\pi(1-2\nu)e} & \frac{4\nu(1-\nu)}{\pi(1-2\nu)e} & \frac{4(1-\nu)^2}{\pi(1-2\nu)e} & 0 & 0 & 0 \\ 0 & 0 & 0 & 0 & 0 & 0 \\ 0 & 0 & 0 & 0 & \frac{4(1-\nu)}{\pi(2-\nu)e} & 0 \\ 0 & 0 & 0 & 0 & 0 & \frac{4(1-\nu)}{\pi(2-\nu)e} \end{bmatrix} \tag{J.27}$$

J.9 Cricca ellittica

Facendo riferimento alle formule generali del tensore di Eshelby riportate nella Sez. J.1 di questa Appendice, si ottengono le relazioni per una cricca ellittica tenendo fissato arbitrariamente il fattore di forma g ed eseguendo il limite $e \to 0$. La proprietà fondamentale del tensore di Eshelby è data dalla seguente

$$
\left[\tilde{I} - \tilde{S}\right]^{-1} \underset{e \to 0}{\sim}
\begin{bmatrix}
0 & 0 & 0 & 0 & 0 & 0 \\
0 & 0 & 0 & 0 & 0 & 0 \\
a_{31} & a_{31} & a_{33} & 0 & 0 & 0 \\
0 & 0 & 0 & 0 & 0 & 0 \\
0 & 0 & 0 & 0 & a_{55} & 0 \\
0 & 0 & 0 & 0 & 0 & a_{66}
\end{bmatrix}
\tag{J.28}
$$

dove i coefficienti indicati si calcolano come segue

$$
a_{31} = \frac{2(1-\nu)\nu}{e(1-2\nu)\mathsf{E}}
\tag{J.29}
$$

$$
a_{33} = \frac{2(1-\nu)^2}{e(1-2\nu)\mathsf{E}}
\tag{J.30}
$$

$$
a_{55} = \frac{(1-\nu)(1-g^2)}{e\left\{(1-g^2)\mathsf{E} + \nu g^2\left[\mathsf{E} - \mathsf{K}\right]\right\}}
\tag{J.31}
$$

$$
a_{66} = \frac{(1-\nu)(1-g^2)}{e\left\{(1-g^2)\mathsf{E} + \nu\left[g^2\mathsf{K} - \mathsf{E}\right]\right\}}
\tag{J.32}
$$

Nelle precedenti relazioni, per semplicità di scrittura, abbiamo implicitamente considerato $\mathsf{E} = \mathsf{E}\left(\sqrt{1-g^2}\right)$ e $\mathsf{K} = \mathsf{K}\left(\sqrt{1-g^2}\right)$. Le funzioni $\mathsf{K}(k)$ e $\mathsf{E}(k)$ sono gli integrali ellittici completi di prima e seconda specie definiti nell'esercizio 5.1. Infine, le seguenti formule possono essere utili

$$
\begin{cases}
\mathsf{K}(k) = \mathcal{F}\left(\frac{\pi}{2}, k\right) = \frac{\pi}{2}\sum_{n=0}^{\infty}\left[\frac{(2n-1)!!}{(2n)!!}\right]^2 k^{2n} \\
\mathsf{E}(k) = \mathcal{E}\left(\frac{\pi}{2}, k\right) = \frac{\pi}{2}\left\{1 - \sum_{n=1}^{\infty}\left[\frac{(2n-1)!!}{(2n)!!}\right]^2 \frac{k^{2n}}{2n-1}\right\}
\end{cases}
\tag{J.33}
$$

perchè mettono in relazione gli integrali ellittici completi con quelli incompleti introdotti nella Sez. J.1 di questa Appendice.

K

Notazioni

In questo testo sono state adottate la seguenti notazioni:

- i pedici numerici indicano le componenti cartesiane dei vettori, matrici e tensori.
- gli assi cartesiani (x, y, z) vengono anche indicati come (x_1, x_2, x_3).
- i versori degli assi cartesiani sono indicati dalla terna $\{\mathbf{e}_1, \mathbf{e}_2, \mathbf{e}_3\}$.
- i vettori vengono indicati in grassetto ed in tondo: per esempio il vettore posizione è scritto come $\mathbf{x}$ ed ha componenti $\{x_i\}_{i=1,2,3}$.
- i tensori del secondo ordine e le matrici vengono indicate con carattere latino o greco e con il cappuccio sovraimposto al simbolo. Esempio: il tensore degli sforzi è scritto come $\hat{T}$ ed ha componenti $\{T_{ij}\}_{i,j=1,2,3}$.
- i tensori del quarto ordine vengono indicati con carattere calligrafico e con il cappuccio sovraimposto al simbolo. Esempio: il tensore elastico è scritto come $\hat{\mathcal{C}}$ ed ha componenti $\{\mathcal{C}_{ijhk}\}_{i,j,h,k=1,2,3}$.
- i tensori in notazione compatta di Voigt vengono indicati con carattere ordinario o calligrafico e con la tilde sovraimposta al simbolo. Esempio: il tensore elastico in notazione di Voigt è scritto come $\tilde{\mathcal{C}}$ ed ha componenti $\{\mathcal{C}_{ij}\}_{i,j=1,\cdots,6}$.
- il prodotto scalare tra i vettori $\mathbf{a}$ e $\mathbf{b}$ è indicato come: $\mathbf{a} \cdot \mathbf{b}$.
- il prodotto vettoriale tra i vettori $\mathbf{a}$ e $\mathbf{b}$ è indicato come: $\mathbf{a} \times \mathbf{b}$.
- gli indici ripetuti sono saturati: $a_{hk}b_k = \sum_k a_{hk}b_k$.
- il prodotto matrice-matrice e matrice-vettore non è indicato da alcun simbolo speciale. Esempio: il prodotto tra la matrice $\hat{A}$ e la matrice $\hat{B}$ (ovvero il vettore $\mathbf{v}$) è scritto come $\hat{A}\hat{B}$ (ovvero $\hat{A}\mathbf{v}$).
- il simbolo di Kronecker è indicato con δ_{ij} ed assume valore 1 quando gli indici sono uguali $(i = j)$ e valore 0 quando sono diversi $(i \neq j)$. La matrice identità $\hat{I}$ ha elementi pari a δ_{ij}.
- il simbolo di permutazione di Levi-Civita è indicato con η_{nmj} ed assume valore 1 quando (n, m, j) rappresentano una permutazione pari di (1,2,3), assume valore -1 quando (n, m, j) è una permutazione dispari di

(1,2,3) ed infine assume il valore 0 quando cè una ripetizione negli indici (n, m, j). Tale simbolo è comodo per descrivere succintamente l'operazione di prodotto vettoriale infatti si ha $(\mathbf{a} \times \mathbf{b})_j = a_n b_m \eta_{nmj}$ e quindi $\mathbf{a} \times \mathbf{b} = a_n b_m \eta_{nmj} \mathbf{e}_j$. Si ricordano qui per comodità le proprietà $\eta_{nmj} = \eta_{jnm} = \eta_{mjn}$ e $\eta_{ijk} \eta_{pqk} = \delta_{ip} \delta_{jq} - \delta_{iq} \delta_{jp}$.

- la traccia di una matrice (ovvero di un tensore) è indicata dal simbolo $\mathrm{Tr}(\cdot)$. Esempio: la traccia del tensore degli sforzi è scritta come $\mathrm{Tr}(\hat{T}) = T_{kk}$ (con somma sottointesa sull'indice k).

- gli operatori gradiente, divergenza e rotore sono indicati in notazione compatta. Viene, cioè evitato l'uso - peraltro molto diffuso in meccanica del continuo - dei simboli *grad*, *div* e *rot*. Esempi: il gradiente della funzione scalare $\mathcal{V}$ è scritto come: $\nabla \mathcal{V}$; la divergenza del vettore $\mathbf{v}$ è scritta come: $\nabla \cdot \mathbf{v}$; il rotore del vettore $\mathbf{v}$ è scritto come: $\nabla \times \mathbf{v}$. Inoltre il Laplaciano di una funzione scalare verrà indicato con $\nabla^2 \mathcal{V}$ ed il Laplaciano di un campo vettoriale $\mathbf{u}$ con il simbolo $\boldsymbol{\nabla}^2 \mathbf{u}$ (con Laplaciano di un campo vettoriale $\mathbf{u}$ si intende il vettore che ha come componenti il Laplaciano di ciascuna componente di $\mathbf{u}$).

- nel regime sinusoidale permanente i fasori associati alle funzioni sinusoidali sono rappresentati da un puntino sopra il simbolo della grandezza. Quindi, alle funzioni del tipo $a(t) = A_M \cos(\kappa t + \phi)$ si fa corrispondere il numero complesso $\dot{a} = A_M e^{i\phi}$.

L

Simboli

La lista - in ordine di apparizione - dei principali simboli usati in questo libro
e il loro significato fisico è la seguente:

$$\mathbf{x} \text{ oppure } \mathbf{r}$$ — vettore posizione prima di una deformazione

$$\mathbf{X}$$ — vettore posizione dopo una deformazione

$$\mathbf{u}$$ — vettore spostamento

$$\hat{J}$$ — matrice jacobiana della trasformazione $\mathbf{x} \to \mathbf{u}(\mathbf{x})$

$$\hat{\epsilon} = \{\epsilon_{ij}\}_{i,j=1,2,3}$$ — tensore delle piccole deformazioni

$$\hat{\varepsilon} = \{\varepsilon_{ij}\}_{i,j=1,2,3}$$ — tensore delle grandi deformazioni

$$\hat{\Omega} = \{\Omega_{ij}\}_{i,j=1,2,3}$$ — tensore delle rotazioni locali

$$\hat{R}$$ — matrice di rotazione

$$\hat{U} \text{ e } \hat{V}$$ — tensori di dilatazione/contrazione

$$\mathbf{e}_1, \mathbf{e}_2, \mathbf{e}_3$$ — versori assi cartesiani

$$V$$ — volume di una regione finita

$$\Delta V$$ — variazione di volume di una regione finita

$$S$$ — superficie di una regione finita

$$\Delta S$$ — variazione di superficie di una regione finita

$$\gamma$$ — linea nello spazio

$$\Delta L$$ — variazione di lunghezza di una linea finita

$$\mathbf{b}(\mathbf{x})$$ — forza di volume agente sul punto $\mathbf{x}$

$$\mathbf{f}$$ — forza di superficie

$$\mathbf{g}$$ — accelerazione di gravità

$$\rho$$ — densità di massa

$$\delta_{ij}$$ — simbolo di Kroenecker

$\hat{T} = \{T_{ij}\}_{i,j=1,2,3}$ tensore degli sforzi

$\hat{\mathcal{C}} = \{\mathcal{C}_{ijkh}\}_{i,j,k,h=1,2,3}$ tensore elastico

$\tilde{\mathcal{C}} = \{\mathcal{C}_{ij}\}_{i,j=1,\cdots,6}$ tensore elastico in notazione di Voigt

$\tilde{\epsilon} = \{\epsilon_i\}_{i=1,\cdots,6}$ tensore delle deformazioni in notazione di Voigt

$\tilde{T} = \{T_i\}_{i=1,\cdots,6}$ tensore degli sforzi in notazione di Voigt

$\hat{\mathcal{D}} = \{\mathcal{D}_{ijhk}\}_{i,j,h,k=1,2,3}$ tensore di cedevolezza

$\tilde{\mathcal{D}} = \{\mathcal{D}_{ij}\}_{i,j=1,\cdots,6}$ tensore di cedevolezza in notazione di Voigt

λ primo coefficiente di Lamè

μ secondo coefficiente di Lamè (modulo di taglio)

E modulo di Young

ν coefficiente di Poisson

K modulo di compressibilità

η_{ijk} simbolo di permutazione di Levi-Civita

(k,m,l,n,p) parametri di Hill

$\psi(\mathbf{r})$ funzione di Airy

L^{est} lavoro delle forze esterne

E_c^{macro} energia cinetica macroscopica

E_c^{micro} energia cinetica microscopica

E_p^{macro} energia potenziale macroscopica

U energia elastica o energia interna per unità di volume

$\mathcal{Q}$ calore scambiato per unità di volume

$\mathcal{T}$ temperatura

$\mathcal{S}$ entropia per unità di volume

$\mathcal{F}$ enegia libera di Helmholtz per unità di volume

$\mathcal{G}$ enegia libera di Gibbs per unità di volume

α coefficiente di dilatazione volumetrica

κ_t conduttività termica

C_p e C_v calori specifici

v_L velocità longitudinale di un'onda

v_T velocità trasversale di un'onda

Z_L impedenza acustica longitudinale

Z_T impedenza acustica trasversale

ω pulsazione angolare

T periodo

f frequenza

λ_0 — lunghezza d'onda

k_0 — numero d'onda

V e P — velocità e pressione dell'onda

$\dot{V}$ e $\dot{P}$ — fasori di velocità e pressione dell'onda

β_L e β_T — costanti di propagazione dell'onda

$\dot{R}$ e $\dot{T}$ — coefficienti di riflessione e trasmissione

η e ζ — primo e secondo coefficiente di viscosità

d_L e d_T — profondità di penetrazione dell'onda

σ_f — sforzo di cedimento o **failure stress**

E_s — energia di superficie

γ_s — energia di superficie per unità di area

W_i — energia di interazione

G e R — forza generalizzata e resistenza alla frattura

K_I — fattore di intensificazione dello sforzo

$\mathsf{K}(k)$, $\mathsf{E}(k)$ — integrali ellittici completi

$\hat{\epsilon}^* = \left\{\epsilon_{ij}^*\right\}_{i,j=1,2,3}$ — autodeformazione o **eigenstrain**

$G_{ij}(\mathbf{r})$ — matrice di Kelvin-Somigliana

Φ — potenziale armonico

Ψ — potenziale biarmonico

$\hat{S} = \left\{\mathcal{S}_{ijhk}\right\}_{i,j,h,k=1,2,3}$ — tensore di Eshelby interno

$\tilde{S} = \left\{\mathcal{S}_{ij}\right\}_{i,j=1,\cdots,6}$ — tensore di Eshelby in notazione di Voigt

$\hat{S}^\infty = \left\{\mathcal{S}_{ijhk}^\infty\right\}_{i,j,h,k=1,2,3}$ — tensore di Eshelby esterno

$g(\tau)$ — densità degli stati

I_1, I_2, I_3, $\mathcal{L}$ — fattori di depolarizzazione

$\mathcal{F}(v,q)$, $\mathcal{E}(v,q)$ — integrali ellittici incompleti

$J_\nu(z)$ — funzioni di Bessel di prima specie e ordine ν

Bibliografia

[1] Abramowitz, M. e Stegun, I.A., 1965. Handbook of mathematical function, Dover Publication Inc., New York.

[2] Amenzade, Yu. A., 1979. Theory of elasticity, MIR Publisher, Moscou.

[3] Anderson, T. L., 1995. Fracture Mechanics, CRC Press, Boca Raton.

[4] Ashcroft, N. W. and Mermin, N.D., 1976. Solid state Physics, Saunders College Publishing, Orlando.

[5] Atkin, R.J. e Fox, N., 1980. An introduction to the theory of elasticity, Dover Publication Inc., New York.

[6] Angotti, F. e Borri, A., 2005. Lezioni di scienza delle costruzioni, DEI, Tipografia del Genio Civile, Roma.

[7] Banfi,C., 1990. Introduzione alla meccanica dei continui, CEDAM, Padova.

[8] Borruto, A., 2002. Meccanica della frattura, Editore Hoepli, Milano.

[9] Broberg, K. B., 1999. Cracks and fracture, Academic Press, London.

[10] Capecchi, D. Ruta, G. Tazzioli, R., 2006. Enrico Betti: teoria dell'elasticità, Hevelius Edizioni, Benevento.

[11] Capecchi, D., 2001. La tensione secondo Cauchy, Hevelius Edizioni, Benevento.

[12] Capecchi, D., 2002. Storia del principio dei lavori virtuali, Hevelius Edizioni, Benevento.

[13] Chou, P.C. e Pagano, N.J., 1992. Elasticity. Tensor, dyadic, and engineering approaches, Dover Publication Inc., New York.

[14] Christensen, R.M., 2005. Mechanics of composite materials, Dover Publication Inc., New York.

[15] Den Hartog, J.P., 1987. Advanced strength of materials, Dover Publication Inc., New York.

[16] Drago, A., 2003. La riforma della dinamica secondo G.W. Leibniz, Hevelius Edizioni, Benevento.

[17] Eshelby, J. D., 1957. The determination of the elastic field of an ellipsoidal inclusion and related problems, Proc. R. Soc. London, Ser. A, 241, 376-396.

[18] Eshelby, J. D., 1959. The elastic field outside an ellipsoidal inclusion, Proc. R. Soc. London, Ser. A, 252, 561-569.

[19] Fasano, A. e Marmi, S., 2002. Meccanica analitica con elementi di meccanica statistica e dei continui, Bollati Boringhieri Editore, Torino.

[20] Fung, Y.C., 1993. Biomechanics, Springer, New York.

[21] Graff, K.F., 1991. Wave motion in elastic solids, Dover Publication Inc., New York.

[22] Green, A. E. e Zerna W., 1954. Theoretical elasticity, Oxford (Clarendon) Press, Oxford.

[23] Gradshteyn, I. S. e Ryzhik I.M., 1965. Table of integrals, sries and products, Academic Press, San Diego.

[24] Heyman, J., 1999. Il saggio di Coulomb sulla statica, Hevelius Edizioni, Benevento.

[25] Kittel, C., 1996. Introduction to Solid State Physics (7th Edition), John Wiley & Sons, New York.

[26] Landau, L. e Lifsits, E. 1979. Teoria dell'elasticità, Editori Riuniti, Roma.

[27] Lonardo, P.M., 1994. Tecnologie generali dei materiali. Le deformazioni dei solidi, ECIG, Genova.

[28] Love, A.E.H., 2002. A treatise on the mathematical theory of elasticity, Dover Publication Inc., New York.

[29] Markov, K. Z., 2000. Elementary micromechanics of heterogeneous media. In: K.Z. Markov, L. Preziozi (Eds.), Heterogeneous Media: Micromechanics Modeling Methods and Simulations, Birkhauser, Boston, 1-162.

[30] Marsden, J.E. e Hughes, T.J.R., 1994. Mathematical foundations of elasticity, Dover Publication Inc., New York.

[31] Morro, A., 1997. Elementi di fisica matematica, ECIG, Genova.

[32] Mura, T., 1982. Micromechanics of defects in solids, Kluwer Academic Publishers, Dordrecht.

[33] Novozhilov, V.V., 1999. Foundations of the nonlinear theory of elasticity, Dover Publication Inc., New York.

[34] Papoulis, A., 1962. The Fourier integral and its applications, McGraw-Hill Inc., New York.

[35] Parton, V. e Perline, P., 1981. Méthodes de la théorie mathématique de l'élasticité, Tomes 1 et 2, Éditions MIR, Moscou.

[36] Persico, E., 1948. Introduzione alla fisica matematica, Nicola Zanichelli Editore, Bologna.

[37] Rékatch, V., 1980. Problèmes de la théorie de l'élasticité, Éditions MIR, Moscou.

[38] Sneddon, I.N. e Berry, D.S., 1958. The classical theory of elasticity. In: S. Flugge (Ed.), Encyclopedia of physics, Vol. VI, Elasticity and plasticity, Springer Verlag, Berlin, 1-126.

[39] Sneddon, I.N., 1951. Fourier transforms, Dover Publication Inc., New York.

[40] Synge, J.L. e Schild, A., 1978. Tensor calculus, Dover Publication Inc., New York.

[41] Weiner, J.H., 2002. Statistical mechanics of elasticity, Dover Publication Inc., New York.

Indice

<u>**UNITEXT – Collana di Fisica e Astronomia**</u>

Adalberto Balzarotti, Michele Cini, Massimo Fanfoni
Atomi, Molecole e Solidi
Esercizi risolti
2004, VIII, 304 p., Brossura
ISBN: 978-88-470-0270-8

Maurizio Dapor, Monica Ropele
Elaborazione dei dati sperimentali
2005, X, 170 p., Brossura
ISBN: 978-88-470-0271-5

Carlo M. Becchi, Giovanni Ridolfi
An Introduction to Relativistic Processes and the Standard Model of Electroweak Interactions
2006, VIII, 139 p., 10 illus., Softcover
ISBN: 978-88-470-0420-7

Michele Cini
Elementi di Fisica Teorica
1a ed. 2005. Ristampa corretta, 2006, XIV, 260 p., 25 illus., Brossura
ISBN: 978-88-470-0424-5

Giuseppe Dalba, Paolo Fornasini
Esercizi di Fisica: Meccanica e Termodinamica
2006, X, 361 p., Brossura
ISBN: 978-88-470-0404-7

Attilio Rigamonti, Pietro Carretta
Structure of Matter
An Introductory Course with Problems and Solutions
2007, XVIII, 474 p., 150 illus., Softcover
ISBN: 978-88-470-0559-4

Carlo M. Becchi, Massimo D'Elia
Introduction to the Basic Concepts of Modern Physics
Special Relativity, Quantum and Statistical Physics
2007, 25 illus., Softcover
ISBN: 978-88-470-0606-5

Luciano Colombo, Stefano Giordano
Introduzione alla teoria della elasticità
Meccanica dei solidi continui in regime lineare elastico
2007, XII, 292, Brossura
ISBN: 978-88-470-0697-3